ALLE·ZEIT·WACH
·1842·
S

H. Chr. Soffel

Paläomagnetismus und Archäomagnetismus

Mit 219 Abbildungen

Springer-Verlag

Berlin Heidelberg New York
London Paris Tokyo
Hong Kong Barcelona
Budapest

Prof. Dr. Heinrich Christian Soffel
Institut für Allgemeine und Angewandte Geophysik
Universität München
Theresienstraße 41
D-8000 München 2

ISBN-13: 978-3-540-53890-5   e-ISBN-13: 978-3-642-76547-6
DOI: 10.1007/978-3-642-76547-6

Die Deutsche Bibliothek – CIP-Einheitsaufnahme

Soffel, Heinrich: Paläomagnetismus und Archäomagnetismus / H. Chr. Soffel. -
Berlin ; Heidelberg ; New York ; London ; Paris ; Tokyo ; Hong Kong ;
Barcelona ; Budapest : Springer, 1991
   ISBN-13: 978-3-540-53890-5

Die Wiedergabe von Gebrauchsnamen, Warenbezeichnungen usw. in diesem Werk berechtigt auch ohne besondere Kennzeichnung nicht zu der Annahme, daß solche Namen im Sinn der Warenzeichen- und Markenschutzgesetzgebung als frei zu betrachten wären und daher von jedermann benutzt werden dürften.

Produkthaftung: Für Angaben über Dosierungsanweisungen und Applikationsformen kann vom Verlag keine Gewähr übernommen werden. Derartige Angaben müssen vom jeweiligen Anwender im Einzelfall anhand anderer Literaturstellen auf ihre Richtigkeit überprüft werden.

Satz: Cicero Lasersatz, Augsburg

32/3140-543210 – Gedruck auf säurefreiem Papier

Vorwort

Das vorliegende Buch ist als Einführung für die Studenten des Hauptfachs Geophysik und der Nebenfächer Geologie, Mineralogie und Physik gedacht. Basierend auf meinem seit vielen Jahren an der Universität München angebotenen Vorlesungszyklus über Gesteinsmagnetismus, Paläomagnetismus und Archäomagnetismus nutzt es nicht nur die eigenen Erfahrungen, sondern auch die der ganzen Arbeitsgruppe des Münchner Instituts für Allgemeine und Angewandte Geophysik auf diesen Gebieten während der letzten 3 Jahrzehnte. Mein Dank gilt an erster Stelle meinem sehr verehrten Lehrer, Herrn Prof. em. Dr. Gustav Angenheister, der mich vor mehr als 30 Jahren als Student der Physik für die Geophysik und speziell den Gesteinsmagnetismus begeisterte. Dankbar bin ich auch den Kollegen Prof. Dr. N. Petersen, Prof. Dr. A. Schult, Doz. Dr. E. Schmidbauer, Prof. Dr. E. Appel, Dr. J. Pohl, Dr. V. Hoffmann, Dr. F. Heider und Dr. V. Bachtadse, mit denen mich eine zum Teil langjährige Freundschaft und Zusammenarbeit verbindet, für die Bereitstellung veröffentlichten und unveröffentlichten Materials und für die nützlichen Ratschläge zur Verbesserung des Manuskripts und der Abbildungen. Meinen Fachkollegen im In- und Ausland danke ich für die anregenden Diskussion auf Tagungen und Symposien, die mich immer bereichert haben. Die Universität München und ihre Gremien sowie das Bayerische Staatsministerium für Wissenschaft, Kunst, Unterricht und Kultur haben unsere Gruppe durch den Bau eines Labors für Gesteins- und Paläomagnetismus in Niederlippach bei Landshut großzügig gefördert, ebenso die Deutsche Forschungsgemeinschaft durch die Bereitstellung von Mitteln für Forschungsprogramme. Auch ihnen sei herzlich gedankt.

Durch Hinweise auf andere Kapitel und Abschnitte des Buches wurde versucht, Querverbindungen aufzuzeigen, um Wiederholungen zu vermeiden. Zahlreiche Abbildungen stammen aus dem großen Fundus von Diplom-, Doktor- und Habilitationsarbeiten und von Vorlagen für die Vorlesungen, die zum Teil von A. Hornung in dankenswerter Weise gekonnt und sorgfältig umgezeichnet wurden. Bei vielen Abbildungen konnte auch auf die Vorlagen in den Artikeln von Voppel (1985), Bleil und Petersen (1982), Petersen und Bleil (1982) und Soffel (1985) der im gleichen Verlag erschienenen Bände des Landolt-Börnstein, Neue Serie, Bände V 1 und 2 zurückgegriffen werden (Literaturverzeichnis). Dem Verlag danke ich für die Übernahme kleiner Änderungen bei den Originalzeichnungen.

Ein besonderes Anliegen war für mich, die methodischen Grundlagen des Paläomagnetismus und Archäomagnetismus unter besonderer Berücksichtigung des Gesteinsmagnetismus und der Erzmikroskopie möglichst breit darzustellen. Eine Analyse der globalen paläomagnetischen Datenbank, die zur Zeit aufgebaut wird (McElhinny u. Lock 1990a, 1990b) zeigt, daß auch Ende der 80er Jahre von den jährlich publizierten paläomagnetischen Ergebnissen nur etwa 40 % aller paläomagnetischen Daten durch gesteinsmagnetische Untersuchungen gestützt werden. Dieser Anteil muß unbedingt in der Zukunft wesentlich verbessert werden, um zu verhindern, daß sich inkorrekte oder zweifelhafte Daten in der Literatur etablieren können. Eine der wichtigsten Fehlerquellen im Paläomagnetismus, unentdeckte Remagnetisierungen, können nach meiner Ansicht nur mit Hilfe von sorgfältigen gesteinsmagnetischen und erzmikroskopischen Begleituntersuchungen vermieden werden.

Die Anwendungen des Paläo- und Archäomagnetismus treten im Buch neben dem ausführlichen methodischen Teil etwas in den Hintergrund. Ich habe es vorgezogen, nur wenige charakteristische Beispiele – hauptsächlich aus dem Raum Eurasien – zu zeigen, in dem sich wohl die meisten Leser auskennen. Wichtiger war für mich, die Studenten durch einen ausführlichen methodischen Teil an die Literatur heranzuführen und sie zu möglichst kritischen Lesern der Publikationen zu machen. Auch habe ich weitgehend darauf verzichtet, die verschiedenen gesteinsmagnetischen Techniken zur Lösung petrologischer Fragestellungen zu behandeln. Allein für diesen Gegenstand wäre ein eigenes Buch sinnvoll. Ich bin daher nur auf diejenigen Messungen eingegangen, die unmittelbar für die Beurteilung der Zuverlässigkeit eines paläomagnetischen Ergebnisses nützlich erscheinen. In das Literaturverzeichnis habe ich weiterführende Monographien auf den Gebieten Erdmagnetismus, Ferro(i)magnetismus, Gesteinsmagnetismus, Erzmikroskopie, Paläomagnetismus und Archäomagnetismus aufgenommen und die im Buch zitierte Spezialliteratur gesondert aufgeführt. Dabei wurde Literatur bis Anfang 1991 berücksichtigt.

Abschließend möchte ich meiner Familie für ihr Verständnis und die Geduld mit mir danken. Die Mithilfe des Springer-Verlags bei der Ausstattung des Buches möchte ich ganz besonders anerkennen, insbesondere bei der Veröffentlichung der zahlreichen Photographien mit Mikroskopaufnahmen.

München, im Januar 1991   Heinrich Soffel

Inhaltsverzeichnis

3 Ergebnisse des Paläo- und Archäomagnetismus

4 Anwendung des Paläomagnetismus auf geologische, petrologische und archäologische Fragestellungen

5 Bibliographie

Anhang

1 Einleitung

1.1 Definition von Paläo- und Archäomagnetismus

Eine kontinuierliche Vermessung des erdmagnetischen Feldes in Form einer dicht gemessenen Zeitreihe der Deklination und Inklination wurde erst seit Ende des 16. Jahrhunderts in England und Frankreich an ausgewählten Meßpunkten durchgeführt. Absolutmessungen des Feldes in verschiedenen Erdteilen und eine globale Analyse der Feldwerte mit Hilfe von Kugelfunktionen gibt es seit dem frühen 19. Jahrhundert (Gauß). Für den Zeitabschnitt vor seiner direkten Messung, also etwa vor dem 16. Jahrhundert, ist das Magnetfeld der Erde nur über archäo- und paläomagnetische Messungen zugänglich. Archäomagnetische Untersuchungen werden an Materialien durchgeführt, bei deren Herstellung der Mensch beteiligt war (Ziegel, Tonwaren, Öfen). Der Archäomagnetismus beschäftigt sich also mit dem Erdmagnetfeld im Zeitraum vom 16. Jahrhundert nach Christus bis vielleicht 50 000 Jahre vor unserer Zeitrechnung. Im Paläomagnetismus untersucht man die Remanenz natürlicher, geologischer Materialien (Gesteine, noch unverfestigte Sedimente, Böden) und betrachtet im allgemeinen den vor dem Zeitbereich des Archäomagnetismus liegenden Abschnitt bis zurück in die Urzeit der Erde. Eine scharfe zeitliche Abgrenzung beider Methoden gibt es nicht. So zählt zum Beispiel die Vermessung einer prähistorischen, etwa 30 000 Jahre alten Feuerstelle in Australien zum Archäomagnetismus, die Untersuchung von Ablagerungen nach der letzten Eiszeit (Alter $<$ 10 000 Jahre) in Seen zum Paläomagnetismus. Im Grunde ist die Unterscheidung der beiden Methoden historisch bedingt und erstaunlicherweise ist der Archäomagnetismus die etwas ältere Disziplin. Das hängt damit zusammen, daß man es bis Ende der 40er Jahre nicht für möglich hielt, daß sich eine remanente Magnetisierung in einer Probe über geologische Zeiten hinweg halten könne. In die Dauerhaftigkeit der Remanenz von Gesteinen geologischen Alters setzte man weniger Vertrauen. Ihre Beständigkeit über einige tausend Jahre hinweg, wie zum Beispiel beim Archäomagnetismus, hielt man jedoch für physikalisch plausibel.

1.2 Einordnung der Methoden innerhalb der Geophysik

Innerhalb der Geophysik sind die Fachgebiete Paläo- und Archäomagnetismus Teilgebiete des Erdmagnetismus. Im Rahmen der Internationalen Assoziation für Geomagnetismus und Aeronomie (IAGA) bildet der Paläo- und Archäomagnetismus eine eigene Arbeitsgruppe (working group I.3) der Division I (Hauptfeld). Auch der Gesteinsmagnetismus, der für den Paläomagnetismus die notwendige physikalische Grundlage liefert, ist in einer eigenen Arbeitsgruppe (working group I.4) organisiert.

Über die von außerhalb der Erde (Magnetosphäre) stammenden Teile des Erdmagnetfeldes können mit Hilfe des Paläomagnetismus keine Aussagen gemacht werden, weil deren zeitliche Fluktuationen zu kurzperiodisch sind, um in Gesteinen konserviert werden zu können. Das hat den Vorteil, daß die im Paläo- und Archäomagnetismus untersuchten Proben nur Informationen über das Hauptfeld liefern, aber auch den Nachteil, daß wir über die zeitlich raschen Änderungen der Magnetfelder aus der Ionosphäre und Magnetosphäre vor der Zeit der direkten Beobachtung fast nichts wissen. Eine Ausnahme bilden alte Berichte über Nordlichter.

1.3 Aussagemöglichkeiten über den früheren Zustand der Erde

Bei den meisten geophysikalischen Verfahren (Seismologie, Gravimetrie, Geothermik, Geoelektrik) können keine oder nur recht ungenaue Aussagen über frühere physikalische Zustände des Erdinnern gemacht werden. Anders ist dies beim Paläo- und Archäomagnetismus. Mit Hilfe der remanenten Magnetisierung von Gesteinen ist es möglich, die Geometrie und zum Teil auch die Intensität des früheren erdmagnetischen Feldes zu erforschen, weil sich diese in Gesteinen über geologische Zeiträume hinweg zumindest partiell erhalten kann. Aus dem Paläomagnetismus ableitbare Zustände der Erde in der geologischen Vergangenheit sind zum Beispiel: Bildung des Erdkerns, physikalischer Zustand des Erdkerns, Änderungen des Radius der Erde, Konvektionsgeschwindigkeiten im Kern und im Erdmantel, Kontinentaldrift, Nachweis großräumiger und auch kleinräumiger geologischer Prozesse, Datierung von geologischen und magmatischen Ereignissen. Der Paläomagnetismus ist daher in der Lage, für verschiedene Teilgebiete der Geowissenschaften (Geologie, Tektonik, Lagerstättenforschung, Altersbestimmung, Stratigraphie) wertvolle zusätzliche Informationen zu liefern. Deshalb ist auch eine Zusammenarbeit mit den geowissenschaftlichen Nachbarfächern bei der Lösung von Problemen unbedingt erforderlich, vielleicht mehr als bei anderen Disziplinen der Geophysik.

1.4 Wechselbeziehungen mit Nachbardisziplinen

Der im Paläomagnetismus tätige Wissenschaftler ist auf eine Zusammenarbeit mit zahlreichen Nachbardisziplinen und auf deren Detailkenntnisse angewiesen, zum Beispiel:
- Geologie und Stratigraphie bei der Untersuchung tektonischer Prozesse und bei der Datierung der untersuchten Gesteine;
- Vulkanologie, weil magmatische Gesteine und Laven besonders wichtige Informationsträger über das Erdmagnetfeld in der Vergangenheit sind;
- Sedimentologie, weil der Sedimentationsvorgang und die diagenetische Verfestigung der Gesteine entscheidend für die Ausbildung einer remanenten Magnetisierung und somit die Konservierung des Paläofeldes sind;
- Mineralogie und Geochemie, weil ganz spezielle Minerale Träger der paläomagnetischen Information sind und mineralogische Veränderungen in Gesteinen ganz besonders auf die magnetischen Erzphasen einwirken und weil über radiometrische Altersbestimmungen die notwendige Zeitinformation erhältlich ist;
- Kristallographie, weil die Ideal- und Realstruktur der magnetischen Mineralien deren magnetische Eigenschaften erheblich beeinflussen;
- Festkörperphysik, weil die Erscheinung des Ferromagnetismus ein festkörperphysikalisches Phänomen ist und von der Physik die wichtigsten Grundlagenforschungen auf dem Gebiet des Magnetismus stammen;
- Statistik, weil die paläomagnetischen Ergebnisse in ihrer Aussagekraft für das frühere erdmagnetische Feld mit Hilfe von Verfahren der Statistik bewertet werden müssen;
- Archäologie, weil im Archäomagnetismus häufig historisch datierte Proben vermessen werden;
- Biologie, weil ein Teil der magnetischen Mineralien biogenen Ursprungs ist.

Die Zukunft wird zeigen, ob diese Liste nicht noch erweitert werden kann.

1.5 Maßsysteme, Einheiten

Bis vor wenigen Jahren wurde im Erdmagnetismus das elektromagnetische cgs-System verwendet. Viele Daten in der Literatur werden noch in diesen Einheiten wiedergegeben. Neuerdings wird zunehmend auf SI-Einheiten übergegangen, und sie werden auch von internationalen Fachzeitschriften verlangt. Die wichtigsten Größen werden in Tabelle 1.1 in beiden Einheiten zusammengefasst. Es werden nur diejenigen vorgestellt, die in der Paläomagnetik und im Gesteinsmagnetismus immer wieder vorkommen, also z. B. die Parameter Magnetisierung, Suszeptibilität, Koerzitivkraft, Magnetfelder (Gleich- und Wechselfelder innerhalb und außerhalb der Materie), magnetisches Moment, Winkel, Energiegrößen. Im übrigen sei auf entsprechende Tabellen in Lehrbüchern der Geophysik und Physik verwiesen.

Tabelle 1.1. Umrechnung von Größen in der Magnetik von cgs- in SI-Einheiten

Symbol	Meßgröße	cgs	SI
H,F	Magnetfeld[a] magn. Erregung	Oerstedt $= g^{1/2}cm^{-1/2}s^{-1}$ 1 Oerstedt $= 10^3/4\pi$ A/m $= 79.6$ A/m	A/m
B	magn.Induktion (Magnetfeld innerhalb der Materie), Flußdichte	Gauß $= g^{1/2}cm^{-1/2}s^{-1}$ 1 Gauß $= 10^{-4}$ T 10^{-5} Gauß $= 1$ Gamma $= 10^{-9}$ Tesla $= 1$ nT	T (Tesla) Vs/m^2
μ, M	magnetisches Dipolmoment	Gauß cm^3 1 Gauß $cm^3 = 10^{-3}$ Am^2	Am^2
J	Magnetisierung	Gauß $= g^{1/2}cm^{-1/2}s^{-1}$ 1 Gauß $= 10^3$ A/m	A/m
σ	spezifische Magnetisierung	Gauß cm^3g^{-1} 1 Gauß cm^3g^{-1} $= 1$ Am^2kg^{-1}	Am^2kg^{-1}
k	Suszeptibilität	cm^3/cm^3 1 $cm^3/cm^3 = 4\pi\cdot m^3/m^3$	m^3/m^3
k_s	spezifische Suszeptibilität	cm^3g^{-1} 1 $cm^3g^{-1} = 4\pi\cdot10^3$ m^3kg^{-1}	m^3kg^{-1}
K	Kristallaniso- tropiekonstante	erg/cm^3 1 $erg/cm^3 = 10^{-1}$ Jm^{-3}	Jm^{-3}
μ	Permeabilität	dim.los 1 cgs $= 4\pi\cdot10^{-7}$ Vs/Am	Vs/Am
N	Entmagnetisie- rungsfaktor	dim.los 1 cgs $= 1/4\pi$ SI	dim.los
λ	Magnetostrik- tionskonstante	dim.los 1 cgs $= 1$ SI	dim.los

[a] Im Paläomagnetismus können die Magnetfelder in den Einheiten Tesla (Vs/m^2) oder A/m angegeben werden. In der Einheit Tesla werden Felder bezeichnet, die in der Materie, also z. B. auch in Luft gemessen werden. Dazu zählen beispielsweise die Felder von Spulen zur Auf- oder Abmagnetisierung von Proben, auch Koerzitivkräfte werden in der Regel mit dieser Einheit angegeben. Die Einheit A/m wird in der Literatur seltener verwendet, da bei der Umrechnung der alten cgs- in die neuen SI-Einheiten der lästige Faktor 4π auftritt. Im Text und in den Tabellen werden daher Magnetfelder stets in Tesla (T,mT,nT) angegeben.

Im Text werden alle Größen in SI-Einheiten angegeben. Dieser Übergang vom cgs-System zu den SI-Einheiten vollzieht sich gerade beim Erdmagnetismus besonders langsam, weil die alten cgs-Einheiten in vielen Fällen die bequemeren waren. So hatte man zum Beispiel für die Magnetisierung J, das Magnetfeld H und die magnetische Induktion B die gleiche Grundeinheit: 1 Gauß $= g^{1/2}cm^{-1/2}s^{-1}$ mit der sehr praktischen Untereinheit 10^{-5} Gauß $= 1$ Gamma. Im SI-Maßsystem haben die drei Größen unterschiedliche Einheiten, und bei Umrechnungen tritt neben Potenzen von 10 auch noch die Größe 4π auf. Es hat jedoch keinen Sinn, den alten Einheiten nachzutrauern. Die neue Studentengeneration hat sich schon vollständig auf die neuen Einheiten umgestellt und kennt von ihrer Schulzeit und den Vorlesungen über Experimentalphysik aus den ersten Semestern die cgs-Einheiten gar nicht mehr. Dies ist ein wichtiger Grund, sie auch hier nicht mehr zu verwenden. Es gelten ferner folgende Gleichungen:

cgs-Einheit	SI-Einheit
$B = H + 4\pi J$	$B = \mu \, (H + J)$
$J = k H$	$J = k H$
$\mu = \mu_o \, (1 + 4\pi k)$	$\mu = \mu_o \, (1 + k)$

2 Methodische Grundlagen

2.1 Eigenschaften und Ursprung des Erdmagnetfeldes

2.1.1 Definition der Kenngrößen des Erdmagnetfeldes X,Y,H,Z,F,D,I und ihre Verknüpfungen

Die sieben Größen zur Beschreibung des erdmagnetischen Feldes (X,Y,Z,H,F,D,I) werden auch die erdmagnetischen Elemente genannt (Tabelle 2.1.1). Für die Beschreibung der Intensität und Richtung des Erdmagnetfeldes an einem Ort oder der Magnetisierung eines Gesteins reichen drei unabhängige Parameter aus.

Tabelle 2.1.1. Die erdmagnetischen Elemente, Definitionen und gebräuchliche Symbole; Einheiten s. Tabelle 1.1

Parameter	Symbol
Totalintensität des Feldes	F
Komponente in geographischer Nordrichtung	X
Komponente in geographischer Ostrichtung	Y
Vertikalkomponente (positiv nach unten)	Z
Horizontalkomponente $H=(X^2+Y^2)^{1/2}$	H
Inklination (positiv nach unten)	I
Deklination (positiv über Osten)	D
Breite (geographisch, geomagnetisch)	Φ

Die in Tabelle 2.1.1 aufgeführten Größen sind daher durch folgende Beziehungen miteinander verknüpft:

$$H = F \cos I$$
$$Z = F \sin I = H \tan I$$
$$X = H \cos D$$
$$Y = H \sin D$$
$$F^2 = H^2 + Z^2 = X^2 + Y^2 + Z^2$$
$$\tan I = Z/H$$
$$\tan D = Y/X$$

Zur Definition der erdmagnetischen Elemente sei auch auf Abb. 2.1.1 verwiesen.

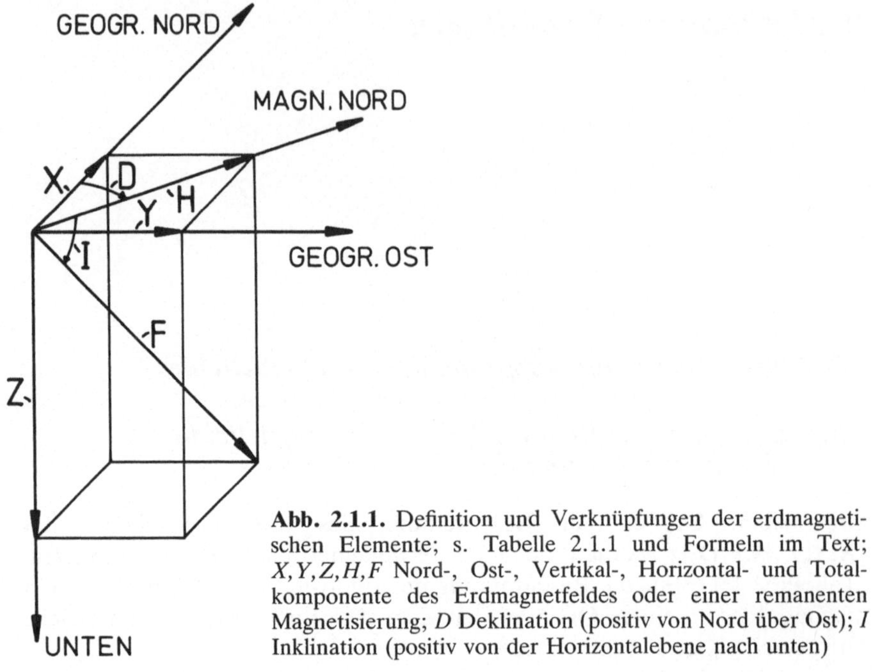

Abb. 2.1.1. Definition und Verknüpfungen der erdmagnetischen Elemente; s. Tabelle 2.1.1 und Formeln im Text; X, Y, Z, H, F Nord-, Ost-, Vertikal-, Horizontal- und Totalkomponente des Erdmagnetfeldes oder einer remanenten Magnetisierung; D Deklination (positiv von Nord über Ost); I Inklination (positiv von der Horizontalebene nach unten)

2.1.2 Ideales und reales Erdmagnetfeld

Zur Beschreibung des Paläofeldes der Erde sind gewisse Grundkenntnisse über den Zustand des heutigen (d. h. im Laufe der letzten ca. 200 Jahre direkt beobachteten) Feldes notwendig. Das aus dem Erdinneren stammende Hauptfeld kann ganz grob durch ein axiales, geozentrisches Dipolfeld mit einem Dipolmoment von etwa $8 \cdot 10^{22}$ Am^2 beschrieben werden. Eine bessere Annäherung an das momentan beobachtete Feld ist aber das Feld eines geozentrischen, geneigten Dipols, dessen Achse um etwa 11° gegen die Rotationsachse geneigt ist (Abb. 2.1.2). Rein formal kann es durch einen fiktiven Magneten oder durch einen fiktiven Ringstrom erklärt werden. Für ein axiales, geozentrisches Dipolfeld sind die Zusammenhänge zwischen magnetischem Moment, Breite Φ des Beobachtungsortes, Erdradius R, Inklination I, Horizontalkomponente H, Vertikalkomponente Z und Gesamtfeldintensität F besonders einfach und können durch folgende Gleichungen beschrieben werden:

$$H = M \cos \Phi / R^3$$

$$Z = 2 M \sin \Phi / R^3$$

$$F = (H^2 + Z^2)^{1/2} = \frac{M (1 + 3 \sin^2 \Phi)^{1/2}}{R^3}$$

$$\tan I = Z/H = 2 \tan \Phi$$

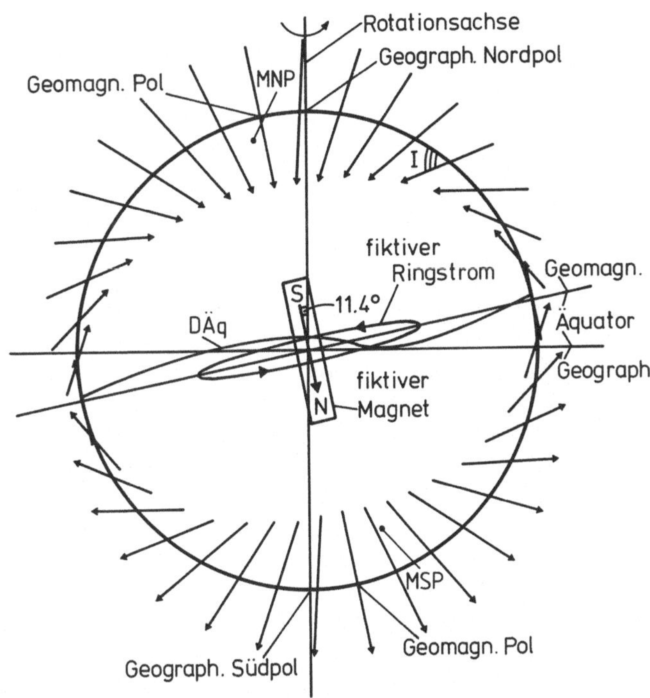

Abb. 2.1.2. Feld des geozentrischen, um 11.4° gegen die Rotationsachse geneigten Dipols mit Definition der Pole (geomagnetischer Nord- und Südpol; magnetischer Nordpol *MNP* und Südpol *MSP* mit I=±90°), des geomagnetischen sowie des magnetischen oder Dip Äquators *DÄq* in schematischer Darstellung. Die *Pfeile* stellen die Orientierung der Feldlinien an der Erdoberfläche dar, ihre Länge ist proportional zur Feldstärke. Der Äquator der Erde ist um 23.5° gegenüber der Ekliptik geneigt

Die oben genannten Formeln können sowohl für gemessene Magnetfeldgrößen als auch für paläomagnetische Daten verwendet werden.

Die Durchstoßpunkte der Achse des um etwa 11° gegen die Rotationsachse geneigten geozentrischen Dipols durch die Erdoberfläche (Abb. 2.1.2) nennt man geomagnetische Pole. Für das IGRF (Internationales Geomagnetisches Referenzfeld) der Epoche 1980.0 liegt der geomagnetische Nordpol (der eigentlich ein Südpol ist, weil der Nordpol einer Kompaßnadel auf ihn zeigt) bei 78.5°N, 291°E. Die Lage des geomagnetischen Südpols ist genau gegenüber bei 78.5°S, 111°E. Die geomagnetische Äquatorebene schneidet die geographische Äquatorebene unter einem Winkel von etwa 11°. Von den geomagnetischen Polen zu unterscheiden sind die sogenannten Dip-Pole (magnetischer Nordpol MNP bzw. magnetischer Südpol MSP), d. h. die beiden polnahen Punkte mit I = ± 90° und der Dip-Äquator (DÄq) mit I = 0°. Die beiden Dip-Pole liegen sich nicht genau gegenüber und haben für das IGRF der Epoche 1980.0 folgende Positionen: Nordpol bei 78.3°N, 256°E; Südpol bei 65.5°S, 139.1°E. Der Dip-Äquator bildet eine Wellenlinie in der Nähe des geomagnetischen Äquators.

Die Abbildungen 2.1.3a–e zeigen in einer Mercatorprojektion die globalen Verteilungen der Größen F, H, Z, D und I des Internationalen Geomagnetischen Referenzfeldes (IGRF) für die Epoche 1980.0. Grundlage für die Erstellung derartiger Karten sind die Registrierungen des Erdmagnetfeldes an etwa 200 über die ganze Erde verteilten Observatorien. Insbesondere die Karte mit den Linien gleicher Deklinationswerte ist wichtig für die Entnahme von orientierten Gesteinsproben mit dem Kompaß für paläomagnetische Untersuchungen (2.11). Mit ihrer Hilfe ist es möglich, aus den Kompaßablesungen im Breitenbereich ± 60° die geographische Nordrichtung auf etwa ± 2° und besser zu bestimmen.

Den sogenannten virtuellen geomagnetischen Pol (VGP) kann man mit Hilfe der in 2.9 vorgestellten Formeln unter der Annahme eines Dipolfeldes aus den geographischen Koordinaten eines Punktes auf der Erdoberfläche und der dort gemessenen Feld- oder Remanenzrichtung berechnen. Die virtuellen geomagnetischen Pole, die man zum Beispiel aus den Feldrichtungen und den geographischen Koordinaten des weltweiten Netzes geomagnetischer Observatorien berechnen kann, bilden eine dichte Punktwolke um den Durchstoßpunkt der Achse des dem heutigen Feld optimal angepaßten Dipols. Gemittelt über ein ausreichend großes Gebiet liefert also der Mittelwert der virtuellen geomagnetischen Pole den geomagnetischen Pol. Eine Analyse der paläomagnetische Daten der letzten etwa 5 Mio. Jahre zeigte, daß das Erdmagnetfeld, gemittelt über einen Zeitraum von wenigstens einigen 10^4 Jahren, mit guter Näherung als das Feld eines geozentrischen, axialen Dipols betrachtet werden kann, wobei Dipolachse und Rotationsachse der Erde sowie geomagnetischer Pol und Rotationspol zusammenfallen (3.1).

2.1.3 *Nichtdipolanteile in Raum und Zeit (Säkularvariation)*

Subtrahiert man vom realen Erdmagnetfeld das Feld des optimal angepaßten Dipolfeldes, so erhält man die sogenannten Nichtdipolanteile. Der Nichtdipolanteil für das Referenzfeld der Epoche 1945.0 ist in Abb. 2.1.4 dargestellt. Es treten großräumige Maxima und Minima auf, deren Intensität sich zeitlich langsam ändert und die sich auch örtlich verlagern. Die zeitlichen Variationen des Dipolanteils und der Nichtdipolanteile nennt man Säkularvariation. Die langsamen Änderungen des erdmagnetischen Feldes wurden zuerst von Halley im Jahre 1692 entdeckt. In lokal durchgeführten Messungen (entweder bei direkten Messungen oder auch bei paläomagnetischen Daten) äußert sich die Säkularvariation durch eine zeitliche Veränderung der einzelnen Meßgrößen (D, I und F). Dabei treten gewisse Periodizitäten auf, die im Geo-, Archäo- und Paläomagnetismus Gegenstand von Untersuchungen und Analysen sind.

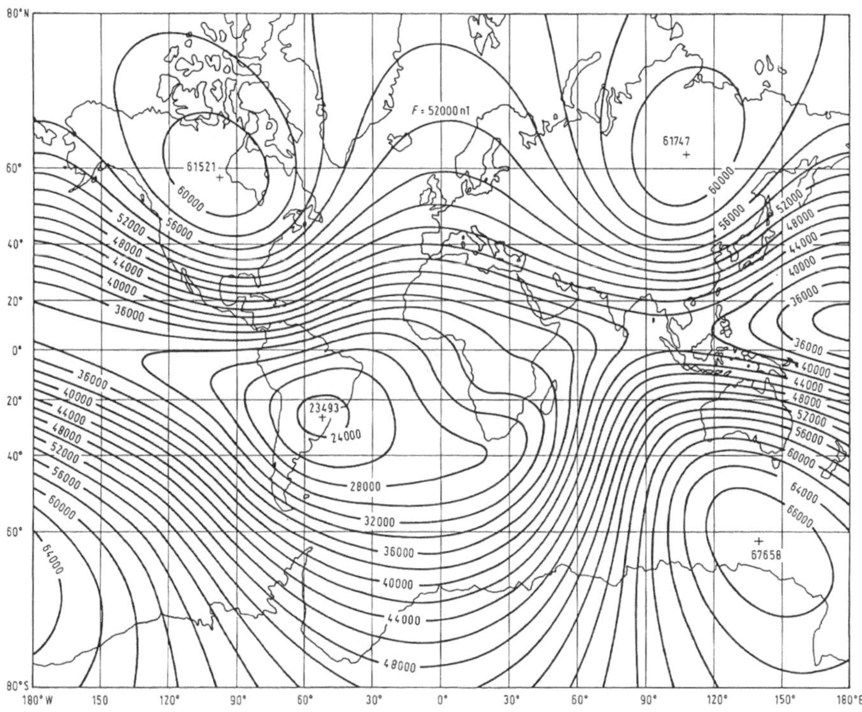

Abb. 2.1.3 a

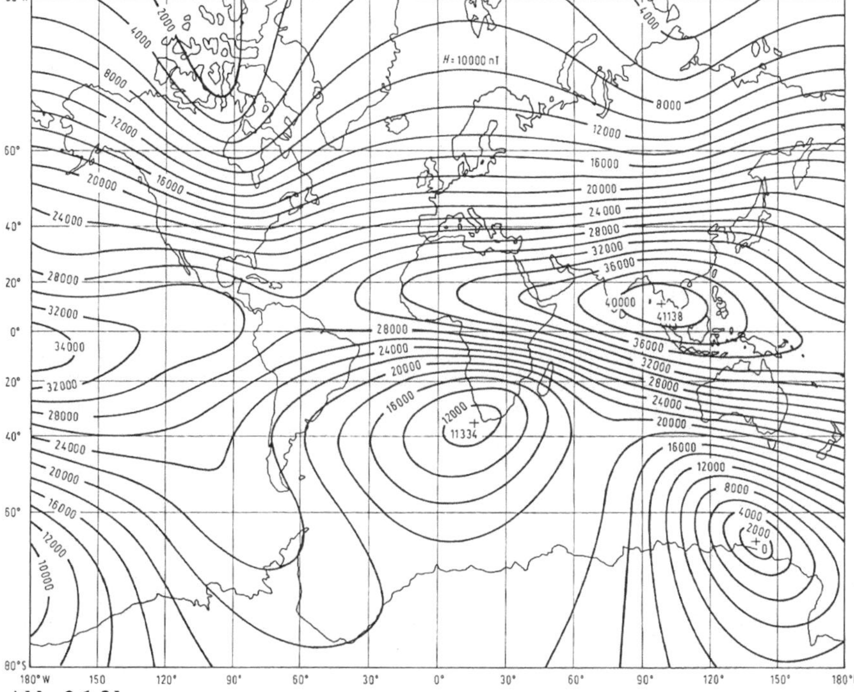

Abb. 2.1.3 b

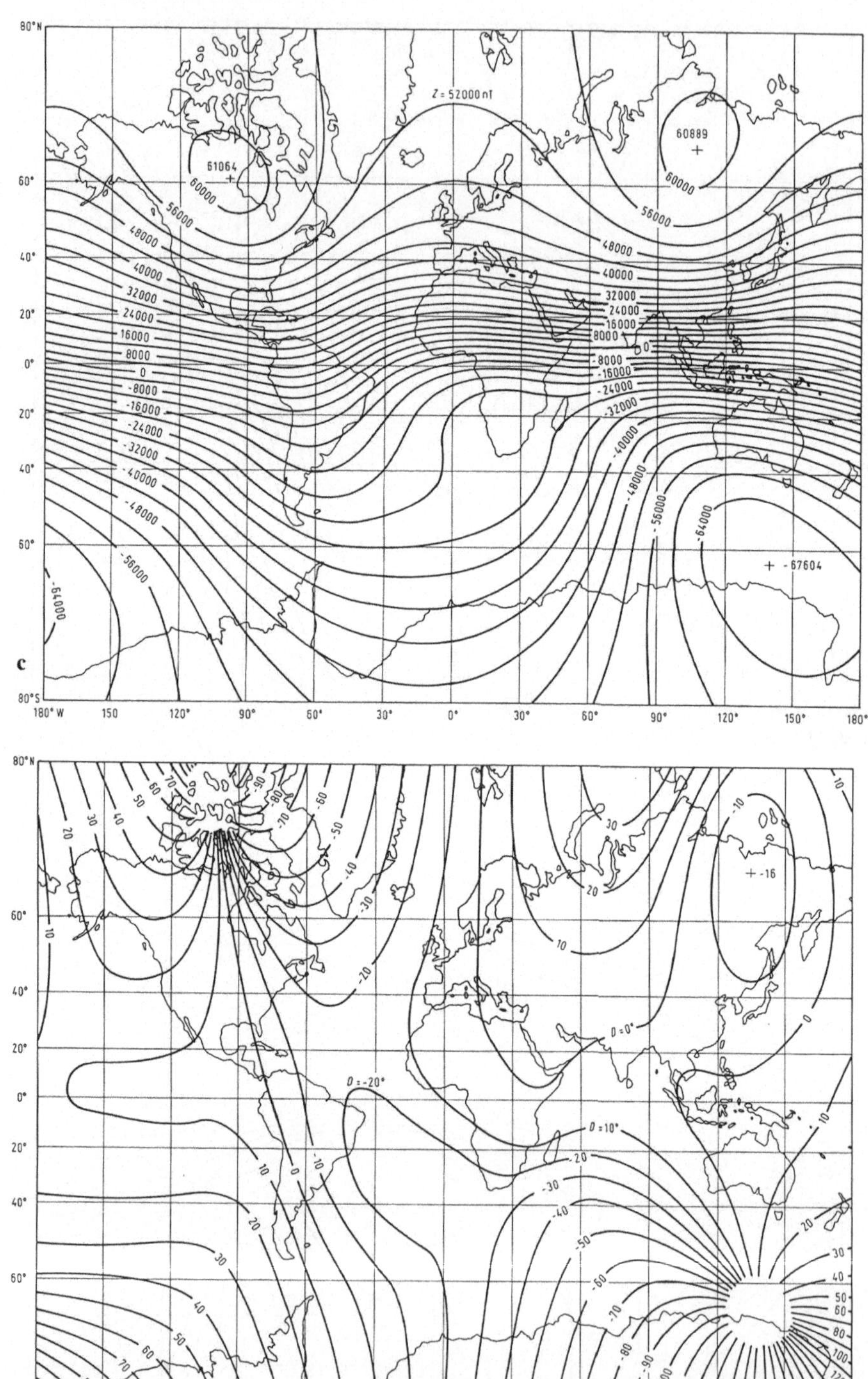

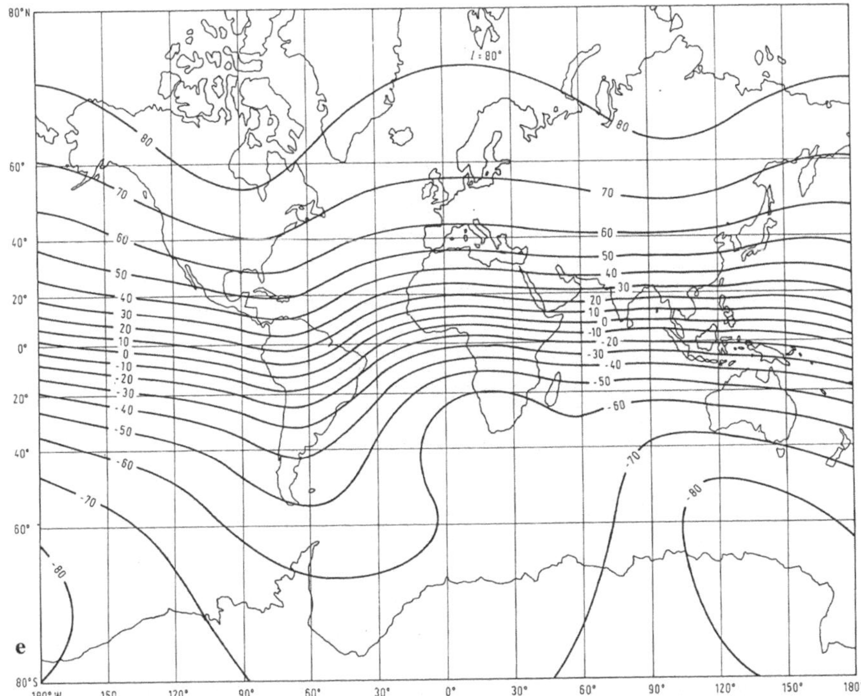

Abb. 2.1.3a–e. Globale Verteilung von Größen des Internationalen Geomagnetischen Referenzfeldes IGRF der Epoche 1980.0 in Mercatorprojektion im Breitenbereich ±80°; Feldintensitäten in nT, Winkel in Graden (positiv nach unten bzw. über Osten); **a** Totalintensität F; **b** Horizontalintensität H; **c** Vertikalintensität Z; **d** Deklination D; **e** Inklination I. (Nach Fabiano et al. 1983, aus Voppel 1985)

Abbildung 2.1.5 stellt die Änderung von D und I in Greenwich bei London in den letzten 400 Jahren dar. Aus dieser recht regelmäßig erscheinenden zeitlichen Feldänderung kann weder auf eine einfache Periodizität noch auf Maximal- oder Minimalamplituden geschlossen werden (s.auch Abb. 4.3.2). Abbildung 2.1.6 zeigt die Änderung von D, I und F für das Observatorium Fürstenfeldbruck bei München in den letzten 20 Jahren. Die Deklination (Abb. 2.1.6a) änderte sich innerhalb dieses Zeitraums um etwa 2°, dies entspricht einer zeitlichen Variation dieser Größe von etwa 0.1° pro Jahr. Im Oktober 1990 wurde erstmalig seit Beginn der Dauerregistrierungen im Raum München im Jahre 1840 der Wert D=0° erreicht. Die Inklination (Abb. 2.1.6b) änderte sich weniger stark, sie durchlief Ende der 70er Jahre ein Minimum. Die Totalintensität nahm in den letzten 20 Jahren um etwa 500 nT, d.h. um etwa 1% zu (Abb. 2.1.6c) und das, obwohl das Dipolmoment der Erde geringfügig abnahm (Abb. 2.1.7). Das zeigt, daß sich durchaus nicht alle erdmagnetischen Elemente gleichförmig zu ändern

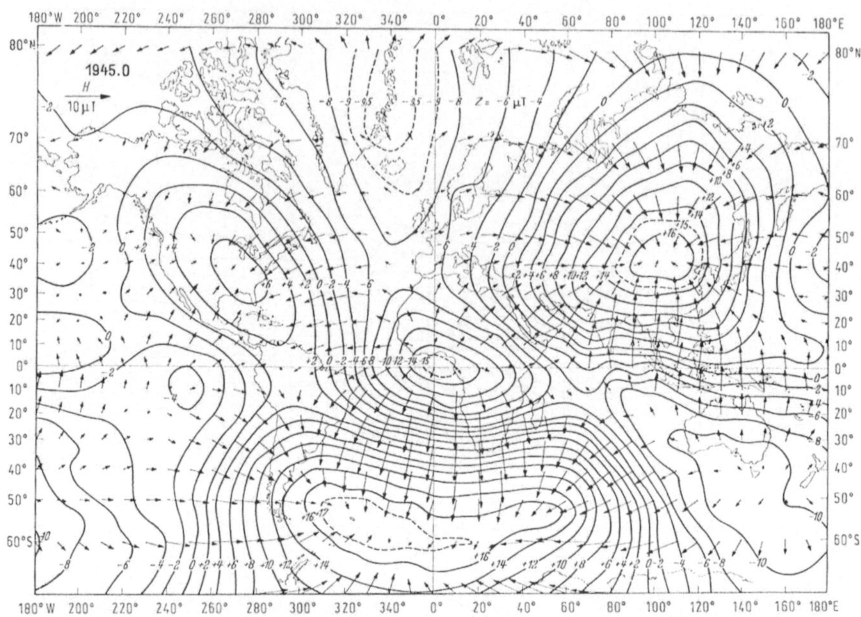

Abb. 2.1.4. Nichtdipolanteil für das Feld der Epoche 1945.0 in Mercatorprojektion. *Durchgezogene Isolinien:* Vertikalintensität Z in µT (Abstände 2µT); *unterbrochene Isolinien:* Abstände kleiner als 2µT; *Pfeile:* Intensität (s. Eichpfeil) und Richtung der Horizontalintensität H. (Nach Bullard et al. 1950, aus Voppel 1985)

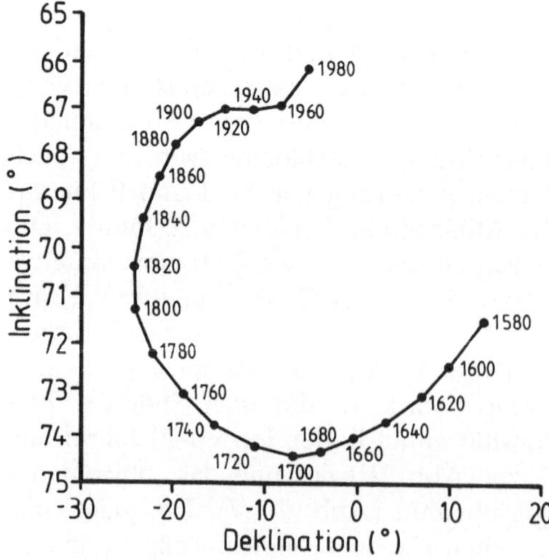

Abb. 2.1.5. Änderung der Deklination D und Inklination I in Greenwich bei London zwischen 1580 und 1980. (Mod. nach Aitken 1974)

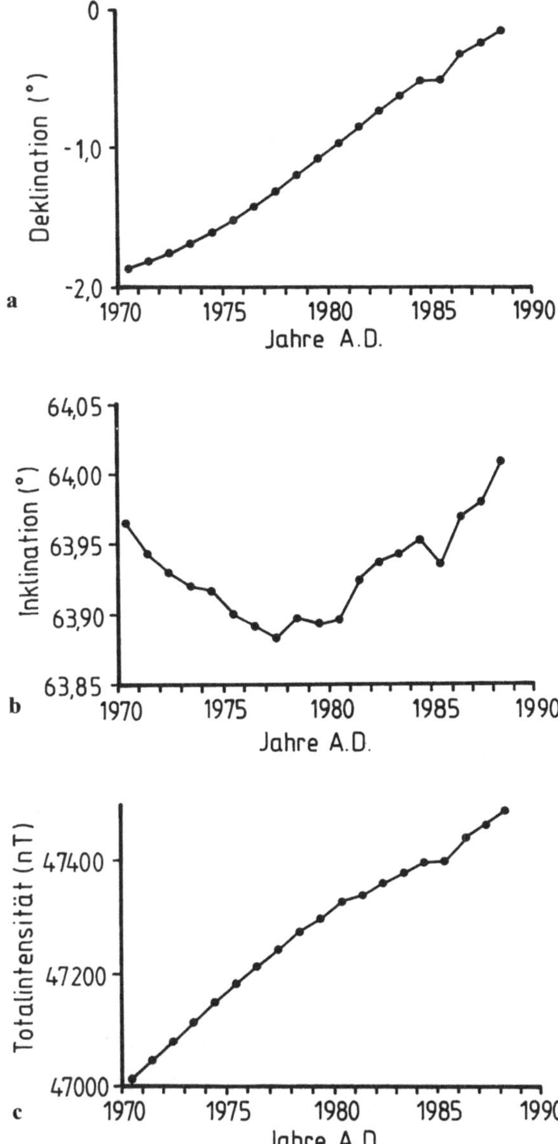

Abb. 2.1.6a–c. Änderung einiger erdmagnetischer Elemente im erdmagnetischen Observatorium Fürstenfeldbruck bei München zwischen 1970 und 1990; **a** Deklination D; **b** Inklination I; **c** Totalintensität F

brauchen und daß sich eine globale Abnahme der Intensität des Dipolfeldes nicht unbedingt in der Messung an einem einzelnen Observatorium ausdrükken muß.

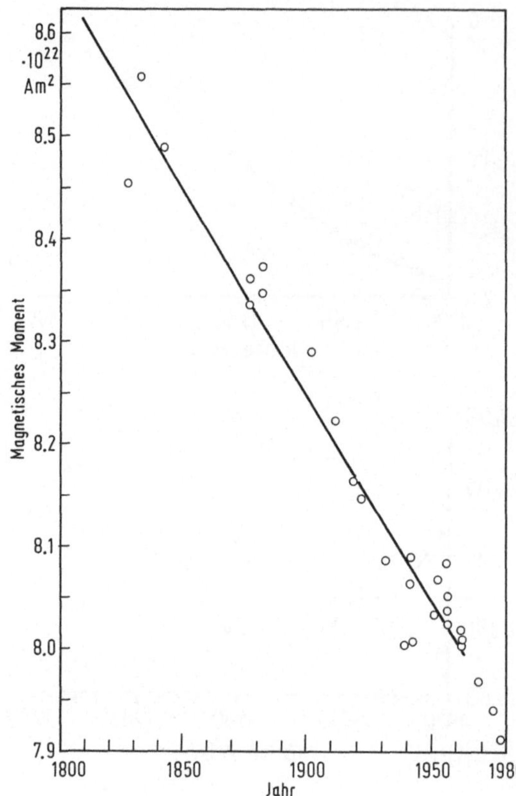

Abb. 2.1.7. Abnahme des Dipolmoments der Erde in 10^{22} Am² seit dem frühen 19. Jahrhundert. (Aus Voppel 1985)

2.1.4 Kugelfunktionsentwicklung und zeitliche Änderungen der Feldgrößen

Das Potential Φ_M des aus dem Erdinneren stammenden Anteils des Erdmagnetfeldes kann man mit Hilfe einer Kugelfunktionsentwicklung vom Grad n und der Ordnung m folgender Art beschreiben:

$$\Phi_M = \sum_{n=1}^{n^*} (n+1)\,(a/r)^{n+2} \sum_{m=0}^{n} (g_n^m \cos m\,\lambda + h_n^m \sin m\,\lambda)\, P_n^m\,(\theta)$$

Seine radiale und die tangentiale Komponente erhält man hieraus durch geeignete Differentiation über den bekannten Zusammenhang zwischen Potential Φ_M und Feld:

$$F = -\,\text{grad}\ \Phi_M$$

Dabei ist r der Radius der Erde, a der Abstand vom Erdmittelpunkt, θ ist hier die geographische Breite und λ die Länge, g_n^m und h_n^m sind die Gaußschen Koeffizienten in nT. Die Größe n* gibt den Grad an, bis zu dem die

Tabelle 2.1.2. Gaußsche Koeffizienten $g_n{}^m$ und $h_n{}^m$ in nT der Kugelfunktionsentwicklung des Erdmagnetfeldes für die Epoche 1985.0 bis Grad und Ordnung 3; die zeitlichen Ableitungen in nT/a sind in Klammern angegeben

n	m	$g_n{}^m$ (nT)		$h_n{}^m$ (nT)	
1	0	−29 877	(+23.2)	−	−
1	1	−1903	(+10.0)	5497	(−24.5)
2	0	−2073	(−13.7)	−	−
2	1	2045	(+3.4)	−2191	(−11.5)
2	2	1691	(+7.0)	−309	(−20.2)
3	0	1300	(+5.1)	−	−
3	1	−2208	(−4.6)	312	(+5.3)
3	2	1244	(−0.6)	284	(+2.3)
3	3	835	(+0.1)	−296	(−10.8)

Approximation des Feldes durchgeführt wird. Diese Gaußschen Koeffizienten sind zeitlich veränderlich, können aber auf Grund einer Trendanalyse für einen Zeitraum von einigen Jahren in die Zukunft extrapoliert werden. Deshalb ist es mit Einschränkungen möglich, das Verhalten des Erdmagnetfeldes für einige Jahre zuverlässig vorherzusagen.

Tabelle 2.1.2 zeigt eine Liste der Gaußschen Koeffizienten $g_n{}^m$ und $h_n{}^m$ der Kugelfunktionsentwicklung für das geomagnetische Referenzfeld der Epoche 1985.5 bis Grad 3 und Ordnung 3. Die Koeffizienten der höheren Entwicklung können der Spezialliteratur entnommen werden (Peddie 1986). Die aus dem Erdkern stammenden Anteile nehmen in einem Energiedichtespektrum von n=1 (Dipolanteil) bis n=14 nahezu linear ab. Darüber (bis etwa zum Grad n=50) dominieren die Feldanteile, die von der Magnetisierung der Erdkruste herrühren. Jenseits von n=50 beginnt weißes Rauschen.

2.1.5 Theorien zum Ursprung des erdmagnetischen Feldes

Der Ursprung des erdmagnetischen Hauptfeldes war lange eine ungelöste Frage der Geophysik. Klarheit herrschte lediglich darüber, welche Quellen für das Erdmagnetfeld sicher nicht in Betracht kommen können. Die Krustenmagnetisierung scheidet als Hauptquelle für das Erdmagnetfeld auf Grund der zu geringen und örtlich zu stark variierenden Magnetisierung der Gesteine aus. Ein Permanentmagnet im Erdinneren kommt wegen der dort herrschenden hohen Temperaturen nicht in Frage. Stromsysteme im äußeren Erdkern werden momentan als beste Lösung des Problems angesehen (Busse 1976). Es gibt auch Arbeiten über mechanische Analoga in Form eines einfachen oder doppelten Scheibendynamos (Abb. 2.1.8a). Die von der Lorentzkraft erzeugten Potentialdifferenzen zwischen dem inneren und dem äußeren Teil der mit den Rotationsfrequenzen f1 und f2 rotierenden Scheiben werden abgegriffen. Die Ströme I1 und I2 fließen durch Spulen im Bereich der jeweils benachbarten Scheibe, so daß es zu einer Kopplung beider Systeme kommt. Die Summe der Ströme I1 + I2 ist ein Maß für das erzeugte Feld (Abb. 2.1.8b). Es können sowohl Polaritätswechsel als auch periodische Schwankungen der Feldintensität simuliert werden. Dieser Dynamo kann sowohl experimentell als auch theoretisch über Modellrech-

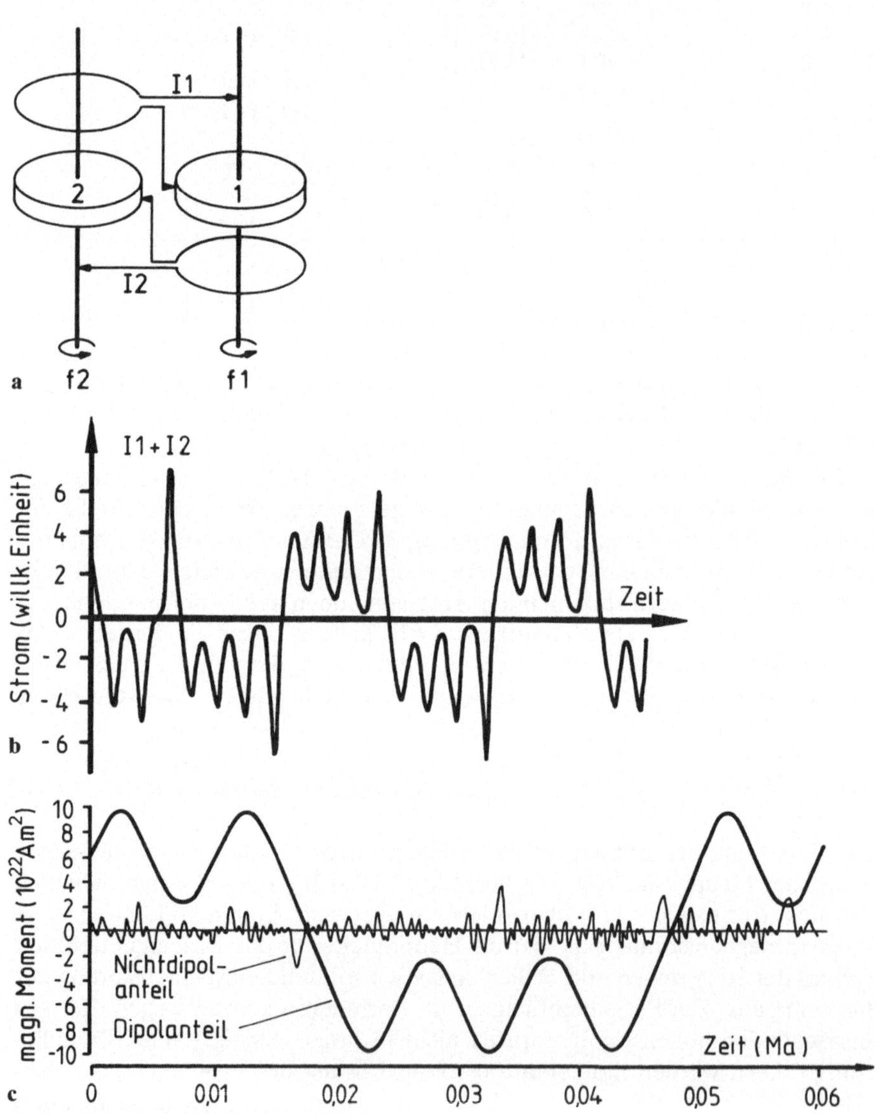

Abb. 2.1.8a–c. Modelle zum Polaritätswechsel des erdmagnetischen Feldes; **a** Doppelscheibendynamo; *1,2*: Metallscheiben; *f1,f2* Rotationsfrequenzen; *I1,I2*: Ströme (nach Rikitake 1966); **b** Summe der Ströme *I1* + *I2* (mod. nach Cox 1968); **c** Modell der Feldumkehr auf der Grundlage eines stochastischen Prozesses. Wenn ein Minimum des Dipolanteils auf ein Maximum der Nichtdipolanteile in der Gegenrichtung trifft, kommt es zu einer Feldumkehr (nach Cox 1968)

nungen zumindest qualitativ die wichtigsten Eigenschaften des Erdmagnetfeldes erklären, wie z. B. die erforderliche Feldintensität, die Säkularvariation und sogar Feldumkehrungen (Kono 1987, Hoshi und Kono 1988). Ein Modell zur Feldumkehr auf der Grundlage eines stochastischen Prozesses stammt von Cox (1968). Danach ist ein Polaritätswechsel möglich, wenn der Dipolanteil kleiner wird als der Nichtdipolanteil (Abb. 2.1.8c). Die „Polarität" des Nichtdipolanteils entscheidet dann, ob eine Feldumkehr stattfindet oder ob sich bei einem Minimum des Dipolanteils das Feld in seiner vorhergehenden Polarität regeneriert.

Wesentlich komplizierter, aber wahrscheinlich realitätsnäher sind Modellrechnungen auf Großrechnern zur Simulierung des Erdmagnetfeldes auf der Basis einer Kombination der Maxwellschen Differentialgleichungen der Elektrodynamik mit den Navier-Stokesschen Differentialgleichungen der Hydromechanik. Die Rechenprozesse sind so kompliziert, daß auf sie hier nicht explizit eingegangen werden kann. Große Schwierigkeiten bereitet auch die Parametrisierung der Modelle, d. h. die geeignete Wahl der Strömungsgeschwindigkeiten, der elektrischen Leitfähigkeit, der Viskosität, der Größe der Konvektionszellen und anderer Parameter. Die Modellrechnungen sind noch nicht in der Lage, alle im Paläomagnetismus als gesichert bekannten Eigenschaften des Erdmagnetfeldes wirklichkeitsgetreu zu simulieren.

2.2 Gesteinsmagnetische Grundlagen

2.2.1 Diamagnetismus, Paramagnetismus, Ferromagnetismus, Antiferromagnetismus und Ferrimagnetismus

2.2.1.1 Definition der Magnetisierung und des Diamagnetismus

Die physikalischen Grundlagen des Magnetismus sind in zahlreichen Monographien (Smit u. Wijn 1959, Kneller 1962) dargestellt. Eine Auswahl von Lehrbüchern über Gesteinsmagnetismus findet sich in Kapitel 5.

Die Erscheinungen des Magnetismus lassen sich auf eine besondere Eigenschaft der Elektronen zurückführen. Jedes Elektron besitzt ein magnetisches Moment in Form eines Bahnmoments (durch die Bewegung der Elektronen auf Bahnen um den Atomkern) und zusätzlich ein Spinmoment, das an seinen Drehimpuls gekoppelt ist. Beide magnetischen Momente stehen nach den Gesetzen der Quantenphysik miteinander in Wechselwirkung. Die kleinste Einheit eines magnetischen Moments beträgt $9.2742 \cdot 10^{-24}$ Am^2 und wird ein Bohrsches Magneton (μ_B) genannt. Bei den weiter unten besprochenen natürlichen Ferriten spielen die Bahnmomente neben den Spinmomenten nur eine untergeordnete Rolle. Die magnetischen Momente in einem Atom, in einem Ion und sogar in einer makroskopischen

Probe haben zur Minimalisierung der Energie die Tendenz, sich weitgehend zu kompensieren, d. h. sich entweder paarweise antiparallel zueinander oder statistisch ungeregelt anzuordnen. Bei einer unvollständigen Kompensation nennt man die Anzahl der resultierenden magnetischen Momente M in einer Volumeneinheit dV die Magnetisierung J oder die magnetische Polarisation. J ist definiert als J=M/dV und hat in SI-Einheiten die Dimension A/m.

Wird die Magnetisierung in einem äußeren Feld H_a erzeugt (induziert), so spricht man von einer induzierten Magnetisierung J_i. Die Proportionalitätskonstante zwischen der induzierten Magnetisierung J_i und dem äußeren Feld H_a nennt man die magnetische Volumensuszeptibilität k (dimensionslose Größe).

$$J_i = k \cdot H_a$$

Meist bezieht man den Suszeptibilitätswert auf die leichter meßbare Probenmasse, indem man die Volumensuszeptibilität durch die Dichte dividiert und so die spezifische Suszeptibilität in m^3kg^{-1} erhält. Diamagnetische Stoffe enthalten keine unkompensierten magnetischen Momente. Bei ihnen wird durch die Wechselwirkung zwischen dem äußeren Feld und den Bahnmomenten gemäß der Lenzschen Regel eine diesem Feld entgegengesetzt gerichtete Magnetisierung induziert. Die spezifische Suszeptibilität ist daher negativ. Sie ist auch sehr klein ($< 10^{-8}$ m^3kg^{-1}) und temperaturunabhängig (Abb.2.2.1). Diamagnetische Minerale spielen in der Paläomagnetik praktisch keine Rolle, wohl aber bei gesteinmagnetischen Labormessungen (Probenhalter sind häufig aus diamagnetischem Quarzglas). In Tabelle 2.2.1 sind die diamagnetischen Suszeptibilitäten einiger Minerale aufgeführt. Ein Diamagnetismus ist im Prinzip bei allen Stoffen vorhanden. Er wird bei vielen Substanzen durch einen sehr viel stärkeren Para- bzw. Ferromagnetismus überdeckt.

Tabelle 2.2.1. Spezifische Suszeptibilität einiger diamagnetischer Minerale (in 10^{-8} m^3kg^{-1})

Mineral	k_{dia}	Mineral	k_{dia}
Quarz (SiO_2)	–0.6	Kalkspat ($CaCO_3$)	–0.5
Forsterit ($Mg_2(SiO_4)$)	–0.4	Anhydrit ($CaSO_4$)	–2.0
Orthoklas ($KAlSi_3O_8$)	–0.6	Halit ($NaCl$)	–0.5
Zinkblende (ZnS)	–0.3	Graphit (C)	–7.8

2.2.1.2 Paramagnetismus

Paramagnetische enthalten im Gegensatz zu den diamagnetischen Mineralien Ionen, die zum Teil mehrere nicht kompensierte magnetische Spinmomente besitzen. Hierzu zählen vor allem die Ionen der Eisengruppe (Fe,

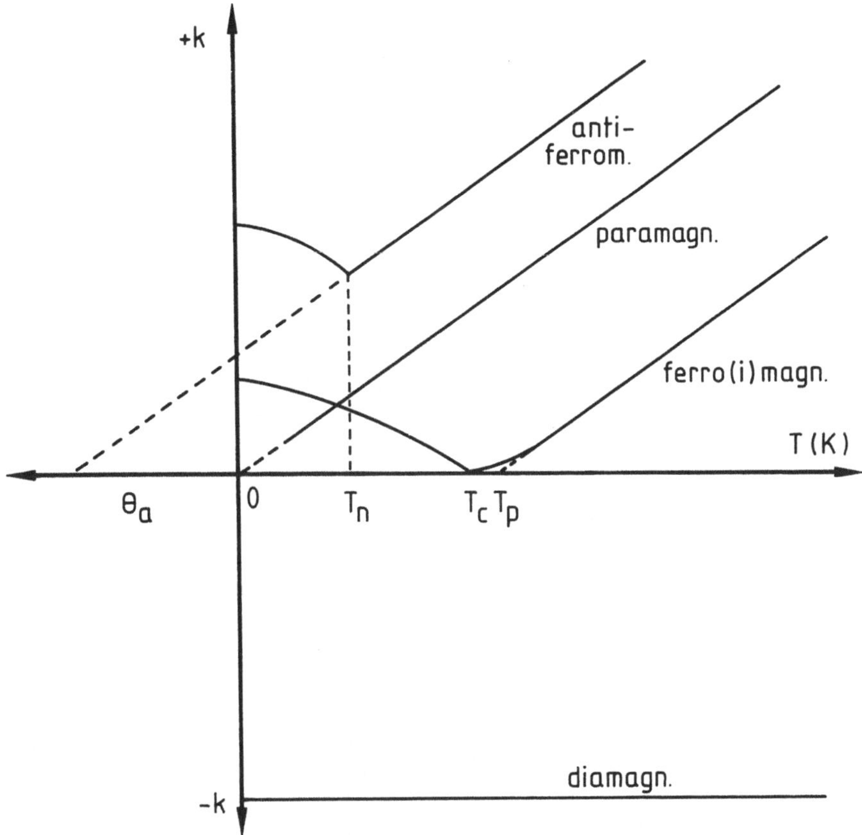

Abb. 2.2.1. Temperaturabhängigkeit der reziproken Suszeptibilität 1/k dia-, para-, antiferro- und ferro(i)magnetischer Substanzen (schematisch). T_c Curie-Temperatur; T_p paramagnetische Curie-Temperatur der Ferro(i)magnetika; T_n Néel-Temperatur; θ_a asymptotische Curie-Temperatur der Antiferromagnetika

Co, Ni). Die einzelnen magnetischen Momente besitzen untereinander bei Raumtemperatur keine Wechselwirkungen, und ihre Richtungen sind in einem Mineral deswegen nicht geordnet, sondern statistisch ungeregelt verteilt (Abb. 2.2.2a). Ohne ein äußeres Feld H_a ist in paramagnetischen Substanzen daher die Magnetisierung $J = 0$. Durch ein äußeres Feld wird den magnetischen Momenten eine Vorzugsrichtung aufgeprägt, die zu einem resultierenden magnetischen Moment und damit zu einer induzierten Magnetisierung J_i in Richtung von H_a führt. Deshalb ist die paramagnetische Suszeptibilität k_{para} positiv. Die Magnetisierung J_i ist parallel und proportional zu H_a.

$$J_i = k_{para} \cdot H_a$$

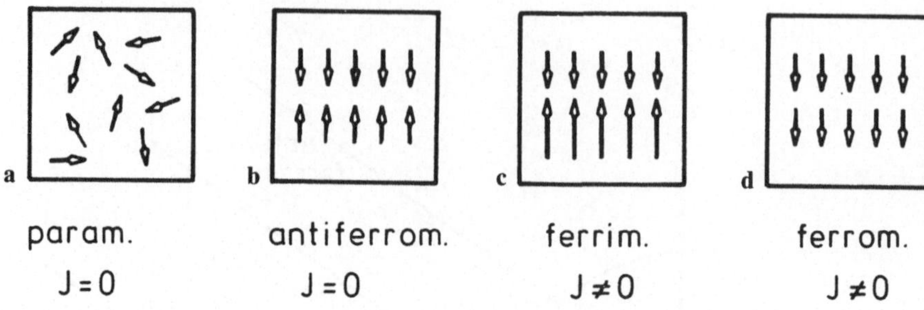

Abb. 2.2.2a–d. Ordnungszustände im Magnetismus; *Pfeile:* magnetische Momente. **a** Paramagnetismus (völlige Unordnung); **b** Antiferromagnetismus (strenge Ordnung, aber kein resultierendes Moment); **c** Ferrimagnetismus (strenge Ordnung mit einem resultierenden Restmoment); **d** Ferromagnetismus (strenge Ordnung mit einem resultierenden Moment)

Da die Einregelung der magnetischen Momente durch die thermische Agitation gestört wird, ist die paramagnetische Suszeptibilität eine Funktion der Temperatur und nimmt mit steigender Temperatur gemäß dem Curieschen Gesetz ab:

$$k_{para} = C \, / \, T$$

Dabei ist T die absolute Temperatur und C die sogenannte Curie-Konstante, die für jede paramagnetische Substanz einen anderen Wert hat. In der Regel wird die reziproke Suszeptibilität 1/k gegen die absolute Temperatur aufgetragen (Abb. 2.2.1). Dies ergibt bei Paramagnetika eine Gerade durch T=0 K mit der Steigung 1/C. Eine Variation vor allem des Gehaltes an Fe^{2+} und/oder Fe^{3+} oder auch anderer paramagnetischer Ionen (Mn^{2+}, Cr^{3+}) führt in paramagnetischen Mineralien zu einer gewissen Variationsbreite für den Wert der Suszeptibilität. Tabelle 2.2.2 zeigt Suszeptibilitätswerte häufig vorkommender paramagnetischer Minerale. Auch theoretisch ganz eisenfreie Mineralien, wie z. B. die Feldspäte, sind oft nicht diamagne-

Tabelle 2.2.2. Spezifische Suszeptibilität einiger paramagnetischer Minerale bei Normaltemperatur (in 10^{-8} m^3kg^{-1})

Mineral	k_{para}	Mineral	k_{para}
Olivine	5...130	Pyroxene	3...90
Amphibole	10...100	Granate	10...150
Biotit	6...100	Muskowit	−1...25
Cordierit	7... 40	Feldspäte	−0.5...30
Turmalin	2... 40	Pyrit	5...50
Serpentin	12... 48	Quarz	−0.6...5

tisch, sondern durch einen kleinen Eisengehalt (Ersatz von Al^{3+} durch Fe^{3+}) schwach paramagnetisch. Der Erdmantel mit seinen Temperaturen von sicher mehr als 1000 °C ist paramagnetisch und liefert daher keine nennenswerten Beiträge zum erdmagnetischen Hauptfeld. Entfernt man das äußere Feld H_a, so verschwindet die induzierte Magnetisierung J_i sofort wieder. Paramagnetische Mineralien können daher keine Informationen über ihre früheren Magnetisierungszustände speichern.

2.2.1.3 Ferromagnetismus

Ferromagnetismus tritt auf, wenn die magnetischen Momente paramagnetischer Ionen stark miteinander in Wechselwirkung treten. Dies kann der Fall sein, wenn pro Ion mehrere nicht kompensierte stark paramagnetische Ionen mit mehreren unkompensierten magnetischen Momenten pro Atom oder Ion auftreten, oder wenn die Temperaturen so niedrig sind, daß die thermische Agitation als Störfaktor in seiner Wirkung reduziert ist. Die dann auftretenden Ordnungszustände nennt man ganz allgemein Ferromagnetismus. Hiervon gibt es einige Spezialfälle, die insbesondere bei mehreren natürlichen Mineralien (vorwiegend Eisenoxide oder Eisensulfide) auftreten. Die einzelnen Spielarten des Ferromagnetismus sind in Abb. 2.2.2b–d dargestellt. Der reine Ferromagnetismus mit einer Parallelstellung aller vorhandenen nicht kompensierten magnetischen Momente (Abb. 2.2.2d) tritt bei gesteinsbildenden Mineralien nicht auf sondern nur bei den Metallen Eisen, Kobalt und Nickel sowie bei einigen künstlich hergestellten Granaten.

2.2.1.4 Antiferromagnetismus

Wichtig für natürliche Mineralien ist der von Néel (1948) entdeckte Antiferromagnetismus, bei dem die magnetischen Momente paarweise antiparallel ausgerichtet sind (Abb. 2.2.2b). Auch hier ist, allerdings in einer anderen Art und Weise als beim Paramagnetismus, die Summe der magnetischen Momente eines Teilvolumens ebenfalls gleich Null und ohne ein äußeres Feld ist keine Magnetisierung vorhanden. Dreh- und Umklappprozesse führen – ähnlich wie beim Paramagnetismus – zu einer dem äußeren Feld H_a parallelen induzierten Magnetisierung J_i und einer positiven Suszeptibilität k_{antif}. Tabelle 2.2.3 zeigt Suszeptibilitätswerte und andere, weiter unten definierte Materialkonstanten einiger natürlicher Antiferromagnetika. Bei einer für jedes Material charakteristischen Temperatur T_n (Néel-Temperatur; Tabelle 2.2.3) verschwindet die Ordnung der magnetischen Momente und das Material geht dann in einen paramagnetischen Zustand über. Bei T_n besitzt k_{antif} ein Maximum (Hopkinson-Peak) bzw. $1/k_{antif}$ ein Minimum (Abb. 2.2.1). Oberhalb von T_n kommt es zu einer Temperaturabhängigkeit der Suszeptibilität gemäß dem Curie-Weißschen Gesetz:

$$k_{antif} = C\,/(T + T_n)$$

Tabelle 2.2.3. Einige magnetische Parameter von antiferromagnetischen Mineralien. Die Werte für die spezifische Suszeptibilität bei Normaltemperatur können erheblich variieren und sind in Einheiten 10^{-8} m^3kg^{-1} angegeben. Die Werte von θ_a verstehen sich als negative absolute Temperaturen in K (s. auch Abb. 2.2.1). Der negative θ_a-Wert für Ilmenit bedeutet, daß er schwach ferrimagnetisch ist

Mineral	k_{spez}	T_n	θ_a	Struktur
Ilmenit (Fe_2TiO_3)	150	55–68 K	–17 K	rhomboedrisch
Hämatit (Fe_2O_3)	20	950 K	2940 K	rhomboedrisch
Cr_2O_3	50	310 K	1070 K	rhomboedrisch
Ulvöspinell (Fe_2TiO_4)	100	115–120 K	?	kubisch
Wüstit (FeO)	100	190 K	195 K	kubisch

Wieder ist C die (materialspezifische) Curie-Konstante des Antiferromagnetikums und T die absolute Temperatur. Antiferromagnetische und paramagnetische Mineralien haben ähnlich große Suszeptibilitätswerte, unterscheiden sich aber durch die unterschiedlichen Temperaturabhängigkeiten von k. Während bei paramagnetischen Substanzen die lineare Funktion $1/k_{para}$ = f(T) eine Gerade durch den Ursprung bildet (Abb. 2.2.1), schneidet bei antiferromagnetischen Materialien die verlängerte entsprechende Gerade die Temperaturachse bei negativen Absoluttemperaturen (asymptotische Curie-Temperatur θ_a). Die Größe θ_a ist materialspezifisch (Tabelle 2.2.3) und kann für diagnostische Zwecke verwendet werden (2.3.8). Je größer die Wechselwirkung zwischen den antiparallelen magnetischen Momenten eines Antiferromagnetikums, desto größer ist θ_a. Entfernt man das äußere Feld, so verschwindet die (induzierte) Magnetisierung der Antiferromagnetika sofort. Ebenso wie Paramagnetika können auch sie keine Informationen über frühere Magnetisierungszustände speichern.

2.2.1.5 Ferrimagnetismus

Bei zahlreichen antiferromagnetischen Substanzen sind die magnetischen Momente häufig ungleich groß und in den Gittern so angeordnet, daß keine vollständige Kompensation der magnetischen Momente bei Abwesenheit eines äußeren Feldes auftritt (Abb. 2.2.2c). Man nennt diese Erscheinung nach Néel (1948) Ferrimagnetismus. Die magnetische Ordnung wird bei der sogenannten Curie-Temperatur T_c zerstört. Oberhalb T_c sind diese Substanzen dann wiederum nur noch paramagnetisch, und es gilt das folgende Curie-Weißsche Gesetz (Abb. 2.2.1):

$$k_{ferri} = C\,/(T - T_c)$$

Ebenso wie bei antiferromagnetischen Materialien erreichen auch die Ferrimagnetika (und Ferromagnetika) bei $T = T_c$ ein Maximum von k_{ferri} (Hopkinson-Peak) bzw. ein Minimum von $1/k_{ferri}$ (Abb. 2.2.1).

Die unvollständige Kompensation der antiparallel gestellten magnetischen Momente (z. B. zweier Untergitter) kann folgende Gründe haben:
- verschieden große magnetische Momente der beteiligten paramagnetischen Ionen (Beispiel: Magnetit Fe_3O_4 mit den Kationen Fe^{2+} mit 4 und Fe^{3+} mit 5 Bohrschen Magnetonen);
- eine Unterbesetzung eines Untergitters mit paramagnetischen Ionen und ein resultierendes Defektmoment (Beispiel: Magnetkies Fe_7S_8);
- Abweichung von der exakten Antiparallelstellung der magnetischen Momente d. h. eine „Verkantung" (spin canting). Ein Beispiel hierfür ist der Hämatit Fe_2O_3.

Die Curie-Temperaturen T_c (Tabelle 2.2.4) sind charakteristische Materialkonstanten der Ferro(i)magnetika und können, ebenso wie andere Eigenschaften, die in 2.3 noch erläutert werden, für diagnostische Zwecke zur Identifikation der einzelnen Mineralien verwendet werden.

Tabelle 2.2.4. Einige magnetische Eigenschaften der wichtigsten natürlichen Ferrite. Die Werte für die spezifische Suszeptibilität können erheblich variieren und sind in Einheiten 10^{-8} m^3 kg^{-1} angegeben. Die Curie-Temperaturen T_c sind in °C angegeben; weitere Materialkonstanten s. Tabelle 2.2.6

Mineral	T_c	$k_{spez.}$	Struktur
Magnetit Fe_3O_4	578°C	$10^6...10^7$	kubisch
Titanomagnetite x Fe_2TiO_4 (1–x) Fe_3O_4 $0 \leq x \leq 1$ Formel: $T_c(°C) = 856-567x-186x^2$	–200°C...578°C	$10^2...10^7$	kubisch
Maghemit gamma-Fe_2O_3	578°C...675°C	$10^5...10^7$	kubisch
Hämatit alpha-Fe_2O_3	675°C	$10^2...10^3$	rhomboedr.
Hämo-Ilmenite $xFe_2O_3 \cdot (1-x)FeTiO_3$ $0 \leq x \leq 1$ Formeln: $T_c(K) = 943-1143x$ für $0 \leq x \leq 0.8$ $T_c(K) = 895-928x$ für $0.35 \leq x \leq 1.0$	–200°C...675°C	$10^2...10^5$	rhomboedr.
Magnetkies Fe_7S_8	325°C	$10^3...10^5$	rhomboedr.
Goethit alpha-FeOOH	110°C	10^3	orthorh.
Greigit Fe_3S_4	270°C...300°C	$10^3...10^5$	kubisch

2.2.2 Definition magnetischer Kenngrößen $(k, H_c, J_s, ..)$ der Ferro(i)magnetika

Die magnetischen Kenngrößen, die im Paläo- und Gesteinsmagnetismus immer wieder auftreten, können am besten mit Hilfe der idealisierten Hystereseschleife eines Ferro- oder Ferrimagnetikums erläutert und definiert werden. Hierzu sei auf Abb. 2.2.3a verwiesen. Ausgehend vom unmagnetischen Zustand $(J = 0$ bei $H_a = 0)$ erfolgt bei kleinen äußeren Feldern zunächst ein zu H_a proportionaler Anstieg von J. Die Steigung dieser Kurve im Ursprung ist durch das Verhältnis J/H_a gegeben und stellt die sogenannte Anfangssuszeptibilität k_a dar. Der Anstieg dieser Kurve nimmt bei steigendem äußeren Feld zunächst zu, um dann bei starken Feldern immer weiter abzuflachen. Diesen Kurvenabschnitt bei $H = 0$ beginnend nennt man die Neukurve (NK). Die Steigung an einem beliebigen Punkt der Neukurve nennt man die differentielle Suszeptibilität k_{diff}. Führt man an einem beliebigen Punkt der Neukurve eine Hysteresemessung durch, so nennt man die Steigung der Verbindungslinie zwischen den beiden Enden des Hystereseschleifchens die reversible Suszeptibilität k_{rev}. Die Magnetisierung J geht bei sehr hohen Feldstärken in den Sättigungswert J_s über. Die zur Sättigung eines Ferro- oder Ferrimagnetikums notwendige Stärke des äußeren Feldes ist weitgehend materialspezifisch und kann für diagnostische Zwecke verwendet werden (2.3). Die bei der Sättigung maximal erreichbare Magnetisierung nennt man die Sättigungsmagnetisierung J_s. In diesem Zustand sind alle im Material vorhandenen magnetischen Momente im Rahmen dessen, was die Agitation der Temperatur zuläßt, parallel ausgerichtet. Bei Gesteinen mit sowohl para- als auch ferro(i)magnetischen Mineralanteilen sieht

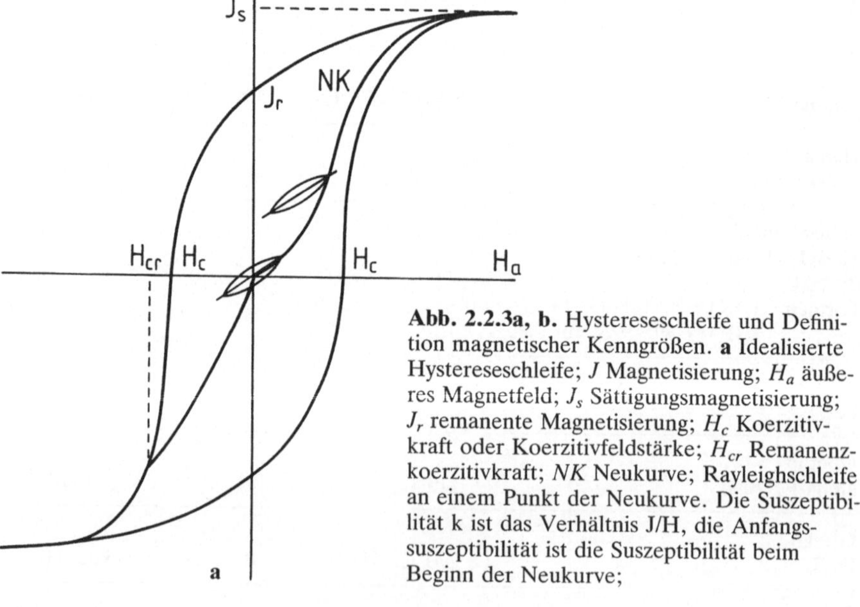

Abb. 2.2.3a, b. Hystereseschleife und Definition magnetischer Kenngrößen. **a** Idealisierte Hystereseschleife; J Magnetisierung; H_a äußeres Magnetfeld; J_s Sättigungsmagnetisierung; J_r remanente Magnetisierung; H_c Koerzitivkraft oder Koerzitivfeldstärke; H_{cr} Remanenzkoerzitivkraft; NK Neukurve; Rayleighschleife an einem Punkt der Neukurve. Die Suszeptibilität k ist das Verhältnis J/H, die Anfangssuszeptibilität ist die Suszeptibilität beim Beginn der Neukurve;

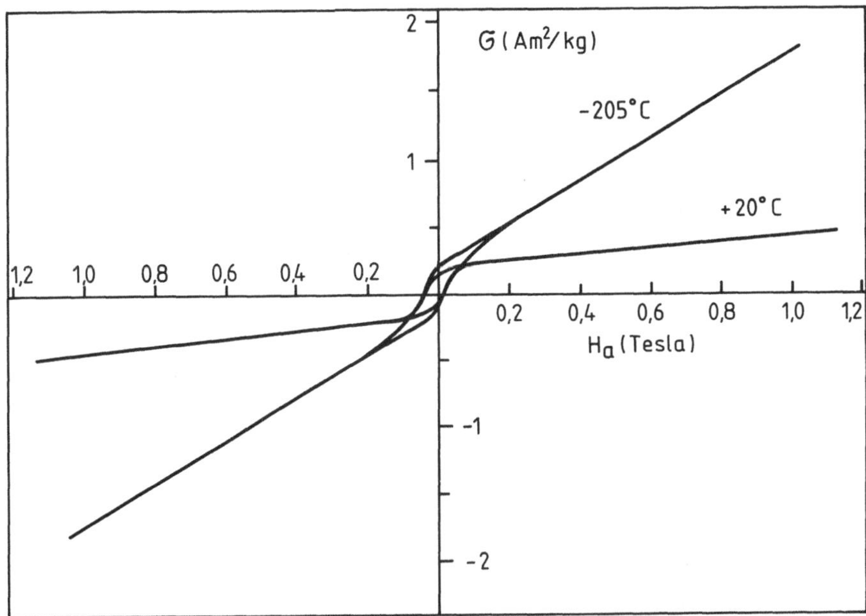

Abb. 2.2.3b. Hystereseschleifen von Basaltproben bei Normaltemperatur (20 °C) und –205 °C. Aufgetragen ist die spezifische Sättigungsmagnetisierung σ in Am²/kg gegen das äußere Feld H_a in T. Die paramagnetischen Minerale bewirken einen weiteren Anstieg der Magnetisierung nach der Sättigung der ferro(i)magnetischen Erzkomponente. (Mod. nach Schmidbauer 1975)

die Hysteresekurve meist etwas anders aus als in Abb. 2.2.3a gezeigt. Durch den paramagnetischen Anteil steigt die Magnetisierung nach der Sättigung der ferro(i)magnetischen Erzkomponente noch weiter an. Die Abb. 2.2.3b zeigt zwei Hysteresekurven einer Basaltprobe mit sehr kleinen Erzkörnern (SD-Teilchen; 2.2.6), die bei Normaltemperatur (20 °C) und bei –205 °C gemessen wurden. Aufgetragen ist die spezifische Magnetisierung σ in Am²/kg gegen das äußere Feld H_a in T. Man sieht deutlich, daß bei der tiefen Temperatur die paramagnetische Suszeptibilität (Steigung des linearen Teils der Hysteresekurve) auf Grund des Curieschen Gesetzes k=C/T erheblich größer ist als bei Raumtemperatur, während die Sättigungsmagnetisierung der ferro(i)magnetischen Erzkomponente kaum anwuchs. Im übrigen können Hysteresemessungen bei tiefen Temperaturen verwendet werden, um die para- und ferro(i)magnetische Anteile der Suszeptibilität von Gesteinen trennen zu können (2.2.3). In der Regel nimmt J_s zwischen T = 0 K und der Curie-Temperatur T_c monoton ab (Q-Typ nach Néel 1948; Abb. 2.2.4). Bei Ferriten treten aber auch andere Temperaturabhängigkeiten der Sättigungsmagnetisierung auf (2.4.12). Der Wert von J_s bei Normaltemperatur ist für jedes ferro(i)magnetische Material eine spezifische Materialkonstante (2.3.8 und Tabelle 2.2.6).

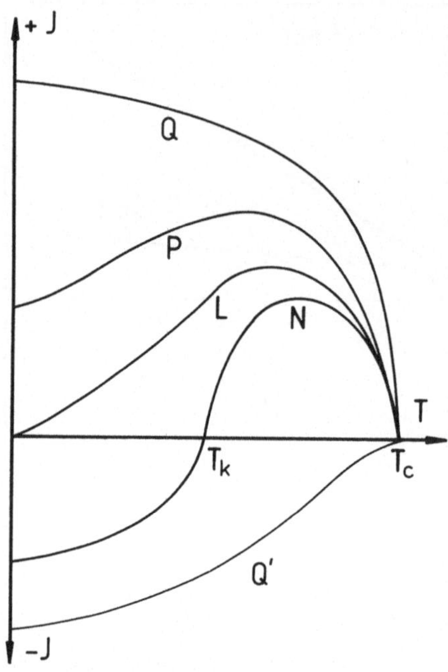

Abb. 2.2.4. Verschiedene Arten der Temperaturabhängigkeit der Sättigungsmagnetisierung von Ferriten nach der Nomenklatur von Néel (1948). $\pm J$ Resultierende Magnetisierung; T_c Curie-Temperatur. Der Q-Typ ist der normale Verlauf, der bei Magnetit und auch bei den meisten anderen Ferrimagnetika und bei den Ferromagnetika auftritt. Der N-Typ zeigt Selbstumkehr bei der Kompensationstemperatur T_k. Die Typen P und L kommen häufig bei natürlichen Titanomagnetiten mit hohem Titangehalt und einer Tieftemperaturoxidation vor. Der Q'-Typ geht aus dem N-Typ hervor, wenn die Kompensationstemperatur T_k die Curietemperatur erreicht hat

Verringert man bei der Hystereseschleife vom Zustand der Sättigung ausgehend das äußere Feld, so erhält man keinen reversiblen Verlauf der Magnetisierung entsprechend der Neukurve. Dies ist nur bei diamagnetischen und paramagnetischen Materialien der Fall. Vielmehr verläuft (Abb. 2.2.3) der rückläufige Ast oberhalb der Neukurve mit einer durchwegs geringeren Steigung. Bei $H_a = 0$ verbleibt eine Restmagnetisierung als irreversibler Magnetisierungsanteil zurück. Diese Größe nennt man die Remanenz J_r, im Falle einer Aussteuerung der Kurve bis zur Sättigung die Sättigungsremanenz J_{rs}. Das Verhältnis J_r/J_s ist nicht materialspezifisch sondern wird weitgehend von der Korngröße der ferro(i)magnetischen Erzkomponente bestimmt. Um zur Magnetisierung $J = 0$ zu gelangen, muß ein zur ursprünglichen Feldrichtung antiparalleles Gegenfeld angelegt werden. Dieses Feld nennt man die Koerzitivfeldstärke oder Koerzitivkraft H_c. Diese Größe ist zum Teil materialspezifisch, zum Teil aber auch durch die Größe der ferro(i)magnetischen Erzkörner bestimmt. Eine weitere Steigerung der Stärke des Feldes in der Gegenrichtung führt wieder in den Zustand der Sättigung ($J = -J_s$). Reduziert man das Feld wieder auf Null, so wird wiederum eine Remanenz J_r – diesmal in der Gegenrichtung – erzeugt. Ein Anwachsen des äußeren Feldes in der ursprünglichen Richtung führt wieder (über den Zustand $J = 0$ bei $H_a = H_c$) bei genügend hoher Feldstärke zurück zum Zustand der Sättigung. Die Remanenzkoerzitivkraft H_{cr} ist letztlich die Stärke desjenigen Gegenfeldes, das nötig ist, um bei einer Reduktion von H_a auf den Wert 0 zum Wert 0 für die remanente Magnetisierung J_r zu führen (Abb. 2.2.3). Es ist stets $H_{cr} > H_c$, und das Verhältnis H_{cr}/H_c kann für Aussagen über die Korngröße bzw. den Domänenzustand (2.2.6) verwendet werden.

2.2.3 Anisotropie der Suszeptibilität

Ferro(i)magnetische, antiferromagnetische und paramagnetische Einkristalle zeigen in den verschiedenen kristallographischen Achsen unterschiedliche Werte für die Suszeptibilität. Der Effekt tritt im Prinzip auch bei diamagnetischen Substanzen auf, ist dort aber vernachlässigbar klein. Ganz allgemein läßt sich die in 2.2.2 definierte Suszeptibilität k nur in erster Näherung als eine skalare, d. h. richtungsunabhängige Größe behandeln. In Wirklichkeit kann sie als Tensor zweiter Stufe (Suszeptibilitätsellipsoid) dargestellt werden mit einer großen, mittleren und kleinen Halbachse entsprechend den Suszeptibilitäten k_{max}, k_{int} und k_{min} (Abb. 2.2.5a). Bei para- und antiferromagnetischen Mineralien trägt die Kornform zum Grad der Anisotropie weniger bei als die Kristallanisotropie durch eine Mineraleinregelung beispielsweise parallel zu einer Schieferungsfläche. Dabei liefern unter den paramagnetischen Mineralien einige Silikate (z. B. Hornblende, Biotit) die größten Beiträge. Bei den stärker magnetischen ferro(i)magnetischen Mineralien beeinflussen sowohl die Kornform als die Mineraleinregelung die Anisotropie der Suszeptibilität. Die mittlere Suszeptibilität k (s. Tabelle 2.2.4) ist durch das arithmetische Mittel der drei Einzelwerte gegeben:

$$k = (k_{max} + k_{int} + k_{min})/3$$

Anisotrope Suszeptibilitäten sind zu erwarten bei:
- extrusiven Magmatiten durch die Einregelung der ferro(i)magnetischen Erzkörner und auch der paramagnetischen Gesteinsmatrix im fließenden Lavastrom;
- metamorphen Gesteinen durch die Einregelung stark anisotroper Silikate (Hornblende, Glimmer) und sekundär gebildeter plättchen- oder leistenförmiger ferro(i)magnetischer Minerale (Hämatit, Magnetkies); – Sedimentgesteinen, bei der Einregelung elongierter ferro(i)magnetischer Teilchen während der Ablagerung durch Strömungen;
- Gesteinen durch Verschieferung und plastischen Deformationen paramagnetischer Mineralien, Zerbrechen der ferro(i)magnetischen Mineralien oder Mineralneubildungen unter dem Einfluß von tektonischer Beanspruchung.

Zur Beschreibung des Grades der Anisotropie der Suszeptibilität und des Suszeptibilitätsellipsoids wurden verschiedene Faktoren definiert:
Anisotropiegrad $P = k_{max}/k_{min}$
Foliationsfaktor $F = k_{int}/k_{min}$
Lineationsfaktor $L = k_{max}/k_{int}$

Eine oblate Gestalt (diskusförmig) des Ellipsoids ist gegeben, wenn k_{max} $\approx k_{int} > k_{min}$. Bei $k_{max} > k_{int} \approx k_{min}$ ist das Ellipsoid prolat (zigarrenförmig). Im sogenannten Flinn-Diagramm (Flinn 1962) wird das Verhältnis

$$K = L / F = k_{max} \cdot k_{min} / k_{int}^2$$

betrachtet (Abb. 2.2.5b). Große Werte von $K = L/F$ bedeuten prolate, kleine Werte von K bedeuten oblate Formen des Suszeptibilitätsellipsoids, und für $K=1$ ist das Ellipsoid neutral. Von Jelinek (1981) wurden noch die Parameter P' und T vorgeschlagen, die folgendermaßen definiert sind:

$$P' = \exp (2(\ln k_{max} - \ln k)^2 + 2(\ln k_{int} - \ln k)^2 + 2(\ln k_{min} - \ln k)^2)^{1/2}$$
$$T = (\ln F - \ln L) / (\ln F + \ln L)$$

Das Diagramm T gegen P' ist in Abb. 2.2.5c dargestellt. Die Werte $T = 1$ bzw. $T = -1$ geben perfekt planare bzw. perfekt lineare Formen des Ellipsoids an. Bei $T = 0$ ist die Norm neutral, d. h. weder prolat noch oblat.

2.2.4 Selbstentmagnetisierung und magnetische Brechung

Ein durch ein äußeres Magnetfeld H_a magnetisierter Körper hat in seinem Außenraum ein System von Feldlinien, das durch geeignete Verfahren (z. B. mit Eisenfeilspänen) sichtbar gemacht werden kann. Dabei entsteht im Inneren des Körpers ein Gegenfeld zu H_a, welches der Magnetisierung J proportional ist und von der Form des Körpers und der Richtung der Magnetisierung im Körper abhängt. Das insgesamt im Inneren der Probe wirkende effektive Feld H_{eff} ist gegeben durch:

$$H_{eff} = H_a - NJ$$

Die Proportionalitätskonstante N nennt man den Entmagnetisierungsfaktor. Er ist eine dimensionslose Größe. Für einen Probenkörper ist die Summe seiner Entmagnetisierungsfaktoren in den drei orthogonalen Raumrichtungen je nach dem verwendeten Maßsystem entweder gleich 4π (im cgs-System) oder gleich 1 (im SI-System). Eine Kugel hat daher in den drei Raumrichtungen den Entmagnetisierungsfaktor $4\pi/3$ (cgs) oder 1/3 (SI). Auf die Berechnung der Entmagnetisierungsfaktoren komplizierter Körperformen kann hier nicht eingegangen werden. Tabelle 2.2.5 zeigt die Entmagnetisierungsfaktoren für eine Reihe von einfachen Körpern wie zum Beispiel der Kugel, des Rotationsellipsoids oder des Zylinders mit verschiedenen Verhältnissen von Zylinderlänge zu Zylinderdurchmesser. Um für Zylinder in der Achsenrichtung und quer dazu den gleichen Entmagnetisierungsfaktor zu erhalten, müssen sie etwas kürzer sein als lang. Dies ist für ein Verhältnis von Zylinderlänge zu Zylinderdurchmesser von etwa 0.85 gegeben. Die bei paläomagnetischen Messungen verwendete Standardprobenform berücksichtigt dies (2.11.5).

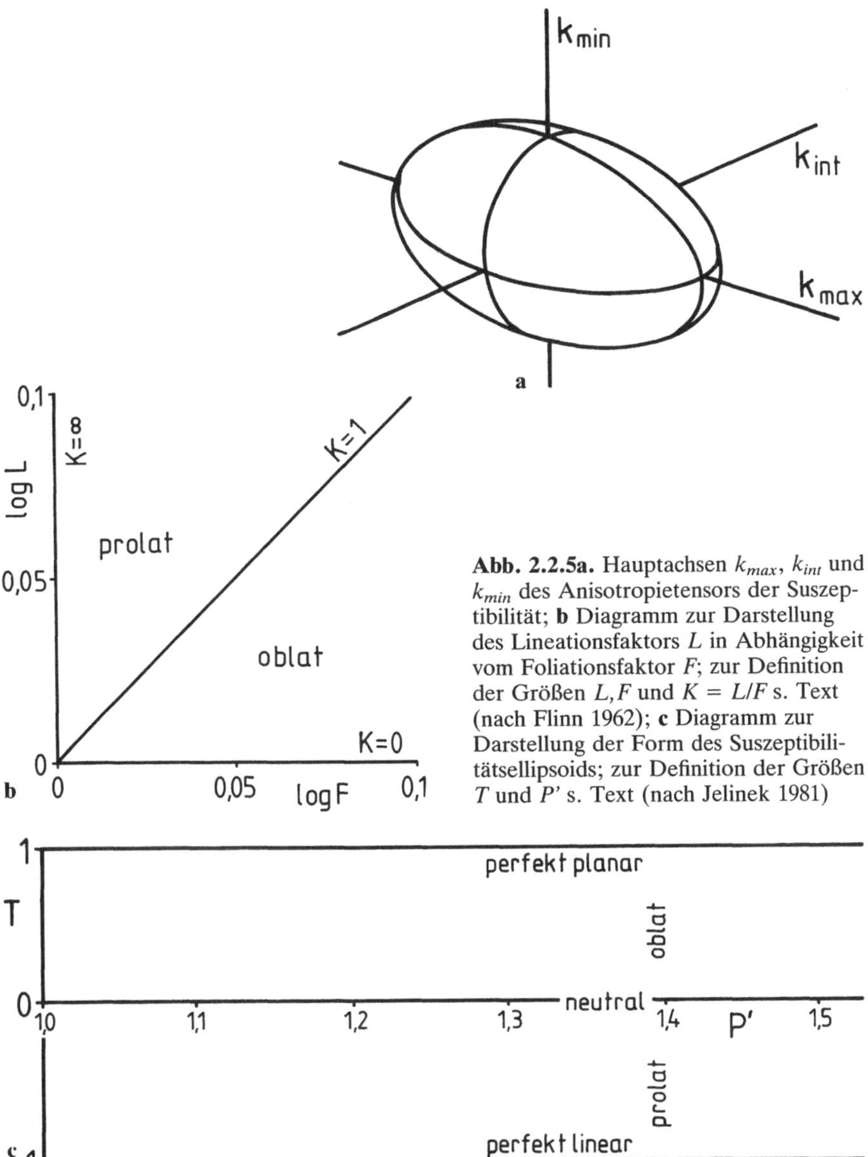

Abb. 2.2.5a. Hauptachsen k_{max}, k_{int} und k_{min} des Anisotropietensors der Suszeptibilität; **b** Diagramm zur Darstellung des Lineationsfaktors L in Abhängigkeit vom Foliationsfaktor F; zur Definition der Größen L, F und $K = L/F$ s. Text (nach Flinn 1962); **c** Diagramm zur Darstellung der Form des Suszeptibilitätsellipsoids; zur Definition der Größen T und P' s. Text (nach Jelinek 1981)

Die scheinbare Suszeptibilität $k_a = J/H_a$ ist wegen des Selbstentmagnetisierungseffektes stets kleiner als die wahre oder intrinsische Suszeptibilität $k_i = J/H_{eff}$. Nach Division beider Seiten mit J läßt sich die Beziehung $H_{eff} = H_a - NJ$ folgendermaßen umformen:

$$\frac{H_{eff}}{J} = \frac{1}{k_i} = \frac{1}{k_a} - N$$

Tabelle 2.2.5. Entmagnetisierungsfaktoren N (SI-Einheiten) in Achsenrichtung von Rotationsellipsoiden und Zylindern unterschiedlicher Verhältnisse von Länge (lange Halbachse a) zu Durchmesser (kleine Halbachse b), mit $p = a/b$

$p = a/b$	$N_{\text{Rotationsellipsoid}}$	N_{Zylinder}
0.0	1.0000	1.0000
0.2	0.7505	0.6802
0.4	0.5882	0.5281
0.8	0.3944	0.3619
0.85	–	0.33 Standardzylinder
1.0	0.3333 (Kugel)	0.3116
1.5	0.2330	0.2301
2.0	0.1716	0.1819
3.0	0.1087	0.1278
4.0	0.07541	0.09815
6.0	0.04323	0.06728
8.0	0.02842	0.05110
10.0	0.02029	0.04119
100.0	0.00043	0.00424
1000.0	0.00001	0.00004

Daraus folgt:

$$k_a = \frac{k_i}{(1 + N\,k_i)}$$

Da N beschränkt ist auf Werte ≤ 1 (in SI-Einheiten), kann k_a höchstens den Wert $1/N$ bei sehr großen Werten von k_i annehmen. Bei Materialien mit einer hohen intrinsischen Suszeptibilität k_i (z. B. Mehrbereichsteilchen von Magnetit) ist deshalb $k_a \approx 1/N$ und damit von der Temperatur weitgehend unabhängig (Abb. 2.2.6a, Kurventyp 1; s. auch Abb. 2.11.13). Bei Einbereichsteilchen von Magnetit sowie bei Hämatit und Titanomagnetiten aller

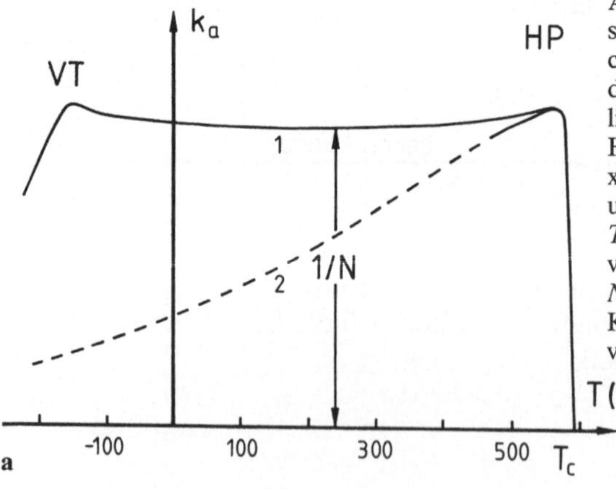

Abb. 2.2.6a, b. Selbstentmagnetisierung und magnetische Brechung. **a** Temperaturabhängigkeit der Suszeptibilität k_a eines natürlichen Ferrits (schematisch); *HP* Hopkinson-Peak mit einem Maximum der Suszeptibilität dicht unterhalb der Curie-Temperatur T_c; *VT* Verwey-Phasenübergang von Magnetit bei 119K=-154°C; *N* Entmagnetisierungsfaktor; *1* Kurve für Mehrbereichsteilchen von Magnetit; *2* Kurve für Einbereichsteilchen von Magnetit sowie für Titanomagnetite und Hämatit aller Teilchengrößen;

Teilchengrößen wird eine Kurve vom Typ 2 mit einem stetigen Anstieg der Suszeptibilität bis zum Hopkinson-Peak beobachtet.

Magnetische Substanzen streben stets nach einem Zustand möglichst niedriger innerer Energie. Da das System der magnetischen Feldlinien um einen Körper einen großen Energieinhalt besitzt, versuchen die Körper ihre Magnetisierung so einzuregeln, daß möglichst wenige Feldlinien in den Außenraum dringen. Das erreichen sie mit einer Ausrichtung der spontanen Magnetisierung in der Richtung des kleinsten Entmagnetisierungsfaktors. Stäbe und Platten sind deshalb im Zustand eines Energieminimums, wenn ihre Magnetisierungen parallel zur Stabachse bzw. in der Plattenebene ausgerichtet sind. Dieses Bestreben ist auch bei Erzkörnern zu beobachten, deren Form stark von der einer Kugel abweicht, z. B. bei elongierten oder plättchenförmigen Mineralien. Darauf wurde in 2.2.3 in Zusammenhang mit der Anisotropie der Suszeptibilität schon hingewiesen.

Wenn eine magnetische Feldlinie aus einem Material der Permeabilität μ_o (z. B. Vakuum) in ein Material mit der Permeabilität μ_1 eintritt, so wird die Feldlinie gebrochen. Analoge Erscheinungen sind aus der Optik bei Lichtstrahlen und in der Seismik bei der Ausbreitung von Schallwellen bekannt. Das magnetische Brechungsgesetz (Abb. 2.2.6b) lautet:

$$\mathrm{tg}\ \beta = (\mu_o/\mu_1)\ \mathrm{tg}\ \alpha$$

Im Material mit der höheren Permeabilität wird die Feldlinie vom Lot weggebrochen. Die Feldlinie hat also im Material mit der geringeren Permeabilität den größeren, im Material mit der höheren Permeabilität den niedrigeren Inklinationswert.

Bei Gesteinen und archäologischen Materialien ist die Permeabilität (in SI-Einheiten) meist nur wenig von 1 unterschieden, so daß der Brechungseffekt zu vernachlässigen sein dürfte. Dennoch wurden bei dünnen Laven (Tanguy 1990) und archäologischen Proben in Form von dünnen Platten oder Schalen (Soffel u. Schurr 1990) zum Teil eine erhebliche magnetische

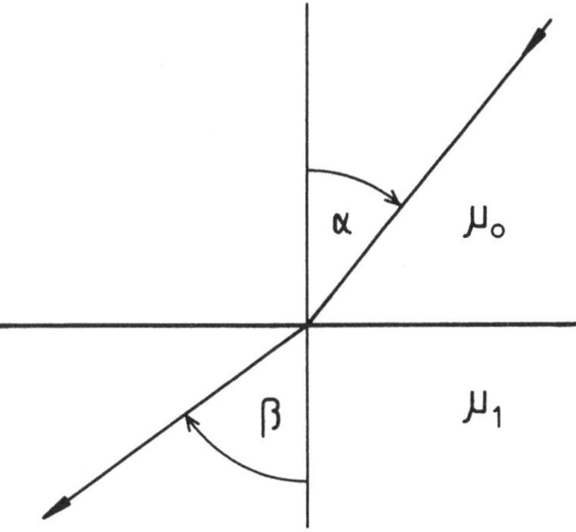

Abb. 2.2.6b. Brechung einer magnetischen Feldlinie *(Pfeile)* an der Grenze von Materialien der Permeabilitäten μ_o und μ_1 mit $\mu_o < \mu_1$; α, β Winkel der Feldlinien gegen das Lot auf der Grenzfläche

Brechung in Form von Abweichungen zwischen der Feldrichtung außerhalb und der Remanenzrichtung innerhalb der Proben beobachtet. Dieser Effekt ist wichtig im Hinblick auf die Frage, ob Proben die erdmagnetischen Paläofeldrichtungen tatsächlich unverfälscht speichern können (2.4). Gravierende, auf die magnetische Brechung zurückzuführende Effekte sind bisher nur beim Archäomagnetismus (4.3) bekannt geworden. In der Paläomagnetik scheint die Erscheinung keine große Rolle zu spielen (Evans 1968; Coe 1979).

2.2.5 Kristallanisotropie und Magnetostriktion

Über die Spin-Bahn-Kopplung der magnetischen Momente der Elektronen und die Kopplung der Bahnmomente an das Kristallgitter bevorzugen die magnetischen Momente in ferro-, antiferro- und ferrimagnetischen Mineralien nur ganz bestimmte Richtungen in einem Kristallgitter. Diese werden als „leichte" Richtungen oder Richtungen der spontanen Magnetisierung bezeichnet. Bei Eisen ist es zum Beispiel die 100-Richtung (Würfelkante des kubischen Gitters). Bei Nickel, Magnetit und den Titanomagnetiten ist bei Normaltemperatur (20°C) die 111-Richtung, d. h. die Würfeldiagonale der kubischen Gitter die leichte Richtung. Bei rhomboedrischen Ferriten (z. B. Magnetkies, Hämatit) ist die leichte Richtung entweder die auf der Basalebene senkrecht stehende c-Achse oder eine Richtung innerhalb der Basalebene.   Zur Drehung der spontanen Magnetisierung aus der leichten Richtung muß Arbeit geleistet beziehungsweise Energie aufgebracht werden. Die Kristallanisotropieenergie E_K ist bei kubischen Kristallen (z. B. Magnetit und die Titanomagnetite) gegeben durch

$$E_K = K_1(\alpha_1{}^2\alpha_2{}^2 + \alpha_2{}^2\alpha_3{}^2 + \alpha_3{}^2\alpha_1{}^2) + K_2(\alpha_1{}^2\alpha_2{}^2\alpha_3{}^2)$$

Dabei sind $K_{1,2}$ die Kristallanisotropiekonstanten (Tabelle 2.2.6) und $\alpha_{i,j,k}$ Richtungscosini zwischen der Magnetisierungsrichtung und den Würfelkanten. Weil bei den natürlichen kubischen Ferriten bei Normaltemperatur $K_1 > K_2$ ist, kann der zweite Term in der Regel vernachlässigt werden. Bei Substanzen mit einem hohen Wert für K kann die Magnetisierung nur mit einem hohen Energieaufwand aus der leichten Richtung herausgedreht werden.

Bringt man einen ferro-, antiferro- oder ferrimagnetischen Kristall in ein Magnetfeld, so ändern sich seine Lineardimensionen je nach Richtung zwischen Feld und den Achsen des Elementargitters. Die Erscheinung wird Magnetostriktion genannt. Die relativen Längenänderungen zwischen den Zuständen „unmagnetisch" und „bis zur Sättigung magnetisiert" nennt man die Magnetostriktionskonstante λ (Tabelle 2.2.6). Sie ist dimensionslos und hat bei allen ferro(i)magnetischen Materialien Werte zwischen 10^{-5} und 10^{-6}. Die Magnetostriktion ist in den verschiedenen kristallographischen Richtungen unterschiedlich und zeigt somit eine Anisotropie. Bei poly-

Tabelle 2.2.6. Magnetische Parameter der wichtigsten natürlichen ferro(i)magnetischen Minerale (s. auch Tabelle 2.2.4). J_s Sättigungsmagnetisierung in A/m; $N_{a,b}$ Entmagnetisierungsfaktor (dimensionslos); K Absolutwert der Kristallanisotropiekonstante in Jm^{-3} (1 Jm^{-3} = 1 $kgm^{-1}s^{-2}$); λ_s Magnetostriktionskonstante (dimensionslos); σ mechanische Spannung in Pa (1Pa = 1 Newton/m^2 = $kgm^{-1}s^{-2}$); f Verteilungsfaktor bei einer statistischen Verteilung der kristallographischen Richtungen bzw. der langen Achsen der Ellipsoide; *?* keine Daten bekannt

a Materialkonstanten von natürlichen Ferriten zur Berechnung der Koerzitivkraft von Einbereichsteilchen;

Mineral	J_s(A/m)	K(Jm^{-3})	λ_s
Magnetit	$480 \cdot 10^3$	$11.0 \cdot 10^3$	$35 \cdot 10^{-6}$
Titanomagnetit (TM60)	$100 \cdot 10^3$	$3.0 \cdot 10^3$	$100 \cdot 10^{-6}$
Maghemit	$390 \cdot 10^3$	$11.0 \cdot 10^3$	$35 \cdot 10^{-6}$
Hämatit	$0.4 \cdot 10^3$	$1 \cdot 10^3$	$8 \cdot 10^{-6}$
Pyrrhotit	$62 \cdot 10^3$	$35 \cdot 10^3$	$7 \cdot 10^{-6}$
Goethit	$0.05...5 \cdot 10^3$	?	?
Greigit	$100...150 \cdot 10^3$	?	?

b Formeln zur Berechnung der Koerzitivkraft H_c von Einbereichsteilchen auf Grund verschiedener Anisotropien;

Formanisotropie	Spannungsanisotropie	Kristallanisotropie
$H_c = f \cdot (N_b - N_a) \cdot J_s$	$H_c = f \cdot 3 \cdot \lambda_s \cdot \sigma \cdot J_s$	$H_c = f \cdot 2 \cdot K / J_s$

c Maximale Koerzitivkraft (in mT) von Einbereichsteilchen natürlicher Ferrite sowie kritische Durchmesser d_{krit} Für den Einbereichs-Mehrbereichs-Übergang. Berechnung der Spannungsanisotropie bei Annahme einer Spannung von 50 MPa (0.5 kbar). *(1)* Formanisotropie; *(2)* Spannungsanisotropie; *(3)* Kristallanisotropie. * Experimentell ermittelter H_c-Wert für Greigit

Mineral	H_c (mT)			d_{krit} (µm)
	(1)	(2)	(3)	
Magnetit	150	12	30	0.03...0.1
TM60	50	150	30	0.5...1
Maghemit	125	15	30	0.03...0.1
Hämatit	1	600	500	10...30
Pyrrhotit	20	6	750	1...2
Greigit	15..30*	?	?	0.8
Goethit	0.5	250	1250	10...50

kristallinen Materialien kann man aus den Magnetostriktionskonstanten der verschiedenen Gitterrichtungen die isotrope Magnetostriktionskonstante λ_s mit folgender Formel berechnen:

$$\lambda_s = -0.5\,\lambda_{100} + 1.5\,\lambda_{100}\,(\alpha_1^2\beta_1^2 + \alpha_2^2\beta_2^2 + \alpha_3^2\beta_3^2) +$$

$$+ 3\,\lambda_{111}\,(\alpha_1\alpha_2\beta_1\beta_2 + \alpha_2\alpha_3\beta_2\beta_3 + \alpha_3\alpha_1\beta_3\beta_1)$$

Dabei bedeuten λ_{100} und λ_{111} die Magnetostriktionskonstanten in den betreffenden Achsenrichtungen des kubischen Gitters. Die $\beta_{i,j,k}$ geben die Richtungscosini der Magnetostriktion und die $\alpha_{i,j,k}$ diejenigen der Magnetisierung in einem kubischen Gitter an.

Umgekehrt bewirken mechanische einaxiale Spannungen, bei denen ein Kristall verzerrt wird, daß sich seine Magnetisierung ändert. Je nach Vorzeichen der Magnetostriktionskonstante haben magnetische Mineralien das Bestreben, ihre Magnetisierung entweder parallel oder senkrecht zur Zug- oder Druckspannung einzustellen. Mechanische Spannungen können daher bei Mineralien mit hohen Werten der Magnetostriktionskonstante die Richtungen der spontanen Magnetisierung erheblich beeinflussen. Dies ist bei zahlreichen natürlichen Ferriten der Fall.

2.2.6 SD-PSD-MD-Teilchen und ihre typischen Eigenschaften und Unterscheidungsmerkmale

Ein ferro(i)magnetisches Material zeigt als Folge der Orientierung der magnetischen Momente im submikroskopisch kleinen Maßstab lokal die maximal mögliche Magnetisierung, d. h. die Sättigungsmagnetisierung J_s. Ein Würfelchen oder noch besser eine kleine Kugel aus diesem Material zeigt dann im Außenraum das Magnetfeld eines Dipols. Die in diesem Magnetfeld pro Volumeneinheit dV gespeicherte Streufeldenergie ist gegeben durch:

$$E_m = 1/2 \; N \; J_s^2$$

Dabei ist N der Entmagnetisierungsfaktor des Teilchens (N=1/3 für eine Kugel in SI-Einheiten) und J_s seine Sättigungsmagnetisierung. Die gesamte Streufeldenergie $S_m = E_m$ dV wächst mit zunehmender Teilchengröße und damit dem Teilchenvolumen rasch an. Die Natur hat aber das Bestreben, die magnetischen Partikel in einem Zustand möglichst geringer innerer Energie zu halten. Bei den Ferro(i)magnetika kann dies dadurch erreicht werden, daß sich die Teilchen in Subvolumina (magnetische Domänen oder Bereiche, auch Weißsche Bezirke genannt) unterteilen. Die Magnetisierungsrichtungen benachbarter Bereiche unterscheiden sich, liegen jedoch stets in einer Richtung der leichtesten Magnetisierbarkeit. Die Winkelunterschiede betragen meist 180° (Magnetkies, Hämatit). Bei Magnetit, Maghemit und den Titanomagnetiten kommen neben 180° auch Winkel von 71° und 109° vor. Auf Grund dieser von Weiß im Jahre 1905 eingeführten und durch F. Bitter in der 30er Jahren experimentell bestätigten Konzeption kann ein ferro(i)magnetisches Material ohne Verletzung seines ferro(i)magnetischen Zustandes im kleinen Maßstab, durch eine entsprechende Unterteilung in magnetische Bereiche, im Zustand J = 0 sein. Im allgemeinen nimmt ein ferro(i)magnetisches Teilchen den magnetischen Zustand ein bzw. die Domänenaufteilung vor, bei dem seine innere Energie minimal ist. Eine erschöpfende Behandlung dieses Themas kann hier nicht erfolgen.

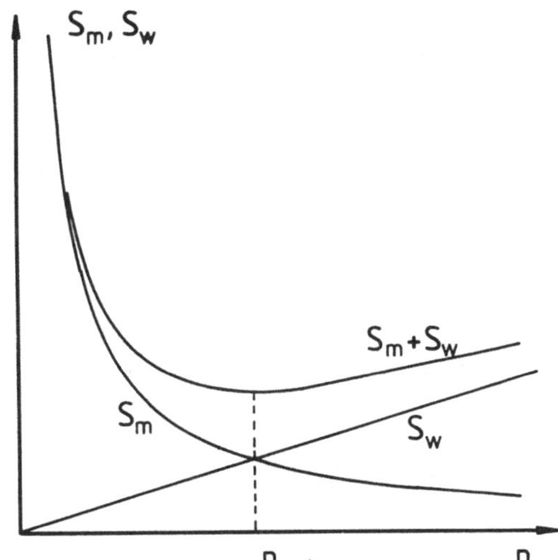

Abb. 2.2.7. Schematische Abhängigkeit der Streufeldenergie S_m und der Wandenergie S_w von der Anzahl n der Domänen in einem ferro(i)magnetischen Teilchen (schematisch); n_{opt} Domänenanzahl, bei der die Summe der beiden beteiligten Energien minimal wird

Die Übergangszonen zwischen zwei unterschiedlich magnetisierten Bereichen nennt man „Wände". Zur Bildung solcher Wände ist eine gewisse Energie erforderlich, die Wandenergie S_w. Sie ist gleich der spezifische Wandenergie Γ_w multipliziert mit der Gesamtfläche F aller Wände. Ferro(i)magnetische Teilchen verringern ihre Streufeldenergie S_m so lange durch eine Unterteilung in magnetische Bereiche, bis eine weitere Unterteilung wegen des damit verbundenen Anwachsens der Wandenergie durch die Schaffung neuer Wände energetisch keine Vorteile mehr bietet (Abb. 2.2.7). Es stellt sich eine optimale Anzahl n_{opt} von Domänen ein, bei der ein Zustand minimaler Energie erreicht wird. Eine andere Möglichkeit der Minimierung der Streufeldenergie ist dann erreichbar, wenn sich die magnetischen Momente nicht mehr streng parallel zur leichten Richtung anordnen sondern wirbelförmig (spin curling). Diese Anordnung der magnetischen Momente ist in Materialien mit hoher Sättigungsmagnetisierung, aber niedriger Kristallanisotropie wahrscheinlich. Im Regelfall strebt ein ferro(i)magnetisches Material für jede Korngröße eine optimale Bereichsaufteilung an mit einer optimalen Anzahl n_{opt} von Wänden zur Minimierung der Energie. Diese hängt in kritischer Weise von der Sättigungsmagnetisierung J_s, von der spezifischen Wandenergie, der Kornform und auch dem mechanischen Spannungszustand ab. Die tatsächliche Domänenanzahl kann vom Wert n_{opt} sowohl nach oben als auch nach unten abweichen, was durch den flachen Verlauf der Kurve für die Gesamtenergie $S_m + S_w$ in Abhängigkeit von n (Abb. 2.2.7) bedingt ist. Es stellen sich dann Zustände minimaler Energien in der Nähe des absoluten Minimums ein (Transdomänenzustände, s. auch Abb. 2.2.8).

Unterhalb eines kritischen Durchmessers d_{krit}, der ebenfalls im wesentlichen von der Sättigungsmagnetisierung und der Wandenergie bestimmt wird, bringt eine Bereichsaufteilung keine energetischen Vorteile mehr, insbesondere dann nicht, wenn der Teilchendurchmesser selbst etwa der Größenordnung der Wanddicke (ca. 0.1 µm) entspricht. Eine Bereichsaufteilung unterbleibt dann, und solche Teilchen nennt man Einbereichsteilchen (abgekürzt: SD-Teilchen, single-domain-Teilchen). Oberhalb von d_{krit} nehmen die Teilchen eine Bereichsaufteilung vor. Teilchen mit mehreren Bereichen nennt man Mehrbereichsteilchen (abgekürzt: MD-Teilchen, multi-domain-Teilchen). Teilchen mit nur wenigen Bereichen (n=2 bis etwa 8) zeigen magnetische Eigenschaften, die zwischen denen der Einbereichsteilchen und denen der großen Mehrbereichsteilchen (n>8) liegen. Diese Teilchen heißen Pseudo-Einbereichs-Teilchen (abgekürzt: PSD-Teilchen, pseudo-single-domain-Teilchen).

Abbildung 2.2.8a zeigt die experimentell beobachtete Abhängigkeit der Anzahl n der Bereiche vom Teilchendurchmesser L für natürliche Titanomagnetite (etwa TM60; 2.3.2) und Abb. 2.2.8b für Magnetkies. Der Zusammenhang zwischen n und L folgt einem Potenzgesetz der Form

$$n \approx L^{1/2}$$

Den SD-MD-Übergang erhält man in erster Näherung durch die Extrapolation der Geraden in den Abb. 2.2.8a,b auf den Wert n=1. Er liegt bei den wichtigsten natürlichen Ferriten bei 1 µm und darunter. Einzelheiten können der Tabelle 2.2.6 entnommen werden.

Um ein SD-Teilchen umzumagnetisieren, ist es notwendig, die Magnetisierungsvektoren aus der einen leichten Richtung in die äquivalente Gegenrichtung umzuklappen. Dies erfolgt über einen Drehprozeß. Dabei muß Energie aufgewendet werden, um die magnetischen Momente aus den leichten Richtungen herauszudrehen. Die Kristallanisotropie, mechanische Spannungen (Spannungsanisotropie) und auch die äußere Form des Kristalls (Formanisotropie) behindern die Rotation und bestimmen die Schwellenenergie für den Umklappprozeß. Die dafür erforderliche Energie kann zum Beispiel in der Form eines äußeren Magnetfeldes bereitgestellt werden. Die zum Umklappen der magnetischen Momente in die Gegenrichtung notwendige Feldstärke ist die in 2.2.2 definierte Koerzitivkraft H_c. Tabelle 2.2.6 zeigt typische Werte für die Koerzitivkraft von Einbereichsteilchen der in 2.3 beschriebenen natürlichen Ferrite. Die größten Werte für die Koerzitivkraft erreichen Gesteine mit SD-Teilchen von Hämatit und Goethit.

In SD- und MD-Teilchen laufen die Prozesse einer Veränderung der Magnetisierung unterschiedlich ab. In PSD- und MD-Teilchen kommen Drehprozesse zwar auch vor, jedoch erst bei sehr hohen Feldstärken nahe der Sättigung. Bei niedrigen Feldern (H_a kleiner als einige 10^{-2} Tesla) ist eine Magnetisierungsänderung über die Verschiebung von Wänden zwischen den magnetischen Bereichen der wichtigste Magnetisierungsprozeß. Dabei übt ein äußeres Feld auf eine Wand einen Druck aus und versucht diese so zu verschieben, daß die mehr oder weniger in Richtung des äußeren Feldes magnetisierten Domänen auf Kosten anders magnetisierter Domä-

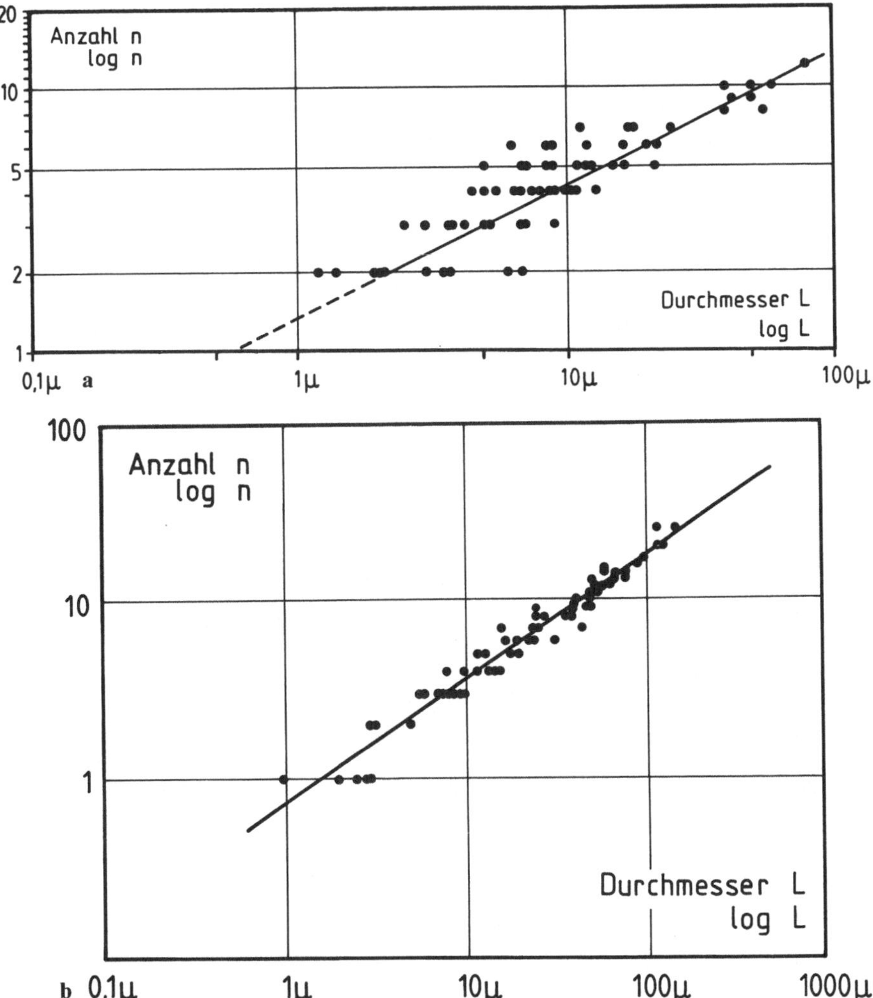

Abb. 2.2.8. Experimentell beobachtete Abhängigkeit der Anzahl *n* der Domänen vom Durchmesser *L* der Teilchen. Der lineare Zusammenhang zwischen *log n* und *log L* weist auf ein Potenzgesetz der Form $n \approx L^{1/2}$ hin, das von der Theorie her erwartet wird. **a** Titanomagnetite der Zusammensetzung etwa TM60 (Soffel 1971); **b** Magnetkies (Soffel 1977)

nen wachsen. Erst wenn diese nahezu verschwunden sind, setzen vermehrt Drehprozesse ähnlich wie bei den SD-Teilchen ein.

In der Regel ist die maximale Feldstärke (Koerzitivkraft H_c) zur Ummagnetisierung von PSD- und MD-Teilchen geringer als bei den Einbereichsteilchen. Sie hängt aber sehr stark von der Realstruktur der Erzkörner und von Gitterfehlern ab. Diese behindern die Bewegung der Blochwände und sind damit für eine „Wandreibung" verantwortlich. Unmagnetische

Einschlüsse (z. B. Entmischungslamellen), Versetzungen, Löcher und Korngrenzen tragen somit zur Koerzitivkraft der Mehrbereichsteilchen bei. Bei den MD-Teilchen ist es wesentlich schwieriger, die maximalen Koerzitivkräfte zu berechnen. Hierzu sei auf die gesteinsmagnetische Spezialliteratur verwiesen. Es kann hier nur gesagt werden, daß H_c der MD-Teilchen um wenigstens eine Größenordnung niedriger ist als bei den SD-Teilchen. Dies bedeutet jedoch nicht, daß für jedes Teilvolumen eines MD-Teilchens ein einheitlicher Wert für H_c angegeben werden kann. Vielmehr baut sich ein MD-Teilchen aus Subvolumina auf, in denen zum Teil niedrige, zum Teil aber auch recht hohe Koerzitivkräfte lokalisiert sein können. Demzufolge besitzt jedes MD- oder PSD-Teilchen ein Spektrum von Koerzitivkräften, das von hohen Werten für SD-Teilchen (bis einige Tesla) herunter zu Bruchteilen von einigen mT reichen kann, je nach der lokalen Realstruktur der Kristalle.

Abbildung 2.2.9a zeigt schematisch die Abhängigkeit der Koerzitivkraft H_c, der Suszeptibilität k, sowie der Verhältnisse J_{rs}/J_s bzw. H_{cr}/H_c von der Teilchengröße im Übergangsbereich von SD-zu PSD- und MD-Teilchen. Die größten H_c-Werte haben SD-Teilchen kurz vor ihrem Übergang zu PSD-Teilchen. Bei sehr großen MD-Teilchen ist die Koerzitivkraft gering, ebenso bei sehr kleinen SD-Teilchen. Die Suszeptibilität k ist groß bei superparamagnetischen Teilchen und bei großen MD-Teilchen. Die Verhältnisse J_{rs}/J_s bzw. H_{cr}/H_c nehmen von SD- zu MD-Teilchen ab bzw. zu. Abbildung 2.2.9b zeigt das empirisch erstellte Diagramm von Day et al. (1977), in dem J_{rs}/J_s gegen H_{cr}/H_c aufgetragen ist. Das Feld für Einbereichsteilchen (SD) ist durch Werte für J_{rs}/J_s größer als 0.5 bei Werten für H_{cr}/H_c nahe 1 gekennzeichnet. Unter Hinweis auf Abb. 2.2.3 ergibt dies aufgeblähte Hysteresekurven. Die für Mehrbereichsteilchen (MD) typischen schlanken Hysteresekurven zeichnen sich durch kleine Werte für J_{rs}/J_s und große Werte für H_{cr}/H_c aus. Die Pseudoeinbereichsteilchen (PSD) haben Eigenschaften, die zwischen denen der SD- bzw. MD-Teilchen liegen. Auf diese Eigenschaften von Teilchen verschiedener Größe wird in

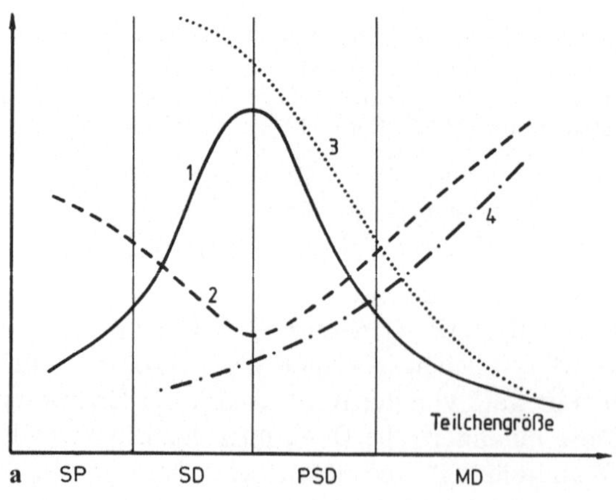

Abb. 2.2.9a–c. Magnetische Eigenschaften kleiner Teilchen. **a** Schematische Abhängigkeit der Koerzitivkraft H_c *(1)*, der Suszeptibilität k *(2)*, und der Verhältnisse Sättigungsremanenz zu Sättigungsmagnetisierung (J_{rs}/J_s) *(3)* und Remanenzkoerzitivkraft zu Koerzitivkraft (H_{cr}/H_c) *(4)* von der Teilchengröße im Übergangsbereich *SP-, SD-, PSD-* und *MD*-Teilchen;

2.3.8 und 2.4 nochmals eingegangen. Der Übergang von superparamagnetischen über SD-, PSD- zu MD- Teilchen ist auch von der Form der Erzkörner abhängig. Dies ist für Magnetit im Diagramm der Abb. 2.2.9c von Butler und Banerjee (1975) gezeigt. Die Grenze zwischen superparamagnetischen Teilchen und SD-Teilchen ist fließend und hängt stark von der Relaxationszeit τ ab (2.4.2). Es sind die beiden Grenzkurven für $\tau = 4 \cdot 10^{11}$ a und $\tau = 100$ s eingetragen. Die Grenzkurve zwischen SD- und MD-Teilchen hängt vom Verhältnis kleiner zu großer Durchmesser der Erzkörner ab. Gerundete Kristalle (Achsenverhältnis ≈ 1) unterteilen sich eher in magnetische Domänen als nadelförmige (Achsenverhältnis < 0.2).

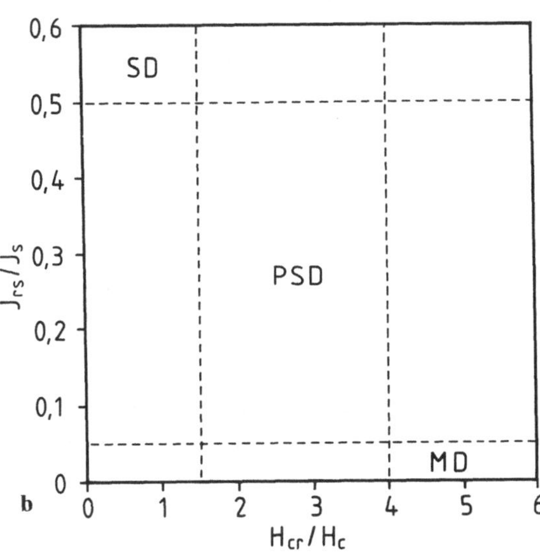

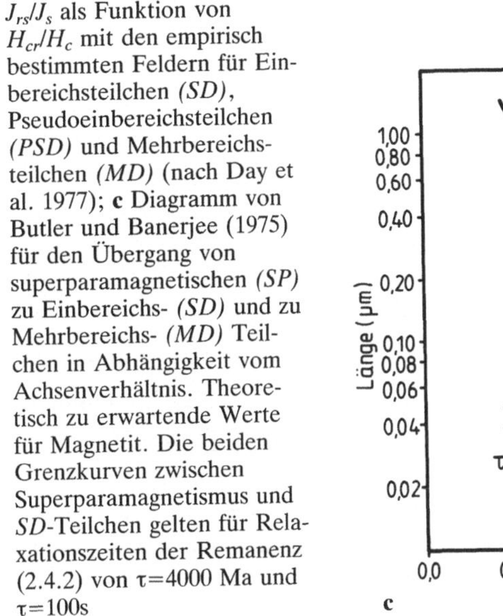

Abb. 2.2.9b, c. Diagramm J_{rs}/J_s als Funktion von H_{cr}/H_c mit den empirisch bestimmten Feldern für Einbereichsteilchen *(SD)*, Pseudoeinbereichsteilchen *(PSD)* und Mehrbereichsteilchen *(MD)* (nach Day et al. 1977); **c** Diagramm von Butler und Banerjee (1975) für den Übergang von superparamagnetischen *(SP)* zu Einbereichs- *(SD)* und zu Mehrbereichs- *(MD)* Teilchen in Abhängigkeit vom Achsenverhältnis. Theoretisch zu erwartende Werte für Magnetit. Die beiden Grenzkurven zwischen Superparamagnetismus und *SD*-Teilchen gelten für Relaxationszeiten der Remanenz (2.4.2) von $\tau = 4000$ Ma und $\tau = 100$ s

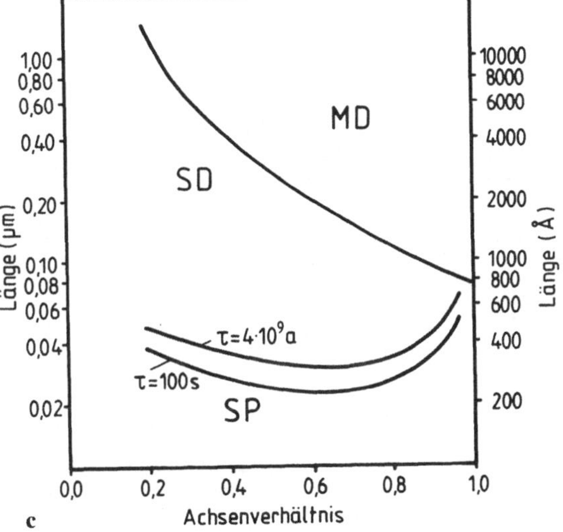

Mit Hilfe besonderer Verfahren ist es auch möglich, die Bereichsstruktur von ferro(i)magnetischen Mineralien zu beobachten. Dabei werden die Streufelder von Wänden auf der spannungsfrei polierten Oberfläche (2.12.1) von Kristalliten mit kolloidalem Magnetit „dekoriert" (Methode der Bitterschen Streifen) und mit dem Licht- oder Rasterelektronenmikroskop sichtbar gemacht. Dieses Verfahren ist ähnlich dem Nachweis von magnetischen Feldlinien eines Stabmagneten mit Eisenfeilspänen, das Prinzip ist in Abb. 2.2.10a dargestellt und wird in der Bildunterschrift erläutert. In einem Erzkorn seien zwei magnetische Bereiche mit Magnetisierungen parallel zur Probenoberfläche durch eine Wand getrennt. Im linken Bereich (Kreuz im Kreis) zeigt die Magnetisierung in die Bildebene hinein, im rechten Bereich (Punkt im Kreis) aus der Bildebene heraus. Innerhalb der dazwischen liegenden Wand (in diesem Fall eine sogenannte Blochwand) gibt es einen stetigen Übergang der Magnetisierungsrichtung vom einen Bereich zum anderen und im Zentrum der Blochwand steht sie (Pfeil) senkrecht zur Probenoberfläche. Über der Blochwand gibt es an der Probenoberfläche ein magnetische Streufeld, das durch gekrümmte Pfeile angedeutet ist. Von diesem Streufeld werden kleine magnetische Teilchen eines Magnetitkolloids (Ferrofluid) angezogen und konzentrieren sich dort. Mit einem Lichtmikroskop (Abb. 2.2.10b) können diese Magnetitanlagerungen an Blochwänden beobachtet werden. Die Dicke der Blochwände (etwa 0.1 µm) ist natürlich wesentlich geringer als die sichtbar gemachten Streufelder. Bei einem anderen Wandtyp, der sogenannten Néelwand, drehen sich die Magnetisierungsrichtungen in der Wand so, daß an der Probenoberfläche auch schwache Streufelder entstehen. Néelwände liefern ebenfalls Bitter-

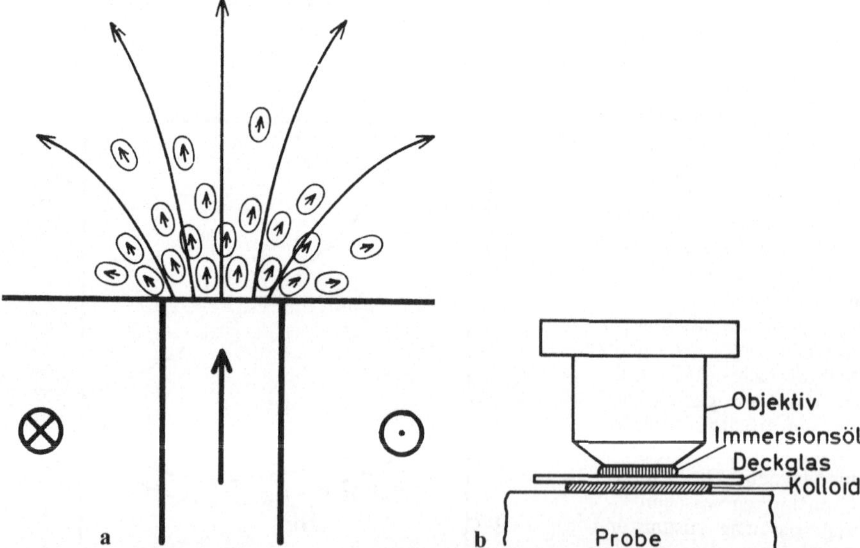

Abb. 2.2.10a, b. Beobachtung der magnetischen Bereichsstrukturen. **a** Magnetisches Streufeld einer Blochwand an der Oberfläche eines ferro(i)magnetischen Materials (s. Text); **b** Anordnung zur Beobachtung der Bitterschen Streifen mit einem Lichtmikroskop

sche Streifen und können mit Magnetitkolloid sichtbar gemacht werden. Sie kommen bei technischen Materialien (Fe,Ni) vorwiegend in dünnen Schichten vor. Bei den natürlichen ferro(i)magnetischen Mineralien scheinen im Regelfall Blochwände ausgebildet zu sein.

Mit der Methode der Bitterschen Streifen können Domänenbeobachtungen mit Lichtmikroskopen (maximale Vergrößerung: etwa 1200fach) und sogar nach entsprechender Probenpräparation mit dem Rasterelektronenmikroskop bei noch höheren Vergrößerungen gemacht werden (2.12.2). Die Abbildungen 2.2.11–15 zeigen die Bereichsstrukturen von Magnetkiesteilchen in einem Diabas. Die Domänenwände sind als dunkle Linien erkennbar. Abbildung 2.2.11 stellt ein Zweidomänen (2D)-Teilchen dar mit einer Blochwand im Zentrum. Ein anderes 2D-Teilchen neben einem größeren Teilchen mit einer komplizierteren Struktur der Bereichsaufteilung und einem SD-Teilchen zeigt Abb. 2.2.12a. Die wahrscheinliche Magnetisierungsverteilung (Pfeile) in beiden größeren Teilchen ist in Abb. 2.2.12b dargestellt. Ein 4D-Teilchen mit parallelen Blochwänden und die wahrscheinliche Magnetisierungsrichtung in den Domänen zeigen die Abb. 2.2.13a und 2.2.13b. Wie die Magnetisierungsrichtung in den Bereichen festgestellt werden kann, ist in Abb. 2.2.14 am Beispiel eines kleinen 4D-Teilchens zu sehen, das in einem Magnetfeld von 30 mT parallel zur Oberfläche von links nach rechts aufmagnetisiert wurde. In Abb. 2.2.14a bzw. d ist der Ausgangszustand der Bereichsaufteilung abgebildet. Legt man ein Magnetfeld an (Abb. 2.2.14b bzw. e), so kommt es zu Wandverschiebungen im Zentrum des Erzkorns. Eine Domäne im Zentrum des Erzkorns verkleinert sich dabei bis auf einen kleinen Rest am linken Bildrand. Ihre Magnetisierung muß antiparallel zum äußeren Feld orientiert sein, sonst wäre sie nicht kleiner geworden, sondern auf Kosten ihrer Nachbarn gewachsen. Daraus ergeben sich automatisch die Magnetisierungsrichtungen in den anderen Domänen. Entfernt man das äußere Feld wieder (Abb. 2.2.14c bzw. f), so wird die ursprüngliche Bereichskonfiguration fast wieder hergestellt, jedoch nicht ganz, denn die zuvor bei der Aufmagnetisierung

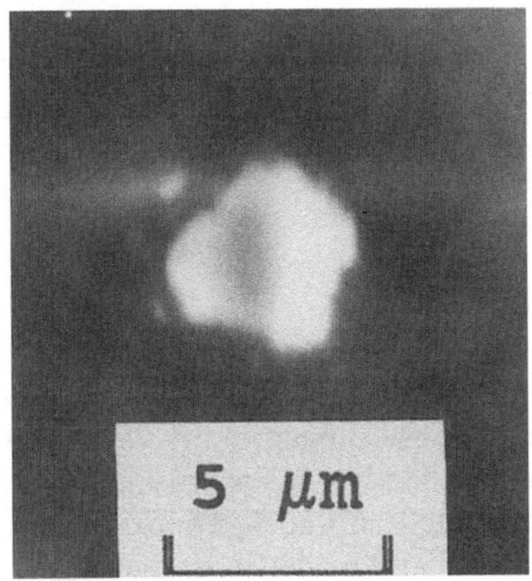

Abb. 2.2.11. Zweidomänen (2D)-Teilchen von Magnetkies mit einer Blochwand im Zentrum

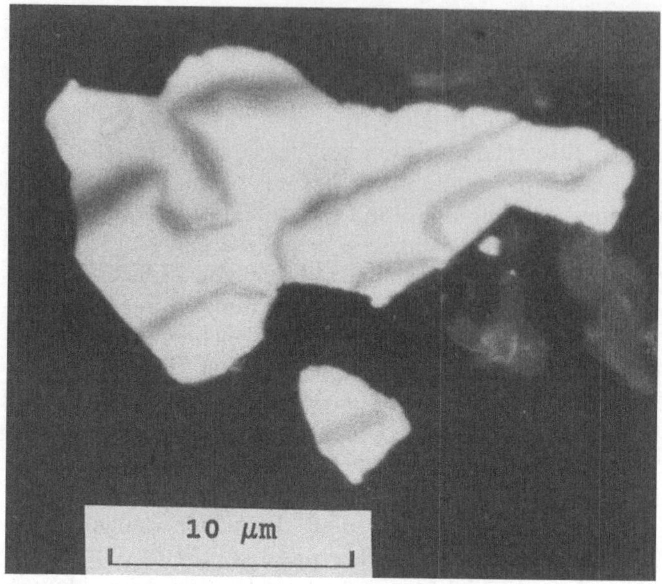

Abb. 2.2.12a, b. 2D-Teilchen von Magnetkies neben einem größeren Teilchen mit einer komplizierteren Struktur der Bereichsaufteilung sowie einem kleinen SD-Teilchen. **a** Mikroskopaufnahme; **b** Nachzeichnung; *Pfeile:* wahrscheinliche Magnetisierungsrichtung in den Domänen

fast völlig verschwundene Domäne erreicht nicht mehr ganz ihre ursprüngliche Größe. Es ist bemerkenswert, daß nur diese eine Domäne beim Aufmagnetisierungsvorgang verändert wurde. Die anderen Blochwände blieben stabil. Sie werden wahrscheinlich durch Gitterfehler oder kleine Einschlüsse festgehalten und können sich erst bei erheblich größeren äußeren Feldern bewegen. Große Erzkörner haben, wie von der Theorie her zu erwarten ist,

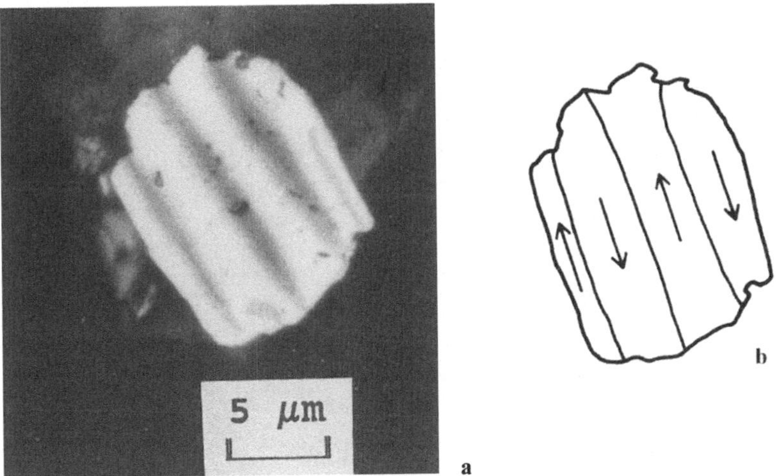

Abb. 2.2.13a, b. 4D-Teilchen von Magnetkies mit parallelen Blochwänden. **a** Mikroskopaufnahme; **b** Nachzeichnung; *Pfeile:* wahrscheinliche Magnetisierungsrichtung in den Domänen

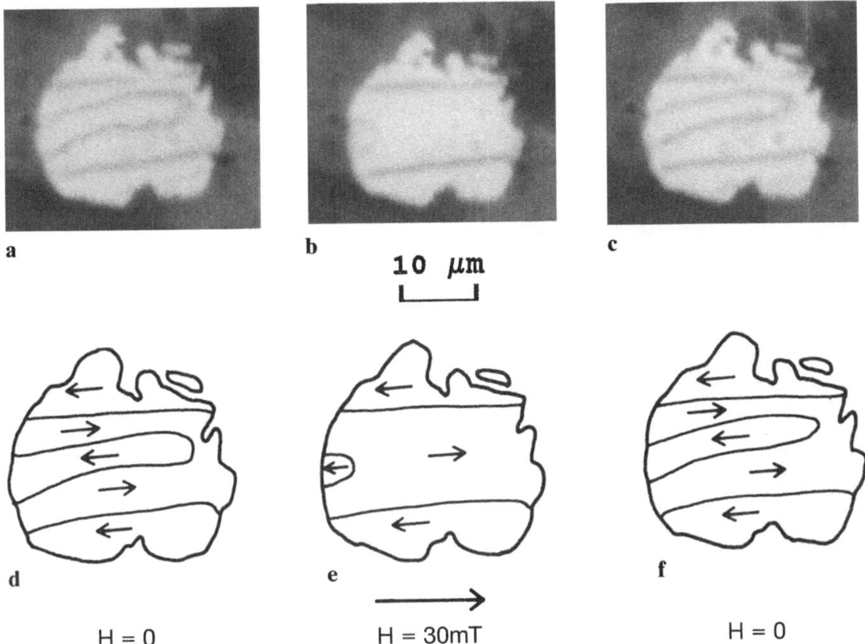

Abb. 2.2.14a–f. 4D-Teilchen von Magnetkies; Verschiebung von Blochwänden unter dem Einfluß eines äußeren Feldes (*großer Pfeil* bei Bild **e**) von 30 mT parallel zur Oberfläche; **a–c** Mikroskopaufnahmen; **d–f** Nachzeichnungen; *kleine Pfeile:* wahrscheinliche Magnetisierungsrichtung in den Domänen; **a,d** $H=0$ (vorher); **b,e** $H=30$ mT; **c,f** $H=0$ (nachher)

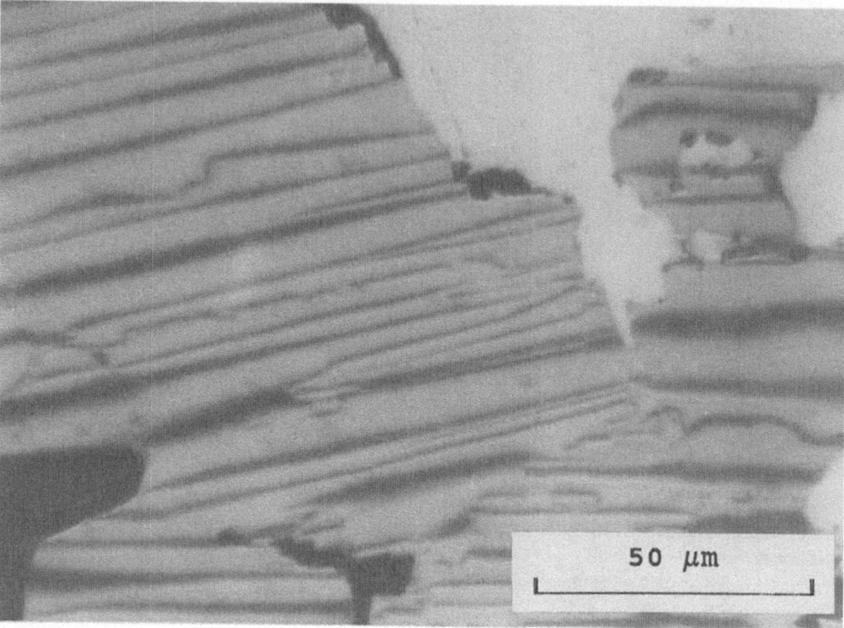

Abb. 2.2.15. Bittersche Streifen auf einem großen Magnetkies-Erzkorn, das im Bildausschnitt aus drei Kristalliten besteht

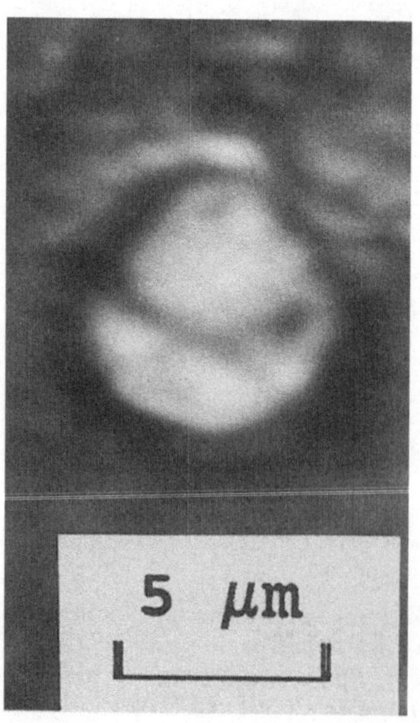

Abb. 2.2.16. 2D-Teilchen eines kleinen Titanomagnetiten mit einer schwach gekrümmten Blochwand im Zentrum des Erzkorns

eine größere Anzahl von Domänen. In Abb. 2.2.15 ist die Bereichskonfiguration eines großen Erzkorns dargestellt, das im Bildausschnitt aus drei Kristalliten besteht. Ihre Richtungen der spontanen Magnetisierung sind nur schwach gegeneinander verkippt, was sich durch einen kleinen Winkel zwischen den Scharen der mehr oder weniger parallelen Blochwände ausdrückt. Wie stark die magnetische Wechselwirkung auch über Korngrenzen hinweg sein kann, läßt sich daran erkennen, daß sich die Blochwände über Korngrenzen hinweg im Nachbarkristallit fortsetzen. Bei dem weißen Mineral im Bild oben rechts handelt es sich um Pyrit, der paramagnetisch ist und deshalb keine Bereichsstruktur zeigt.

In den Abbildungen 2.2.16–17 sind die Domänen von Titanomagnetit-Erzkörnern der Zusammensetzung ca. TM60 in einem Basalt dargestellt. Ein 2D-Teilchen mit einer schwach gekrümmten Blochwand im Zentrum des Erzkorns zeigt Abb. 2.2.16. Die Bewegung der Blochwände in einem sehr großen Titanomagnetitteilchen unter dem Einfluß eines äußeren Feldes stellen die folgenden Abbildungen dar. Abbildung 2.2.17a zeigt einfache Domänenstruktur mit mehr oder weniger parallelen Wänden im Zentrum des Erzkorns und eine recht komplizierte Domänenstruktur in den Randbereichen des Kristallits. In Abb. 2.2.17b ist ein äußeres Magnetfeld der Stärke 10 mT parallel zur Oberfläche und zum rechten Bildrand von oben nach unten angelegt. Man erkennt, daß es dabei im Zentrum des Erzkorns zu Wandverschiebungen, also zu einer Magnetisierungsänderung kam. In den Randberei-

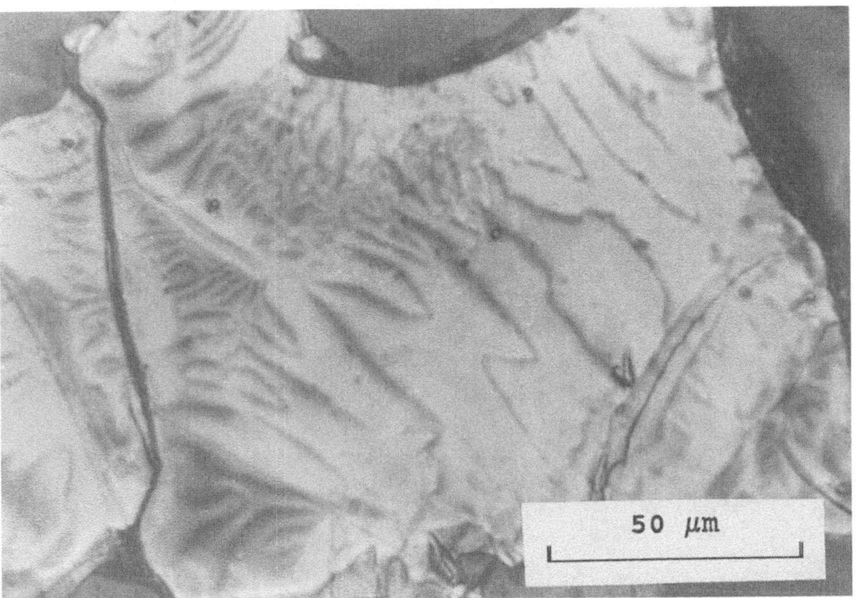

a
Abb. 2.2.17a–c. Bewegung der Blochwände in einem sehr großen Titanomagnetiten unter dem Einfluß eines äußeren Feldes parallel zur Oberfläche. **a** H=0 (vorher); **b** H=10 mT parallel zum rechten Bildrand von oben nach unten; **c** H=0 (nachher)

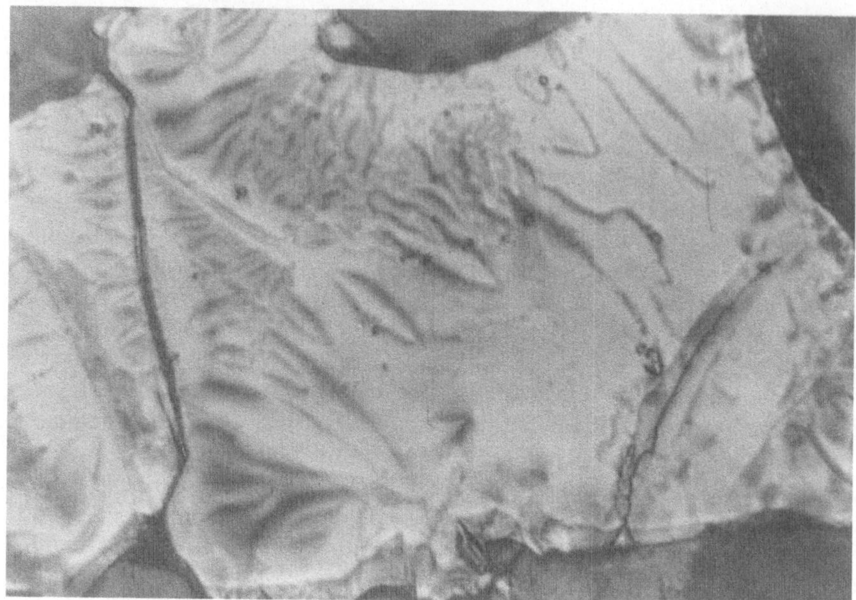

Abb. 2.2.17 b

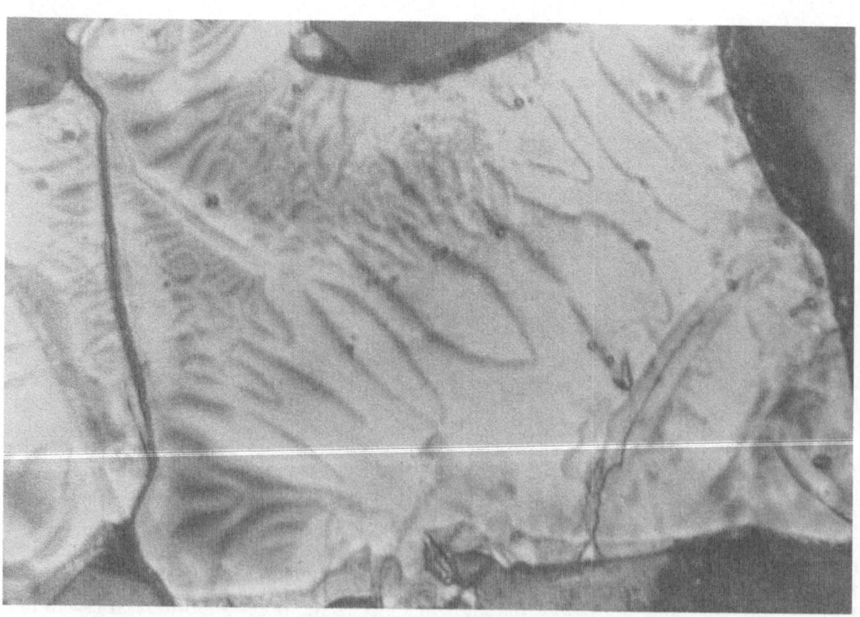

Abb. 2.2.17 c

chen des Erzkorns änderte sich die Bereichsstruktur nicht oder nur ganz geringfügig. Bei Abschalten des Feldes (Abb. 2.2.17c) zeigt sich, daß sich die ursprüngliche Bereichsstruktur von Abb. 2.2.17a nicht wieder einstellte, vielmehr sind kleine Unterschiede in der Position der Wände zu erkennen, welche die Entstehung einer Remanenz anzeigen. Der Versuch macht auch deutlich, daß im Zentrum des Erzkorns die Koerzitivkraft kleiner und die Suszeptibilität größer ist als in seinen Randbereichen, wo vielleicht die Störstellendichte und die lokalen mechanischen Spannungen größer sind.

Abbildung 2.2.18 stellt ein Erzkorn von Magnetit dar, bei dem die Bereichskonfiguration mit einer anderen Methode (magnetooptischer Kerreffekt) sichtbar gemacht worden ist (Hoffmann et al. 1987; Hoffmann 1988; Appel et al. 1990). Hier erscheinen die Bereiche mit antiparallelen Magnetisierungsrichtungen als dunkle bzw. helle Bänder. Während man bei der Methode der Bitterschen Streifen nur die Grenzen der Domänen im Fall von Blochwänden sichtbar machen kann, ist es mit der Kerr-Methode im Prinzip möglich, auch die Magnetisierungsrichtung innerhalb der einzelnen Domänen quantitativ zu bestimmen und auch Beobachtungen bei höheren Temperaturen durchzuführen. Mit Hilfe dieser Untersuchungen der magnetischen Bereichsstrukturen von natürlichen Kristalliten im Gesteinsverband ist es möglich geworden, den Ablauf von Magnetisierungsvorgängen in großen und kleinen Erzkörnern aller im Paläomagnetismus wichtigen Träger der Information über das Paläofeld zu studieren und besser zu verstehen.

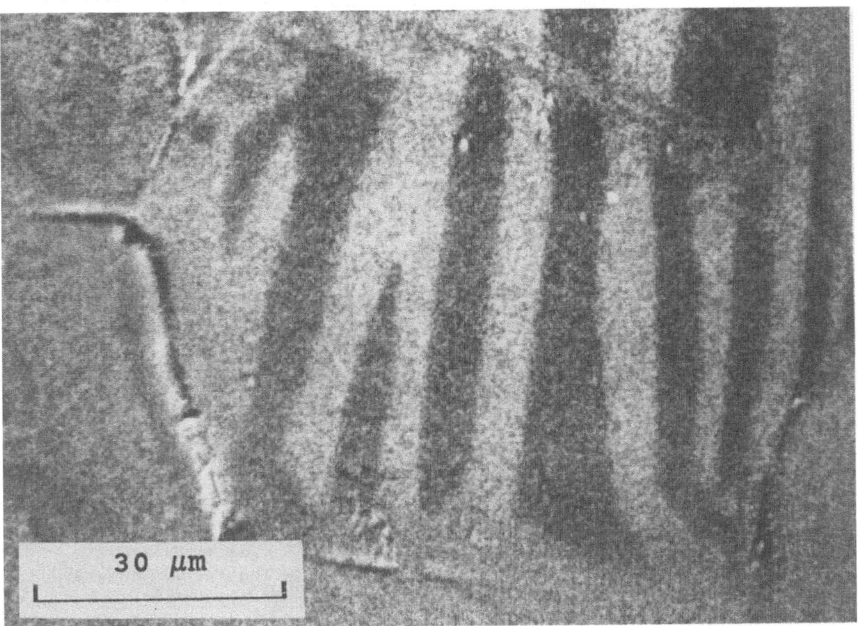

Abb. 2.2.18. Domänen auf einem MD-Teilchen von Magnetit, beobachtet mit der Methode des magnetooptischen Kerr-Effekts. Die Domänen erscheinen dabei als helle und dunkle Bänder, je nach Richtung der Magnetisierung in den Weißschen Bezirken. (Hoffmann 1988)

2.3 Magnetische und strukturelle Eigenschaften natürlicher Ferrite

2.3.1 Magnetit

Magnetit ist ein in der Erdkruste häufig vorkommendes magnetisches Mineral. Man findet ihn als primäres oder auch sekundäres Mineral in fast allen Gesteinsarten (Magmatite, Metamorphite, Sedimente). Seine strukturellen und magnetischen Eigenschaften sind repräsentativ für viele natürliche und künstliche Ferrite (Smit u. Wijn 1959), insbesondere auch für die im nächsten Kapitel beschriebenen Titanomagnetite und den Maghemit.

Der Magnetit ($Fe_3O_4 = 2Fe^{3+}\cdot Fe^{2+}\cdot 4O^{2-}$) gehört zu den inversen Spinellen, bei denen eine andere Kationenverteilung auf den Oktaeder- (B) und Tetraeder- (A)-Plätzen vorliegt als bei den normalen Spinellen. Auf den A-Plätzen befinden sich ausschließlich Fe^3-Ionen, während auf den B-Plätzen sowohl Fe^{3+}- als auch Fe^{2+}-Ionen sitzen (Abb. 2.3.1a). Durch die unterschiedlich starken magnetischen Momente der Eisenionen (Fe^{3+}: 5 μ_B ; Fe^{2+}: 4 μ_B) kommt als Restmoment je Formeleinheit beim Magnetit ein magnetisches Moment von 4 μ_B (Abb. 2.3.1b) zustande. Das Mineral ist kubisch flächenzentriert mit einer Gitterkonstante bei Normaltemperatur von 8.395 Å (0.8395 nm). Oberhalb 119 K (Verwey-Phasenübergang) ist die Kristallanisotropiekonstante K_1 negativ, und die 111-Richtung (Würfeldiagonale) ist die Richtung der spontanen Magnetisierung. Unterhalb 119 K wechselt K_1 das Vorzeichen (Syono 1965) und die „leichte" Richtung ist dann die 110-Richtung (Flächendiagonale). Die Curie-Temperatur von Magnetit beträgt ca. 580 °C. Je nach Zusammensetzung (d. h. je nach Ver-

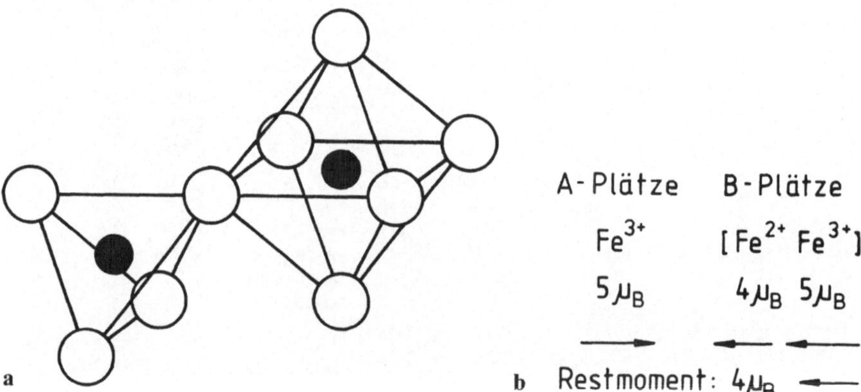

Abb. 2.3.1a, b. Struktur und Verteilung der magnetischen Momente auf die beiden Untergitter bei Magnetit; **a** Tetraederlücken oder A-Plätze *(links)* und Oktaederlücken oder B-Plätze *(rechts)* in einem Spinellgitter; *weiße Kugeln* Sauerstoffionen; *schwarze Kugeln* Eisenionen in Tetraeder- bzw. Oktaederlücken; **b** schematische Verteilung der Kationen Fe^{2+} und Fe^{3+} mit ihren 4 bzw. 5 Bohrschen Magnetonen (μ_B) auf A- bzw. B-Plätzen; *Pfeile:* Ausrichtung der magnetischen Momente auf A- und B-Plätzen; es ergibt sich ein unkompensiertes Restmoment von 4 μ_B je Formeleinheit

unreinigungen durch Fremdionen, Gitterfehler usw.) weisen natürliche Magnetite T_c-Werte zwischen 570° und 590°C auf. Die Sättigungsmagnetisierung beträgt $480 \cdot 10^3$ A/m (cgs-Einheiten: 480 Gauß). Andere Parameter (Koerzitivkraft, Magnetostriktionskonstante, Kristallanisotropiekonstante usw.) finden sich in Tabelle 2.2.6.

2.3.2 Ternäres System $(FeO\text{-}TiO_2\text{-}Fe_2O_3)$ und die Mischreihe der Titanomagnetite

Die meisten natürlichen Ferrite können dem ternären System mit den Endgliedern Wüstit (FeO), Rutil (TiO$_2$) und Hämatit (Fe$_2$O$_3$) zugeordnet werden (Abb. 2.3.2). Längs der Seitenlinien des Diagramms finden sich eine Reihe häufig vorkommender Eisen-(Titan)-Oxide wie z.B. Magnetit (Fe$_3$O$_4$), Ilmenit (FeTiO$_3$), Ulvöspinell (Fe$_2$TiO$_4$) und die Pseudobrookite (Fe^{2+}-freie Fe-Ti-Oxide). Ferner gibt es Mischreihen zwischen wohl definierten Endgliedern (Titanomagnetite, Hämo-Ilmenite) und andere Besonderheiten wie etwa die Titanomaghemite mit einer Kationendefektstruktur.

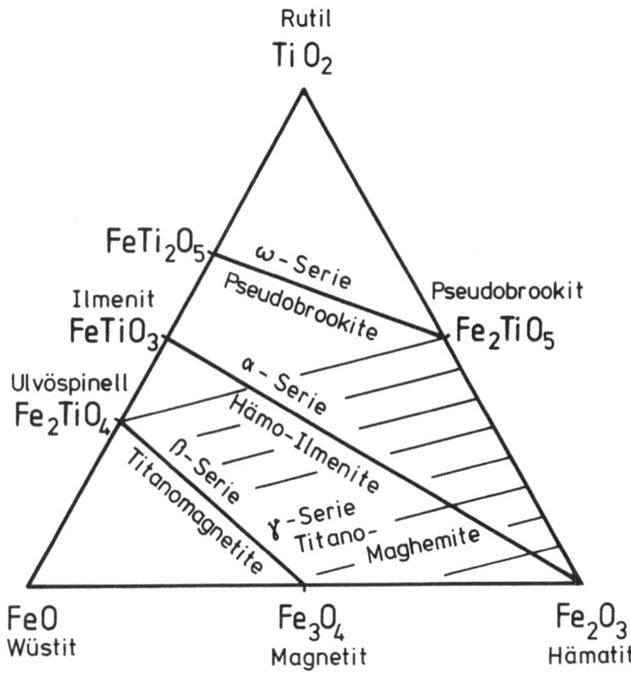

Abb. 2.3.2. Ternäres System der Fe-Ti-Oxide mit den Endgliedern Wüstit (FeO), Rutil (TiO$_2$) und Hämatit (Fe$_2$O$_3$) sowie den Mineralien Magnetit (Fe$_3$O$_4$), Ilmenit (FeTiO$_3$), Ulvöspinell (Fe$_2$TiO$_4$) und den Pseudobrookiten. Die Mischreihen der Titanomagnetite (β-Serie), Hämo-Ilmenite (α-Serie), die Pseudobrookite (ω-Serie) und die Titanomaghemite (γ-Serie, schraffiertes Feld) sind ebenfalls dargestellt

Die Titanomagnetite können vom Magnetit abgeleitet werden, wenn zwei Fe^{3+} durch ein Fe^{2+} und ein Ti^{4+} ersetzt werden. Durch strukturelle Untersuchungen konnte nachgewiesen werden, daß sich im ebenfalls inversen Spinellgitter der Titanomagnetite das Ti^{4+} stets auf Oktaederplätzen befindet. Insgesamt wird für die Titanomagnetite folgende Strukturformel angegeben:

$$Fe_{(3-x)} \cdot Ti_x \cdot O_4$$

Dabei ist x der Titangehalt im Molekül, auch Mischungsparameter genannt. Für x=1 erhält man das Mineral Ulvöspinell ($Fe_2TiO_{4)}$, für x=0 den Magnetit (Fe_3O_4). Magnetit und Ulvöspinell sind beim Auskristallisieren aus einer Schmelze vollständig mischbar, und man nennt die Glieder dieser Mischreihe die Titanomagnetite. Solche der Zusammensetzung x=0.6 (60 % Ulvöspinellgehalt im Magnetit, abgekürzt TM60) kommen am häufigsten vor. Sie sind in den Basalten, welche einen namhaften Teil der Erdoberfläche bilden (Flutbasalte auf den Kontinenten, Basalte der Ozeanböden) das wichtigste ferro(i)magnetische Mineral. Man kann daher zurecht davon ausgehen, daß die Magnetisierung der Kruste hauptsächlich durch TM60 getragen wird. Die natürlichen Titanomagnetite enthalten anstelle der Fe^{2+}-,

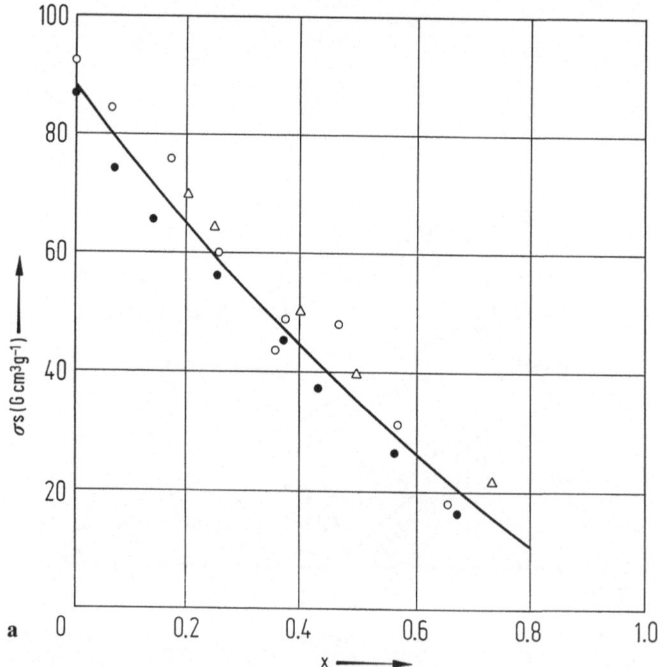

Abb. 2.3.3a–e. Änderung von magnetischen und strukturellen Parametern von Titanomagnetiten $Fe_{(3-x)}Ti_xO_4$ (0<x<1) in Abhängigkeit von ihrer Zusammensetzung (Mischungsparameter x). Magnetit: x=0. Titanomagnetit: x=1; zur Umrechnung der cgs-Einheiten in SI-Einheiten s. Tabelle 1.1 (aus Bleil u. Petersen 1982); **a** spezifische Sättigungsmagnetisierung σ_s in Gauß cm^3 g^{-1} (nach Smith u. Prévot 1977);

Fe^{3+}- und Ti^{4+}-Ionen geringe Mengen anderer Kationen wie zum Beispiel Al^{3+}, Cr^{3+}, Mg^{2+}, Mn^{2+}, Ni^{2+}, um nur die wichtigsten zu nennen. Im Mittel kann man für Titanomagnetite in ozeanischen Basalten folgende Zusammensetzung angeben:

$$Fe_{2.7}Ti_{0.58}Al_{0.07}Mg_{0.02}O_4$$

Längs der Mischreihen der Titanomagnetite ändern sich viele magnetische und strukturelle Eigenschaften kontinuierlich und fast linear von den Werten für Magnetit zu denen für Ulvöspinell. Die Abb. 2.3.3a–e zeigen die

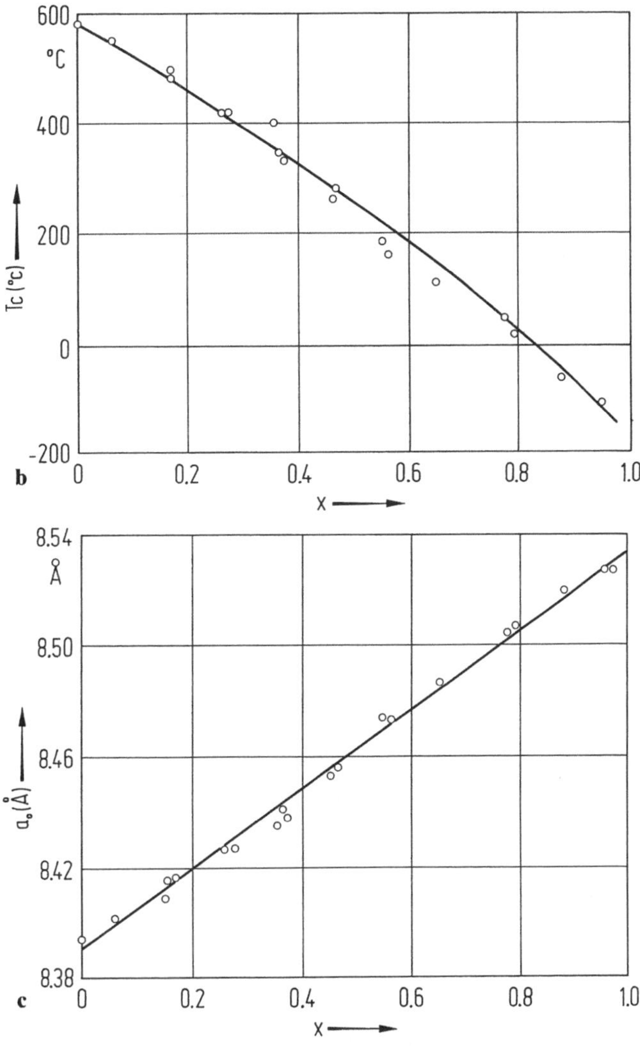

Abb. 2.3.3b. Curie-Temperatur T_c in °C (nach Akimoto et al. 1957); c Gitterkonstante a_o in Å (nach Akimoto et al. 1957);

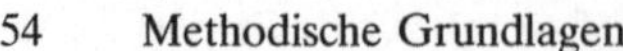

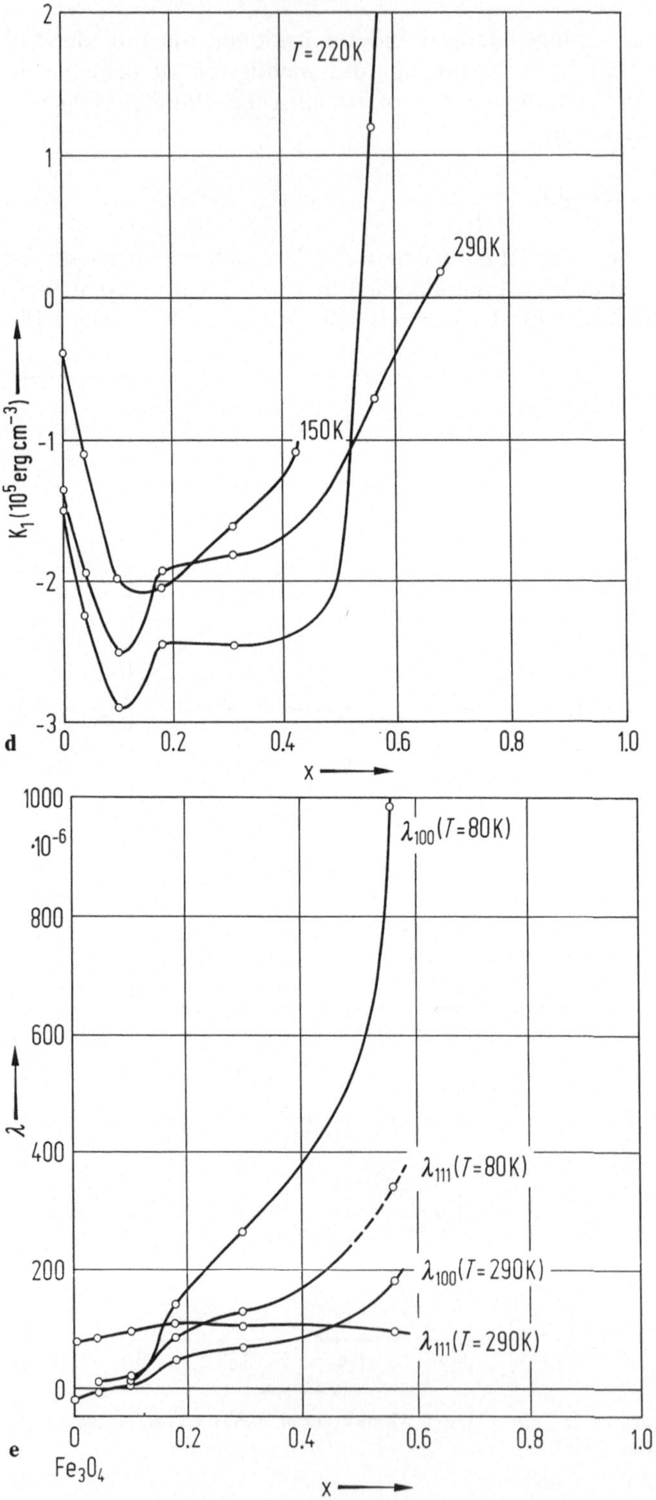

Abb. 2.3.3d, e.
Kristallanisotropie-
konstante K_1
in 10^5 erg cm^{-3} bei
verschiedenen Tem-
peraturen
(nach Syono 1965);
e Magnetostrik-
tionskonstanten λ_{100}
und λ_{111} bei verschiedenen Tempe-
raturen (nach Syono
1965)

Änderungen einiger magnetischer und struktureller Parameter mit der Zusammensetzung der Titanomagnetite längs der Mischreihe. Die zumeist linearen Zusammenhänge können für die Identifikation (2.3.8) der Mineralkomponenten und ihrer Zusammensetzung verwendet werden (Bleil u. Petersen 1982). Die oben genannten kleinen Gehalte der Titanomagnetite an Fremdionen beeinflussen auch die magnetischen Eigenschaften (T_c, J_s) und die strukturellen Parameter (Gitterkonstante a_o) der Titanomagnetite. Näheres kann der Spezialliteratur entnommen werden. Andere magnetische Eigenschaften der Titanomagnetite sind in der Tabelle 2.2.6 zu finden.

2.3.3 Hämatit und Maghemit

Hämatit (alpha-Fe_2O_3) zählt zu den Ferromagnetika mit einem Restmoment durch eine Verkantung der magnetischen Momente (spin canting). Diesem magnetischen Restmoment mit der „leichten" Richtung in der Basalebene des rhomboedrischen Kristalls mit Korundstruktur ist zuweilen noch ein zusätzliches Defektmoment variabler Intensität überlagert, das durch Gitterfehler oder durch im Gitter eingebaute Ionen ohne magnetisches Moment (z. B. Al^{3+}) bedingt wird. Hämatit hat eine starke magnetische Anisotropie, die vorwiegend durch eine Kristallanisotropie bedingt ist. Unterhalb 263 K (Morin-Phasenübergang) klappt die spontane Magnetisierung von der Basalebene um in die Richtung senkrecht dazu (c-Achse). Hämatit zeichnet sich durch eine hohe Koerzitivkraft von bis zu einigen 10^2 mT aus. Die Sättigungsmagnetisierung ist mit ca. 0.5–2 Gauß (in cgs-Einheiten, entspricht 500–2000 A/m in SI-Einheiten) recht gering. Die Curie-Temperatur beträgt 675 °C. Andere magnetische und strukturelle Eigenschaften können den Tabellen 2.2.4 und 2.2.6 entnommen werden.

Hämatit mit seinem ausschließlich dreiwertigen Eisen tritt sowohl in magmatischen Gesteinen auf (Granite, saure Laven, ignimbritische Tuffe), als auch in metamorphen Gesteinen (Gneise) und Sedimenten (rote Sandsteine). Bei Gesteinen, die durch Verwitterungsvorgänge beeinflußt worden sind, ist häufig als Verwitterungsprodukt aus Magnetit entstandener Hämatit das wichtigste ferro(i)magnetische Mineral.

Der ferrimagnetische Maghemit (gamma-Fe_2O_3) besitzt die gleiche chemische Formel wie Hämatit, hat jedoch wie der Magnetit eine inverse (kubische) Spinellstruktur. Maghemit kann aus Magnetit durch die Substitution von Fe^{2+} durch Fe^{3+} in Verbindung mit Leerstellen (auf B-Plätzen) abgeleitet werden. Zwischen reinem Magnetit und reinem Maghemit gibt es eine lückenlose Mischreihe. Ein Mineral auf der Mischreihe entsteht durch eine partielle Oxidation des Fe^{2+} auf B-Plätzen zu Fe^{3+}. Um das Ladungsgleichgewicht zu erhalten, entstehen auf B-Plätzen Leerstellen. Für die Oxidation gilt folgende Formel:

$$Fe^{2+} + 1/2\, z\, O \rightarrow (1\text{-}z)Fe^{2+} + z\, Fe^{3+} + 1/2\, z\, O^{2-}$$

Der Oxidationsgrad wird durch den Oxidationsparameter z beschrieben, der angibt, wieviel 2wertiges Eisen in 3wertiges Eisen umgewandelt wurde.

$$z = \frac{\text{Anzahl der von } Fe^{2+} \text{ in } Fe^{3+} \text{ umgewandelten Ionen}}{\text{Anzahl der ursprünglich vorhandenen } Fe^{2+}\text{-Ionen}} \quad 0 \leq z \leq 1$$

Bei reinem Magnetit ist z=0, bei reinem Maghemit ist z=1. Maghemit hat folgende Gehalte an Fe^{3+}-Ionen und Leerstellen []:

$$Fe^{3+}_{8/3} \, []_{1/3} \, O^{2-}_{4}$$

Die Curie-Temperatur von Maghemit ist schwer zu bestimmen, weil das Mineral bei Temperaturen von über etwa 400°C zerfällt und in die stabile Fe_2O_3-Modifikation des alpha-Fe_2O_3 (Hämatit) übergeht. Durch Fremdionen ist es möglich, das Gitter zu stabilisieren. Es werden Curie-Temperaturen von sowohl 580°C als auch 675°C in der Literatur genannt. Die Kristallanisotropiekonstanten des Maghemits haben ähnliche Werte wie Magnetit. Das gleiche gilt für die Koerzitivkraft (in der Regel unter 100 mT, Tabelle 2.2.6). In Gesteinen und gebrannten Böden entsteht Maghemit durch eine langsame Oxidation von Magnetit. Das Mineral tritt daher häufig in angewitterten Gesteinen auf und auch in archäologischen Materialien und Böden. Die Sättigungsmagnetisierung und andere magnetische und strukturelle Daten können den Tabellen 2.2.4 und 2.2.6 entnommen werden.

2.3.4 Mischreihe der Hämo-Ilmenite

Glieder der Mischreihe Ilmenit-Hämatit nennt man die Hämo-Ilmenite. Sie sind ebenso wie der Hämatit rhomboedrisch. Ihre magnetischen und strukturellen Eigenschaften (Abb. 2.3.4a–c) ändern sich längs der Mischreihe nur teilweise stetig und linear (strukturelle Parameter, Gitterkonstante), andere wie z. B. die Sättigungsmagnetisierung, nicht. Diese zeigt (Abb. 2.3.4a) bei einer bestimmten Zusammensetzung ein Maximum von J_s. Längs der Mischreihe gibt es bei der Zusammensetzung von etwa je 50% Ilmenit und Hämatit einen Übergang zwischen einem geordneten und einem ungeordneten Zustand. Im geordneten Zustand werden vom Ilmenit ausgehend auf nur einem Untergitter die Fe^{2+}- durch Fe^{3+}-Ionen ersetzt. Dabei wächst das resultierende magnetische Moment und erreicht ein Maximum bei einer Zusammensetzung von etwa 60% Ilmenit und 40% Hämatit. Bei höheren Fe^{3+}-Gehalten, also in Richtung auf den Hämatit zu, werden auch im anderen Untergitter Fe^{3+}-Kationen untergebracht, und die Sättigungsmagnetisierung sinkt wieder. Ilmenite und Hämo-Ilmenite nahe Ilmenit zeigen einen schwachen Ferrimagnetismus in Folge einer Austauschwechselwirkung zwischen übernächsten Nachbarn. Bei Hämo-Ilmeniten nahe Hämatit ist ein schwacher Ferromagnetismus durch spin canting ausgebildet. Glieder dieser Mischreihe treten besonders häufig in sauren Magmatiten auf

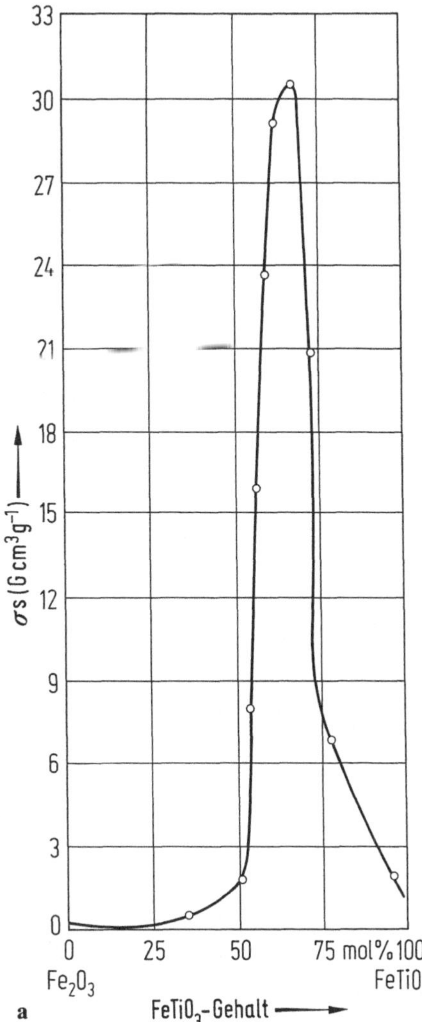

Abb. 2.3.4a–c. Änderung von magnetischen und strukturellen Parametern von Hämo-Ilmeniten in Abhängigkeit vom Hämatit- bzw. Ilmenitgehalt in %. Zur Umrechnung der cgs-Einheiten in SI-Einheiten, s. Tabelle 1.1 (aus Bleil u. Petersen 1982); **a** spezifische Sättigungsmagnetisierung σ_s in Gauß $cm^3\,g^{-1}$ (nach Westcott-Lewis u. Parry 1971);

(Granite, Diorite, Quarzporphyre, Trachyte usw.). Die Endglieder der Mischreihe sind beim Auskristallisieren aus einer Schmelze nur begrenzt mischbar. Natürliche Mischkristalle haben Zusammensetzungen nahe der beiden Endglieder und sind bei Normaltemperatur entweder paramagnetisch (Zusammensetzungen nahe Ilmenit) oder schwach ferromagnetisch (Zusammensetzungen nahe Hämatit). Nur bei raschen Abkühlungsvorgängen können auch in der Natur ferro(i)magnetische Hämo-Ilmenite entstehen. Viele wichtige magnetische Eigenschaften der Hämo-Ilmenite (Kristallanisotropiekonstanten, Magnetostriktionskonstanten) sind bisher noch nicht genau bestimmt worden, weil die Herstellung von großen Einkristallen dieser Mineralien noch nicht gelungen ist.

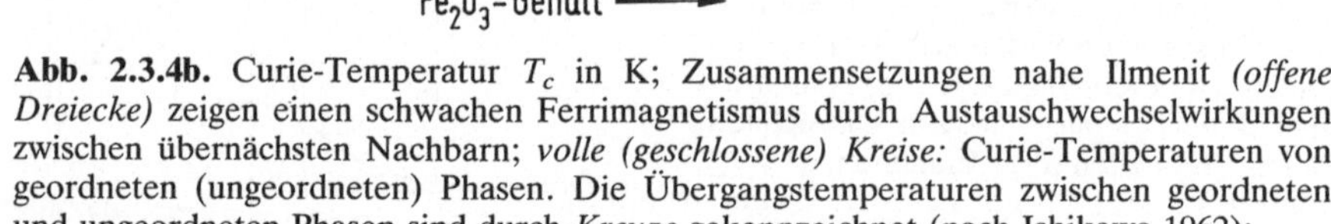

Abb. 2.3.4b. Curie-Temperatur T_c in K; Zusammensetzungen nahe Ilmenit *(offene Dreiecke)* zeigen einen schwachen Ferrimagnetismus durch Austauschwechselwirkungen zwischen übernächsten Nachbarn; *volle (geschlossene) Kreise:* Curie-Temperaturen von geordneten (ungeordneten) Phasen. Die Übergangstemperaturen zwischen geordneten und ungeordneten Phasen sind durch *Kreuze* gekennzeichnet (nach Ishikawa 1962);

2.3.5 Nichtstöchiometrische Minerale im ternären System der Ti-Oxide, Titanomaghemite

Das ternäre System $FeO - TiO_2 - Fe_2O_3$ wurde in 2.3.2 und 2.3.4 bereits vorgestellt, ebenso die magnetischen und strukturellen Eigenschaften längs der Mischreihen der Titanomagnetite und der Hämo-Ilmenite. Aus den Gliedern der Titanomagnetitreihe können durch Oxidation bei tiefen Temperaturen (unter ca. 300 °C) durch die Umwandlung von Fe^{2+} in Fe^{3+} in ähnlicher Weise wie bei der Bildung von Maghemit aus Magnetit (2.3.3) die sogenannten Titanomaghemite entstehen. Diese zeigen wie der Maghemit eine Defektstruktur mit Leerstellen auf den Oktaederplätzen. Die Maghe-

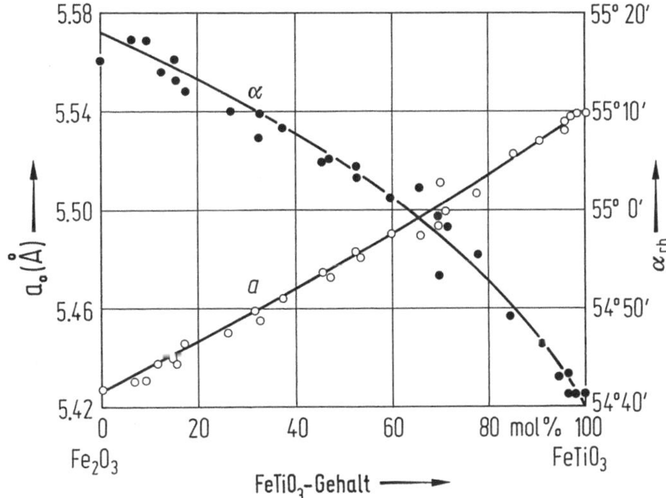

Abb. 2.3.4c. Gitterkonstante a_o in Å und Gitterwinkel α_{rh} (nach Ishikawa und Akimoto 1958)

mitisierung kann bis zur Zusammensetzung der Verbindungslinie TiO_2 – Fe_2O_3 führen, also bis über die Mischreihe Ilmenit-Hämatit hinweg, bei Beibehaltung der kubischen inversen Spinellstruktur. Für die Titanomaghemite läßt sich folgende Formel angeben:

$$Fe_{(1-x)R} \, Ti_{xR} \, []_{3(1-R)} \, O_4$$

Dabei ist x (0<x<1) der in 2.3.2 definierte Mischungsparameter der Titanomagnetite, z (0<z<1) der Oxidationsparameter, während R durch folgenden Ausdruck gegeben ist:

$$R = 8 \, / \, [8 + z(1+x)]$$

Mit zunehmender Maghemitisierung werden die Titanomaghemite mineralogisch immer instabiler und zerfallen zunehmend leichter in stabile Endglieder wie zum Beispiel Magnetit und Ilmenit (wenn die Maghemitisierung noch nicht zu weit vorangeschritten war). Dabei können sich sehr große bis submikroskopisch feine Entmischungslamellen von Ilmenit in Magnetit oder Magnetit in Ilmenit ausbilden, je nach der Ausgangszusammensetzung des ursprünglichen Titanomagnetits. Bei weiter fortgeschrittener Maghemitisierung bilden sich Entmischungslamellen von Hämatit und Ilmenit. Bei noch weiter fortgeschrittener Maghemitisierung sind Verwachsungen von Hämatit und Rutil das Endprodukt. Dabei bleibt in der Regel die kubische Grundform der ursprünglichen primären Erzkörner in allen Stadien der Tieftemperaturoxidation erhalten.

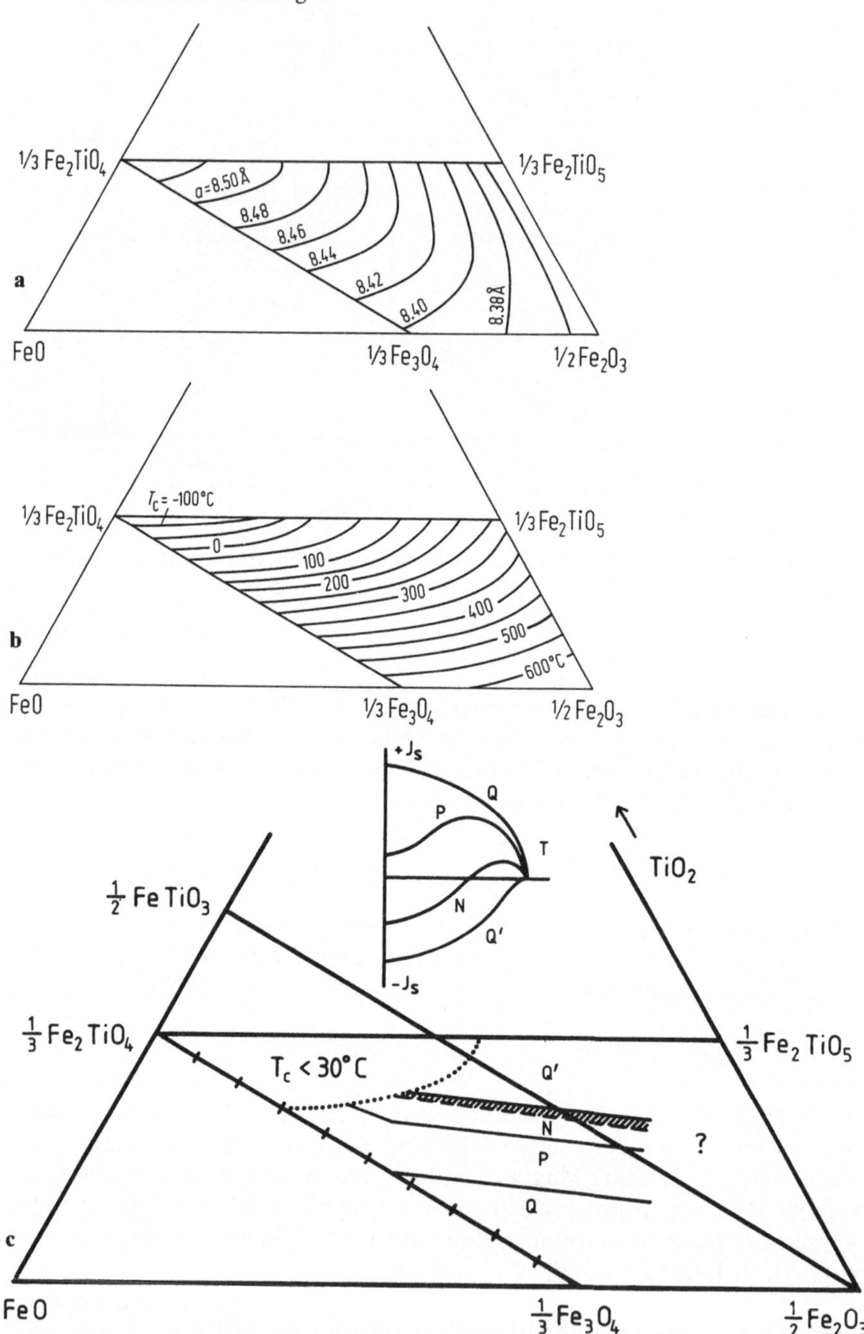

Abb. 2.3.5a–c. Magnetische und strukturelle Eigenschaften von Titanomaghemiten; **a** experimentell bestimmte Linien konstanter Gitterkonstante a_o in Å und **b** Curie-Temperatur einer kubischen Phase im ternären System der Titanomagnetite (nach O'Reilly u. Readman 1971, aus Bleil u. Petersen 1982); **c** Felder für die verschiedenen Typen von J_s/T-Kurven (Q-, P-, N-, Q'-Typ; s. Abb. 2.2.4)

Die Curie-Temperatur steigt in der Regel bei fortschreitender Maghemitisierung an, während die Sättigungsmagnetisierung abnimmt. Eine Änderung erfährt auch die Gitterkonstante. Mit Hilfe von Diagrammen mit Linien gleicher Gitterkonstante und Curie-Temperatur (Abb. 2.3.5a,b) kann bei Titanomaghemiten die Zusammensetzung und der Grad der Maghemitisierung bestimmt werden. Die Felder für die verschiedenen Kurventypen der Sättigungsmagnetisierung in Abhängigkeit von der Temperatur (Q-,P-,N-, Q'-Typ, Abb. 2.2.4) sind in Abb. 2.3.5c gezeigt. Bei Zusammensetzungen von schwach Al- und Mg-haltigen Titanomaghemiten im schraffierten Feld kann Selbstumkehr auftreten. Hierauf wird in 2.4.12 (Selbstumkehr einer Remanenz) nochmals eingegangen.

2.3.6 Pyrrhotit und Greigit

Das rhomboedrische Mineral Pyrrhotit oder Magnetkies hat angenähert die chemische Formel Fe_7S_8 und besitzt ein Defektmoment auf Grund einer besonders geregelten Anordnung der Fe^{2+}-Ionen (mit je 4 μ_B) auf alternierenden Lagen seiner schichtförmig aufgebauten Untergitter. In der Natur kommen viele „Magnetkiese" ähnlicher chemischer Zusammensetzung vor, einige sind antiferromagnetisch. Magnetkies hat eine Sättigungsmagnetisierung von 62 Gauß bzw. $62 \cdot 10^3$ A/m in SI-Einheiten. Die Curie-Temperatur beträgt um die 325 °C, mit kleinen Variationen je nach Zusammensetzung. Andere magnetische und strukturelle Parameter sind wiederum in den Tabellen 2.2.4 und 2.2.6 zu finden. Die Koerzitivkräfte sind in der Regel kleiner als 100 mT. Magnetkiese kommen sowohl in basischen bis ultrabasischen Magmatiten und Metamorphiten (z. B. paläozoischen Diabasen und Amphiboliten) und in Sedimenten vor (Gesteine der pelagischen Fazies, Schwarzschiefer usw.). Bei der Verwitterung zeigt sich der Magnetkies als recht anfällig gegen Umwandlungen und zerfällt in Magnetit oder Hämatit und Pyrit. Magnetkies zeigt bei 34 K eine Phasenumwandlung, die in ähnlicher Weise wie bei Magnetit und Hämatit (Verwey- bzw. Morin-Phasenübergang) zur Identifikation des Minerals verwendet werden kann.

Das kubische Sulfidmineral Greigit (Fe_3S_4) mit der Gitterkonstante $a_o = 0.9875$ nm und Curie-Temperaturen zwischen 270° und 300 °C ist unter Paläomagnetikern nur wenig bekannt. Es wurde bisher nur in tertiären und quartären Sedimenten gefunden und scheint keine große mineralogische Stabilität zu besitzen. Wahrscheinlich wird das Mineral nur unter ganz besonderen Bedingungen in Zusammenhang mit dem Wachstum von Algen gebildet. Seine Eignung für paläomagnetische Messungen ist zwar gelegentlich schon gezeigt worden, jedoch ist es noch zu früh, dieses Ergebnis bereits zu verallgemeinern. Einige Daten des Minerals Greigit finden sich in den Tabellen 2.2.4 und 2.2.6.

2.3.7 Goethit

Goethit (alpha-FeOOH) ist ein Eisen-Oxihydroxid mit nur dreiwertigen Fe-Ionen. Das Mineral ist orthorhombisch und bildet sich aus anderen Fe-Oxiden hauptsächlich bei der Verwitterung unter Einfluß von Luftsauerstoff und Wasser. Goethit hat ein Defektmoment, das durch unterbrochene Superaustauschwechselwirkungen bei einem Sauerstoffunterschuß zustande kommt und besitzt deshalb keine exakte materialspezifische Sättigungsmagnetisierung. Die Werte von J_s variieren zwischen 0.01 bis maximal etwa 5 Gauß bzw. 10 bis 5000 A/m. Die Curie-Temperatur T_c beträgt ca. 90 °C. Es werden aber je nach Intensität der internen magnetischen Austauschwechselwirkungen der Fe^{3+}-Ionen Werte zwischen etwa 80° und 120° C beobachtet. Goethit besitzt eine außerordentlich hohe Kristallanisotropie (exakte Werte lassen sich wegen der auch schon die Curie-Temperaturen beeinflussenden variablen Austauschwechselwirkungen nicht angeben). Dies führt bei diesem Material zu ungewöhnlich hohen Werten für die Koerzitivkraft von oft über 3 Tesla.

2.3.8 Methoden zur Identifikation von ferro(i)magnetischen Mineralphasen

Wie in 2.3.1–2.3.7 geschildert, zeigen die verschiedenen natürlichen Ferrite erhebliche Unterschiede in ihren magnetischen Eigenschaften, die für ihre Identifikation verwendet werden können. Eine wichtige Größe ist die Curie-Temperatur, die in der Regel bei Messungen der Sättigungsmagnetisierung J_s in Abhängkeit von der Temperatur (sogenannte J_s/T-Kurven, thermomagnetische Kurven) bestimmt werden kann. Eine derartige Apparatur wird in 2.11.7.4 beschrieben.

Abbildung 2.3.6a zeigt eine J_s/T-Kurve für ein Gestein mit Magnetit als ferrimagnetischem Mineral. Bei der Curie-Temperatur des Magnetits (580 °C) erreicht J_s nach einem raschen Abfall der Kurve einen sehr kleinen Wert. T_c kann am genauesten bestimmt werden, wenn J_s^2 gegen T aufgetragen wird. Eine J_s/T-Messung für Magnetkies mit einem aufsteigenden Ast bis etwa 650 °C und einer Abkühlkurve (Pfeile) stellt die Abb. 2.3.6b dar. Der Versuch wurde in Luft durchgeführt. Magnetkies deutet sich durch die Curie-Temperatur von etwa 310 °C an. Bei weiterem Erhitzen bildet sich Magnetit bei Temperaturen oberhalb 450 °C, was sich durch einen Anstieg der Sättigungsmagnetisierung und eine Curie-Temperatur von etwa 570 °C bemerkbar macht. In der Abkühlkurve ist nach diesem Versuch deutlich die Magnetitphase mit der viel größeren Sättigungsmagnetisierung zu erkennen. Bei etwa 320 °C ist nur noch ein leichter Knick zu größeren J_s-Werten hin in der Kurve zu sehen. Das bedeutet, daß fast der ganze Magnetkies zu Magnetit umgewandelt wurde. Eine entsprechende Aufheiz- und Abkühlkurve (Pfeile) für einen typischen Titanomagnetiten zeigt Abb. 2.3.6c. Die Curie-Temperatur beträgt knapp 300 °C. Nach Abb. 2.3.3b entspricht dies

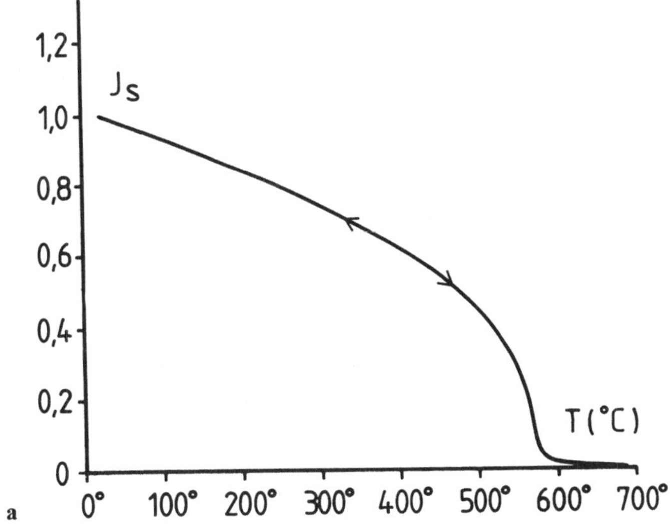

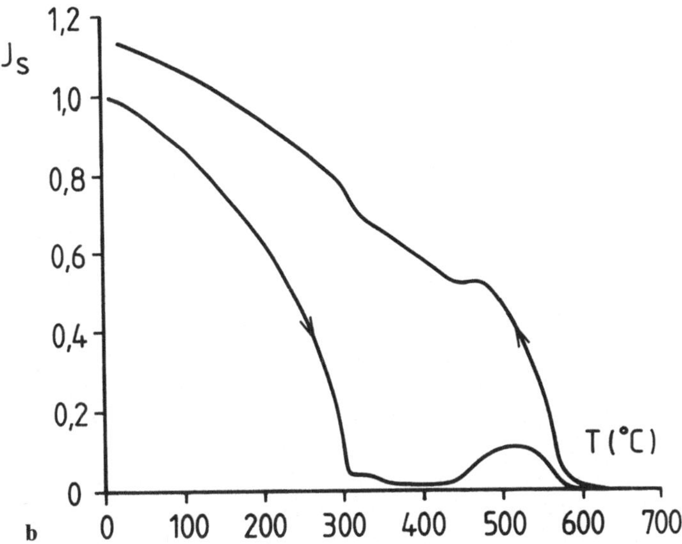

Abb. 2.3.6a–c. Sättigungsmagnetisierung J_s (willkürliche Einheiten) in Abhängigkeit von der Temperatur (J_s/T-Kurven) von Gesteinen zur Bestimmung der Curie-Temperatur ihrer natürlichen Ferrite. *Pfeile* deuten die Aufheiz- bzw. Abkühlkurve an. **a** Magnetit in einem Gneis mit $T_c \approx 580\,°C$; **b** Magnetkies in Amphibolit mit $T_c \approx 310\,°C$. Bei einer weiteren Erhitzung über die Curie-Temperatur hinaus deutet sich die Bildung einer sekundären Phase mit einer Curie-Temperatur von $570\,°C$ (Magnetit) an;

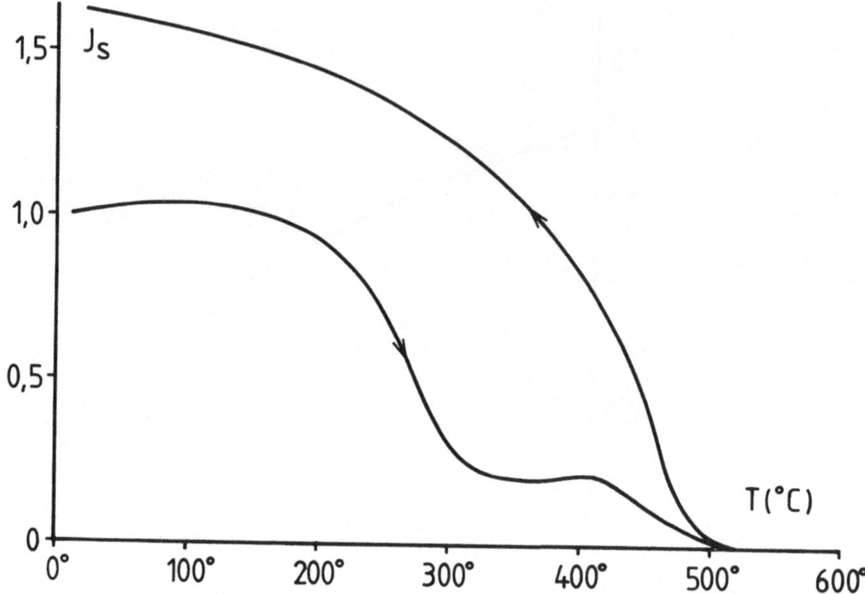

Abb. 2.3.6c. Titanomagnetit mit T$_c$≈280°C. Bei einer weiteren Erhitzung über die Curie-Temperatur hinaus deutet sich die Bildung einer sekundären Phase mit einer Curie-Temperatur von 470°C (Zusammensetzung nahe Magnetit, etwa TM15) an

einem Titanomagnetiten der Zusammensetzung TM50. Bei der Aufheiz-kurve bildet sich oberhalb 400°C eine weitere Phase, die in der Abküh-lungskurve auf ein ferro(i)magnetisches Mineral mit einer größeren Sätti-gungsmagnetisierung und Curie-Temperatur von etwa 470°C hinweist. Dies entspricht nach Abb. 2.3.3b einem Titanomagnetiten der Zusammensetzung TM15. Kurven dieser Art werden dahingehend interpretiert, daß bei der Erhitzung in Luft der ursprünglich homogene Titanomagnetit entmischte und sich Entmischungslamellen mit einer Phase nahe Magnetit (TM15) und nahe Ilmenit bildeten. Letztere Phase besitzt eine Curie-Temperatur weit unterhalb der Raumtemperatur und ist in einer J$_s$/T-Kurve nicht zu sehen. Ein Beispiel für solche Entmischungslamellen ist in 2.12.1 zu finden. In vielen Fällen, insbesondere bei sehr geringen Erzgehalten, muß für die Messung von J$_s$/T-Kurven die ferro(i)magnetische Komponente erst ange-reichert werden, z. B. mit Hilfe eines Handmagneten. Hämatit kann wegen seiner geringen Sättigungsmagnetisierung manchmal nicht mit Hilfe der Curie-Temperatur identifiziert werden, insbesondere dann nicht, wenn es neben stärker magnetischen Mineralien wie Magnetit oder Magnetkies in nur geringer Konzentration vorhanden ist.

Die unterschiedlichen Koerzitivkräfte der ferro(i)magnetischen Minera-lien können ebenfalls zur ihrer Charakterisierung verwendet werden. Dazu können entweder Hystereseschleifen vermessen werden (2.11.7.3), oder man untersucht die Entstehung einer isothermalen remanenten Magnetisie-

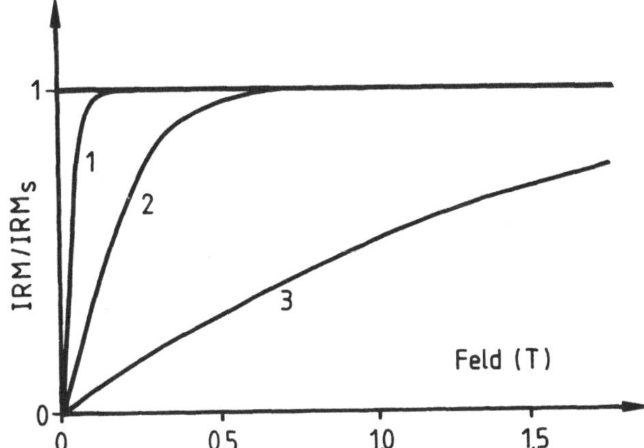

Abb. 2.3.7. Verschiedene Typen von *IRM*-Erwerbskurven für Gesteine mit natürlichen Ferriten, normiert auf den maximal möglichen Wert (schematisch); Gesteine mit vorwiegend Magnetit, Maghemit, Titanomagnetit oder Magnetkies (Typ *1*), Hämatit (Typ *2*), Goethit (Typ *3*)

rung IRM (2.4.9) in einem äußeren Feld in Abhängigkeit von dessen Stärke (Dunlop 1972). Diese IRM-Erwerbskurven (IRM/H-Kurven) sind auf Grund der unterschiedlich großen H_c-Werte typisch für verschiedene ferro(i)magnetische Mineralien. Abbildung 2.3.7 zeigt solche Kurven normiert auf die maximal mögliche IRM in schematischer Darstellung. Meßbeispiele werden in 4.2 gezeigt. Die IRM-Erwerbskurven der Gesteine mit Magnetit, Titanomagnetit, Titanomaghemit, Maghemit oder Magnetkies sind ähnlich (Kurventyp 1). Die Sättigung der IRM wird je nach Korngröße der Mineralien mit Feldern zwischen 100 bis 200 mT (1–2 kOe) erreicht. Proben mit Hämatit (Kurventyp 2) erreichen den Maximalwert der IRM erst bei Feldern von 300–600 mT (3–6 kOe), während Proben mit Goethit (Kurventyp 3) auch in Feldern von einigen Tesla (einige 10er kOe) häufig noch keine Sättigung der IRM erreichen. Die IRM-Erwerbskurven sind besonders für die Analyse von Sedimenten geeignet, weil deren ferro(i)magnetischer Mineralbestand oft in so hoher Verdünnung vorliegt, daß eine Identifikation von Mineralien mit Hilfe der Curie-Temperatur oder mit röntgenographischen Verfahren nicht zum Erfolg führt. In Ergänzung zu den IRM-Erwerbskurven ist es darüber hinaus häufig noch sinnvoll, die Sättigungsremanenz mit den in 2.6 beschriebenen Verfahren mit Wechselfeldern oder thermisch abzumagnetisieren. Dabei können die Mineralien neben ihrer charakteristischen maximalen Koerzitivkraft noch zusätzlich durch ihre unterschiedlich hohe Curie-Temperatur bzw. maximale Blockungstemperatur unterschieden werden. Beispiele werden in 4.2 gezeigt.

Einige ferro(i)magnetische Mineralien zeigen bei tiefen Temperaturen Phasenumwandlungen (Verwey-Umwandlung von Magnetit bei 119 K;

Morin-Umwandlung von Hämatit bei 263 K; Umwandlung von Magnetkies bei 34 K). Diese Messungen erfordern aber zum Teil spezielle Apparaturen und können daher von den wenigsten Laboratorien der Paläomagnetik als Standardverfahren eingesetzt werden.

Nicht zuletzt kann auf die klassischen Verfahren der Mineralogie bei der Identifikation der ferro(i)magnetischen Erzkomponente nicht verzichtet werden. Neben einer Auswertung von Debye-Scherrer-Aufnahmen ist vor allem die Erzmikroskopie wichtig. Beispiele werden in 2.12 vorgestellt. Hierbei können im Polarisationsmikroskop die Erzkomponenten direkt auf Grund ihres Habitus, ihrer Färbung, ihrer Innenreflexe und anderer Eigenschaften angesprochen werden. Es können Entmischungslamellen erkannt werden, verschiedene Vererzungsgenerationen, sekundäre Umwandlungen bis hin zu einer vollständiger Verdrängung der primären ferro(i)magnetischen durch sekundäre ferro(i)magnetische oder ganz unmagnetische Mineralien. Mikrosondenaufnahmen ermöglichen die quantitative Bestimmung der chemischen Zusammensetzung der Erze. Gerade die optischen Untersuchungen und die Mikrosondenanalysen sind bei paläomagnetischen Messungen besonders hilfreich und eigentlich unentbehrlich, wenn es darum geht, zu entscheiden, ob eine gemessene Remanenzkomponente primär, d. h. bei der Entstehung des Gesteins gebildet wurde oder sekundär bei einem späteren Prozess (Metamorphose, Diagenese, Verwitterung oder ähnlichen Vorgängen) entstanden ist. Leider werden gesteinmagnetische und erzmikroskopische Untersuchungen nicht von allen Paläomagnetik-Gruppen mit der gleichen Sorgfalt durchgeführt, was eine erhebliche Unsicherheit bei vielen paläomagnetischen Messungen bedeutet.

2.4 Die Typen der remanenten Magnetisierung und ihre spezifischen Eigenschaften

2.4.1 Natürliche remanente Magnetisierung NRM

Mit den Möglichkeiten hochempfindlicher moderner Magnetometer (2.7.1) konnte nachgewiesen werden, daß alle Gesteinstypen eine remanente Magnetisierung besitzen. Man nennt sie die natürliche remanente Magnetisierung (NRM). Diese kommt durch einen geringen Gehalt an ferro(i)magnetischen Mineralien zustande. Er ist oft so klein, daß er mit mineralogischen Methoden nicht mehr oder nur noch schwer nachgewiesen werden kann. Die Entstehung der NRM geht auf mehrere natürliche physikalische und physiko-chemische Effekte zurück. Dabei können eine Reihe von „Remanenztypen" mit charakteristischen physikalischen Eigenschaften definiert werden. Sie kommen dadurch zustande, daß bei der Bildung der einzelnen Remanenztypen unterschiedliche Kornfraktionen und damit

Koerzitivkraftbereiche bzw. Blockungstemperaturen der ferro(i)magnetischen Mineralien erfaßt werden. Aufgabe im Paläomagnetismus ist es, die NRM der Gesteine mit Hilfe der verschiedenen, in 2.6 beschriebenen Verfahren zu analysieren, um die Richtung und Intensität der Anteile einzelner Remanenztypen an der NRM zu erkennen.

2.4.2 Thermoremanente Magnetisierung TRM

Die thermoremanente Magnetisierung (TRM) ist der im Paläomagnetismus wichtigste Typ einer remanenten Magnetisierung. Die TRM wurde unabhängig voneinander in den 30er und 40er Jahren durch Thellier (1937) in Frankreich und Nagata (1953) in Japan untersucht. Sie entsteht, wenn eine Gesteinsprobe von hohen Temperaturen (d. h. Temperaturen größer als die maximal auftretende Curie-Temperatur) im Erdmagnetfeld oder einem künstlich erzeugten Laborfeld abkühlt. Unter der Voraussetzung, daß die in 2.2.5 beschriebene magnetische Brechung vernachlässigt werden kann, durchsetzen die Feldlinien des Erdmagnetfeldes ohne Richtungsänderung den abkühlenden geologischen Körper und führen in seinem Inneren zu einer Einregelung der magnetischen Momente der einzelnen Erzkörner. Gleiches gilt bei der Erzeugung einer künstlichen TRM während der Abkühlung einer Gesteinsprobe in einem Laborfeld. Dabei entsteht im Mittel eine Magnetisierung parallel zum äußeren Feld, die auch der Stärke des äußeren Feldes proportional ist. Die TRM kann daher nicht nur zur Messung der Paläorichtung, sondern auch für die Bestimmung der Paläointensität des erdmagnetischen Feldes verwendet werden (2.10). Mit gewissen Einschränkungen (2.2.5 und 4.3) kann davon ausgegangen werden, daß die TRM das Magnetfeld der Erde zum Zeitpunkt der Abkühlung des geologischen Körpers konserviert. Abbildung 2.4.1 zeigt ein Beispiel für die Par-

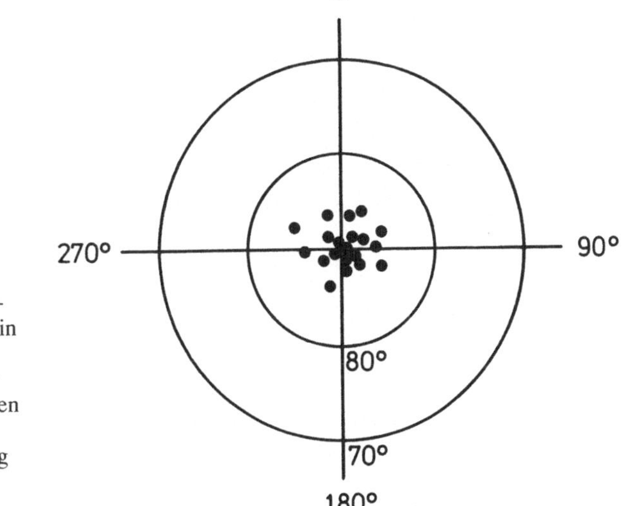

Abb. 2.4.1. Experimentelle Bestätigung der Parallelität zwischen der TRM und dem erzeugenden Feld H_a, dargestellt in einem Ausschnitt des Schmidtschen Netzes für Inklinationswerte zwischen 80° und 90°. Die *Punkte* geben die TRM-Richtung der Gesteinsproben an

allelität zwischen der TRM und dem äußerem Feld H, dargestellt in einem polständigen Schmidtschen Netz (Abb. 2.6.8b). Die Richtung des äußeren Feldes ist vertikal (I=90°). Die Abweichungen zwischen der Richtung der TRM und des äußeren Feldes sind kleiner als 5° und durch Orientierungs- und Meßfehler bedingt. Die Proportionalität zwischen der TRM und H zeigt Abb. 2.4.2a für Magnetit aus dem klassischen Buch von Nagata (1961). Erst bei Feldern von etwa der doppelten Intensität wie das Erdmagnetfeld (H>1 Oe bzw.. 0.1 mT) macht sich eine Nichtlinearität bemerkbar. Bei größeren Feldstärken ist die Abhängigkeit zwischen der TRM und H etwas komplizierter und für starke Felder (H>1mT) eher von der Form TRM $\approx$ tgh H. Für Titanomagnetite (x=0.4 und x=0.6) verschiedener Korngrößen zeigen sich die Abweichungen von der Linearität zwischen der TRM und H erst bei Feldern größer als 10 Oe bzw. 1 mT (Abb. 2.4.2b).

Das „Einfrieren" des äußeren Feldes setzt in einem ferro(i)magnetischen Mineral erst unterhalb der Curie-Temperatur ein, wenn das Mineral vom paramagnetischen in den ferro(i)magnetischen Zustand übergegangen ist (Néel 1949). Dicht unterhalb der Curie-Temperatur sind die magnetischen Momente zunächst noch leicht beweglich. Das Blockieren der vom äußeren Feld eingeregelten magnetischen Momente geschieht in einem engen Temperaturintervall unterhalb T_c, das man etwas unscharf als die „Blockungstemperatur T_b" bezeichnet. Bei T_b steigt die weiter unten beschriebene Relaxationszeit τ_o plötzlich von kleinen Werten ($\tau_o \approx 1$ s und darunter) auf große Werte ($\tau_o \approx 1$ h und darüber) an und eine einmal eingestellte Konfiguration der magnetischen Momente wird blockiert und bleibt bei der weiteren Abkühlung verbunden mit einem Anstieg von τ_o auf Werte bis zu einigen 10^8 Jahren im wesentlichen erhalten. Die Blockungstemperatur von SD-Teilchen liegt näher bei T_c als die von PSD- oder gar MD-Teilchen. Gesteinsproben mit SD-, PSD- und MD-Teilchen haben unterhalb von T_c

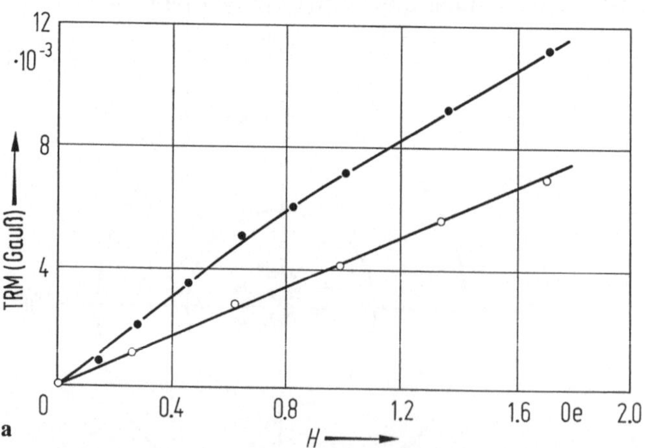

Abb. 2.4.2a–c. Eigenschaften der Thermoremanenz. **a** Abhängigkeit der Intensität der *TRM* von Magnetit von der Stärke des äußeren Feldes *H* (nach Nagata 1961, aus Petersen u. Bleil 1982);

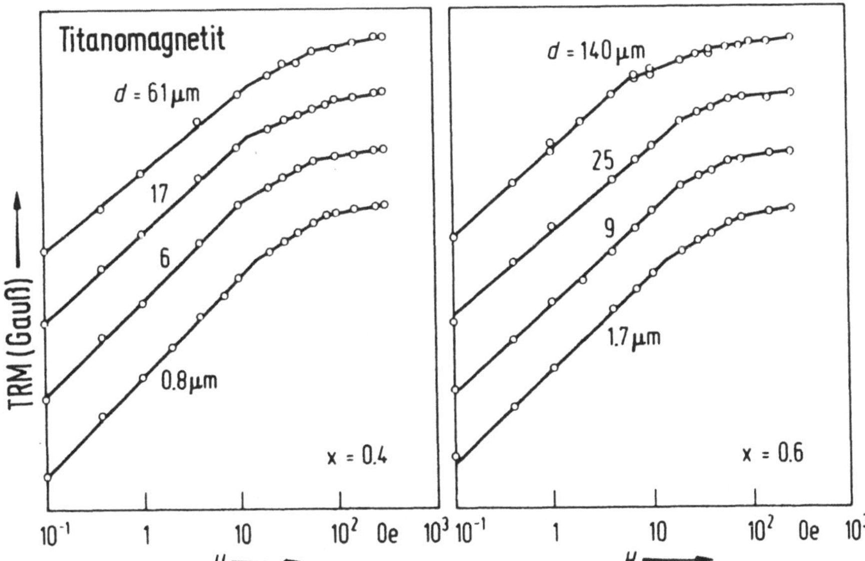

Abb. 2.4.2b. Abhängigkeit der Intensität der *TRM* von Titanomagnetiten (x=0.4 und x=0.6) von der Teilchengröße d und der Stärke des äußeren Feldes H (nach Day 1977, aus Petersen u. Bleil 1982);

deshalb einen weiten Bereich von unterschiedlich hohen Blockungstemperaturen.

Lediglich für ein Aggregat von identischen SD-Teilchen gibt es eine befriedigende und mit den experimentellen Beobachtungen weitgehend übereinstimmende Theorie von Néel (1949). Nach ihr ist die TRM eines Gesteins mit SD-Teilchen gegeben durch:

$$\text{TRM} = \frac{1}{3}\, p \cdot J_s(T_o) \cdot \text{tgh}\, \frac{V \cdot J_s(T_b) \cdot H_a(T_b)}{k \cdot T_b}$$

Die Größe $k = 1.38 \cdot 10^{-23}$ J/K ist in diesem Fall die Boltzmann-Konstante, V ist das mittlere Volumen eines SD-Teilchens im Gestein, p der Anteil der Erzkomponente in Volumenprozenten und H_a das äußere Feld. $J_s(T_o)$ und $J_s(T_b)$ bedeuten die Sättigungsmagnetisierung bei Normaltemperatur T_o bzw. bei der Blockungstemperatur T_b.

Für Mehrbereichsteilchen sind die bisher aufgestellten Theorien der TRM recht kompliziert und noch nicht in befriedigender Übereinstimmung mit den experimentell bestimmten Eigenschaften der TRM (Néel 1955; Schmidt 1973). Grund hierfür sind die komplizierten Erscheinungen bei der Wechselwirkung von Wänden mit der Realstruktur der Kristallite (Gitterfehler, Versetzungen, Einschlüsse usw.). Eine Näherungsformel von Stacey (1963), die zumindest die Größenordnung der TRM von MD-Teilchen wiedergibt, lautet:

$$\text{TRM} = \frac{p \cdot H_a \cdot J_s(T_o)}{3 \cdot N \cdot J_s(T_b) \cdot (1 + k_a \cdot N)}$$

Dabei ist p der Gehalt des ferro(i)magnetischen Minerals in Volumenprozenten, N deren Entmagnetisierungsfaktor (meist kann $N = 1/3$ für annähernd kugelförmige Teilchen eingesetzt werden), H_a das äußere Feld, J_s die Sättigungsmagnetisierung entweder bei Normaltemperatur T_o oder bei der Blockungstemperatur T_b, während k_a die Volumensuszeptibilität bei Normaltemperatur bedeutet. Die in einem Feld von 0.1 mT (1 Oe) erworbene TRM zeigt eine starke Abhängigkeit von der Teilchengröße über mehrere Größenordnungen hinweg (Abb. 2.4.2c). Die Daten stammen zum Teil von synthetisch erzeugten, zum Teil aber auch von gemahlenen und deswegen nicht spannungsfreien Magnetitteilchen. Entsprechende Untersuchungen an Magnetiten ohne mechanische Spannungen zeigen, daß dort die TRM-Intensitäten im Schnitt fast eine Größenordnung geringer sind als in Abb. 2.4.2c gezeigt. Dies deutet auf den Einfluß mechanischer Spannungen bei der Entstehung einer TRM hin.

Für SD-Teilchen konnte von Néel (1949) auch die schon weiter oben erwähnte Relaxationszeit τ_o bestimmt werden, mit der eine erworbene TRM abklingt. Sie läßt sich nach folgender Formel berechnen:

$$\frac{1}{\tau_o} = \frac{e}{m} \, H \cdot (3 \cdot G \cdot \lambda + N \cdot J^2) \cdot \left(\frac{2 \cdot V}{\pi \cdot G \cdot k \cdot T}\right)^{1/2} \cdot e^{-(V \cdot H \cdot J/2 \cdot k \cdot T)}$$

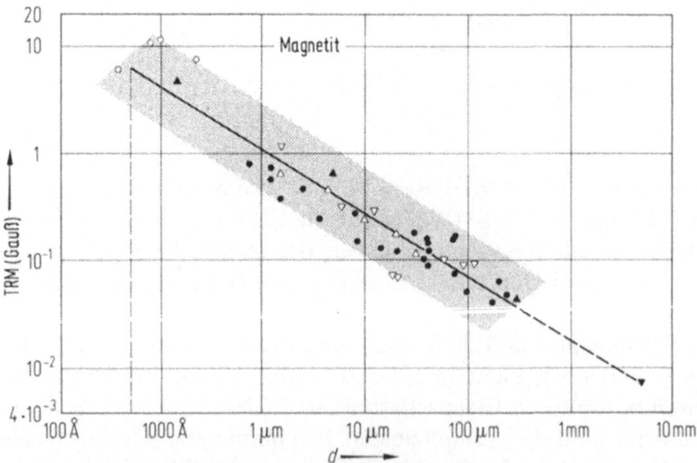

Abb. 2.4.2c. Abhängigkeit der Intensität der in einem Feld von 0.1 mT erworbenen *TRM* von der Teilchengröße *d* bei Magnetit (nach Dunlop 1981, aus Petersen u. Bleil 1982)

Hierbei ist (e/m) das Verhältnis von Ladung und Masse des Elektrons, H ein Anisotropiefeld (z. B. die Koerzitivkraft), G der Scherungsmodul, λ die isotrope Magnetostriktionskonstante, J die Sättigungsmagnetisierung, V das Teilchenvolumen, N sein Entmagnetisierungsfaktor und k die Boltzmann-Konstante.

Mit dieser Formel kann das magnetische Verhalten eines Aggregats von kleinen Teilchen gut verstanden werden. Sie beinhaltet auch den Einfluß von Temperatur, Materialkonstanten, Teilchengröße, Koerzitivkraft, äußeren Wechselfeldern usw. nicht nur auf die TRM, sondern auch auf die weiter unten beschriebenen anderen Remanenztypen. Detailfragen können hier nicht behandelt werden, dazu sei auf die gesteinsmagnetische Literatur verwiesen.

Die TRM zeigt ein charakteristisches Verhalten bei den in 2.6 beschriebenen Entmagnetisierungsexperimenten. Sie erweist sich als resistenter sowohl bei der Wechselfeld- als auch bei der thermischen Entmagnetisierung (Abb. 2.4.3) als die meisten anderen Remanenztypen. Von großem Einfluß ist dabei die Korngröße. Gesteine mit vielen SD-Teilchen weisen im allgemeinen höhere Koerzitivkräfte und Blockungstemperaturen auf als Gesteine mit vorwiegend großen MD-Teilchen (Abb. 2.2.9a).

Die TRM von Ergußgesteinen und Intrusivgesteinen kann in der Regel als altersgleich mit dem Gestein betrachtet werden. Sie stellt sozusagen eine „Momentaufnahme" des lokalen erdmagnetischen Feldes bei der Abkühlung des geologischen Körpers dar. Die Zusammenhänge zwischen dem Alter einer TRM und radiometrisch bestimmten Altern werden in 2.7.3 diskutiert.

2.4.3 Partielle thermoremanente Magnetisierung PTRM

Wird eine Gesteinsprobe nicht ganz bis zur Curie-Temperatur T_c erhitzt und kühlt sie wieder in einem äußeren Feld H_a ab, so erwirbt sie eine ebenfalls zu H_a proportionale und parallele Remanenz, die partielle Thermoremanenz oder PTRM. Die PTRM weist daher ähnliche Eigenschaften auf wie die TRM. Aufgrund von Laborexperimenten wurde von Thellier schon in den 30er Jahren (Thellier 1937) nachgewiesen, daß die Summe aller PTRM die TRM selbst ergibt.

Bei der Bildung der PTRM werden nur diejenigen ferro(i)magnetischen Erzkörner erfaßt, deren Blockungstemperatur bei der Erhitzung erreicht und überschritten wird. Die Erzkörner mit höheren Blockungstemperaturen werden nicht in H_a auf- oder ummagnetisiert. Sie behalten ihren früheren Magnetisierungszustand bei. Grundlage für das Verständnis der PTRM ist wieder die Theorie von Néel (1949) über SD-Teilchen. In den PSD- und MD-Teilchen werden ähnliche Blockungsprozesse bei der Fixierung von Wandpositionen angenommen. Gegenüber Entmagnetisierungsexperimenten im Wechselfeld oder thermisch ist die PTRM etwas weniger resistent als die TRM. Dies ist in Abb. 2.4.3 schematisch angedeutet. Am sichersten ist

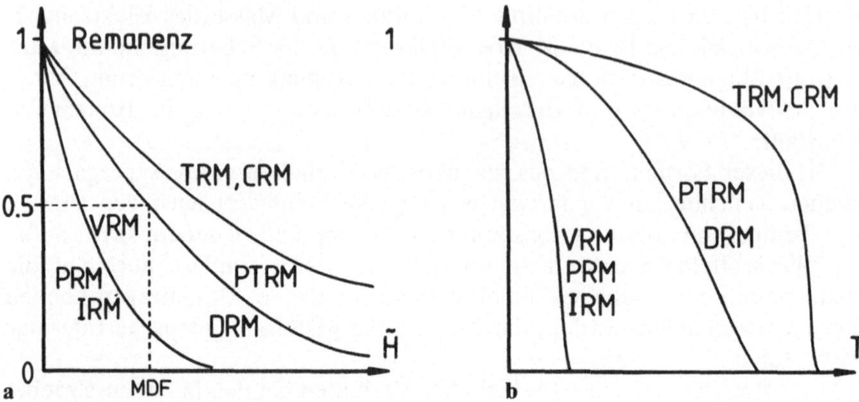

Abb. 2.4.3a, b. Schematische Darstellung der Änderung der Intensität verschiedener Remanenztypen (s. Text) bei Entmagnetisierungsexperimenten **a** im Wechselfeld und **b** thermisch

eine PTRM durch thermische Entmagnetisierungsexperimente zu identifizieren.

2.4.4 Chemische Remanenz CRM

Eine chemische Remanenz (Kobayashi 1959) entsteht in ferro(i)magnetischen Mineralien dann, wenn sie aus einem Kristallisationskeim in einem äußeren Feld H_a wachsen (Abb. 2.4.4a–e). Die winzigen Kristallite von

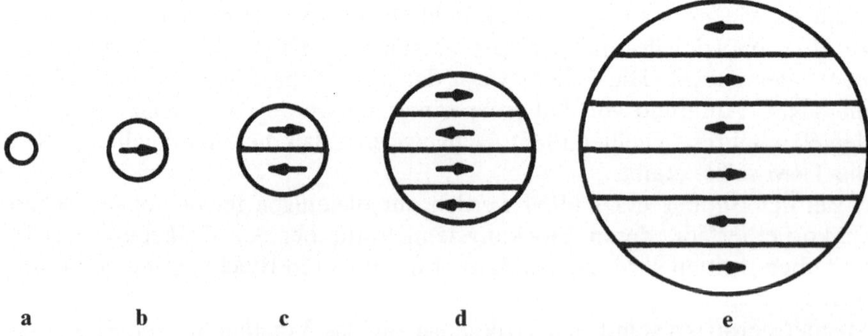

Abb. 2.4.4a–f. Eigenschaften der chemischen Remanenz. Übergang vom Zustand des Superparamagnetismus zum Einbereichs- und dann zum Mehrbereichszustand beim Wachstum eines ferro(i)magnetischen Partikels und der Entstehung einer *CRM*. **a** Superparamagnetismus; **b** Einbereichsteilchen; **c** Zweibereichs-Teilchen; d Pseudoeinbereichsteilchen mit wenigen Domänen (<5); **e** Mehrbereichsteilchen mit zahlreichen Domänen (>5);

wenigen nm Durchmesser sind zunächst im Zustand von Einbereichsteilchen (2.2.3) mit kurzer Relaxationszeit. Diesen Zustand nennt man Superparamagnetismus. Die letzte Formel in 2.4.2 beschreibt auch die Abhängigkeit der Relaxationszeit von der Teilchengröße. Wächst der Kristall weiter, so bilden sich zunächst SD-Teilchen mit längeren Relaxationszeiten. Die maximale Relaxationszeit und auch die größte Intensität und Stabilität der CRM gegenüber Entmagnetisierungsexperimenten wird bei SD-Teilchen kurz vor ihrem Übergang zu PSD- und MD-Teilchen erreicht. Hier treten die höchsten Werte für H_c und T_b auf (Abb. 2.2.9). Nach dem Übergang zu PSD-Teilchen nehmen Intensität der CRM sowie H_c und T_b zunächst ab, und sie können bei großen MD-Teilchen recht kleine Werte erreichen. Die CRM ist in der Regel parallel zu H_a. Die Proportionalität zu H_a ist auch gegeben, sie hängt allerdings in komplizierter Weise von der Größe der ferro(i)magnetischen Erzkörner ab (Abb. 2.4.4f). Im Gegensatz zur TRM kann die CRM nicht zur Bestimmung der Intensität des Paläofeldes verwendet werden. Gegenüber den in 2.6 beschriebenen Entmagnetisierungsexperimenten zeigt die CRM ähnliche Eigenschaften wie die TRM (große Koerzitivkräfte, hohe Blockungstemperaturen) und kann von dieser nicht ohne weiteres unterschieden werden.

Abbildung 2.4.3 zeigt stark schematisiert das Entmagnetisierungsverhalten einer CRM im Vergleich zu anderen Remanenztypen. Eine CRM bildet sich häufig bei angewitterten oder verwitterten Gesteinen aus und wird dort durch die Minerale Hämatit, Maghemit, Titanomaghemit, Goethit oder selten Magnetit getragen. Sie entsteht auch häufig in metamorphen Gesteinen in Zusammenhang mit der Umwandlung (Oxidation) Fe-haltiger Silikate oder anderer primärer Eisenoxide oder -sulfide. Hier ist meist Magnetit, Hämatit oder Magnetkies Träger einer CRM. In Sedimenten ist eine CRM besonders häufig bei roten Sandsteinen ausgebildet und durch Hämatit getragen (Collinson 1974). Bei vielen angewitterten Kalken, Dolomiten und anderen Sedimenten ist häufig sekundär gebildeter Goethit Träger einer CRM.

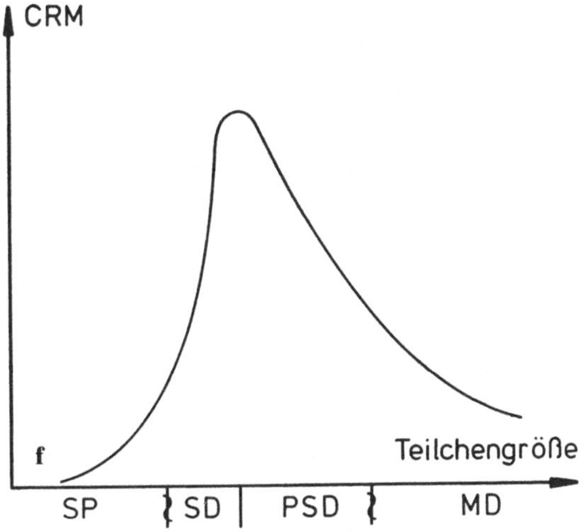

Abb. 2.4.4f. Abhängigkeit der Intensität einer *CRM* von der Teilchengröße bzw. vom Domänenzustand (schematisch)

2.4.5 Sedimentationsremanenz DRM

Wenn kleine ferro(i)magnetische Teilchen in ruhigem Wasser bei Anwesenheit eines äußeren Feldes H_a sedimentieren, so werden sie durch die einregelnde Wirkung von H_a so abgelagert, daß ihre magnetischen Momente im Mittel in Richtung des äußeren Feldes zeigen (King 1955; Irving u. Major 1964; Verosub 1977). Die DRM ist daher weitgehend parallel zu H_a. Nicht kugelförmige Teilchen (elongierte oder abgeplattete Ellipsoide) legen sich in der Regel flach auf der Sedimentationsbasis auf und verfälschen daher die Inklination zu kleineren Werten hin (Inklinationsfehler; Abb. 2.4.5a). Bei der DRM tritt daher ein von der geographischen (besser:geomagnetischen) Breite abhängiger Fehler auf, der aber in der Regel kleiner als 10° ist und

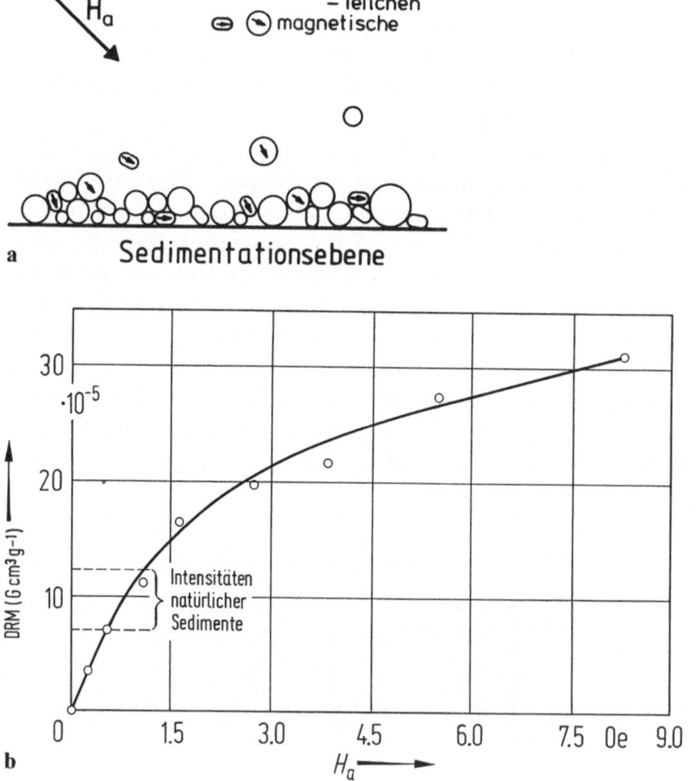

Abb. 2.4.5a, b. Eigenschaften der Sedimentationsremanenz. **a** Schematische Darstellung der Bildung einer Sedimentationsremanenz DRM durch Ablagerung ferro(i)magnetischer Partikel im Wasser. H_a Richtung des äußeren Feldes; *Pfeil:* magnetisches Moment von kugelförmigen bzw. elongierten Teilchen; **b** Abhängigkeit der Intensität einer künstlich erzeugten *DRM* von der Stärke des äußeren Feldes H_a. Die natürlichen Proben hatten vor der Resedimentation die durch die *gestrichelten Linien* angezeigten *DRM*-Intensitäten (nach Johnson et al. 1948, aus Petersen u. Bleil 1982)

bei ganz feinkörnigen Sedimenten mit vorwiegend runden ferro(i)magnetischen Partikeln vernachlässigt werden kann. In Laborversuchen konnte nachgewiesen werden, daß die DRM bei kleinen äußeren Feldern proportional zu H_a ist, bei stärkeren Feldern ist sie proportional zu tgh H_a (Abb. 2.4.5b). Ebenso wie die TRM kann daher auch die DRM mit gewissen Einschränkungen für die Bestimmung der Paläointensität (2.10.3) verwendet werden. Bei Entmagnetisierungsexperimenten (Abb. 2.4.3) weist die DRM im Vergleich zu anderen Remanenztypen in der Regel eine mäßige Stabilität auf, je nach Korngröße der ferro(i)magnetischen Partikel. Größte Werte für Koerzitivkräfte bzw. Blockungstemperaturen werden wiederum bei Sedimenten mit feinkörnigen SD-oder PSD-Erzkörnern beobachtet.

2.4.6 Postsedimentationsremanenz PDDRM

Bei der Sedimentation von ferro(i)magnetischen Teilchen in Gewässern wird in der Regel nur die grobkörnige Fraktion mehr oder weniger sofort nach ihrer Einregelung durch das Erdmagnetfeld im Sediment mechanisch fixiert. Die ganz kleinen, sich vorwiegend im SD-Zustand befindlichen Teilchen können im Porenraum durch die thermische Agitation oder auch durch Wasserzirkulation in Bewegung gehalten werden. Erst bei einer diagenetischen Verfestigung des Sedimentes in Verbindung mit der Schließung des Porenraumes werden auch diese Anteile der ferro(i)magnetischen Mineralien im Sediment mechanisch blockiert, und ihr magnetisches Moment wird „eingefroren". Die sich so erst eine Zeit nach der direkten Ablagerung ausbildende Remanenz nennt man Postsedimentationsremanenz PDDRM (Verosub 1977; Payne u. Verosub 1982). Sie zeigt im Gegensatz zur DRM keinen Inklinationsfehler und ist stets etwas jünger als die DRM der unter Umständen mehrere Dezimeter darüber liegenden grobkörnigeren Fraktion. Je nach Sedimentationsrate kann eine Zeitverzögerung zwischen DRM und PDDRM von einigen hundert bis einigen tausend Jahren pro cm Sediment entstehen. Diese Diskrepanz spielt bei paläomagnetischen Messungen an alten Sedimenten im allgemeine keine Rolle, sie ist aber wichtig bei der Untersuchung von rezenten bis subrezenten Seesedimenten in Zusammenhang mit der Bestimmung der Säkularvariation (3.1.3) und wird dort weiter diskutiert.

2.4.7 Piezoremanenz PRM

Ferro(i)magnetische Materialien erfahren eine Änderung ihrer Magnetisierung, wenn sie einaxialen Druck- oder Zugspannungen ausgesetzt werden (Nagata 1961, 1970). Gesteine reagieren auf Druck- oder Zugspannungen in ähnlicher Weise. Bei Anwesenheit eines äußeren Feldes in Kombination mit einaxialen Spannungen entsteht nach Spannungsentlastung eine Remanenz in Richtung des äußeren Feldes, die Piezoremanenz PRM. Dabei spielen die

Mineralien Magnetit und die Titanomagnetite wegen ihrer hohen Werte für die Magnetostriktionskonstante (Tabelle 2.2.6) eine besonders wichtige Rolle, weniger Hämatit oder Magnetkies. Bei Anwendung hydrostatischer Drucke werden Gesteine partiell entmagnetisiert. Hierauf wird in 2.6.4 nochmals eingegangen. Piezoremanenzen entstehen auch in größeren Gesteinskomplexen durch die tektonische Beanspruchung des Gebirges. Dies kann in sehr stark spannungsbelasteten Gebieten, z. B. solchen mit einer hohen Erdbebenaktivität, zu Piezomagnetisierungen führen. Es wird zur Zeit untersucht, inwieweit piezomagnetische Effekte zur Erdbebenüberwachung eines Gebietes oder zur Erdbebenvorhersage verwendet werden können. Es besteht sogar die Möglichkeit, daß Gesteine durch die Stoßwellen bei Meteoriteneinschlägen eine Piezoremanenz erwerben können (Cisowski u. Fuller 1978).

Eine andere und weit häufigere Ursache für Piezoremanenzen sind künstlich aufgebrachte Spannungen bei der Entnahme von Gesteinsproben für paläomagnetische Untersuchungen (Hämmern, Bohren, Sägen) und die Spannungsentlastung in der entnommenen Probe. Nur in seltenen Fällen konnte man bisher die PRM für quantitative paläomagnetische Untersuchungen verwenden. In der Regel wirkt die PRM beim Paläomagnetismus als Störsignal. Glücklicherweise ist eine PRM auch immer mit geringen Koerzitivkräften und Blockungstemperaturen verbunden, was eine Entfernung aus Gesteinen mit kleinen Wechselfeldern bzw. niedrigen Temperaturen bei der thermischen Entmagnetisierung gestattet. Das Verhalten einer PRM bei der Entmagnetisierung ist im Vergleich zu anderen Remanenztypen in Abb. 2.4.3 schematisch dargestellt. Einaxiale Spannungen führen in der Regel nicht zu großen Abweichungen von der Parallelität zwischen der TRM und H_a.

2.4.8 Viskose Remanenz VRM

Setzt man eine Gesteinsprobe längere Zeit einem schwachen Feld H_a aus, so baut sich allmählich (proportional zum Logarithmus der Zeit t) eine remanente Magnetisierung parallel zu H_a auf (Dunlop 1973; Walton 1983). Die Steigung S der VRM(t)-Kurven nennt man den Viskositätskoeffizienten. Derartige Messungen an Ozeanbasalten zeigt Abb. 2.4.6. Die magnetische Viskosität wird in der Festkörperphysik auch magnetische Nachwirkung genannt (Moskowitz 1985). Sie kommt durch zwei unterschiedliche Effekte zustande. Bei der sogenannten Richter-Nachwirkung hat man es mit einer thermischen Aktivierung von Ummagnetisierungsprozessen (Drehprozesse, Wandverschiebungen) zu tun. Die Effekte können mit der in 2.4.2 vorgestellten Formel von Néel über die Relaxationszeit von SD-Teilchen im Prinzip gut verstanden und beschrieben werden. Danach sind magnetische Nachwirkungen insbesondere dann von Bedeutung, wenn die ferro(i)magnetischen Partikel besonders klein sind und geringe Relaxationszeiten haben (kleine SD-Teilchen nahe dem Zustand des Superparamagnetismus).

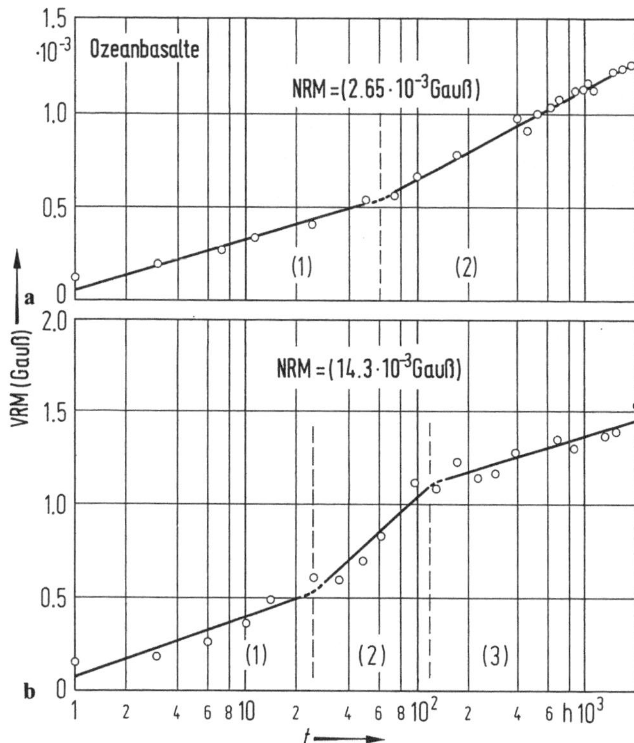

Abb. 2.4.6a, b. Entstehung einer viskosen Remanenz *VRM* (erzeugt in einem Feld von 0.1 mT) in zwei Ozeanbasalten nach einem logarithmischen Zeitgesetz. Es können dabei Knickpunkte in den *VRM*(logt)-Kurven auftreten, wenn sich mehrere Nachwirkungsprozesse mit unterschiedlichen Zeitkonstanten überlagern; **a** zwei und **b** drei sich überlagernde Zeitgesetze. (Nach Lowrie u. Kent 1978, aus Petersen u. Bleil 1982)

Auf der anderen Seite sind aber auch besonders große Erzkörner (große MD-Teilchen) wegen der dort besonders leicht thermisch aktivierbaren Wandverschiebungen durch eine große magnetische Nachwirkung (hohe magnetische Viskosität) gekennzeichnet. Die Jordan-Nachwirkung ist eine andere Form der magnetischen Viskosität. Bei ihr werden in Anwesenheit eines äußeren Feldes durch thermische Aktivierungsprozesse Umgruppierungen von Ionen bewirkt. Es ist nur durch besonders durchgeführte Experimente möglich, zwischen beiden Arten der magnetischen Nachwirkung zu unterscheiden. Einzelheiten können hier nicht wiedergegeben werden. Beide Nachwirkungen sind in der Regel mit unterschiedlichen Zeitkonstanten verknüpft, was bei Langzeitbeobachtungen zu den in Abb. 2.4.6 gezeigten Effekten eines oder mehrerer Knickpunkte in den VRM(t)-Kurven führt. Auf jeden Fall darf man nur mit großer Vorsicht von VRM-Komponenten, die in kurzen Zeiträumen aufgebaut wurden, auf Langzeiteffekte extrapolieren. Auf dem Effekt der magnetischen Nachwirkung beruht auch der sogenannte Thellier-Test, auf den in 2.7 nochmals eingegangen wird.

Alle Gesteine besitzen eine mehr oder weniger intensive VRM durch den Einfluß des derzeitig in situ auf sie einwirkenden erdmagnetischen Feldes. Die VRM ist in der Regel nur von mäßiger Stabilität gegenüber Wechselfeldern oder bei der thermischen Entmagnetisierung. Abbildung 2.4.3 zeigt wiederum schematisch ihr Verhalten im Vergleich zu anderen Remanenztypen. Bei Gesteinen mit SD-Teilchen von besonders hochkoerzitiven Mineralien bestimmter Korngrößen (Hämatit, Goethit) kann jedoch die VRM sehr resistent gegenüber Entmagnetisierungsexperimenten sein (Biquand u. Prévot 1971) und ist dann nur schwer von einer TRM oder CRM zu unterscheiden. Ebenso wie die PRM wird die VRM im allgemeinen als Störsignal bei paläomagnetischen Messungen eingestuft. Es gibt jedoch auch Versuche, die VRM für ein Datierungsverfahren zu verwenden (Heller u. Markert 1973).

2.4.9 Isothermale Remanenz IRM

Während die VRM sich langsam in einem schwachen Feld aufbaut, nennt man die in stärkeren Feldern H_a innerhalb kurzer Zeit bei Normaltemperatur erzeugte Remanenz die isothermale remanente Magnetisierung IRM. Ihre Entstehung wurde in 2.2.2 im Zusammenhang mit der Diskussion der Hystereseschleife schon einmal erläutert. Die IRM ist parallel, aber nur näherungsweise proportional zu H_a, und sie kann aus Gesteinsproben mit Wechselfeldern H_{ent} entfernt werden, deren Größe etwa gleich H_a ist. Sie ist in der Regel auch durch niedrige Blockungstemperaturen bei der thermischen Entmagnetisierung gekennzeichnet. Der schematische Verlauf einer IRM-Entmagnetisierung im Vergleich zu den anderen Remanenztypen ist in Abb. 2.4.3 dargestellt.

Eine IRM kann leicht im Labor erzeugt werden. Wie in 2.3.8 und in Abb. 2.3.7 erläutert, werden Kurven mit IRM als Funktion von H_a (sogenannte IRM/H- oder IRM-Erwerbskurven) erfolgreich für die Identifikation von verschiedenen ferro(i)magnetischen Mineralien in Gesteinen verwendet (Dunlop 1972). Der Anstieg der Kurven wird dabei stark von den Koerzitivkräften der Mineralien beeinflußt, ebenso die Felder $H_{a,max}$, die zum Erreichen eines Sättigungswertes für die IRM erforderlich sind. Die maximal mögliche IRM_{max} oder auch IRM_s nennt man auch die Sättigungsremanenz. Sie ist stets kleiner als die Sättigungsmagnetisierung J_s. Das Verhältnis IRM_{max}/J_s hängt von der Koerzitivkraft der ferro(i)magnetischen Mineralien ab und von ihrer Korngröße. Große IRM_{max}/J_s-Werte bedingen weit geöffnete bis fast rechteckige Hysteresekurven. Sie sind typisch für Gesteine mit vielen oder fast ausschließlich SD-Teilchen. Kleine IRM_{max}/J_s-Verhältnisse haben schlanke Hysteresekurven zur Folge und sind typisch für Gesteine mit vorwiegend superparamagnetischen oder MD-Teilchen. Aus dem Entmagnetisierungsverhalten der TRM und der IRM sowie aus den IRM-Erwerbskurven und dem Verhalten der IRM bei der Entmagnetisierung im Wechselfeld kann man auf den Domänenzustand und auf die magnetische Wechselwirkung zwischen den Teilchen schließen. Hierauf wird in 2.6.1 und beim sogenannten Lowrie-Fuller-Test (Lowrie u. Fuller 1971; 2.6.5) nochmals eingegangen.

In der Natur kann eine IRM durch Blitzschlag entstehen. Dabei sind natürlich auch höhere Temperaturen verbunden. Diese führen aber nur im unmittelbaren Bereich des Strombündels zu nennenswerten Temperaturerhöhungen und zur Bildung der sogenannten Fulgurite mit einer PTRM oder TRM. Im weiteren Bereich (einige dm vom Strombündel entfernt) bleiben die Temperaturen niedrig. Die IRM von Blitzschlägen führt zu einer zylindersymmetrischen Magnetisierungsverteilung um das Strombündel, und sie ist bis zu einigen Metern Entfernung noch gut nachweisbar. Mit einer IRM muß bei allen topographisch exponierten Stellen (Bergspitzen, Klippen usw.) gerechnet werden. Die starke IRM kann an solchen Orten auch häufig zu einer starken Mißweisung des Kompasses und zu Fehlorientierungen der Proben führen.

2.4.10 Charakteristische Remanenz ChRM

Die charakteristische Remanenz ChRM ist im Gegensatz zu den in 2.4.2 bis 2.4.9 beschriebenen Remanenzen nicht durch einen besonderen physikalischen oder physiko-chemischen Vorgang entstanden. Vielmehr bezeichnet man mit einer ChRM eine für eine Gesteinsprobe oder für ein ganz bestimmtes Problem typische Remanenz. Dies mag zum Beispiel die bei der Abkühlung einer Lava entstandene TRM sein oder eine CRM im Zusammenhang mit einer Metamorphose oder die CRM, die bei der Rotfärbung von Sandsteinen gebildet wurde, oder die DRM bzw. PDDRM von Kalken der pelagischen Fazies, die bei der Diagenese entstand. Es ist sogar möglich und fast die Regel, daß eine Gesteinsprobe mehrere charakteristische Remanenzen besitzt. Diese können unter Umständen durch eine geschickte Analyse der NRM im Zuge der Entmagnetisierungsexperimente ermittelt und voneinander getrennt werden. Dabei stellt immer die altersmäßige Einstufung der ChRM ein wichtiges Problem dar (s. dazu 2.6.6 bis 2.6.9 und 2.7).

2.4.11 Anhysteretische Remanenz ARM

Die ARM (Patton u. Fitch 1962a; Jaep 1969; Levi u. Merrill 1976; Schmidbauer u. Veitch 1980) ist ein Typ einer remanenten Magnetisierung, der nicht wie die oben geschilderten Remanenzen Teil einer NRM ist. Vielmehr ist die ARM ein der TRM in ihren Eigenschaften ähnlicher Remanenztyp (Johnson et al. 1975), der auf folgende Art erzeugt werden kann. Eine Gesteinsprobe wird einem magnetischen Wechselfeld H_{ent} ausgesetzt, dessen Maximalamplitude größer sein soll als die maximale Koerzitivkraft $H_{c,max}$ der ferro(i)magnetischen Erzkomponente. Darüber hinaus soll dem magnetischen Wechselfeld ein Gleichfeld H_a überlagert sein. Wird bei konstant gehaltenem H_a die Amplitude des Wechselfeldes langsam auf Null heruntergeregelt, so entsteht eine Remanenz, die anhysteretische Remanenz ARM. Diese ist parallel und proportional zu H_a. Die Bedingung $H_{ent} > H_{c,max}$ ist dabei von entscheidender Bedeutung. Dadurch wird gewährleistet, daß alle ferro(i)magnetischen Teilchen vom Einregelungsprozeß der magnetischen Momente durch H_a erfaßt werden. Die ARM ist in dieser Beziehung vergleichbar mit einer TRM. Dort wird die Einregelung der magnetischen Momente durch H_a dadurch garantiert, daß bei der Bildung der TRM von Temperaturen oberhalb der maximalen Curie-Temperatur ausgegangen wird. Der Bedingung $T > T_c$ der TRM entspricht bei der ARM die Bedingung $H_{ent} > H_{c,max}$.

Bei vielen Gesteinsproben ist bei kleinen Feldern H_a die darin erworbene TRM von gleicher Intensität wie die ARM. Häufig treten jedoch auch Unterschiede auf, die von der Korngröße, der Abkühlungsgeschwindigkeit der TRM und anderen Faktoren abhängen. Für einen Vergleich zwischen ARM und TRM werden dann Korrekturfaktoren verwendet. Es würde hier zu weit führen, dieses interessante Thema noch weiter zu vertiefen. Die Zusammenhänge zwischen TRM und ARM werden auch bei einem Verfahren zur Bestimmung der Paläointensität verwendet (2.10.2).

Bei der Entmagnetisierung im Wechselfeld (2.6.1) können bei ungenügender Kompensation des erdmagnetischen Feldes unerwünschte ARM-Komponenten entstehen. Dies ist durch eine geeignete Aufstellung der Geräte in einer magnetisch ruhigen Umgebung, durch eine magnetische Abschirmung der Apparatur (2.11.8.5) oder durch Spulensysteme zur Feldkompensation (2.11.8.4) zu vermeiden.

2.4.12 Selbstumkehr einer remanenten Magnetisierung

Selbstumkehr der Remanenz bedeutet, daß die Remanenz nicht – wie allgemein üblich – zum äußeren Feld parallel, sondern antiparallel gerichtet ist. Bis in die 50er Jahre hinein war vermutet worden, daß zahlreiche invers, d. h. zur heutigen Erdfeldrichtung entgegengesetzt magnetisierte Gesteine, durch einen noch nicht erkannten Prozeß der Selbstumkehr antiparallel zur Erdfeldrichtung aufmagnetisiert worden seien (Néel 1955). Diese Hypothese wurde durch Experimente gestützt, bei denen tatsächlich nachgewiesen werden konnte, daß Minerale (Gorter u. Schulkes 1953) und Gesteine (Nagata et al. 1953) den Effekt der Selbstumkehr zeigen können. In der Natur kann Selbstumkehr gelegentlich vorkommen und durch zwei unterschiedliche Effekte erklärt werden.

Der eine Effekt kommt durch die unterschiedliche Variation der beiden Untergittermagnetisierungen $J_{s,A}$ bzw. $J_{s,B}$ mit der Temperatur bei Titanomagnetiten bestimmter Zusammensetzung zustande (N-Typ nach Néel 1948; Abb. 2.2.4). Diese Ferrite zeigen bei ihrer J_s/T-Kurve eine Kompensationstemperatur T_k, bei der die spontane Magnetisierung als Summe der beiden

Untergittermagnetisierungen verschwindet. Bei Unterschreiten von T_k tritt wieder eine spontane Magnetisierung auf, jedoch wechselt sie das Vorzeichen. Gesteine mit ferro(i)magnetischen Erzen dieser Art erwerben unterhalb der Curie-Temperatur bzw. Blockungstemperatur zunächst eine normale Thermoremanenz parallel zum äußeren Feld, die dann aber bei Unterschreiten von T_k in die Gegenrichtung wechselt. Bei Normaltemperatur liegt dann eine inverse, selbstumgekehrte TRM vor.

Viele Ti-reiche Titanomagnetite haben die potentielle Eigenschaft, eine Selbstumkehr der TRM zu zeigen. Nur liegen die Kompensationstemperaturen meist weit unterhalb der Normaltemperatur, so daß der Effekt in diesen Fällen nicht auftritt. Werden diese Titanomagnetite jedoch maghemitisiert, d. h. bei niedrigen Temperaturen $<300\,°C$ oxidiert, so kann T_k bis zu Temperaturen oberhalb der Normaltemperatur ansteigen, verbunden mit einer Selbstumkehr der Thermoremanenz (Schult 1975, 1976). Durch Erhitzungs- und Abkühlungsversuche ist es möglich, im Labor diesen Typ der Selbstumkehr nachzuweisen (Heller u. Petersen 1982). In Abb. 2.3.5c ist im ternären System der Titanomagnetite der Bereich schraffiert, in dem bei Titanomaghemiten mit geringen Al- und Mg-Gehalten Selbstumkehr der Remanenz auftritt (Schult 1975, 1976).

Der zweite und seltener auftretende Typ einer Selbstumkehr kommt bei einer innigen Verwachsung (Entmischungslamellen) und damit hohen magnetostatischen Wechselwirkung von zwei und mehr magnetischen Phasen mit unterschiedlichen magnetischen Eigenschaften (J_s, T_c) zustande. Hierzu sei auf die spezielle gesteinsmagnetische Literatur verwiesen (Lawson et al. 1981).

Abschließend sei jedoch klar gestellt, daß die Selbstumkehr eine recht selten vorkommende Erscheinung darstellt. In der Regel kann man davon ausgehen, daß invers magnetisierte Proben ihre Remanenz zu einem Zeitpunkt erworben haben, in dem das Magnetfeld der Erde eine dem heutigen Feld entgegengesetzte Polarität besaß. Die noch in den 50er Jahren herrschende Unklarheit über Selbstumkehr oder Feldumkehr ist längst zugunsten der Feldumkehr entschieden worden. Das Thema ist aber bei Untersuchungen über die Polarität des Erdmagnetfeldes (3.3) immer noch von Interesse und die Möglichkeit einer Selbstumkehr sollte bei diesen Untersuchungen immer durch gezielte Experimente in Verbindung mit einer genauen Analyse der ferro(i)magnetischen Erzkomponente überprüft werden.

2.4.13 Andere Remanenztypen

Bei Bohrkernen wird häufig beobachtet, daß die äußeren dem Bohrkern zugewandten Teile wesentlich stärker magnetisiert sind und eine höhere Inklination der NRM besitzen als die Innenbereiche der Bohrkerne. Es scheint, als seien die Kerne während des Bohrvorgangs einem starken Feld parallel zur Bohrachse ausgesetzt gewesen. Man nennt diese Art der durch den Bohrvorgang erzeugten Remanenz eine DIRM (drilling induced remanent magnetization). Die Entstehung der DIRM ist noch nicht ganz geklärt (Kuster 1969; Burmester 1977; Pinto u. McWilliams 1990). Sowohl das starke Magnetfeld des meist aus Eisen bestehenden Bohrkopfes, als auch mechanische Spannungen und Erschütterungen beim Bohrvorgang und eventuell auch Temperaturerhöhungen können zur Erklärung verwendet werden. Die DIRM wird sowohl bei Magmatiten, Metamorphiten (Amphiboliten und Gneisen) als auch Sedimenten (Sandsteinen) mit jeweils unterschiedlichen ferro(i)magnetischen Mineralien beobachtet.

Die Gyroremanenz entsteht bei der Rotation von Proben in einem Magnetfeld (Wilson u. Lomax 1972; Edwards 1980; Stephenson 1981; Roperch u. Taylor 1986; Noel 1988). Sie wird unter Umständen bei der Entmagnetisierung im magnetischen Wechselfeld (2.6.1) erzeugt, wenn die Proben in einem sogenannten Taumler um mehrere Achsen im Magnetfeld rotieren. Ihre Stabilität nimmt mit der Intensität des verwendeten Wechselfeldes zu. Zur Vermeidung von unerwünschten Gyroremanenzen werden von vielen Labors keine Taumler mehr verwendet, sondern die Proben werden in drei Arbeitsgängen in den drei orthogonalen Richtungen nacheinander entmagnetisiert.

2.5 Typische magnetische Eigenschaften verschiedener Gesteine und archäologischer Materialien

2.5.1 Basalte und andere Ergußgesteine

Die Geologie der Ozeanböden ist durch die Tätigkeit verschiedener Forschungsschiffe weitgehend bekannt. Probenentnahmen vom Boden der Ozeane (Dredgen) und Bohrungen ergaben, daß der Ozeanboden vorwiegend aus Basalt besteht. Die Basalte stehen zum Teil unmittelbar an oder sind nur von einer dünnen Sedimentschicht überlagert. Flutbasalte und andere Laven bedecken auch auf den Kontinenten große Flächen, wie z. B. in Indien, auf Island, im Vogelsberg, in der Auvergne und im nordwestlichen Großbritannien. Die Förderung von Basalten und anderen Extrusivgesteinen auf großen Flächen ist auch in der geologischen Vergangenheit regelmäßig aufgetreten. Man kann daher mit Recht behaupten, daß Basalte und andere Extrusivgesteine wie z. B. Andesite, Trachyte, Rhyolite, Phonolite, Ignimbrite usw. und deren Tuffe stets namhafte Flächen der Erde bedeckten.

Alle diese Gesteine zeichnen sich gegenüber Intrusivgesteinen, Sedimenten und metamorphen Gesteinen durch zum Teil erhebliche Gehalte an Eisenoxiden und -sulfiden aus, meist in Form von Magnetit, Titanomagnetit, Hämo-Ilmenit, Hämatit und gelegentlich auch Pyrrhotit (Magnetkies).

Sie sind daher wegen ihrer starken Magnetisierung für paläomagnetische Untersuchungen besonders geeignet und können ohne allzu großen experimentellen Aufwand vermessen werden. Die Ergußgesteine erstarren aus Schmelzen, deren Temperaturen zwischen 700 und 1200 °C liegen. Auf jeden Fall kann davon ausgegangen werden, daß diese Gesteine bei Unterschreitung der Curie-Temperatur T_c der in ihnen enthalten ferro(i)magnetischen Mineralien (675 °C bei Hämatit, 580 °C bei Magnetit, 100–300 °C bei den Titanomagnetiten und Hämo-Ilmeniten, 325 °C bei Pyrrhotit) schon verfestigt sind und nur noch geringe Fließbewegungen oder interne Setzungserscheinungen zeigen. Unterhalb von T_c konnte in diesen Gesteinen daher eine Thermoremanenz (TRM) mit einer einheitlichen Richtung innerhalb der Lava parallel zum lokalen Erdmagnetfeld gebildet werden. Kleine Richtungsvariationen innerhalb der Körper beruhen wahrscheinlich auf folgende Effekten: nachträgliche Setzungsbewegungen im Gesteinskörper bei seiner weiteren Abkühlung von der Curie-Temperatur zur Normaltemperatur sowie geringfügige tektonisch bedingte Deformationen des geologischen Körpers.

Um eine repräsentative mittlere Richtung der Remanenz und damit des Paläofeldes ermitteln zu können, sind deshalb Probenentnahmen an verschiedenen Stellen der geologischen Körper notwendig in der Hoffnung, daß sich die oben beschriebenen Effekte herausmitteln. Dies ist auch in der Regel der Fall. Auf allgemeine Fragen dieser Art, die im übrigen im Prinzip bei allen anderen weiter unten beschriebenen Gesteinstypen in gleicher oder ähnlicher Weise zutreffen, wird in 2.11 nochmals eingegangen.

Unter den Ergußgesteinen besitzen die Basalte im allgemeinen die höchsten Werte der Suszeptibilität und Remanenz. Dies wird hauptsächlich durch die besonders hohen Gehalte (etwa 5 Volumenprozent) an ferro(i)-magnetischen Mineralien (Titanomagnetite) bedingt. Mit abnehmender Basizität nimmt der Anteil an para- und ferro(i)magnetischen Mineralien ab. Recht schwache Magnetisierungen zeigen daher die Trachyte, Liparite und Phonolithe. Rhyolite besitzen dagegen zumeist eine etwas stärkere Magnetisierung. Bei ihnen ist häufig Magnetit neben feinkörnigem Hämatit Träger der Remanenz.

Basalte sind für paläomagnetische Untersuchungen besonders gut geeignet. Die Erzkomponente kann mit Mitteln der Erzmikroskopie (2.3.8) und mit Hilfe von J_s/T-Kurven (2.3.2) gut untersucht und auf sekundäre Änderungen hin überprüft werden. Ähnliches ist auch bei anderen Ergußgesteinen wie z. B. bei Andesiten und Rhyoliten der Fall. Trachyte und andere saure Ergußgesteine sind oft nur sehr schwach magnetisch (Erzgehalte weit unter 1 Volumenprozent) und deshalb etwas schwieriger zu vermessen. Bei allen Laven besteht die NRM im wesentlichen aus einer primären TRM. Gelegentlich können auch viskose Remanenzkomponenten (VRM) auftreten, je nach Anfälligkeit der Gesteine zum Erwerb eines solchen Remanenztyps. Ausgesprochen schlechte Erfahrungen wurden bisher mit Phonolithen gemacht. Diese sind nicht nur schwach magnetisch, die NRM ist häufig auch weitgehend eine sekundäre viskose Remanenz VRM.

Die Tuffe der Extrusivgesteine sind für paläomagnetische Untersuchungen nicht immer brauchbar. Manche Tuffe sind im Wasser sedimentiert worden und tragen, wenn überhaupt eine konsistente Remanenzrichtung bei ihnen festgestellt werden kann, eine schwach ausgebildete Sedimentationsremanenz DRM. Große Partikel der Aschen sedimentieren relativ rasch und können sich nicht gut im Erdmagnetfeld einregeln. Bei der Verfestigung der Tuffe konnte sich oft zu einem späteren, nicht genau definierbaren Zeitpunkt wegen der großen Porosität der Aschen und dem reichlichen Zutritt von Sauerstoff eine CRM durch Mineralneubildungen (Oxidation der ursprünglichen Titanomagnetite oder des Magnetits zu Maghemit, Titanomaghemiten oder Hämatit) aufbauen. Von Tuffen dieser Art können im allgemeinen keine zuverlässigen paläomagnetischen Ergebnisse erwartet werden. Die ignimbritischen Tuffe bilden jedoch eine Ausnahme. Diese wurden bei hohen Temperaturen abgelagert und verbacken. Dabei wurden die ferro(i)magnetischen Mineralien in der Regel zu Hämatit aufoxidiert. Dieser ist in der Regel auch noch feinkörnig, so daß ein Gestein mit einer TRM bzw. PTRM hoher Intensität und Stabilität entsteht, die durch SD-Teilchen von Hämatit getragen wird (Blockungstemperaturen z. T. über 600 °C). Ignimbritische Tuffe haben sich daher als Gesteine mit vorzüglichen Eigenschaften für paläomagnetische Untersuchungen erwiesen.

2.5.2 Intrusivgesteine

Die Intrusivgesteine zeigen eine ähnliche Variationsbreite in ihren magnetischen Eigenschaften wie die Ergußgesteine. Auch hier kann davon ausgegangen werden, daß die basischen Gesteine (z. B. Gabbro) höhere Gehalte an para- und ferro(i)magnetischen Mineralien aufweisen als die sauren Gesteine (z. B. Granit). Sie sind wegen der damit verbundenen stärkeren Remanenz leichter zu vermessen. Die Anteile an ferro(i)magnetischen Mineralien sind in der Regel jedoch um fast eine Größenordnung niedriger als bei chemisch ähnlichen Ergußgesteinen. Auch ist die Zusammensetzung der ferro(i)magnetischen Erze etwas anders. Im Gegensatz zu den Basalten haben die Gabbros meist keine Titanomagnetite sondern Magnetit mit oder ohne etwas Ilmenit. In Graniten ist neben Magnetit und Hämatit auch oft ferro(i)magnetischer Hämo-Ilmenit vorhanden. Die Erzkomponente ist häufig grobkörniger als bei den Basalten und den anderen Ergußgesteinen.
Im Gegensatz zu den meist recht rasch abkühlenden Laven benötigen große Intrusionen sehr lange Zeiten, um sich der Temperatur ihrer Umgebung anzugleichen. Hierbei werden je nach Größe der Körper unter Umständen mehrere 10^5 bis 10^6 Jahre angenommen. Bei der Abkühlung wird die Curie-Temperatur in verschiedenen Teilen der geologischen Körper zu unterschiedlichen Zeiten unterschritten. Die Ausbildung einer TRM erstreckt sich daher über einen längeren Zeitraum, und es werden somit, anders als bei den Ergußgesteinen, vom gesamten geologischen Körper langperiodische zeitliche Variationen des Erdmagnetfeldes (Säkularvaria-

tion) in der TRM festgehalten. Ähnliche Verhältnisse wie bei den Ergußgesteinen sind lediglich am Kontakt der Intrusionen mit ihrem Nebengestein zu erwarten. Dort wird durch eine rasche Abkühlung des Intrusivgesteins bzw. eine Erwärmung des Nebengesteins eine TRM bzw. eine PTRM in kurzer Zeit aufgebaut.

Sowohl Gabbros als auch Diorite und Granite verschiedener Varietäten können erfolgreich für paläomagnetische Untersuchungen verwendet werden. Man hat bei diesen Gesteinen wegen der komplizierten Abkühlungsgeschichte jedoch Schwierigkeiten mit der exakten Festlegung des Zeitpunktes, zu dem die TRM erworben wurde. Zur ursprünglichen TRM kommt häufig noch eine ausgeprägte VRM hinzu. Dies hat seinen Grund darin, daß in den Intrusionen infolge der langsamen Abkühlung die Erzkörner genügend Zeit hatten, ihre inneren Spannungen und Fehlstellen abzubauen. Dadurch werden Prozesse gefördert, die einen Aufbau einer VRM begünstigen.

2.5.3 Ganggesteine

Sie treten in der Regel in der Nachbarschaft von Intrusivkomplexen auf, gelegentlich auch als Gangschwärme unabhängig von oberflächennahen Intrusionen. Ihre Mächtigkeit variiert von wenigen Zentimetern bis zu mehreren Dekametern und sogar darüber. Charakteristisch für Gänge ist die plattenförmige Gestalt und ihre im Vergleich zu ihrem Volumen recht große und meist ebene Kontaktfläche mit dem Nebengestein. Dadurch kühlen sie auf die Umgebungstemperatur schneller ab als Intrusionen.

Von der mineralogischen Zusammensetzung her kann man sie ähnlich klassifizieren wie die chemisch äquivalenten Erguß- oder Tiefengesteine. Titanomagnetite treten in ihnen selten auf, meist sind Magnetit und auch etwas Hämatit die dominierenden ferro(i)magnetischen Phasen. Ihr magnetischen Eigenschaften sind daher ähnlich wie die der Extrusivgesteine. Durch die raschere Abkühlung als bei den Intrusionen gibt es bei den Ganggesteinen eine Tendenz zu kleinen Korngrößen der ferro(i)magnetischen Minerale. Dies bedeutet einen etwas höheren Anteil an SD- und PSD-Teilchen als bei den Intrusivkörpern und damit verbunden eine etwas intensivere TRM und eine geringere Tendenz zur Entwicklung einer VRM. Durch die raschere Abkühlung entsteht in den Gängen die TRM in einem kürzeren Zeitraum und bildet somit das erdmagnetische Feld eher in Form einer „Momentaufnahme" ab als bei den Intrusionen.

Basische bis intermediäre Gänge sind recht brauchbare Materialien für paläomagnetische Untersuchungen. Saure bis nahezu rein quarzhaltige eignen sich wegen ihres geringen Gehaltes an ferro(i)magnetischen Mineralien weniger gut. Von besonderem Interesse ist auch das von den Gängen aufgeheizte Nebengestein. Im aufgeheizten Nebengestein kann sich eine PTRM bilden, deren Blockungstemperatur mit zunehmender Entfernung vom Gang abnimmt. Die paläomagnetischen Untersuchungen von Kontakten können für die Datierung einer Remanenz und als Test für die Existenz einer primären Remanenz in Gängen verwendet werden (Kontakttest; 2.7).

2.5.4 Sandsteine

Sandsteine, die in der Flachsee in ruhigem Sedimentationsmilieu abgelagert wurden, enthalten vornehmlich eine Sedimentationsremanenz DRM. Träger der DRM sind in der Regel eingeschwemmte Magnetitteilchen, die wegen ihrer großen magnetischen Momente eine gute Einregelung im Erdmagnetfeld erlauben, selten Hämatit mit seiner wesentlich geringeren Magnetisierung. Bei magnetischen Teilchen, deren Gestalt stark von einer Kugel abweicht, ist mit einer Verfälschung der Inklination hin zu kleineren Werten zu rechnen (Inklinationsfehler; 2.4.5). Die charakteristische Remanenz ChRM von grünen, grauen bis weißen feinkörnigen Sandsteinen ist in der Regel eine DRM. Ihre Magnetisierung ist zwar durch den geringen Gehalt an ferro(i)magnetischen Mineralien recht schwach, meist aber noch gut meßbar.

Viele Sandsteine besitzen jedoch entweder durch eine chemische Umwandlung bei der Diagenese, durch eine starke Zirkulation von eisenhaltigen Lösungen im Porenraum oder durch Oxidationsvorgänge nicht mehr den ursprünglichen Gehalt an ferro(i)magnetischen Mineralien. Sie enthalten dann zumeist keine DRM-Komponenten mehr sondern eine später gebildete chemische Remanenz CRM durch sekundären Hämatit. Dabei kann die CRM-Bildung zeitlich weitgehend mit dem Sedimentationsalter der Sandsteine übereinstimmen, aber auch erheblich jünger sein. Probleme dieser Art werden in 2.7 nochmals aufgegriffen. Die so gebildete CRM weist keinen Inklinationsfehler auf, sondern repräsentiert das Erdmagnetfeld zur Zeit der chemischen Umwandlung. Gelegentlich ist es bei rot gefärbten und damit stark hämatithaltigen Sandsteinen (red beds, Buntsandstein) möglich gewesen, mit Hilfe der in 2.6 vorgestellten Verfahren die DRM und die CRM voneinander zu trennen und einzeln darzustellen.

Ganz allgemein sind Sandsteine gute Informationsträger für die Bestimmung des Paläofeldes, und sie werden häufig untersucht. Grobkörnige Sandsteine zeigen eine wesentlich schlechter ausgebildete DRM als feinkörnige. Insgesamt kann man sagen, daß grobkörnige Varianten im Schnitt weniger zuverlässige paläomagnetische Ergebnisse liefern als feinkörnige. Sandsteine eignen sich auch besonders gut für die in 2.3 beschriebene Magnetostratigraphie. Einer ihrer Nachteile ist die häufige Fossilarmut, was ihre biostratigraphische Einordnung erschwert. Der in roten Sandsteinen als Ummantelung der Quarzkörner auftretende Hämatit ist oft so feinkörnig, daß sich diese Teilchen im Zustand des Superparamagnetismus oder der SD-Teilchen mit kleinen Relaxationszeiten befinden (2.2.3). Sandsteine besitzen daher häufig eine intensive viskose Remanenz (VRM) in Richtung des heutigen erdmagnetischen Feldes.

2.5.5 Tonsteine

Dies sind feinkörnige Sedimente mit einem wesentlich höheren Tonanteil als in Sandsteinen. Die Feinkörnigkeit bedeutet auch, daß die Ablagerung dieser Sedimente im Wasser in einem ruhigen Milieu erfolgte, was bei den Sandsteinen nicht immer der Fall ist. Die Ausbildung der Sedimentationsremanenz DRM (mit einem Inklinationsfehler) oder einer nur geringfügig jüngeren Postsedimentationsremanenz PDDRM (ohne Inklinationsfehler) ist daher bei diesen Gesteinen die wahrscheinlichste Form einer Remanenz. Sie läßt sich meist auf einen geringen Magnetitgehalt zurückführen. Die NRM ist zwar bei einem geringen ferro(i)magnetischen Erzgehalt recht schwach ausgebildet, aber in den meisten Fällen noch leicht meßbar. Im Zusammenhang mit der Diagenese der Gesteine kann durch sekundäre Veränderungen der ursprünglich sedimentierten ferro(i)magnetischen Minerale und die Umwandlung von eisenhaltigen Silikaten zu Magnetit auch eine chemische Remanenz gebildet werden, die dann von der ursprünglichen DRM oder PDDRM nur schwer unterschieden werden kann. Die Feinkörnigkeit der ferro(i)magnetischen Mineralien begünstigt häufig auch die Ausbildung einer VRM.

2.5.6 Karbonatgesteine

Karbonate sind mit die am weitesten verbreiteten Sedimente. Sie wurden in der Regel mit geringen Sedimentationsraten abgelagert und bilden sich sowohl im Süßwasser als auch im marinen Bereich oberhalb der sogenannten Kompensationstiefe. Durch eingeschwemmten ferro(i)magnetischen Detritus, durch chemische Reaktionen im Meerwasser gebildete und absedimentierte ferro(i)magnetische Mineralkomponenten und aber auch durch die neu entdeckten magnetotaktischen Bakterien und durch sedimentierten meteoritischen Staub werden ferro(i)magnetische Partikel im Erdmagnetfeld abgelagert und somit eine DRM bzw. eine PDDRM erzeugt. Im noch nicht verfestigten Sediment findet bis zu einer Tiefe von höchstens einigen Dezimetern noch eine Wühltätigkeit durch Würmer und andere Organismen statt (Bioperturbation). Diese kann bei einer genügenden Intensität die Entstehung einer DRM ganz verhindern, so daß es nur zur Ausbildung einer PDDRM unterhalb der gestörten Zone kommt. Diese Prozesse spielen bei paläomagnetischen Untersuchungen an rezenten bis subrezenten Ablagerungen eine große Rolle und verschleiern die Zusammenhänge zwischen dem Alter der Schichten und dem Alter der Remanenz. Bei geologischen Zeiträumen spielen die geringen Altersunterschiede zwischen Sediment- und PDDRM-Alter keine Rolle mehr.

Kalke haben meist nur sehr geringe Erzgehalte und zählen zu den am schwächsten magnetischen Gesteinen. Einige sind sogar diamagnetisch, obwohl sie eine Remanenz besitzen und deshalb auch ferro(i)magnetische Mineralien enthalten müssen. Ihre Vermessung in großem Umfang ist erst durch die Entwicklung besonders empfindlicher Magnetometer (2.11.7) möglich geworden. Mittlerweile zählen Kalke zu beliebten Untersuchungsobjekten im Paläomagnetismus. Sie lassen sich in der Regel biostratigraphisch auf Grund ihres Fossilgehaltes gut einordnen. Die Remanenz wird meist von feinkörnigem Magnetit getragen, der auch biogen durch magnetische Bakterien gebildet werden kann (Kirschvink et al. 1985; Petersen et al. 1986, 1989), seltener von Hämatit oder Magnetkies. Goethit tritt auch gelegentlich als ferro(i)magnetisches Mineral auf, jedoch nur in Verbindung mit den in 2.5.9 beschriebenen Verwitterungsvorgängen. Pelagische, d. h. in großer Tiefe bei geringen Sedimentationsraten im sauerstoffarmen Milieu gebildete Kalke haben sich in der Paläomagnetik besonders bewährt. Bei ihnen ist Magnetit der Remanenzträger, manchmal zusammen mit etwas Magnetkies. Neritische, d. h. mehr im Flachwasserbereich gebildete Kalke zeigen meist ungünstigere magnetische Eigenschaften und liefern in der Regel die weniger zuverlässigen Daten. Zahlreiche Ergebnisse der Magnetostratigraphie basieren auf der Untersuchung von Schichten aus pelagischen Kalksteinen.

2.5.7 Metamorphe Gesteine

Auf die komplizierte Petrologie der metamorphen Gesteine kann hier nicht eingegangen werden. Hierzu muß auf die mineralogische Literatur verwiesen werden. Gesteine dieser Art entstehen aus magmatischen, sedimentären oder auch anderen metamorphen Gesteinen durch mineralogische Umwandlungen unter anderen Drucken und Temperaturen. Die Erzmineralien werden bei der Metamorphose oft eher erfaßt als die Silikate und Karbonate. Die magnetischen Eigenschaften eines Gesteins sind daher empfindliche Indikatoren für metamorphe Veränderungen und reagieren auch dann schon, wenn mineralogisch noch keine signifikanten Veränderungen nachgewiesen werden können.

Allgemeine Regeln über die Änderungen der magnetischen Eigenschaften der Gesteine im Zuge einer Metamorphose können nur schwer aufgestellt werden. Die Mineralogie der Ausgangsgesteine spielt bei den Vorgängen eine entscheidende Rolle. Die Veränderungen werden daher in den folgenden Abschnitten unter diesem Gesichtspunkt abgehandelt und in Abhängigkeit vom Gesteinstyp diskutiert. Dabei ist es möglich, auf den Pauschalchemismus der Ausgangsgesteine abzustellen, und es ist nicht mehr notwendig, zum Beispiel bei den magmatischen Gesteinen zwischen einem Basalt als Ergußgestein und einem Gabbro als Intrusivgestein zu unterscheiden.

Aus basischen Gesteinen und ihren Tuffen bilden sich bei niedrigen Drukken und Temperaturen von höchstens 400 °C die sogenannten Grünschiefer. Die in den frischen Gesteinen enthaltenen Titanomagnetite und Magnetite erleiden bei diesem Prozess eine Tieftemperaturoxidation, die über die Bildung von Titanomaghemit oder Maghemit bis hin zur Bildung von Pseudobrookit (idiomorph nach Magnetit oder Titanomagnetit) und Hämatit führen kann. Dabei verliert das Gestein einen erheblichen Anteil seiner Eisenionen, hauptsächlich Fe^{2+} und wird sehr viel schwächer magnetisch als die Ausgangsgesteine. Man kann in der Regel davon ausgehen, daß bei diesem Vorgang die primäre Remanenz weitgehend durch eine chemische Remanenz der sekundären ferro(i)magnetischen Mineralien ersetzt wird. In vielen Fällen ist es jedoch noch möglich, neben der sekundären (oft von Hämatit oder Magnetit getragenen) CRM die primäre TRM mit Hilfe der in 2.6 beschriebenen Verfahren zu erkennen.

Eine besondere Form der Metamorphose bei ultrabasischen Gesteinen ist die Serpentinisierung. Hier werden bei niedrigen Drucken und Temperaturen durch eine erhebliche Wasseraufnahme aus Olivinen die Minerale Serpentin und Magnetit gebildet. Häufig entstehen dabei auch eisenhaltige Chromite, die aber meist bei Normaltemperatur paramagnetisch sind und somit keine Remanenz tragen können. Bei Serpentiniten ist mit einer chemischen Remanenz CRM zu rechnen. Da die Serpentinite in der Erdkruste eine erhebliche tektonische Mobilität aufweisen und intern sehr stark durchbewegt werden, besitzen Serpentinitkörper selten eine konsistente remanente Magnetisierung. Häufig besteht die NRM aus einer VRM in Richtung des heutigen Erdmagnetfeldes, die sich in den großen Magnetitkörnern (MD-Teilchen) leicht ausbilden kann. Trotz ihrer recht starken Magnetisierung sind daher Serpentinitvorkommen für paläomagnetische Untersuchungen im allgemeinen wenig geeignet.

Bei höheren Drücken und Temperaturen (Amphibolitfazies) bilden sich aus basischen und ultrabasischen Gesteinen die Amphibolite. Bei diesem Vorgang wird meist die primäre ferro(i)magnetische Erzkomponente vollständig durch sekundäre Mineralien ersetzt. Als häufigstes ferro(i)magnetisches Mineral tritt dabei Magnetit auf, seltener Magnetkies oder Hämatit. In stark eisenhaltigen Silikaten (Hornblenden, Pyroxene, Olivine) können sich sehr feinkörnige Ausscheidungen von ferro(i)magnetischen Mineralien bilden (Magnetit, Hämatit, Magnesium-Ferrit). Die primäre Remanenzkomponente der Ausgangsgesteine wird in der Regel vollständig durch eine sekundäre in Form einer chemischen Remanenz CRM ersetzt. Diese bildet sich bei höheren Temperaturen und wird auch thermo-chemische Remanenz TCRM genannt. Sie hat meist im Gesteinskörper eine konsistente Richtung, weil Amphibolite auf Grund ihrer mechanischen Eigenschaften im Gegensatz zu Serpentiniten intern nicht oder wenig durchbewegt werden. Insgesamt ist der Erzgehalt in Amphiboliten recht gering, und die Gesteine sind deshalb vielfach nur schwach magnetisch. Bei Amphiboliten, die bei paläomagnetischen Untersuchungen nur selten verwendet werden, ist die Bestimmung des Alters der Remanenz häufig eine problematische Angelegenheit. Hier können die in 2.7 diskutierten Techniken Anhaltspunkte liefern.

Bei sauren Ausgangsgesteinen ist ebenso wie bei den basischen Gesteinen mit einer Maghemitisierung der primären Magnetite zu rechnen. Da Titanomagnetite in sauren Gesteinen selten sind, treten dementsprechend auch keine Titanomaghemite bei diesem Prozeß auf. Somit sind die bei der Metamorphose in sauren Gesteinen gebildeten sekundären ferro(i)magneti-

schen Minerale meist entweder Magnetit, Maghemit oder Hämatit. Magnetkies kommt selten vor. Die aus sauren magmatischen Gesteinen entstandenen kristallinen Schiefer (Gneise) sind recht schwach magnetisch. Ihre
NRM enthält so gut wie keine Anteile einer primären Remanenz mehr,
sondern ist eine vollständig sekundäre chemische oder thermo-chemische
Remanenz CRM. Das Alter dieser Remanenz ist schwer zu bestimmen;
gelegentlich gelingt es mit Hilfe der in 2.7 beschriebenen Techniken.
Gesteine dieser Art werden für paläomagnetische Untersuchungen nur selten verwendet.

Im Gegensatz zu den oben beschriebenen Orthogesteinen mit ihren zum
Teil noch vorhandenen primären Remanenzanteilen in der NRM kann man
bei den Paragesteinen davon ausgehen, daß im Verlauf einer Metamorphose
die primäre DRM oder PDDRM der Sedimente vollständig verloren geht
und durch eine sekundäre CRM oder TCRM ersetzt wird. Diese wird
entweder von Magnetit, Maghemit oder von Hämatit, selten von Magnetkies getragen. Aus sehr eisenhaltigen Sandsteinen können stark magnetische
kristalline Schiefer, aus Kalken, Mergeln oder Sandsteinen schwach magnetische kristalline Schiefer (Marmore, Kalksilikate, Grauwacken) mit einer
sekundären CRM entstehen. Im allgemeinen werden Gesteine dieser Art
wegen ihrer Probleme mit dem Alter der Remanenz nur selten für paläomagnetische Untersuchungen verwendet.

2.5.8 Einfluß der Verwitterung

Bei der Verwitterung wird durch den Einfluß des Wassers und des Sauer-
stoffs aus der Luft die ferro(i)magnetische Erzkomponente in erheblichem
Umfang beeinflußt. Viele ferro(i)magnetische (Magnetit, Titanomagnetite,
Magnetkies) und paramagnetische Mineralien (Hornblenden, Pyroxene,
Olivine, Biotit) enthalten Fe^{2+}, das im Zuge einer Verwitterung zum Teil
oder vollständig zu Fe^{3+} umgewandelt wird. Solange es bei den Titanomaghemiten und beim Maghemit bei fortschreitender Maghemitisierung nicht zu
einem Kollaps des kubischen Gitters und zum Übergang in stabile rhomboedrische Phasen (Hämatit, Ilmenit) kommt, bleibt die ursprüngliche primäre
Remanenzrichtung noch erhalten und kann durch geeignete Verfahren (2.6)
ermittelt werden. Bei der Umwandlung der Erzkomponente in Form einer
Hämatitbildung geht diese Information vollständig verloren, und es entsteht
eine sekundäre CRM in Richtung des erdmagnetischen Feldes zur Zeit der
mineralogischen Umwandlung. Bei einer starken magnetostatischen Wechselwirkung zwischen primärer und sekundärer Erzphase kann es auch vorkommen, daß die sekundäre Remanenzrichtung nicht die Richtung des
erdmagnetischen Feldes zur Zeit der mineralogischen Umwandlung abbil-
det, sondern eine „Mischrichtung" zwischen Paläofeld und neuer Feldrichtung einnimmt. Bei der Verwitterung der eisenhaltigen Silikate entstehen in
der Regel sekundäre ferro(i)magnetische Minerale wie z. B. Magnetit und
Hämatit mit einer CRM in Richtung des heutigen Erdmagnetfeldes.

Eine für paläomagnetische Untersuchungen besonders unangenehme Form der Verwitterung ist die, bei der das sekundäre Mineral Goethit gebildet wird. Goethit besitzt im Vergleich zu Magnetit oder Hämatit recht außergewöhnliche magnetische Eigenschaften (extrem hohe Koerzitivkraft), die den Einsatz der in 2.6 beschriebenen Verfahren zur Analyse der NRM erschweren. Goethit ist meist Träger einer sekundären CRM.

In allen Fällen bedeutet eine Verwitterung auch eine Verringerung der Intensität der remanenten Magnetisierung verbunden mit der Gefahr, daß keine primäre Remanenz, sondern nur noch eine sekundäre Remanenz von unter Umständen unbekanntem Alter bestimmt werden kann. Bei der Probenentnahme, auf die in 2.11.1 noch speziell eingegangen wird, soll daher auf möglichst frisches und unverwittertes Material geachtet werden. Dies gilt für alle Gesteine in gleicher Weise. In manchen Fällen sind jedoch angewitterte Gesteine das einzig zugängliche Material. Es gibt in der Literatur zahlreiche Belege dafür, daß auch bei solchen Gesteinen die primäre Remanenz noch teilweise vorhanden sein kann.

2.5.9 Sonstige Gesteine

Die Untersuchung von unkonsolidierten Ablagerungen in Süßwasserseen und im marinen Bereich hat in der jüngsten Zeit erheblich an Bedeutung gewonnen, insbesondere im Zusammenhang mit der Bestimmung der Paläosäkularvariation und der Magnetostratigraphie des Quartärs und Oberen Tertiärs. Es handelt sich hier um Material, bei dem mit einer PDDRM zu rechnen ist, die von zumeist feinkörnigem Magnetit getragen wird. Die Probenentnahme geschieht mit besonderen Vorrichtungen, die in 2.11.5 vorgestellt werden. Proben dieser Art sind häufig erstaunlich stark magnetisch und leicht meßbar. Ihre altersmäßige Einstufung geschieht bei marinen Proben über die Biostratigraphie, bei Proben aus Süßwasserseen über die Pollenanalyse. Das Remanenzalter ist wegen der verzögerten Ausbildung der PDDRM etwas (einige hundert Jahre) jünger als das Sedimentationsalter.

Lößsedimente bilden oft mächtige Ablagerungen mit hohen Sedimentationsraten und könnten insofern für die Untersuchungen über die systematischen Variationen des Erdmagnetfeldes ein günstiges Material darstellen. Die Datierung der Lößsedimente ist allerdings schwierig, weil sie selten Fossilien führen. Über Pollenanalysen sind zuweilen Datierungen möglich, bei sehr jungen Bildungen kann auch die ^{14}C-Methode an eingelagerten Hölzern vorgenommen werden. Umgekehrt hat man mit den in 4.1.5 beschriebenen Verfahren der Magnetostratigraphie versucht, Löß mit paläomagnetischen Verfahren zu datieren. Ein Beispiel wird in 4.1.5 vorgestellt. Die Bildung einer NRM ist noch nicht restlos geklärt. Mit einer DRM kann in einem äolischen Sediment wegen der unruhigen Ablagerungsbedingungen nicht gerechnet werden. Als wahrscheinliche Remanenztypen betrachtet man eine PDDRM (durch die Einregelung ultrafeiner ferro(i)magnetischer

Teilchen durch das Erdmagnetfeld im wassergefüllten Porenraum der sehr porösen Sedimente) oder eine CRM (durch die Oxidation von Magnetitteilchen zu Hämatit). Durch das reichliche Angebot an Wasser und freiem Luftsauerstoff bilden sich in Lößsedimenten wasserhaltige Fe^{3+}-Oxide und Hydroxide und führen so zu ihrer gelblichen Farbe. Dabei entsteht häufig auch Goethit. All dieser Schwierigkeiten ungeachtet gibt es in der Literatur mehrfach Beispiele für erfolgreiche paläomagnetische Untersuchungen an Lößsedimenten.

Kalkige Ablagerungen in Tropfsteinhöhlen (Stalagmite) zeichnen sich durch eine sehr geringe Sedimentationsrate aus. Sie sind außerordentlich schwach magnetisch, lassen sich aber mit den empfindlichsten Geräten noch vermessen. Die remanente Magnetisierung kann auf Spuren von Magnetit oder Hämatit zurückgeführt werden. Das Alter der Kalke ist in der Regel mit radiometrischen Methoden (Uran-Blei) bestimmbar. Die Eignung dieses Materials für die Untersuchung der Paläosäkularvariation ist allerdings noch etwas umstritten, weil Unterbrechungen in der Sedimentation schlecht erkannt werden können und auch die Sedimentationsraten klimatischen Schwankungen unterworfen sein können.

Die Sedimente in prähistorisch bewohnten oder auch unbewohnten Höhlen lassen sich über Fossilfunde, Pollenanalysen oder mit der ^{14}C-Methode (Knochen, Hölzer) meist relativ gut datieren. An Böden und an im Wasser abgelagerten Sedimenten wurden schon erfolgreich paläomagnetische Messungen durchgeführt. Träger einer NRM (PDDRM, CRM) sind meist Magnetit, Magnetkies, Hämatit und zum Teil auch Goethit.

Bei den Eisenmeteoriten wird die remanente Magnetisierung hauptsächlich durch Eisen-Nickel-Legierungen (Kamacit, Taenit) getragen. Das gleiche gilt auch für die Steinmeteoriten, die feinkörnige Fe-Ni-Partikel enthalten. Gelegentlich (insbesondere bei den kohligen Chondriten) kommt auch Magnetit als Träger einer Remanenz vor. Über die Natur und die Entstehung der NRM von Meteoriten gibt es in der Literatur unterschiedliche Ansichten. Überwiegend wird eine TRM angenommen, insbesondere bei den Eisenmeteoriten und den stark differenzierten Stein-Eisen- und reinen Stein-Meteoriten. Bei den nicht differenzierten kohligen Chondriten wird auch eine CRM als wahrscheinlich angesehen. Beim Aufprall der Meteoriten auf die Erde dürften auch gewisse Anteile einer Piezoremanenz PRM entstanden sein, ebenso eine PTRM durch die Erwärmung beim Fall in der Atmosphäre. Meteorite wurden bisher hauptsächlich zur Messung einer Paläointensität (2.10 und 3.4) der Magnetfelder in der Anfangsphase unseres Sonnensystems untersucht, weniger für Richtungsmessungen.

Die paläomagnetischen Eigenschaften von Mondmaterial werden in ähnlicher Weise wie bei den Steinmeteoriten durch ultrafeine Teilchen aus Eisen-Nickel-Legierungen bestimmt. Magnetit fehlt im Mondmaterial völlig, weil in diesen Gesteinen kein Fe^{3+} vorhanden ist. Auch hier herrschte über die Natur der NRM lange Unklarheit. Mittlerweile nimmt man an, daß es sich weitgehend um eine TRM handelt. Eine Piezoremanenz PRM konnte mit Hilfe spezieller Experimente an diesen Gesteinen ausgeschlossen werden.

Häufig war bei diesen Proben auch eine recht starke viskose Remanenz VRM – erzeugt durch magnetische Felder im Inneren der Raumfähre – feststellbar. Paläomagnetische Messungen an den durch Meteoriteneinschläge häufig umgelagerten Proben von der Mondoberfläche konzentrierten sich auf Bestimmungen der Paläointensität.

2.5.10 Archäologisches Material

Archäologische Materialien wie z. B. Ziegel, Vasen, Keramik, Teile von Öfen oder auch gebrannte Erden werden im Archäomagnetismus zur Untersuchung des erdmagnetischen Feldes in historischen Zeiten verwendet. Gemeinsam für alle Materialien dieser Art gilt, daß das Rohmaterial aus Ton oder tonhaltigen Böden besteht mit anderen Beimengungen und kleinen Anteilen an eisenhaltigen Mineralien (Magnetit, Eisenhydroxide, Hämatit). Eine weitere Gemeinsamkeit ist, daß das Material gebrannt wurde, wobei die Brenntemperaturen in der Regel oberhalb der Curie-Temperatur von Hämatit (675 °C) lagen. Bei der Abkühlung im Erdmagnetfeld entstand somit eine thermoremanente Magnetisierung TRM oder zumindest eine partielle Thermoremanenz mit hohen Blockungstemperaturen, wenn die Curie-Temperatur der ferro(i)magnetischen Phasen nicht ganz erreicht wurde. Beim Brennvorgang herrschte zum Teil oxidierendes (wenn Sauerstoff genügend Zutritt hatte) oder reduzierendes Milieu (beim Brennen unter Luftabschluß). Beides, in Verbindung mit den hohen Temperaturen, führt zu Veränderungen im Mineralbestand der primären ferro(i)magnetischen Phasen im Ton oder in den eisenhaltigen Beimengungen. In der Regel verlieren wasserhaltige Eisenoxide oder Eisenhydroxide bei hohen Temperaturen ihren Wassergehalt und wandeln sich je nach Sauerstoffangebot in Magnetit, Maghemit oder Hämatit um. Somit besteht die NRM von archäologischen Materialien hauptsächlich aus einer TRM oder PTRM, die von Magnetit, Maghemit oder Hämatit getragen wird. Die Erzkomponente ist häufig recht feinkörnig, so daß auch starke viskose Remanenzen VRM in der NRM enthalten sein können.

2.6 Verfahren zur Analyse einer remanenten Magnetisierung

Wie in 2.4 bereits ausgeführt, kann sich die natürliche remanente Magnetisierung NRM eines Gesteins aus verschiedenen Typen einer remanenten Magnetisierung zusammensetzen, je nach der Vorgeschichte des Gesteins und je nach Art, Dauer und Intensität der einzelnen physikalischen und chemischen Effekte, die auf das Gestein einwirken konnten. Bei diesen Prozessen werden, von einigen Ausnahmen abgesehen, immer nur Teile der ferro(i)magnetischen Erzkomponente erfaßt, z. B. nur große Mehrbereichsteilchen oder nur sehr kleine Einbereichsteilchen oder nur einzelne Mineralkomponenten. Einzelheiten wurden in 2.4. bei den verschiedenen Remanenztypen bereits diskutiert.

Wichtige Hilfsmittel bei der Analyse der NRM sind jedoch nicht nur die weiter unten vorgestellten Laborverfahren, sondern auch die in 2.7 erläuterten Tests sowie die in 2.3, 2.12 und 2.13 beschriebenen Verfahren zur Identifikation der wichtigsten ferro(i)magnetischen Mineralien. Ohne den Einsatz dieser Methoden ist eine Analyse der NRM nicht aussagekräftig, weil der Bezug zur mineralogischen Entwicklung (Paragenese) eines Gesteins fehlt.

Im folgenden soll das physikalische Prinzip der einzelnen Analyseverfahren beschrieben und an Hand von Meßbeispielen erläutert werden. Die für die Experimente notwendigen Geräte werden in 2.11 vorgestellt. Grundlage für das physikalische Verständnis der in 2.6 aufgeführten Entmagnetisierungsverfahren bildet die Theorie der Einbereichsteilchen von Néel (1949), die in 2.2 bereits vorgestellt wurde. Die für SD-Teilchen erarbeiteten Vorstellungen können cum grano salis auch auf PSD- oder MD-Teilchen übertragen werden, zumindest was das Prinzip der Entmagnetisierungsverfahren (Entblockung einer Remanenz) anbetrifft.

Die Relaxationszeit einer remanenten Magnetisierung eines Aggregats von Einbereichsteilchen wurde in 2.4 in Zusammenhang mit der thermoremanenten Magnetisierung bereits erläutert. Von Néel (1948) wurde folgende Beziehung angegeben:

$$\frac{1}{\tau_o} = \frac{e}{m} \, H \cdot (3 \cdot G \cdot \lambda + N \cdot J^2) \cdot (\frac{2 \cdot V}{(\pi \cdot G \cdot k \cdot T)})^{1/2} \cdot e^{\,-(V \cdot H \cdot J/2 \cdot k \cdot T)}$$

Hierbei ist (e/m) das Verhältnis von Ladung zur Masse des Elektrons, V das Volumens des Teilchen und T seine Temperatur, H ein Anisotropiefeld (z. B. die Koerzitivkraft), G der Scherungsmodul, λ die isotrope Magnetostriktionskonstante, J die Sättigungsmagnetisierung, N sein Entmagnetisierungsfaktor und k die Boltzmann-Konstante. Die Formel kann etwas vereinfacht folgendermaßen geschrieben werden:

$$\tau_o = A \cdot \exp{(V \, J \, H_c / 2 \, k \, T)}$$

Setzt man die Probe einem magnetischen Wechselfeld mit den Maximalamplituden $\pm$ H aus, so lautet die Formel für die Relaxationszeit:

$$\tau_o = A \cdot \exp{(V \, J \, (H_c \pm H) / 2 \, k \, T)}$$

Die Relaxationszeit τ_o ist dabei sehr stark vom Teilchenvolumen V, der Temperatur und dem Anisotropiefeld bzw. der Koerzitivkraft H_c der Teilchen und auch von der Amplitude des Wechselfeldes H abhängig. Ein Gestein mit einem weiten Spektrum an Teilchengrößen besitzt daher auch eine gewisse Bandbreite von Blockungstemperaturen und Koerzitivkräften der Erzkörner. Dies wird bei den Verfahren der Entmagnetisierung im magnetischen Wechselfeld und bei höheren Temperaturen genutzt, um die Relaxationszeit von bestimmten Korngrößenfraktionen so herabzusetzen, daß diese Teilchen innerhalb der Versuchsdauer ihre remanente Magnetisierung ganz oder teilweise verlieren, andere jedoch ihre Remanenz noch weitgehend behalten. Auf diese Art ist es möglich, schrittweise bei immer höher gewählten Temperaturen bzw. magnetischen Wechselfeldern die Remanenzanteile, dic in Erzkörnern mit niedrigen Blockungstemperaturen bzw. niedrigen Koerzitivkräften enthalten sind, zu eliminieren und die Remanenzanteile mit höheren Blockungstemperaturen und Koerzitivkräften zurückzubehalten. Bei Erreichen der höchsten Blockungstemperaturen $T_{b,max}$ bzw. bei Wechselfeldamplituden $H = H_{c,max}$ wird eine Gesteinsprobe schließlich vollständig entmagnetisiert. Bei der Analyse der NRM mit solchen Verfahren werden sowohl die durch partielle Entmagnetisierung entfernten Remanenzanteile betrachtet (Differenzvektoren) als auch die noch nicht entmagnetisierten Anteile der NRM (Restremanenz). Die hier zur Anwendung kommenden Verfahren werden weiter unten in diesem Kapitel vorgestellt. Weil die verschiedenen Vorgänge zur Erzeugung einer Remanenz in Gesteinen verschiedene Korngrößenfraktionen ansprechen, ist es möglich, über eine gezielte Zerstörung der NRM Aussagen darüber zu gewinnen, mit welchen der in 2.4 beschriebenen Remanenztypen in einem Gestein gerechnet werden muß und wie groß ihr jeweiliger Anteil an der NRM ist.

2.6.1 Wechselfeldentmagnetisierung

Bei der Wechselfeldentmagnetisierung setzt man eine Gesteinsprobe bei Normaltemperatur in einem magnetisch abgeschirmten Volumen (2.11.8) einem magnetischen Wechselfeld bekannter Intensität aus. In der Regel wird hierbei die jeweilige Netzfrequenz 50 Hz oder 60 Hz verwendet (2.11.8). Dies bedeutet physikalisch, daß man in der obigen Beziehung für τ_o je nach Phase des Wechselfeldes dem Anisotropiefeld H_c im Erzkorn ein Feld addiert oder subtrahiert. Bei einer Addition der Felder wird die Relaxationszeit der Remanenz des Erzkorns lediglich erhöht, die Remanenz also stabilisiert. Bei einer Subtraktion der Felder wird die Relaxationszeit verringert und sie wird beliebig klein, wenn das äußere Wechselfeld in seiner Amplitude das Anisotropiefeld erreicht oder sogar überschreitet. Die in Erzkörnern dieser Klasse (d. h. einer bestimmten Teilchengröße) gespeicherte Remanenz verschwindet dann im Mittel über die Gesteinsprobe. Bei diesem Experiment ist sorgsam darauf zu achten, daß kein äußeres Permanentfeld auf die Probe einwirken kann, weil sonst eine ARM entsteht. Man sieht sofort, daß Mineralien mit hohen Koerzitivkräften bzw. hohen Anisotropiefeldern (Kristallanisotropie, Formanisotropie, Spannungsanisotropie) nur mit entsprechend hohen Wechselfeldern entmagnetisiert werden können. Dies ist zum Beispiel bei Hämatit und Goethit der Fall.

Die Vorgänge in MD-Teilchen sind im Prinzip ähnlich. Weil die Magnetisierungsvorgänge hier vornehmlich in der Form von Wandverschiebungen ablaufen, müssen die äußeren Wechselfelder in der Lage sein, die Wände entgegen den Kräften zu bewegen, die sie festzuhalten versuchen. Dazu sind im allgemeinen niedrigere Felder notwendig als für die Umklappprozesse in den SD-Teilchen. PSD- und MD-Teilchen besitzen daher niedrigere Koerzitivkräfte als SD-Teilchen (Abb. 2.2.9) und können mit Wechselfeldern leichter entmagnetisiert werden. Man bezeichnet die schwer zu entmagnetisierenden Remanenzkomponenten der SD-Teilchen als eine „harte" Magnetisierung, die der leichter zu entmagnetisierenden MD-Teilchen als „weiche" Magnetisierung.

Bei der Wechselfeldentmagnetisierung wird eine Probe entweder nacheinander in drei orthogonalen Richtungen unter gleichen Bedingungen oder in einem Arbeitsgang unter Verwendung eines „Taumlers" (2.11.8) im Wechselfeld entmagnetisiert. Die Zeitfunktion für den Anstieg des magnetischen Wechselfeldes von Null auf seinen Maximalwert und die Abnahme auf den Wert Null ist schematisch in Abb. 2.6.1 dargestellt. Dabei steigert man schrittweise die maximale Stärke des Wechselfeldes in Intervallen, die der Reaktion der Probe auf den Entmagnetisierungsvorgang angepaßt sein müssen. Man wählt zum Beispiel: 1, 2, 5, 7.5, 10, 20, 30, 40, 50, 60, 80 und 100 mT. Je kleiner diese Intervalle sind, umso besser kann die Analyse einer Remanenz durchgeführt werden. Dem stehen jedoch rein praktische Erwägungen entgegen, weil bei der Bearbeitung von großen Probenmengen auf eine vernünftige Bearbeitungsdauer geachtet werden muß. Etwa 10 bis 15 Entmagnetisierungsschritte bis zum völligen Abbau der NRM können als Regel gelten. Es wird so lange entmagnetisiert, bis im Vergleich zur NRM keine nennenswerte Remanenz mehr vorhanden ist (nur noch etwa 1% der NRM). Ein Maximalwert von 100 mT für das Wechselfeld ist meist ausreichend, weil dies den maximalen Koerzitivkräften von Magnetit, Titanomagnetit oder Magnetkies (Tabelle 2.2.6) entspricht. Diese Feldstärken können ohne großen technischen Aufwand erzeugt werden. Um Hämatit oder

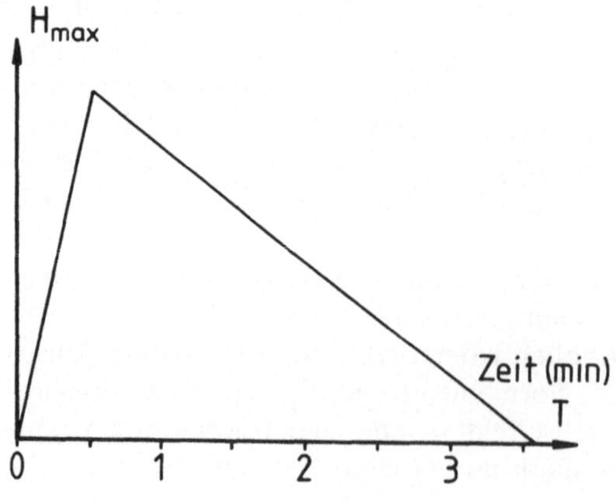

Abb. 2.6.1. Schematische Darstellung des Feldverlaufs bei der Wechselfeldentmagnetisierung. Rascher Anstieg bis zur Maximalamplitude H_{max}, dann langsame möglichst stetige Abnahme des Feldes auf den Wert Null (s. auch Abb. 2.11.15)

gar Goethit auf diese Weise zu entmagnetisieren, wären Apparaturen für Feldstärken von 0.5 bis 5 T notwendig, was erhebliche technische Probleme mit sich bringt. Daher werden Proben mit Hämatit oder Goethit in der Regel nicht mit Wechselfeldern, sondern mit dem im nächsten Abschnitt beschriebenen thermischen Verfahren entmagnetisiert. Das Wechselfeld, mit dem die NRM auf die Hälfte ihrer Ausgangsintensität reduziert werden kann, nennt man „median destructive field, MDF" (Abb. 2.6.2a). Selbst bei beliebig hohen entmagnetisierenden Wechselfeldern gelingt es nie, die Remanenz restlos zu beseitigen. Vielmehr führt eine unvollständige Kompensationen des erdmagnetischen Feldes stets zur Bildung von ARM-Komponenten. Höhere Harmonische der Grundfrequenz (50 Hz oder 60 Hz) des Speisestroms für die Entmagnetisierungsspulen sind auch die Ursache von sporadisch auftretenden Restremanenzen.

Es ist auch möglich, die Entmagnetisierung im Wechselfeld mit einer IRM-Erwerbskurve (2.3.8) zusammen darzustellen. Abbildung 2.6.2b zeigt eine derartige Kombination (Cisowski 1981). Wenn im Gestein zwischen den Erzkörnern keine magnetostatischen Wechselwirkungen vorhanden sind, ist die Kurve der Wechselfeldentmagnetisierung (1) spiegelbildlich zur IRM-Erwerbskurve (2). Der Schnittpunkt beider Kurven ergibt in diesem Fall das median destructive field (MDF), das wiederum empirisch etwa der Remanenzkoerzitivkraft H_{cr} entspricht. Bei starken magnetischen Wechselwirkungen zwischen den Teilchen steigt die IRM-Erwerbskurve etwas flacher an (3) und der Schnittpunkt mit der Kurve der Wechselfeldentmagnetisierung (1) liegt dann unterhalb der Hälfte der normierten Intensität der Remanenz und bei einer etwas höheren Intensität des Magnetfeldes (Cisowski 1981). Aus dem Schnittpunkt beider kann H_{cr} bestimmt werden. In diesem Fall ist MDF kleiner als H_{cr}.

Die verschiedenen in 2.4 vorgestellten Remanenztypen unterscheiden sich meist erheblich in ihrem Verhalten gegenüber einer Entmagnetisierung im Wechselfeld (Abb. 2.4.3). Die Thermoremanenz TRM und die chemische Remanenz CRM lassen sich am schwersten entmagnetisieren. Bei ihrer Entstehung (Abkühlung im Erdmagnetfeld von Temperaturen oberhalb T_c auf Normaltemperatur bei der TRM; Wachstum von Kristallisationskeimen im Erdmagnetfeld bei der CRM) werden alle Arten von Erzkörnern erfaßt, also SD-, PSD- und MD-Teilchen. Bei beiden Remanenztypen ist sowohl mit „harten" als auch mit „weichen" Magnetisierungsanteilen zu rechnen, insbesondere, wenn ein breites Korngrößenspektrum vorliegt. Die TRM und die CRM zeigen zunächst stark, dann schwächer abfallende Entmagnetisierungskurven. Ähnliche Eigenschaften besitzt die ARM, denn auch bei ihr wurden bei der Bildung der Remanenz alle Korngrößen erfaßt. Bei gleichem Mineralbestand, gleicher Korngrößenverteilung und gleichem Spannungszustand der Proben können die Entmagnetisierungskurven einer TRM und einer CRM nicht voneinander unterschieden werden. Ob eine TRM und eine CRM, die unter identischen Feldbedingungen erworben wurden, auch eine gleiche Intensität besitzen, konnte bisher noch nicht schlüssig experimentell nachgewiesen werden. Von der Theorie her müßte

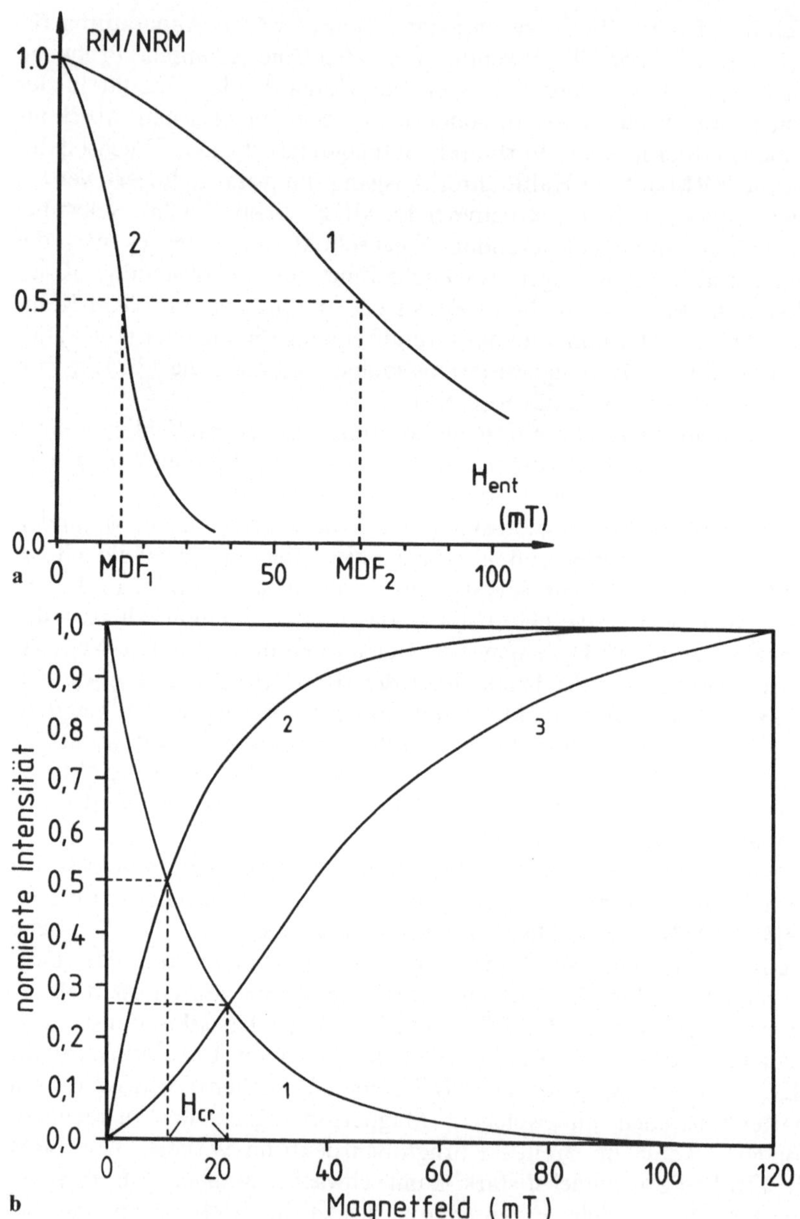

Abb. 2.6.2a, b. Verhalten von Gesteinsproben bei der Entmagnetisierung im Wechselfeld (schematisch). **a** Abnahme einer auf die *NRM*-Intensität normierten Remanenz während der Wechselfeldentmagnetisierung und Definition der Größe „median destructive field" *(MDF)*; *1* „harte" Magnetisierung mit hohem *MDF*; *2* „weiche" Magnetisierung mit niedrigem *MDF*; **b** Kombination von Kurven der Wechselfeldentmagnetisierung mit IRM-Erwerbskurven; *1* Kurve der Wechselfeldentmagnetisierung; *2* IRM-Erwerbskurve ohne magnetostatische Wechselwirkung zwischen den Erzkörnern; *3* IRM-Erwerbskurve mit magnetostatischer Wechselwirkung und Definition der Größe H_{cr}

dies der Fall sein, jedoch ist es sehr schwer, die Entstehung einer CRM realitätsnah zu simulieren.

Demgegenüber zeigen die anderen in 2.4 aufgezählten Remanenztypen unterschiedliches Verhalten bei der Entmagnetisierung im Wechselfeld. Dort werden bei der Remanenzbildung in der Regel nicht alle ferro(i)magnetischen Erzkörner erfaßt. Bei der Sedimentationsremanenz wirkt die orientierende Kraft des Erdmagnetfeldes bei der Sedimentation vorwiegend auf die großen Aggregate mit ihrem starken magnetischen Moment ein. Sehr kleine SD-Teilchen werden durch die thermische Agitation bei Normaltemperatur durch das erdmagnetische Feld noch nicht ausgerichtet. Dies geschieht erst bei der Bildung der Postsedimentationsremanenz PDDRM, d. h. im Lauf der diagenetischen Verfestigung bei der Schließung des Porenraumes. Die durch MD- und PSD-Teilchen getragene DRM ist daher etwas weicher magnetisch als die von vorwiegend SD-Teilchen getragene PDDRM. Dies und der bei der PDDRM nicht beobachtete Inklinationsfehler ergeben eine Möglichkeit, beide Remanenztypen zu unterscheiden.

Bei der Piezoremanenz PRM werden im allgemeinen eher die MD-Teilchen (Wandbewegungen unter Spannungseinfluß) erfaßt, es sei denn, die Spannungen waren so groß, daß es zu Umklappprozessen in SD-Teilchen kam. Letzteres ist insbesondere bei der hier nicht weiter diskutierten Stoßwellenremanenz der Fall (2.5). Die PRM zählt daher zu den mehr weichmagnetischen Remanenzen.

Die viskose Remanenz entsteht bei Normaltemperatur durch spontane Umklappprozesse in SD-Teilchen mit niedrigen Relaxationszeiten und durch Wandbewegungen in großen MD-Teilchen mit ihren leicht beweglichen Wänden. Im Lauf der Zeit wird somit eine Magnetisierung in Richtung des äußeren Feldes aufgebaut. Da an diesem Prozeß vorwiegend kleine SD-Teilchen und große MD-Teilchen beteiligt sind, zählt die VRM ebenfalls zu den weichmagnetischen Anteilen der NRM eines Gesteins. Gegen Wechselfelder resistente VRM-Komponenten können sich allerdings auch dann bilden, wenn ein Gestein sehr kleine SD-Teilchen eines Materials mit hoher Koerzitivkraft besitzt, zum Beispiel Hämatit oder Goethit.

Eine isothermale Remanenz IRM zählt fast immer zu den weichen Magnetisierungskomponenten, insbesondere dann, wenn die erzeugenden Felder klein waren gegenüber den für eine Sättigung notwendigen Feldstärken. Unter diesen Bedingungen finden in den ferro(i)magnetischen Mineralien nur Wandverschiebungen in den MD-Teilchen statt, während die SD-Teilchen in ihrer Magnetisierung nicht verändert werden. Bei Aussteuerung bis zur Sättigung, wie es bei Blitzschlägen in der Nähe der Einschlagsstelle gelegentlich vorkommen kann, werden aber auch diese erfaßt, und es entstehen ähnliche Verhältnisse wie bei der Bildung der TRM oder ARM. Je nachdem, ob SD- oder MD-Teilchen in einer Gesteinsprobe überwiegen, kann eine IRM „härter" oder weniger „hart" als eine TRM sein. Diese Erscheinung wird als Lowrie-Fuller-Test beschrieben und in 2.6.5 näher erläutert.

2.6.2 Thermische Entmagnetisierung

Zum Verständnis dieses Verfahrens ist die in 2.6.1 vorgestellte Formel für die Relaxationszeit τ_o von SD-Teilchen geeignet. Eine Erhöhung der Temperatur erzeugt eine Verringerung der Sättigungsmagnetisierung und der Koerzitivkraft und bedingt somit eine Verringerung der Relaxationszeit τ_o. Die Remanenz in Teilchen, bei denen τ_o klein ist gegen die Dauer des Erhitzungsexperimentes, wird ausgelöscht (s. Definition der Blockungstemperatur; 2.4). Bei den PSD- und MD-Teilchen tritt bei höheren Temperaturen ein entsprechender Effekt auf, nämlich eine Entblockung von Wänden oder Teilen von Wänden und damit ein Verschwinden der in Teilvolumina der Erzkörner gespeicherten Remanenz. Bei der thermischen Entmagnetisierung muß das äußere Erdmagnetfeld kompensiert werden, um nicht bei der Abkühlung der Proben eine neue Partielle Thermoremanenz PTRM zu erzeugen. Die Dauer der thermischen Entmagnetisierungsversuche haben einen gewissen Einfluß auf die Effektivität des Entmagnetisierungsprozesses, was jedoch in der Praxis selten eine Rolle spielt. Lediglich bei der Bestimmung der Paläointensität des Erdmagnetfeldes (2.10) kann dieser Effekt bedeutsam sein.

In ähnlicher Weise wie bei der Entmagnetisierung mit Wechselfeldern erhöht man die Temperatur schrittweise und kühlt die Proben im magnetischen Nullfeld langsam auf Normaltemperatur ab. Dabei wird ähnlich vorgegangen wie bei der Wechselfeldentmagnetisierung (10–15 Schritte bis zur Auslöschung der NRM). Durch geeignete Vorversuche (J_s/T-Messungen, IRM/H-Kurven, Erzmikroskopie) sollte man sich über die ferro(i)magnetischen Erzkomponenten informieren, um die geeigneten Temperaturintervalle festzulegen.

Im Gegensatz zur Wechselfeldentmagnetisierung treten bei der thermischen Entmagnetisierung wegen der hohen Temperaturen Veränderungen im Mineralbestand auf. Dies betrifft nicht nur die ferro(i)magnetischen Erzkomponenten, sondern auch andere Minerale wie z. B. eisenhaltige Silikate, Karbonate und die Tonmineralien. Das Problem ist erst bei Temperaturen oberhalb etwa 300° C bedeutend. Oxidationen, Dehydratationen und Ausscheidungen ferro(i)magnetischer Minerale in den Silikaten sind die wichtigsten Effekte. Diese können durch die Einleitung eines Schutzgases (Argon, Stickstoff) oder durch Evakuieren der Apparatur zum Teil vermieden werden. Die Gesteinsmatrix selbst enthält jedoch meist so viel Sauerstoff in Form von adsorbierten Gasen, von freigesetztem Kristallwasser und von OH-Gruppen, daß eine Oxidation nicht ganz verhindert werden kann. Reduktionen sind auch möglich. Sie treten zum Beispiel bei Gesteinen auf, die organisches Material enthalten (pelagische und bituminöse Kalke, Sandsteine). Bei einigen Mineralien treten oberhalb kritischer Temperaturen mineralogische Instabilitäten auf, die zu einem Kollaps des Gitters und zu einem Übergang in eine andere Mineralphase führen können. Der Maghemit und die Titanomaghemite sind Beispiele hierfür (2.3).

Die oben genannten Erscheinungen können häufig während der thermischen Entmagnetisierungsexperimente nicht ganz verhindert, aber doch zumindest erkannt werden. Hierzu bietet sich eine Messung der Suszeptibilität der Gesteinsproben nach jedem Entmagnetisierungsschritt an (Dunlop 1974). Eine Verringerung der Suszeptibilität bedeutet in der Regel eine Oxidation von Magnetit oder der Titanomagnetite zum wesentlich schwächer magnetischen Hämatit. Auch die Umwandlung von Maghemit in Hämatit oder der Titanomaghemite in Hämatit plus Ilmenit oder andere schwächer magnetische Phasen führt zum gleichen Ergebnis. Ein Anstieg der Suszeptibilität kann mehrere Ursachen haben, z.B. eine Reduktion von Hämatit oder Goethit zu Magnetit bei Anwesenheit von organischen Substanzen im Gestein, eine Oxidation von Magnetkies zu Magnetit oder eine Neubildung von ferro(i)magnetischen Phasen (meist Magnetit) in eisenreichen Silikaten. Die Verfärbung einer Probe während der thermischen Entmagnetisierung kann auch ein Indiz für mineralogische Veränderungen sein. Eine Rotfärbung weist auf eine sekundäre Hämatitbildung durch Oxidation hin, eine Schwarz- oder Graufärbung auf Reduktionsvorgänge. Solange sich die Änderung der Suszeptibilität – bezogen auf den Ausgangswert vor der Entmagnetisierung – in Grenzen hält (weniger als 10–20 %), kann mit der Entmagnetisierung fortgefahren werden. Wenn das äußere erdmagnetische Feld gut abgeschirmt ist (2.11.8), bildet sich in den neu entstandenen ferro(i)magnetischen Phasen keine zusätzliche PTRM aus. Kritisch wird es, wenn sich die Suszeptibilität wesentlich stärker ändert. In solchen Fällen hat die thermische Entmagnetisierung keinen weiteren Sinn und ist abzubrechen.

Analog zum Verfahren der Wechselfeldentmagnetisierung weisen auch die TRM, die CRM und die ARM den höchsten Grad der Stabilität bei der thermischen Entmagnetisierung auf (Abb. 2.4.3). Dies ist dadurch bedingt, daß bei diesen drei Remanenztypen alle Erzkörner erfaßt worden sind, also alle SD-, PSD- und MD-Teilchen. Je größer der Anteil der SD-Teilchen ist, umso dichter liegen die Blockungstemperaturen bei der Curie-Temperatur. Bei Proben mit solchen Eigenschaften verringert sich die Remanenz bis zur Blockungstemperatur T_b zunächst nur sehr wenig, um dann beim Überschreiten von T_b rasch abzufallen. Im Gegensatz dazu verringert sich bei Proben mit vorwiegend MD-Teilchen die Remanenz auch schon bei niedrigen Temperaturen erheblich, und es kommt zu einem allmählichen Abfall der Remanenz, bevor sie bei Erreichen der höchsten Curie-Temperatur ganz verschwindet. Wichtig für das Gelingen einer sauberen thermischen Entmagnetisierung ist die vollständige Kompensation des Erdmagnetfeldes. Dies ist nur erreichbar, wenn sich das Labor in einer Umgebung befindet, in der keine unkontrollierbaren Feldschwankungen auftreten, also zum Beispiel außerhalb von Städten oder Industriegebieten. Geräte und Techniken zur Kompensation des erdmagnetischen Feldes und zur Abschirmung anderer Störfelder werden in 2.11.8 beschrieben.

Die PTRM zeigt im Prinzip ähnliche Eigenschaften wie die TRM, sie verschwindet jedoch bei der gleichen oder einer etwas höheren Temperatur als der, bei der sie erzeugt wurde. Die Sedimentationsremanenz DRM, sofern sie von großen Erzkörnern getragen wird, läßt sich schon bei Temperaturen wesentlich unterhalb der Curie-Temperatur erheblich in ihrer Intensität reduzieren. Sie zählt also zu den nicht besonders „harten" Remanenztypen. Eine PDDRM ist dagegen etwas „härter" als die DRM, weil sie vornehmlich von SD-Teilchen getragen wird. Sowohl bei der DRM als auch bei der PDDRM lassen sich nur gewisse Tendenzen angeben, im Einzelfall können auch Abweichungen auftreten. Ebenfalls zu den mehr „weichen" Remanenzen zählt die Piezoremanenz PRM, es sei denn, es waren Stoßwellen bei ihrer Erzeugung im Spiel. In diesem Fall kann die PRM sehr „hart" werden, wenn nach dem Durchgang der Stoßwelle hohe Resttemperaturen im Gestein verbleiben. In diesem Fall liegt dann keine reine PRM mehr vor, sondern eine Mischung aus PRM, PTRM oder eventuell sogar TRM mit entsprechenden Konsequenzen für die Höhe der Blockungstemperaturen in den SD-, PSD- und MD-Teilchen.

Die viskose Remanenz VRM ist in der Regel mit niedrigen Blockungstemperaturen verbunden und zählt deshalb zu den „weichen" Remanenztypen bei der thermischen Entmagnetisierung. Mit zunehmendem Alter einer VRM steigen ihre Blockungstemperaturen an, die VRM wird also immer „härter". Die Eigenschaften der VRM werden maßgeblich vom Anteil kleiner SD-Teilchen oder großer MD-Teilchen bestimmt. Ebenfalls zu den „weichen" Remanenztypen zählt die IRM, sofern sie in kleinen Feldern bei Normaltemperatur erzeugt wurde. Auf die besonderen Eigenschaften der Sättigungs-IRM bei der thermischen Entmagnetisierung wird in 2.6.5 nochmals eingegangen.

2.6.3 Chemische Entmagnetisierung

Bei dieser Art der Entmagnetisierung wird ein Teil der ferro(i)magnetischen Erzkomponente und damit die darin enthaltene paläomagnetische Information durch einen chemischen Prozeß (Lösung in einer Säure) entfernt (Smith 1979). Die chemische Entmagnetisierung wird meist dann eingesetzt, wenn die beiden bereits beschriebenen Verfahren der thermischen oder Wechselfeldentmagnetsierung nicht zum Erfolg führen. Die hierzu verwendeten Geräte werden in 2.11.8 vorgestellt.

Das Herauslösen einer bestimmten ferro(i)magnetischen Erzkomponente geschieht dadurch, daß konzentrierte Säure (Salzsäure mit N=3–10) mit Druck (5 MPA) durch die Probe gepreßt wird. Dies setzt eine gewisse minimale Porosität der Probe voraus sowie eine Resistenz der nichtmagnetischen Gesteinsmatrix gegen die Säure. Da Kalk in Salzsäure löslich ist, können nur Gesteine mit einer silikatischen Matrix auf diese Weise behandelt werden. Als hinreichend poröse Gesteine dieser Zusammensetzung kommen daher fast nur Sandsteine in Frage, für deren Entmagnetisierung die Methode auch entwickelt wurde.

Insbesondere rote Sandsteine (red beds) zeigen neben ihrer primären DRM oder PDDRM durch detritischen Magnetit in der Regel eine sekundäre, fast syngenetische CRM als Folge von Hämatitbildungen während der Diagenese oder durch spätere chemische Vorgänge im Gestein (Collinson 1974). Dieser sekundäre Hämatit ist sehr feinkörnig, feinkörniger als der primäre detritische Magnetit und umschließt häufig die Quarzkörner in einer dünnen Schicht. Auf Grund seiner geringen Korngröße ist dieser sekundäre Hämatit in Zustand von Einbereichsteilchen mit zum Teil so kleinen Relaxationszeiten, daß sich in diesen Gesteinen neben einer „harten" CRM auch erhebliche viskose Remanenzen (VRM) aufbauen können.

Die NRM dieser Sandsteine kann man nicht mit der Wechselfeldentmagnetisierung analysieren (d. h. völlig zerstören), sondern entweder mit der thermischen Entmagnetisierung (2.6.2) oder mit der chemischen Entmagnetisierung. Hierzu preßt man für einige Zeit die Säure durch das Gestein, unterbricht dann den Vorgang durch Nachspülen mit Wasser und vermißt wieder die verbleibende Restremanenz. Dies wiederholt man in etwa 10 Schritten bis zum vollständigen Abbau der NRM oder bis sich keine Veränderungen der NRM mehr ergeben (Abb. 2.6.3). Bei dieser Prozedur wird zuerst der feinkörnige Hämatit auf der Oberfläche und in Zwickeln zwischen den Quarzkörnern des Sandsteins herausgelöst. Erst bei weit fortgeschrittener chemischer Entmagnetisierung werden auch die größeren detritischen Magnetite, Titanomagnetite oder Hämatite nennenswert angegriffen. Man ist somit in der Lage, eine Trennung der Beiträge von primären und sekundären Remanenzkomponenten in den roten Sandsteinen vorzunehmen. Im Anschluß an eine chemische Entmagnetisierung, d. h. nach Lösung des pigmentären Hämatits, kann dann noch eine zusätzlich Wechselfeldentmagnetisierung erfolgen, um die Remanenz der verbliebenen Erze zu analysie-

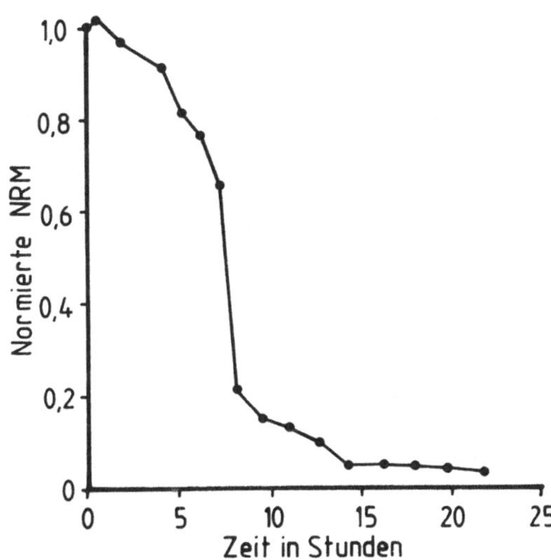

Abb. 2.6.3. Abnahme der Remanenz (normiert auf die *NRM*) einer Sandsteinprobe in Abhängigkeit von der Dauer der chemischen Entmagnetisierung (Salzsäure mit N=3; Druck: 5MPA). (Mod. nach Collinson 1965)

ren. Eine Kombination von chemischer und thermischer Entmagnetisierung empfiehlt sich nicht, weil durch die Erweiterung des Porenraumes und nicht vollständig entfernte Säure bei den höheren Temperaturen mit intensiven chemischen Reaktionen im Gestein gerechnet werden muß. Die chemische Entmagnetisierung ist recht zeitaufwendig und wird nur in den Fällen eingesetzt, bei denen die Standardverfahren (Entmagnetisierung im Wechselfeld oder thermisch) nicht zum Erfolg führten.

2.6.4 Stoßwellenentmagnetisierung

Bei der in 2.4.7 beschriebenen piezoremanenten Magnetisierung wurde erläutert, daß durch Stoßwellen in einer Probe eine PRM erzeugt werden kann, wenn das Experiment bei Anwesenheit eines äußeren Feldes stattfindet. Umgekehrt kann man eine Probe mit Hilfe von Stoßwellen entmagnetisieren, wenn die entsprechenden Experimente bei einer Abschirmung des äußeren Feldes stattfinden. Die Effektivität des Entmagnetisierungsprozesses hängt dabei sowohl von der Stoßwellenenergie als auch von der Häufigkeit ab, mit der das Stoßwellenexperiment bei gleichen Versuchsbedingungen nacheinander an der Probe durchgeführt wird (Abb. 2.6.4). Die Abnahme der NRM nimmt dabei qualitativ einen ähnlichen Verlauf wie bei der Wechselfeldentmagnetisierung.

Stoßwellen können entweder mit Projektilen und Gasdruckkanonen erzeugt werden oder mit Hilfe von Sprengstoff. Im Routinebetrieb paläomagnetischer Messungen wird dieses Verfahren nicht eingesetzt, weil der experimentelle Aufwand hoch ist und mit dieser Entmagnetisierungsmethode eine weniger gute Analyse einer Remanenz möglich ist als bei den Verfah-

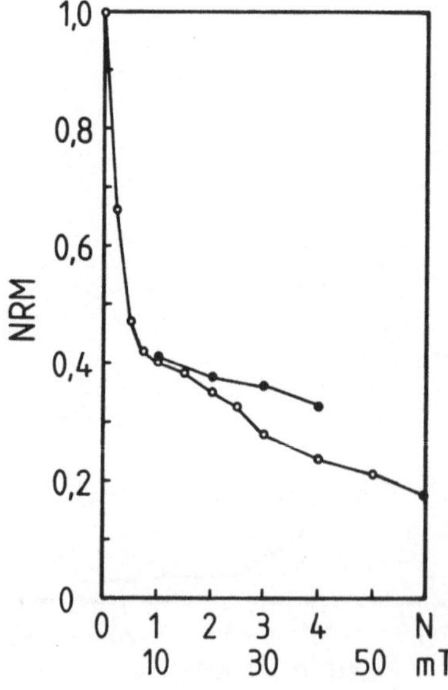

Abb. 2.6.4. Partielle Zerstörung der Remanenz einer Basaltprobe (normiert auf die *NRM*) durch wiederholte Stoßwellenentmagnetisierung im Nullfeld *(geschlossene Symbole)*; im Vergleich dazu die gleiche Probe bei einer Wechselfeldentmagnetisierung *(offene Symbole)*. (Mod. nach Pohl et al. 1975)

ren der thermischen oder Wechselfeldentmagnetisierung. Die Methode wurde jedoch bei der Untersuchung der Magnetisierung von Mondmaterial und von Impaktgesteinen eingesetzt. Dabei wurde festgestellt, daß auch in diesen Materialien die Thermoremanenz den bedeutendsten Anteil an der NRM bildet und nicht eine PRM.

2.6.5 Lowrie-Fuller-Test

Mit diesem Test wird versucht, etwas über den Domänenzustand der ferro(i)magnetischen Mineralkomponente zu erfahren. Hierbei vergleicht man die NRM von magmatischen Gesteinen (die in der Regel hauptsächlich aus einer TRM besteht), oder eine künstlich erzeugte TRM oder auch ARM mit der isothermalen Sättigungsremanenz IRM_s bei der Wechselfeldentmagnetisierung. Erweist sich die NRM bzw. eine TRM oder eine ARM als „härter" gegenüber der Wechselfeldentmagnetisierung als die IRM_s, so kann angenommen werden, daß im Gestein vorwiegend Einbereichsteilchen vorhanden sind (Abb. 2.6.5a). Ist die IRM_s dagegen bei der Wechselfeldentmagnetisierung „härter" als die NRM bzw. eine TRM oder eine ARM, wird davon ausgegangen, daß MD-Teilchen dominieren (Abb. 2.6.5b).

Der Test hat gewisse Schwächen, weil die Verteilung der Korngrößen und damit der Koerzitivkräfte in Gesteinen in der Regel weder auf Seiten der sehr kleinen Erzkörner und damit SD-Teilchen dominiert, noch auf Seiten der ganz großen Erzkörner und damit MD-Teilchen. Häufig treten bimodale oder kompliziertere Korngrößenverteilungen auf, was zu keinen eindeutigen Aussagen über den dominierenden Domänenzustand mit dem Lowrie-Fuller-Test führt. Zudem kann die Methode nur bei magmatischen Gesteinen mit einer TRM verwendet werden. In den meisten Fällen liefern die Formen der Meßkurven bei der thermischen oder der Wechselfeldentmagnetisie-

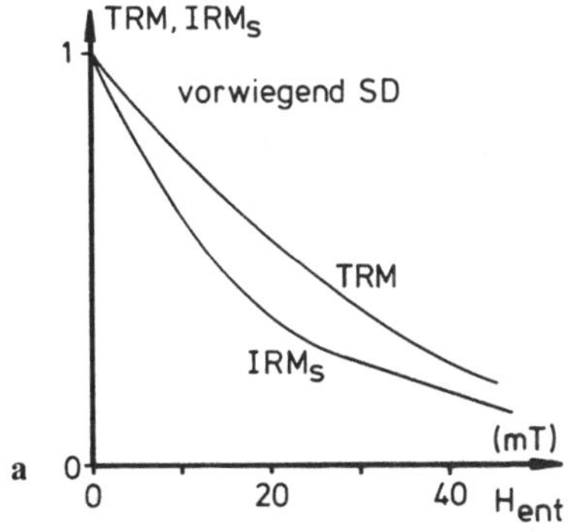

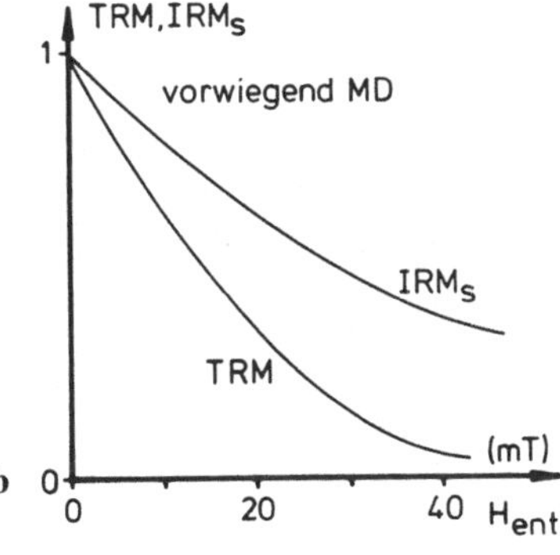

Abb. 2.6.5a, b. Schematische Darstellung des Lowrie-Fuller-Tests. Vergleich der Wechselfeldentmagnetisierung einer *TRM* und einer *IRM_s*; **a** die *IRM_s* ist „weicher" als die *TRM*: es überwiegen SD-Teilchen; **b** die *IRM_s* ist „härter" als die *TRM*: es überwiegen *MD*-Teilchen

rung, die maximalen Blockungstemperaturen bzw. Koerzitivkräfte (median destructive fields, MDF; Abb. 2.6.2), andere Hystereseparameter (Abb. 2.2.9b) ausreichende Hinweise auf die Dominanz entweder des einen oder des anderen Domänenzustandes der ferro(i)magnetischen Erzkomponente. Insgesamt ist der Domänenzustand von ferro(i)magnetischen Mineralien ein wichtiges Kriterium für die Beurteilung der zeitlichen Stabilität einer Remanenz, auf die in 2.2.6 mehrfach hingewiesen wurde. Nur wenn die charakteristische Remanenz vorwiegend von Einbereichsteilchen getragen wird, kann davon ausgegangen werden, daß sie sich auch über Hunderte von Millionen Jahre hinweg in einem Gestein erhalten kann.

2.6.6 *Orthogonale Projektionen (Zijderveld-Diagramme) und Darstellung der Remanenzrichtungen im Schmidtschen Netz*

Jeder Vektor im Raum ist durch die Angabe von drei Kenngrößen vollständig beschrieben. Bei paläomagnetischen Messungen kann man hierzu entweder zwei Winkel (Deklination und Inklination) und die Intensität der Meßgröße verwenden oder die drei orthogonalen Komponenten (Nord-, Ost- und Vertikalkomponente). Von Zijderveld (1967) wurde vorgeschlagen, zur Analyse der remanenten Magnetisierung bei Entmagnetisierungsversuchen die verbleibende Restremanenz nach jedem Entmagnetisierungsschritt in einer orthogonalen Projektion aufzutragen. Dazu reicht ein Diagramm aus, in dem einerseits die Komponenten X (Nordkomponente) und Y (Ostkomponente), andererseits aber auch die Komponenten Y (Abb.

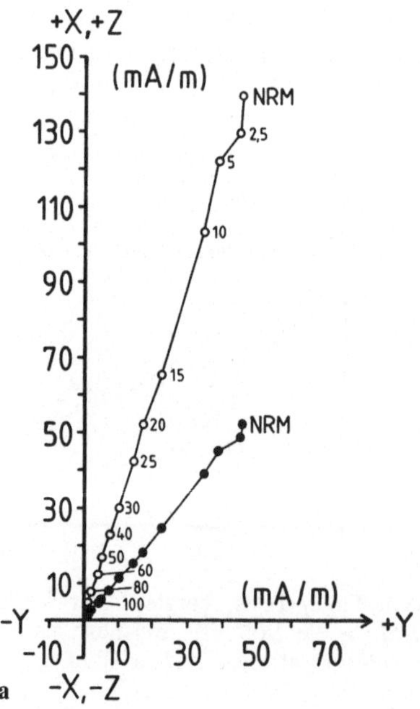

Abb. 2.6.6a–c. Darstellung der Vektorkomponenten X, Y, Z und H der künstlich erzeugten TRM in einer Basaltprobe während einer schrittweisen Entmagnetisierung im Wechselfeld. Die Spitzenfeldstärken sind in mT angegeben. Bei einer thermischen Entmagnetisierung werden die schrittweise erhöhten Maximaltemperaturen in °C notiert. **a** Diagramm mit den Wertepaaren *X,Y (geschlossene Symbole)* und *Y,Z (offene Symbole)*;

2.6.6a) bzw. X (Abb. 2.6.6b) gegen Z (Vertikalkomponente) aufgetragen werden. Die Wertepaare (X,Y und X,Z bzw. Y,Z) werden dabei einer allgemeinen Konvention folgend durch verschiedene Symbole gekennzeichnet: geschlossene Symbole für das X,Y-Wertepaar, offene Symbole für das Y,Z- bzw. X,Z-Wertepaar. Diagramme dieser Art (Abb. 2.6.6a, b) werden „Zijderveld-Diagramme" genannt. Von einigen Autoren wird die Darstellung der Wertepaare X,Y und H,Z bevorzugt, mit $H=(X^2+Y^2)^{1/2}$ als Horizontaltalkomponente (Abb. 2.6.6c). Auf Vor- und Nachteile der einzelnen Darstellungsweisen wird weiter unten noch eingegangen. Anhand der Zijderveld-Diagramme ist es möglich, die Zerstörung einer NRM durch ein

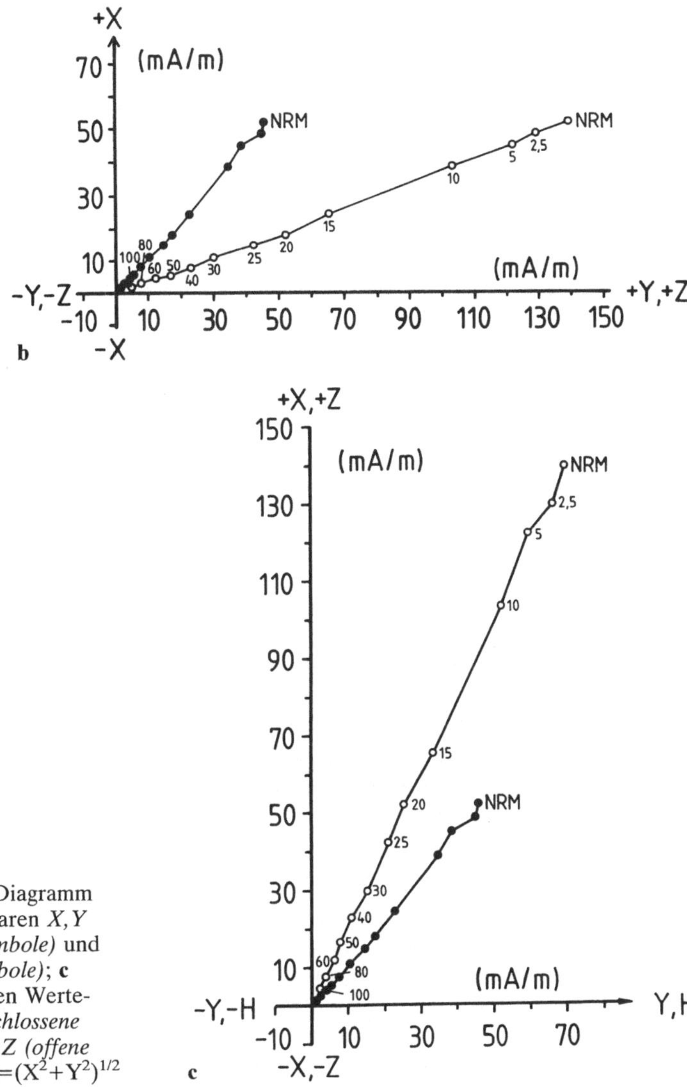

Abb. 2.6.6 b, c. Diagramm mit den Wertepaaren *X,Y (geschlossene Symbole)* und *X,Z (offene Symbole)*; **c** Diagramm mit den Wertepaaren *X,Y (geschlossene Symbole)* und *H,Z (offene Symbole)*, mit $H=(X^2+Y^2)^{1/2}$

Entmagnetisierungsverfahren schrittweise zu verfolgen und Restremanenzen sowie die entfernten Remanenzkomponenten verschiedenen Koerzitivkräften oder Blockungstemperaturen zuzuordnen und somit Aussagen über die in der NRM enthaltenen Remanenztypen zu machen. Dies wird in den folgenden Abschnitten noch weiter erläutert werden.

Aus dem Verhältnis der Komponenten X und Y kann mit der Beziehung $tgD=Y/X$ die Deklination D bestimmt werden. Diese wird positiv über Ost gerechnet. Aus den Komponenten X und Z kann man die Inklination I nicht direkt bestimmen. Aus dem Verhältnis Z/X (Abb. 2.6.6b) erhält man die sogenannte scheinbare Inklination I* über die Beziehung $tg\ I^*=Z/X$. Mit $X=HcosD$ und $tgI=Z/H$ erhält man dann die wahre Inklination I durch:

$$tg\ I = tg\ I^*\ cos\ D$$

Wird im Zijderveld-Diagramm neben X/Y das Wertepaar Y/Z aufgetragen (Abb. 2.6.6a), so lautet die Beziehung: $tgI^{**}=Z/Y$. Mit $Y=HsinD$ und der Formel $tgI=Z/H$ ergibt sich dann die wahre Inklination I zu:

$$tg\ I = tg\ I^{**}\ sin\ D$$

Bei den Zijderveld-Diagrammen mit den Wertepaaren X,Y und H,Z (Abb. 2.6.6c) können sowohl die Deklination D als auch die wahre Inklination I dem Diagramm direkt entnommen werden. Für I gilt die Gleichung:

$$tg\ I = Z/H$$

Besteht die NRM nur aus einem Remanenztyp (z. B. aus einer TRM), so laufen die Meßpunkte für die X,Y- und X,Z- bzw. Y,Z-Wertepaare bei fortschreitender Entmagnetisierung im Zijderveld-Diagramm entlang einer Geraden auf den Ursprung des Koordinatensystems zu (Abb. 2.6.6a–c). Bei Anwesenheit mehrerer Remanenztypen mit unterschiedlichen Koerzitivkräften oder Blockungstemperaturen bilden die Meßpunkte in einfachen Fällen stückweise Geraden, aus denen man die Deklinationen D_i und scheinbaren Inklinationen I_i^* der Anteile der NRM entnehmen kann. Mehr wird in 2.6.9 (Mehrkomponentenanalyse) erläutert.

Im Paläomagnetismus werden die Remanenzrichtungen und auch die Pollagen generell im Schmidtschen Netz in einer flächentreuen Projektion dargestellt. Das Konstruktionsprinzip ist in Abb. 2.6.7 gezeigt. Man kennt äquatorständige (Abb. 2.6.8a) und polständige (Abb. 2.6.8b) Schmidtsche Netze. Für die Darstellung der Remanenzrichtungen verwendet man in der Regel die polständige Version. Gemäß einer Konvention werden die Richtungen mit einer positiven Inklination mit geschlossenen, diejenigen mit einer negativen Inklination mit offen Symbolen gezeichnet. Für die Darstellung von Pollagen (2.9 und 3.2) verwendet man auch häufig äquatorständige Projektionen, Projektionen aus beliebigen Richtungen oder sogar Mercatorprojektionen, um möglichst viele Pole auf einer Hemisphäre darstellen zu

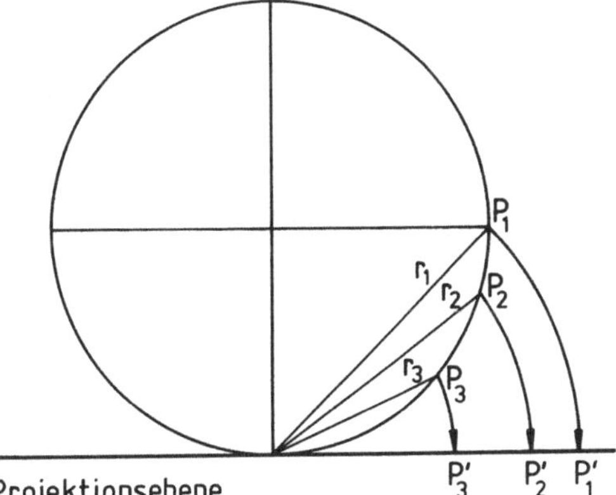

Abb. 2.6.7. Konstruktionsprinzip des Schmidtschen Netzes der flächentreuen Projektion. P_i bzw. P_i' Punkte auf der Kugel bzw. in die Fläche projizierte Punkte; r_i Radien für die Projektion der Punkte

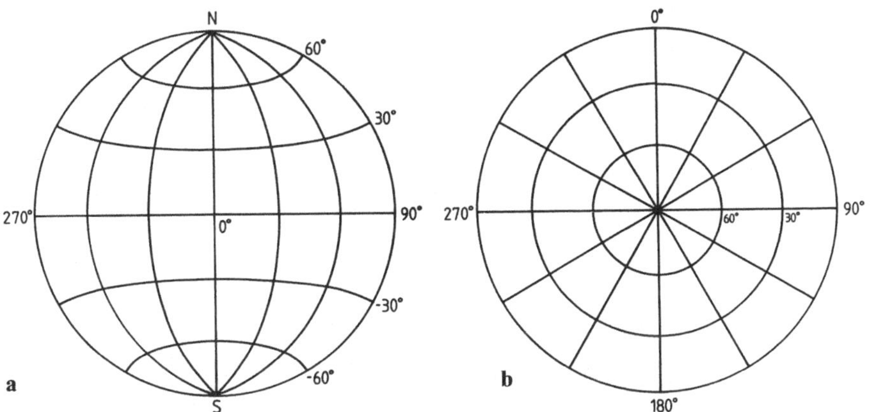

Abb. 2.6.8a, b. a äquatorständiges und **b** polständiges Schmidtsches Netz

können. Hierzu gibt es spezielle Computerprogramme, bei denen die momentane Kontinentverteilung zur Orientierung als Hintergrundinformation unterlegt ist (3.2). Die Darstellung der Remanenzrichtungen im Schmidtschen Netz ist auch dazu geeignet, die Änderung der Richtung der Restremanenz während der schrittweisen Entmagnetisierung zu zeigen oder auch die Differenzvektoren zwischen zwei Entmagnetisierungsschritten. Abb. 2.6.9 zeigt ein Beispiel für das Verhalten einer Gesteinsprobe (Müller 1991) bei einer thermischen Entmagnetisierung. In Abb. 2.6.9a wird ein Zijderveld-Diagramm in der Darstellung X=N gegen Y=E (geschlossene Symbole) und Y=E gegen Z (offene Symbole) wiedergegeben. Die Temperaturschritte können der Abb. 2.6.9c entnommen werden. Nach der Entfer-

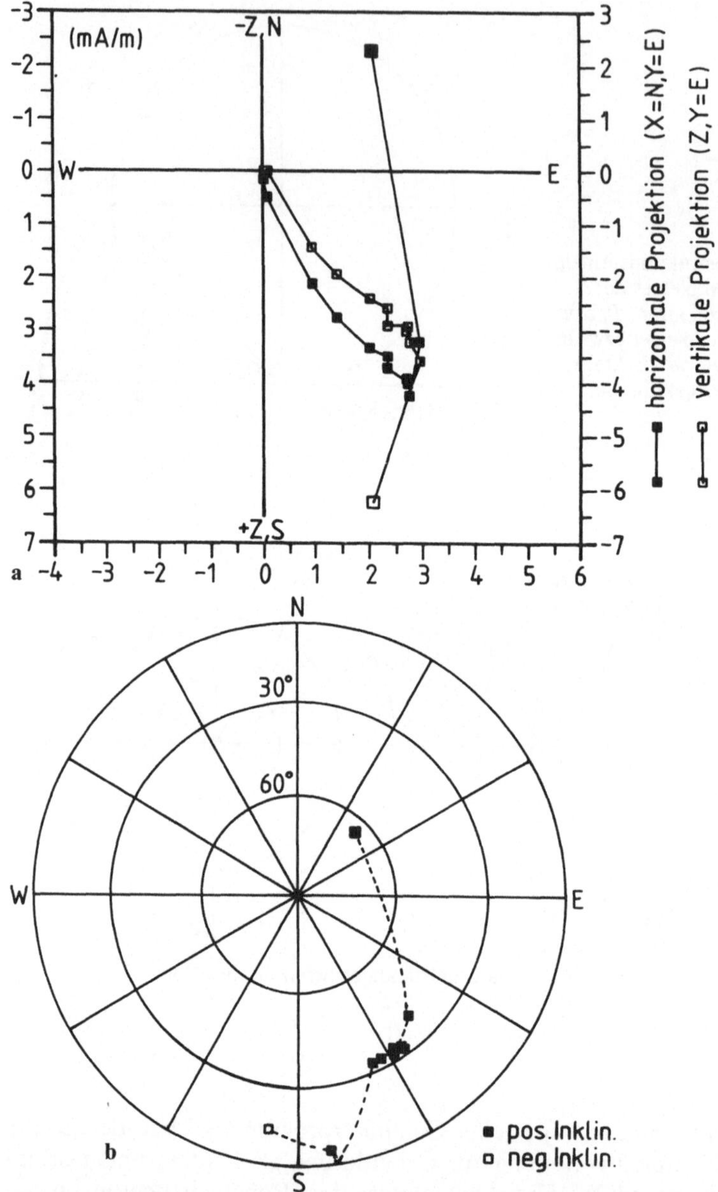

Abb. 2.6.9a–d. Änderung der Remanenzrichtung während einer thermischen Entmagnetisierung. **a** Zijderveld-Diagramm. Symbole: s. Legende von Abb. 2.6.6; *großes Quadrat: NRM;* **b** Verlauf des Restvektors, dargestellt im Schmidtschen Netz. *Geschlossene (offene) Symbole:* positive (negative) Inklination; *großes Quadrat: NRM;* **c** Abnahme der Intensität der Restremanenz *(geschlossene Symbole)* und Verlauf der Suszeptibilität *(offene Symbole)* der Probe mit steigenden Temperaturschritten; **d** Tabelle mit Meßwerten, von links nach rechts: Temperaturschritt; Remanenz-Intensität; Deklination und Inklination der Restremanenz; Intensität, Deklination und Inklination des Differenzvektors; statistischer Parameter für die interne Streuung der Messung; Suszeptibilität. (Mod. nach Müller 1991)

nung einer Komponente mit einer Blockungstemperatur unter 100 °C (Goethit?) wandern die Richtungen in Abb. 2.6.9a in einem schwach gekrümmten Bogen mehr oder weniger direkt auf den Ursprung zu. Projektionen der Richtungen im Schmidtschen Netz zeigt Abb. 2.6.9b. Von der NRM mit positiver Inklination ausgehend zeigen die Richtungen einen stetigen Übergang zu der Endrichtung mit einer negativen Inklination und einer Deklination von etwa 190°. Der Verlauf der Intensität der NRM bei der thermischen Entmagnetisierung ist aus Abb. 2.6.9c zu ersehen. Es wird eine niedrige Blockungstemperatur von etwa 100 °C angezeigt (Goethit?) und eine Hauptblockungstemperatur dicht unterhalb 600 °C. Dies deutet darauf hin, daß der wesentliche Teil der NRM wahrscheinlich durch Magnetit getragen wird. Hämatit mit Blockungstemperaturen bis zu 675 °C scheint in diesem Gestein keine Rolle zu spielen. Der Verlauf der Suszeptibilität nach jedem Entmagnetisierungsschritt der Proben ist im selben Diagramm zu sehen. Zwischen Normaltemperatur und 500 °C deutet sich keine signifikante Änderung an. Danach nimmt die Suszeptibilität bis zu Temperaturen

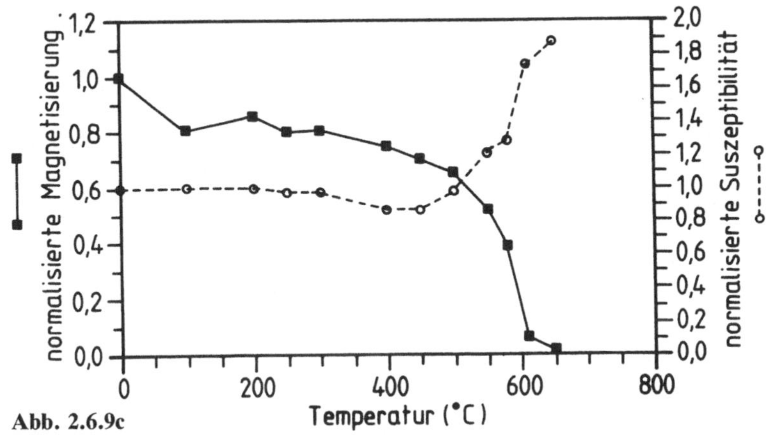

Abb. 2.6.9c

Probe Nr. 71-2-1, thermische Entmagnetisierung, kernkorrigiert

T(°C)	RM	Dek	Ink	dRM	dDek	dInk	SmM	Sus
020	6.963	42.0	+63.6	0.000	0.0	+0.0	0.09	$1.58*10^{-4}$
100	5.630	137.4	+39.6	6.177	350.9	+25.5	0.10	$1.59*10^{-4}$
200	5.985	146.9	+32.5	1.096	10.7	+18.6	0.09	$1.58*10^{-4}$
250	5.609	145.3	+32.3	0.400	170.1	+33.0	0.09	$1.55*10^{-4}$
300	5.627	145.5	+31.3	0.101	339.3	+46.9	0.09	$1.55*10^{-4}$
400	5.240	147.7	+33.5	0.473	124.7	+3.8	0.08	$1.37*10^{-4}$
450	4.912	145.8	+31.5	0.398	184.7	+54.7	0.09	$1.37*10^{-4}$
500	4.560	148.8	+31.6	0.410	112.5	+25.5	0.09	$1.55*10^{-4}$
550	3.629	152.9	+32.1	0.963	133.7	+28.5	0.07	$1.91*10^{-4}$
580	2.720	156.1	+32.0	0.921	143.4	+31.9	0.09	$2.02*10^{-4}$
610	0.464	172.7	-3.8	2.377	152.0	+38.2	0.43	$2.74*10^{-4}$
650	0.153	187.6	-12.5	0.321	165.8	+0.4	2.21	$2.96*10^{-4}$

Abb. 2.6.9d

über 700 °C auf etwa den doppelten Wert zu. Dies deutet auf eine große thermische Stabilität der ferro(i)magnetischen Erzkörner bis etwa 500° hin und auch darauf, daß sich in Fe-haltigen Silikaten oder anderen Mineralien während der Erhitzung eventuell ferro(i)magnetische Sekundärmineralien (Magnetit, Hämatit) bildeten. Die Tabelle in Abb. 2.6.9d enthält die Meßwerte: Temperaturschritt, Intensität, Deklination und Inklination der Restremanenz, die entsprechenden Werte für die zwischen den einzelnen Entmagnetisierungsschritten entfernten Differenzvektoren (2.6.7), einen statistischen Parameter zur Bestimmung der Meßgenauigkeit (SmM; 2.11.7.1) und die Suszeptibilität.

2.6.7 *Methode der Differenzvektoren*

Bei der Vorstellung der Zijderveld-Diagramme wurde erläutert, daß bei Anwesenheit nur eines Remanenztyps in der NRM die Wertepaare bei fortschreitender Entmagnetisierung (gleichgültig ob im Wechselfeld oder thermisch) längs einer Geraden auf den Ursprung des Koordinatensystems zulaufen (Abb. 2.6.6). Das ergibt für D und I bzw. I* einen jeweils konstanten Wert. Der zwischen zwei Entmagnetisierungsschritten entfernte Anteil der NRM, also der Differenzvektor, weist in die gleiche Richtung wie der Restvektor. Dies kann man bei der Analyse der NRM ausnutzen (Hoffman u. Day 1978). Wenn die Differenzvektoren in die gleiche Richtung weisen wie der Restvektor, so ist die Situation erreicht, bei der die Wertepaare X,Y und X,Z längs einer Geraden auf den Koordinatenursprung zulaufen (Abb.2.6.10a–d). Aus der Untersuchung der Differenzvektoren kann auch

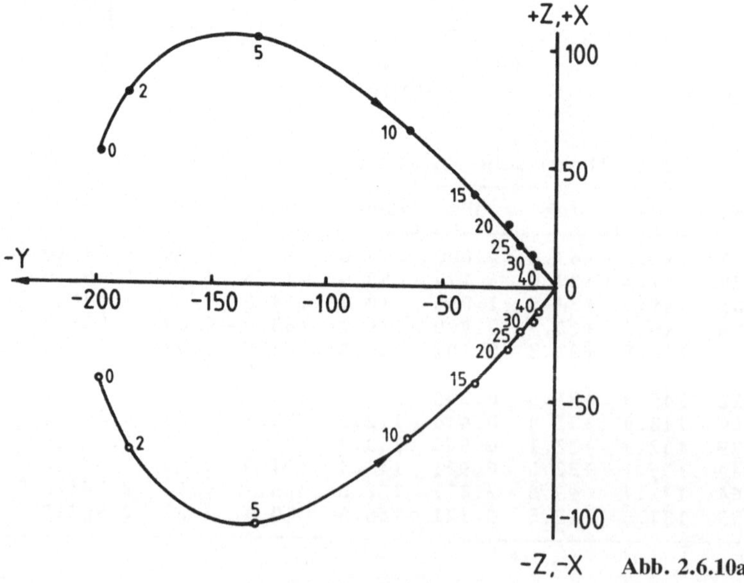

Abb. 2.6.10a

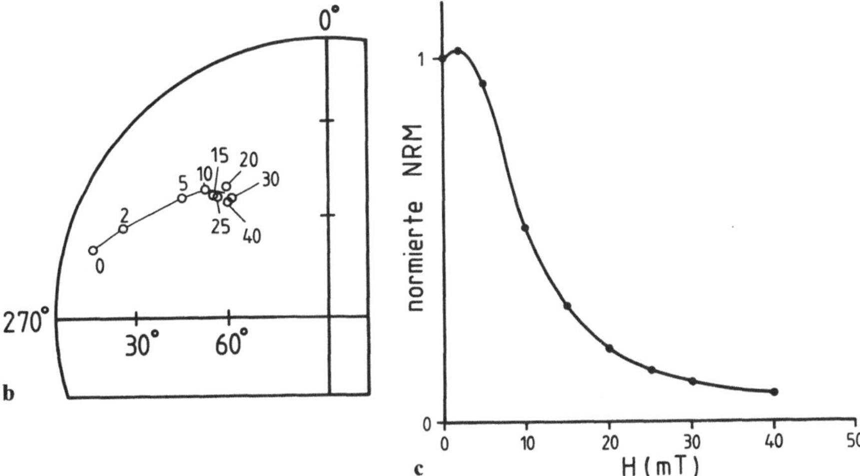

Abb. 2.6.10a–d. Beispiel für die Wechselfeldentmagnetisierung bei sich überlappenden Koerzitivkraftintervallen der Remanenzkomponenten; Symbole: s. Legende von Abb. 2.6.6. **a** Zijderveld-Diagramm, bei dem sich in der Anfangsphase der Entmagnetisierung keine Remanenzkomponenten in Form von stückweise geraden Abschnitten definieren lassen. Erst ab etwa 15–20 mT ergibt sich eine Gerade, die auf den Ursprung zuläuft. **b** Das gleiche Experiment, dargestellt im Schmidtschen Netz. Vom Wert 0 (NRM) ausgehend bewegen sich die Richtungen längs eines Großkreisbogens auf die Endrichtung zu, die bei 15–20 mT erreicht wird. **c** Änderung der Intensität der Remanenz (normiert auf die *NRM*) mit zunehmender Intensität des Wechselfeldes. Zunächst steigt die Remanenz etwas an, weil eine der ChRM entgegengesetzt gerichtete Komponente entfernt wurde. Danach fällt die NRM rasch ab. Das MDF beträgt etwa 10 mT. **d** Darstellung der Differenzvektoren zwischen zwei Entmagnetisierungsschritten im Schmidtschen Netz. Der Differenzvektor zwischen der NRM (0) und 2 mT ist nahezu antiparallel zur ChRM. Dann bewegen sich die Differenzvektoren auf die ChRM-Richtung zu und erreichen sie bei etwa 15–20 mT; *Raute:* etwaige ChRM-Richtung (Richtung nach Abmagnetisierung mit 20 mT). (Mod. nach Dunlop 1979)

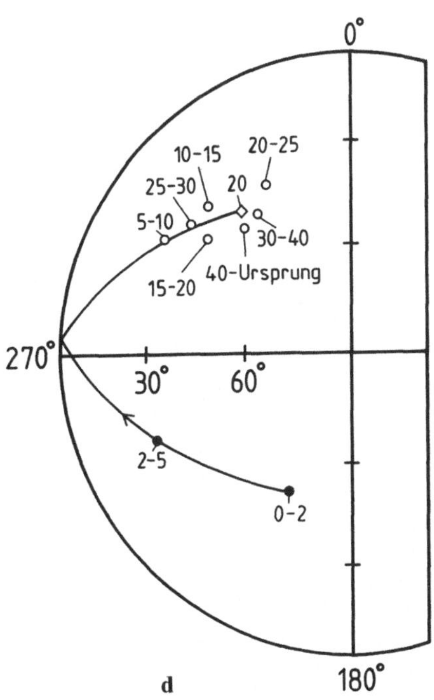

abgeleitet werden, welche Richtungen die beim Abmagnetisieren entfernten Remanenzanteile haben, ob sie zum Beispiel in Richtung des heutigen Erdmagnetfeldes im Meßgebiet weisen und damit eine rezente VRM anzeigen.

2.6.8 Methode der konvergierenden Großkreise

In manchen Fällen unterscheiden sich die in der NRM enthaltenen Remanenztypen nicht deutlich durch wesentlich unterschiedliche Koerzitivkraft- oder Blockungstemperaturintervalle. In den Zijderveld-Diagrammen äußert sich dies dadurch, daß die Wertepaare X,Y (volle Symbole) und Y,Z (offene Symbole) nicht stückweise Geraden bilden, wie dies bei deutlich getrennten Koerzitivkraft- oder Blockungstemperatur-Intervallen der Fall sein müßte, sondern Bögen, die im Koordinatenursprung enden (s. Abb. 2.6.10a; nach Dunlop 1979). Im Schmidtschen Netz liegen die Richtungen auf einem Großkreisbogen (Abb. 2.6.10b). Besitzt zum Beispiel die Remanenz der Richtung A eine größere Intensität als die der Richtung B und etwas geringere Koerzitivkräfte, so laufen die Großkreise von A auf die

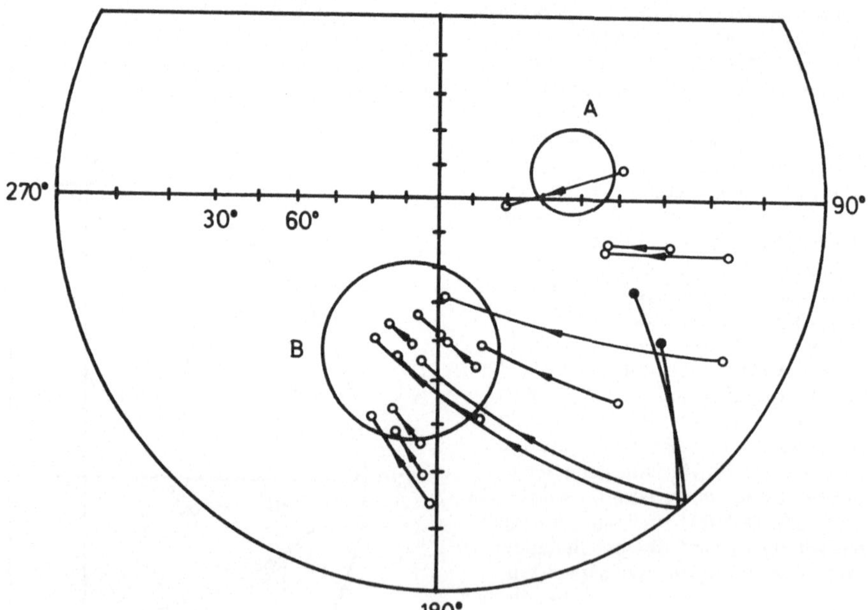

Abb. 2.6.11. Beispiel für die Analyse mit konvergierenden und sich schneidenden Großkreisen; Symbole: s. Legende von Abb. 2.6.9. Die Proben enthalten zwei Remanenzkomponenten *A* und *B* mit teilweise überlappenden Koerzitivkräften. Die stabile Endrichtung *B* liegt im Feld mit dem größeren Kreis. Diese Komponente ist magnetisch „härter" als Komponente *A*. Deren Richtung liegt innerhalb des kleineren Kreises auf der gegenüberliegenden Hemisphäre. Während der Entmagnetisierung bewegen sich die Restvektoren auf einem Großkreis zwischen den Richtungen *A* und *B* auf *B* zu. (Mod. nach Halls 1976)

Richtung B zu. Diese kann dann als Schnittpunkt von Großkreisen bestimmt werden. Ein Beispiel hierfür zeigt Abb. 2.6.11. Das Verfahren mit den konvergierenden Großkreisen versagt, wenn die Komponenten A und B identisches Verhalten bei der Entmagnetisierung, bedingt durch gleiche Verteilungen der Koerzitivkräfte und der Blockungstemperaturen, zeigen. Der Summenvektor S verhält sich dann wie eine einzige Remanenzkomponente und die beiden Komponenten A und B können nicht mehr getrennt und einzeln bestimmt werden. Häufig verhalten sich Proben bei den beiden Standardentmagnetisierungsverfahren aber leicht unterschiedlich, und eine Identifikation der Komponenten A und B wird dann möglich. Es empfiehlt sich daher, bei einer Probenkollektion beide Verfahren einzusetzen, zumindest bei einigen Testproben.

2.6.9 Mehrkomponentenanalyse

Nur dann, wenn sich die Koerzitivkraft- bzw. Blockungstemperaturintervalle deutlich unterscheiden, kann man mit Hilfe der Zijderveld-Diagramme oder Differenzvektoren die einzelnen Remanenzanteile gut erkennen und quantifizieren (Zijderveld 1967; Hoffman u. Day 1978; Dunlop 1979). Dazu kann man zum Beispiel in den Zijderveld-Diagrammen die stückweise geraden Abschnitte mit der Methode der kleinsten Quadrate approximieren und für diese dann die Deklination D bzw. die scheinbare und die echte Inklination I* bzw. I berechnen. Im letzten Abschnitt wird häufig die beste Gerade durch den Ursprung bestimmt. Abb. 2.6.12a zeigt ein Beispiel für die Wechselfeldentmagnetisierung einer Basaltprobe mit zwei durch Geradenabschnitte darstellbaren Remanenzen mit deutlich unterschiedlichen Koerzitivkraftverteilungen. In der linken Hälfte der Abbildung sind die Komponenten X/Y (geschlossene Kreise) und Y/Z (offene Kreise) zu sehen, in der rechten Hälfte die Darstellung H/Z (offene Dreiecke). Ein Beispiel mit drei deutlich trennbaren Remanenzen zeigt die Abb. 2.6.12b: eine erste Komponente mit $H_c < 2.5mT$, eine zweite Komponente mit $2.5mT < H_c < 20mT$ und eine dritte Komponente mit $20mT < H_c$, die eine Gerade auf den Ursprung zu liefert.

Wenn sich die Meßpunkte im Zijderveld-Diagramm nicht in Geradenstücke unterteilen lassen (Abb. 2.6.10a), so bedeutet dies, daß stark überlappende Koerzitivkraft- oder Blockungstemperaturintervalle vorliegen. Kurze Abschnitte von Großkreisen reichen in der Regel nicht aus, um das Verfahren der konvergierenden Großkreise zur Anwendung zu bringen. Für solche Fälle wurde ein Verfahren zur Analyse der Richtungen im dreidimensionalen Vektorraum entwickelt, das eine vollständige Zerlegung der NRM in Einzelrichtungen mit charakteristischen Koerzitivkräften oder Blockungstemperaturen liefert (Kirschvink 1980). Die Auswerteverfahren mit dem Zijderveld-Diagramm, mit den Differenzvektoren oder mit den konvergierenden Großkreisen sind darin als Spezialfälle enthalten. Dieses Verfahren kann aber nur dann sichere Ergebnisse über zwei oder mehr unterschied-

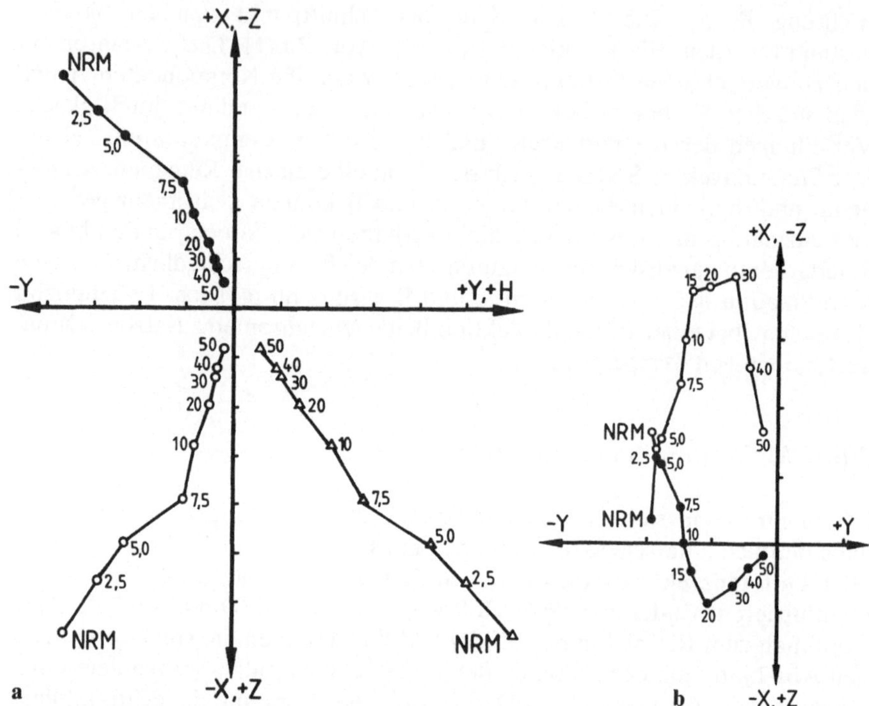

Abb. 2.6.12a, b. Beispiele für die Analyse der *NRM* von Basalten mit Hilfe von Zijder-veld-Diagrammen in Fällen, bei denen die Remanenzkomponenten wegen der deutlich unterschiedlichen Koerzitivkräfte klar voneinander getrennt werden konnten. *Geschlossene Symbole: X/Y*-Diagramm; *offene Kreise: Y/Z*-Diagramm; *offene Dreiecke:* H/Z-Diagramm. **a** Wechselfeldentmagnetisierung mit zwei deutlich trennbaren Remanenzen; **b** Wechselfeldentmagnetisierung mit drei deutlich trennbaren Remanenzen; Felder in mT. (Mod. nach Bleil et al. 1982)

liche Remanenz-Anteile oder -typen liefern, wenn sich diese in ihrer Richtung und in ihren gesteinsmagnetischen Charakteristika (H_c, T_b) genügend unterscheiden und wenn die Entmagnetisierung der NRM in genügend vielen Schritten (mindestens 10) erfolgte.

2.7 Alter einer Remanenz und radiometrische Alter

Das Alter einer remanenten Magnetisierung gehört mit zu den wichtigsten Zusatzinformationen bei paläomagnetischen Untersuchungen. Nur ein genaues Remanenzalter liefert auch ein verwertbares paläomagnetisches Ergebnis und Angaben über das Verhalten des Erdmagnetfeldes oder über den Ablauf von geologischen Vorgängen in der Vergangenheit. In einzelnen

Fällen ist es möglich, das Alter einer Remanenz gleich dem Gesteinsalter zu setzen. Dies ist zum Beispiel bei der thermoremanenten Magnetisierung TRM und zum Teil auch bei der Sedimentationsremanenz DRM bzw. der PDDRM der Fall. Auch die chemische Remanenz CRM oder die partielle thermoremanente Magnetisierung PTRM lassen sich in vielen Fällen einem geologisch datierbaren metamorphen oder thermischen Ereignis (z. B. der Intrusion eines größeren geologischen Körpers oder von Gängen) zuordnen. In anderen Fällen (etwa bei einer tiefgründigen Verwitterung und der Entstehung einer sekundären CRM, bei Blitzschlag mit Bildung einer IRM oder PTRM, bei tektonischen Beanspruchungen unter Erzeugung einer PRM) ist häufig das Remanenzalter nicht definiert. Bei allen Gesteinen besteht darüber hinaus die Gefahr einer mineralogisch und durch gesteinsmagnetische Messungen nicht immer erkennbaren partiellen oder vollständigen Remagnetisierung, ein mit zunehmendem Alter der untersuchten Gesteine immer bedeutsameres Problem. Für die paläomagnetische Praxis haben sich neben den in 2.6 beschriebenen Labormethoden zur Analyse einer NRM noch weitere Verfahren bewährt, die weiter unten beschrieben werden. Sie sollten auch schon bei der Probenentnahme im Gelände (2.11.1–4) beachtet werden.

2.7.1 Faltungstest

In der Regel besitzt die charakteristische Remanenz ChRM eines Gesteins (z. B. eine TRM) in einem geologischen Körper eine mehr oder weniger einheitliche Richtung (Abb. 2.7.1a). Von einer gewissen geringen Streuung kann immer ausgegangen werden. Hauptursache ist die Säkularvariation. Wird dieser Körper durch tektonische Vorgänge in Zusammenhang mit einer Gebirgsbildung deformiert (Faltung, Zerbrechung und Verstellung von Teilschollen), so zeigen seine Teile unterschiedliche ChRM-Richtungen (Abb. 2.7.1b,c). Der Faltungstest (Graham 1949) besteht darin, daß man in den deformierten und verstellten Teilkörpern die tektonischen Bewegungen rückgängig macht und dann die transformierten ChRM-Richtungen betrachtet. Hierzu sind detaillierte Geländeaufnahmen notwendig. Wenn die ChRM des geologischen Körpers die Deformationen und die tektonische Beanspruchung ohne Auswirkungen auf die Remanenz überstanden hat, so werden die vor Ausführung der tektonischen Korrekturen divergierenden Remanenzrichtungen nach der tektonischen Korrektur zusammenrücken (Abb. 2.7.1b). In diesem Fall nennt man den Faltungstest positiv und man kann davon ausgehen, daß die Remanenz des geologischen Körpers älter ist als die tektonische Beanspruchung. Ein genaues Alter der Remanenz kann damit natürlich nicht angegeben werden. Überstand die ChRM eines Gesteins jedoch die außergewöhnlichen Bedingungen während einer Gebirgsbildung, so kann man mit einer recht großen Gewißheit davon ausgehen, daß im Zeitraum davor seine Remanenz nicht verändert wurde. Ein positiver Faltungstest mit Hilfe eines bald nach der Entstehung eines

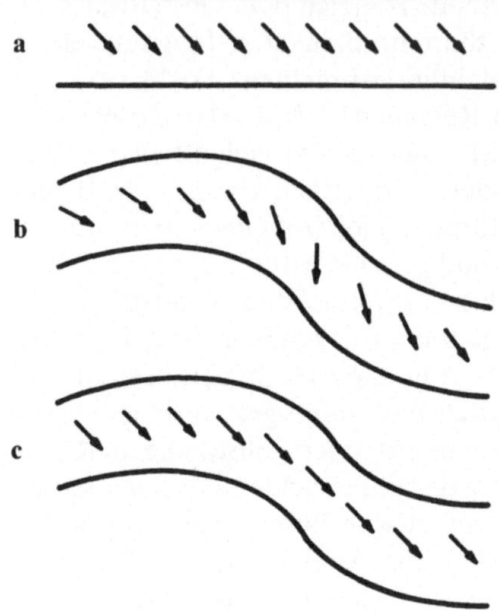

Abb. 2.7.1a–c. Prinzip des Faltungstests. Richtung der ChRM **a** vor der Faltung; **b** nach der Faltung bei positivem und **c** bei negativem Faltungstest

Gesteins abgelaufenen tektonischen Ereignisses ist daher ein gutes Indiz für die primäre Natur einer ChRM. Bezüglich der statistischen Signifikanz eines solchen Tests sei auf 2.8.3 verwiesen. Sind jedoch die Richtungen der ChRM auch nach einer tektonischen Korrektur noch weiterhin stark streuend oder hat ihre Streuung sogar zugenommen (Abb. 2.7.1c), so ist der Faltungstest negativ und die Remanenz jünger oder höchstens gleich alt wie die Tektonik. Es konnten in der Literatur sogar Fälle aufgezeigt werden, bei denen die Remagnetisierung der Gesteine während der Faltungsphase vor sich ging.

Mit Hilfe des Faltungstests konnte Ende der 40er Jahre durch Graham (1949) gezeigt werden, daß präkambrische Gesteine ebenfalls im Präkambrium vorkommende Orogenesen überstehen konnten. Dies ist immer noch ein wichtiges Argument dafür, daß sich remanente Magnetisierungen in Gesteinen mehr als einige Mrd. von Jahren lang halten können, so wie dies aus der Theorie von Néel (1949) für Einbereichsteilchen abgeleitet werden kann. Das Ergebnis spricht auch für die hohe mineralogische Stabilität mancher Gesteine. In 2.11.1 wird nochmals auf die Notwendigkeit eingegangen, die Probenentnahme so auszuführen, daß ein Faltungstest möglich ist.

2.7.2 Konglomerattest

In manchen Fällen ist es möglich, genügend grobkörnige Konglomerate oder Brekzien eines Gesteins in der unmittelbaren Nachbarschaft des Ausgangsgesteins zu finden. Der Konglomerattest (Graham 1949) besteht darin, daß man sowohl vom Ausgangsgestein als auch von seinen transportierten

Abb. 2.7.2a–c. Prinzip des Konglomerattests. Richtungen der ChRM **a** im Muttergestein; **b** im Konglomerat bei positivem und **c** bei negativem Konglomerattest

Bruchstücken im Konglomerat oder in der Brekzie Proben für eine Messung der ChRM entnimmt. Man kann dabei davon ausgehen, daß die Einlagerung der groben Bruchstücke im Sediment in statistisch ungeordneter und vom Magnetfeld der Erde unbeeinflußter Weise erfolgte. Der Konglomerattest ist positiv, wenn die ChRM-Richtungen im Ausgangsgestein gut gruppieren (Abb. 2.7.2a), in den gleichen Proben des Konglomerats aber völlig regellos sind (Abb. 2.7.2b). In diesem Fall kann geschlossen werden, daß durch den Verwitterungsprozeß und den anschließenden Transport der Gerölle die primäre ChRM des Materials nicht verändert wurde und daß das Gestein in situ dann auch nicht betroffen wurde. Zeigen jedoch die transportierten Gerölle eine einheitliche ChRM-Richtung, auch wenn diese stark streut, so kann davon ausgegangen werden, daß diese erst nach der Ablagerung der Gerölle erworben wurde (Abb. 2.7.2c). In diesem Fall ist der Konglomerattest negativ, auch bei einheitlicher Richtung der ChRM im Ausgangsgestein. Mit Hilfe der in 2.8.3 beschriebenen Tests kann die statistische Signifikanz des Konglomerattests überprüft werden. Der Konglomerattest kann also ebensowenig wie der Faltungstest direkten Angaben über das Alter einer Remanenz liefern, sondern lediglich angeben, ob die gemessene ChRM jünger oder älter als der Erosionsvorgang ist. Der Test ist wegen der Seltenheit entsprechender geologischer Gegebenheiten nicht so häufig durchführbar wie der Faltungstest. Meist werden Gesteine bei der Verwitterung und beim Wegtransport der Erosionsprodukte in so kleine Bestandteile zerlegt, daß diese entweder ganz weggeführt wurden oder zu klein für die Anwendung des Konglomerattests sind. Insbesondere an präkambrischen Gesteinen konnte der Test jedoch gelegentlich erfolgreich durchgeführt werden, und er belegt – zusammen mit positiven Faltungstests – die Fähigkeit von Gesteinen, ihre primäre Remanenz über einige Mrd. Jahre lang erhalten zu können.

2.7.3 Kontakttest

Dieser Test ist nur bei besonderen geologischen Situationen durchzuführen, wenn nämlich Gänge ein Nebengestein durchsetzen oder der Kontakt einer Intrusion mit einem Nebengestein aufgeschlossen ist (Irving 1964). In beiden Fällen wird das Nebengestein erhitzt, wobei es unmittelbar am Kontakt zu den höchsten Temperaturen kommt. Je nach der thermischen Leitfähigkeit des Nebengesteins und der Wärmekapazität des Ganges oder der Intrusion kann die erhitzte Kontaktzone dünn oder mächtig sein, d. h. im Bereich unter 10 cm liegen oder bis zu einigen Dekametern weit reichen. In der Kontaktzone kann bei genügend hoher Wärmezufuhr eine TRM entstehen, die mit zunehmender Entfernung vom Kontakt in eine PTRM mit abnehmenden Blockungstemperaturen übergeht.

Der Kontakttest besteht in einem Vergleich der ChRM-Richtungen in einem Profil von der Intrusion (oder vom Gang) über die Kontaktzone bis weit hinein in das vom thermischen Ereignis nicht mehr erfaßte Nebengestein. Dabei wird vorausgesetzt, daß sowohl der intrudierte geologische Körper als auch das Nebengestein deutlich in Richtung oder Intensität unterschiedliche Remanenzen besitzen. Bei der Abkühlung erwirbt die Intrusion eine thermoremanente Magnetisierung TRM. Das Nebengestein unmittelbar am Kontakt erhält ebenfalls die gleiche TRM, mit zunehmender Entfernung vom Kontakt jedoch nur noch eine PTRM mit abnehmenden Blockungstemperaturen und Intensitäten. Im Kontakt zum Nebengestein kommt es somit zu einer Überlagerung zwischen den sekundär gebildeten partiellen Thermoremanenzen PTRM und der durch die Temperatureinwirkung nicht beeinflußten Anteile der primären ChRM des Nebengesteins (Abb. 2.7.3). Wenn sich die Richtungen der ChRM von Intrusion und Nebengestein deutlich unterscheiden (Abb. 2.7.3a), so kommt es zu einem mehr oder weniger stetigen Übergang von der einen Richtung zur anderen. Man spricht dann von einem positiven Kontakttest. Dieser besagt, daß die Remanenzen von Intrusion und Kontakt primär und von gleichem Alter sind wie die Intrusion selbst. Unterscheiden sich die Richtungen nicht, sondern nur die Intensitäten (dies ist möglich, wenn es sich z. B. beim Nebengestein um ein Sediment mit einer DRM geringer Intensität handelt), so tritt unter Umständen bei unveränderter Richtung der ChRM ein stetiger Übergang der Intensitäten quer über die Kontaktzone auf, unter Umständen sogar ein Maximum der Intensität am Kontakt (bei metasomatischen Eisenerzbildungen, z. B. Skarnen). In solchen Fällen ist die Interpretation schwierig. Ein negativer Kontakttest liegt vor, wenn die ChRM-Richtungen von Intrusion, Kontaktzone und Nebengestein gleich gerichtet sind (Abb. 2.7.3b) und sich keine systematischen Variationen über den Kontakt hinweg ergeben. In einem solchen Fall ist damit zu rechnen, daß die ChRM sowohl in der Intrusion als auch im Nebengestein sekundär sind.

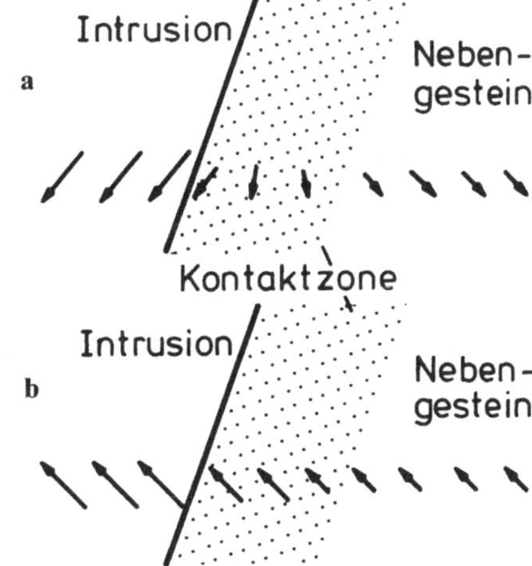

Abb. 2.7.3a, b. Kontakttest; **a** positiver Test; in der Kontaktzone geht die Richtung der Remanenz von derjenigen der Intrusion allmählich in die des Nebengesteins über; **b** negativer Test; die Richtungen der ChRM von Intrusion, Kontaktzone und Nebengestein sind die gleichen, es besteht Verdacht auf eine Remagnetisierung des ganzen Komplexes

2.7.4 Thellier-Test

Mit diesem Test untersuchte Thellier in den 30er Jahren, ob archäologisches Material (Ziegel, gebrannte Erden) neben der primären TRM noch eine zusätzliche VRM in Richtung des heutigen Erdmagnetfeldes aufgenommen hatten. Auch bei Gesteinen kann überprüft werden, ob sie in der Lage sind, eine nennenswerte VRM aufzubauen. Beim Test wird zunächst die NRM einer Probe gemessen. Dann lagert man sie in konstanter Position über einen Zeitraum von ca. 3 Wochen im Erdmagnetfeld und mißt die Remanenz. Anschließend setzt man sie wieder für den gleichen Zeitraum dem Erdmagnetfeld aus, allerdings in einer um 180° gedrehten Position und vermißt anschließend wieder die Remanenz. Wird eine Differenz der Remanenzen zwischen den beiden um 180° gedrehten Positionen festgestellt, so hat die Probe eine VRM aufbauen können, deren Intensität und Richtung durch Vektorsubtraktion ermittelt werden kann. Man kann mit diesem Test die Größenordnung einer in einem Zeitraum von 700 000 Jahren (ungefährer Zeitpunkt der letzten sicheren Feldumkehr; 3.3.2) erworbenen VRM abschätzen, wenn man von einem zeitlich unveränderlichen Viskositätskoeffizienten ausgeht. Dies ist jedoch nur bedingt der Fall, wie Experimente mit der VRM bei einer Kombination von Richter- und Jordan-Nachwirkung ergeben haben (Abb. 2.4.6). Mit dem Thellier-Test lassen sich keine exakten und quantitativen Angaben über eine in geologischen Zeiträumen erwerbbare VRM machen, sondern nur über die Größenordnung der Effekte.

Ein Beispiel für einen positiven und einen negativen Thellier-Test zeigt Abb. 2.7.4. Ein positiver Test bedeutet dabei, daß sich im Zeitraum von etwa 30 Tagen keine signifikante VRM aufbauen konnte (Kurve 1), ein

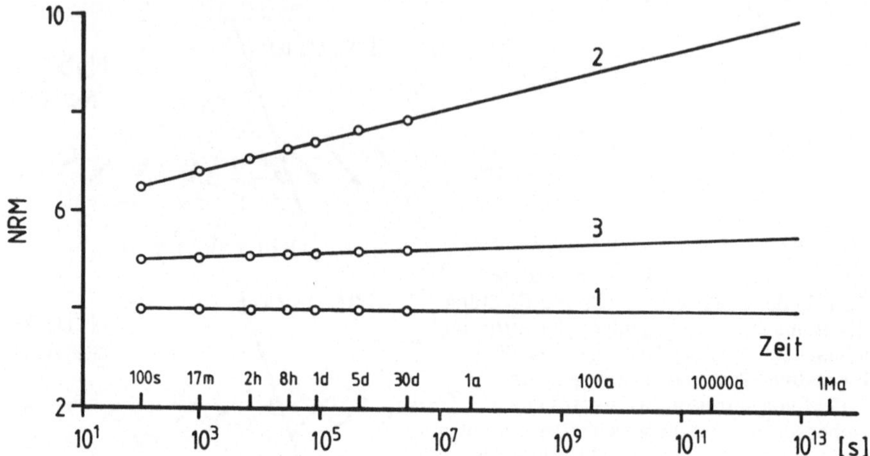

Abb. 2.7.4. Thellier-Test; *NRM* in Abhängigkeit von der Lagerungszeit im Erdmagnetfeld in Sekunden; zur besseren Orientierung sind die Zeiten auch in Minuten, Stunden, Tagen und Jahren angegeben. Eine Messung im Zeitraum von 30 Tagen erlaubt mit einiger Vorsicht (2.4.8) die Extrapolation auf etwa 0.7 Ma, den Zeitpunkt der letzten sicheren Feldumkehr. Kurve *1*: positiver Test; Kurve *2*: negativer Test; Kurve *3*: Grenzfall mit einer nur schwach ausgebildeten VRM

negativer Test besagt, daß die Gesteinsprobe in relativ kurzer Zeit imstande ist, eine VRM zu erwerben (Kurve 2). Bei diesen Proben besteht die Gefahr, daß die NRM ganz wesentlich aus einer VRM besteht. Dies muß dann bei der Analyse der NRM besonders beachtet werden. Kurve 3 ist ein Grenzfall mit einer nur ganz geringfügigen Änderung der NRM innerhalb von 30 Tagen.

2.7.5 Reversal-Test

Durch die in 3.3 beschriebenen Umkehrungen des erdmagnetischen Feldes (Feldumkehr) können in Sedimentserien und auch in magmatischen Gesteinen (Lavaströmen, Intrusivkörpern) unterschiedliche Polaritäten des erdmagnetischen Feldes gemessen werden. Die Remanenzrichtungen unterscheiden sich dann, gemittelt über jede Probengruppe einheitlicher Polarität, um genau 180°. Die während einer Feldumkehr gebildeten Remanenzen (intermediäre Richtungen) werden dabei nicht berücksichtigt. Der Reversal-Test ist positiv (Abb. 2.7.5a), wenn die ChRM-Richtungen der normalen und der inversen Probengruppe genau antiparallel zueinander sind. Mit Hilfe der in 2.8 erwähnten statistischen Verfahren kann dies überprüft werden. Man kann dann davon ausgehen, daß das Probenmaterial keine sekundäre Remanenzkomponente mehr besitzt, die beiden antiparallelen Magnetisierungsrichtungen gemeinsam ist. Die antiparallelen ChRM-Richtungen können als primär angesehen werden. Der Reversal-Test ist negativ

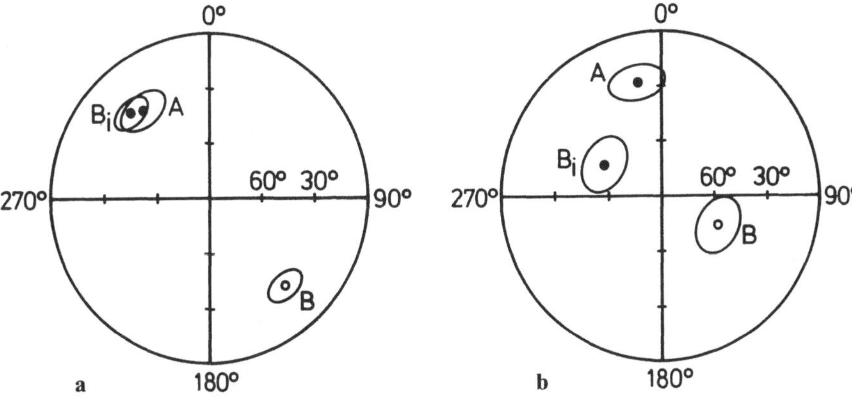

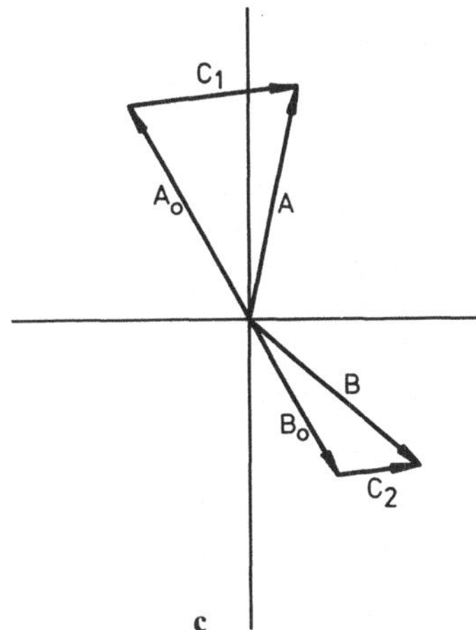

Abb. 2.7.5a–c. Reversal-Test, erläutert mit Hilfe der Schmidtschen Projektion und einer zweidimensionalen Vektorprojektion; **a** positiver Test: die Richtungen A mit normaler Polarität und B mit inverser Polarität sind mehr oder weniger genau antiparallel. Die zu B invertierte Richtung B_i und die Richtung A sind im Rahmen der statistischen Signifikanz gleich; **b** negativer Test: die Richtungen A und B sind nicht genau antiparallel. Nach Umklappen von B in die invertierte Richtung B_i erhält man eine von A deutlich verschiedene Richtung. Die Konfidenzkreise überlappen sich nicht; **c** die nicht genau antiparallelen Richtungen A und B können mit zusätzlichen Remanenzkomponenten C_1 und C_2 erklärt werden, die bei der Entmagnetisierung nicht restlos entfernt wurden und sich den genau antiparallelen Komponenten A_o und B_o überlagern

(Abb. 2.7.5b), wenn die beiden ChRM-Richtungen nicht genau antiparallel sind. In diesem Fall sind sekundäre Remanenzrichtungen mit Hilfe der in 2.6 beschriebenen Entmagnetisierungsverfahren noch nicht restlos beseitigt worden (Abb. 2.7.5c). In solchen Fällen empfiehlt sich eine Fortsetzung der Entmagnetisierung mit höheren Wechselfeldern oder mit höheren Temperaturen.

2.7.6 Beziehungen zwischen Remanenzalter und radiometrisch oder biostratigraphisch bestimmten Altern

Auf die Prinzipien der Methoden zur radiometrischen (besser isotopischen) Altersbestimmung kann hier nicht im Detail eingegangen werden. Zu diesem Thema gibt es eine umfangreiche Spezialliteratur, zum Beispiel das Buch von Faure (1986). Es genügt hier der Hinweis, daß durch die natürliche Radioaktivität von Elementen Tochterprodukte entstehen, die im Idealfall in den Mineralien und zum großen Teil auch im Gesteinsverband verbleiben und mit Hilfe von Massenspektrometern gemessen werden können. Da für jeden dieser Prozesse eine bestimmte Zeitkonstante charakteristisch ist (Halbwertszeit, Zerfallskonstante), kann aus den Isotopenverhältnissen von Mutter- und Tochterprodukten darauf geschlossen werden, wie lange ein bestimmter Zerfallsprozeß im Gestein andauerte, daß heißt letzten Endes, wie alt ein Gestein ist. Die Methoden der radiometrischen Altersbestimmung werden vorwiegend auf magmatische und metamorphe Gesteine angewandt. Ihr Einsatz bei Sedimenten ist selten und konzentriert sich dort nur auf bestimmte detritische Mineralkomponenten.

Bei erhöhten Temperaturen steigt ganz allgemein die Diffusionsgeschwindigkeit von Ionen in den Mineralien stark an, und es kommt zu erheblichen Wanderungen von Ionen innerhalb der Mineralien, innerhalb des Gesteins, aus dem Gestein in benachbarte geologische Einheiten hinein oder sogar aus dem Gestein heraus in die Luft. Bei sehr hohen Temperaturen stellen sich bei der Verteilung der Ionen Gleichgewichte ein. Beim Absinken der Temperatur eines Gesteins kann eine für jedes Mineral und für jede Kombination von Ionen typische Temperatur angegeben werden, unterhalb der die Diffusion innerhalb des Minerals hinlänglich gering wird, so daß kein Austausch von Mineral zu Mineral oder innerhalb des Gesteinsverbandes mehr erfolgt. Man spricht hier, ähnlich wie bei der thermoremanenten Magnetisierung TRM, von einer Blockungs- oder Schließungstemperatur T_b (York 1978). Wenn diese erheblich oberhalb der höchsten Curie-Temperaturen $T_{c,max}$ der Gesteine liegt, kann das Alter einer Remanenz erheblich jünger als das radiometrische Alter sein. Liegt sie jedoch im Bereich der üblicherweise vorkommenden Curie-Temperaturen von Laven (200–580 °C), so besteht eine gute Korrelation zwischen dem radiometrischem Alter und dem Alter der Remanenz. Dies ist zum Beispiel bei der K/Ar- und bei der ^{40}Ar/^{39}Ar-Methode der Fall (York 1984). Insbesondere bei den mit der letzteren Methode bestimmten sogenannten „Plateaualtern" (Messung der Isotopenverhältnisse in Abhängigkeit von der Temperatur) ist eine gute Korrelation zwischen Gesteins- und TRM-Alter gefunden worden. Auch Messungen mit der K/Ar- Methode an mit Flußsäure angeätzten Proben erbringen Alter, die besser mit dem Remanenzalter übereinstimmen.

Andere Datierungsverfahren (Rb/Sr, U/Pb, Sm/Nd) liefern weniger eindeutige Beziehungen zwischen Remanenzalter und Alter des Gesteins. Die aus Isotopenverhältnissen abgeleiteten Alter können geologisch oft unterschiedlich interpretiert werden (Intrusionsalter, Abkühlungsalter, Metamorphosealter oder dergleichen). Auf keinen Fall können die in der Literatur für Gesteinskomplexe angegebenen radiometrischen Alter automatisch als Remanenzalter angesehen werden. Es ist zu befürchten, daß es in der paläomagnetischen Literatur solche Fehlinterpretationen gibt, die nur schwer korrigiert werden können.

Bei Sedimenten ist in der Regel eine Altersbestimmung mit Methoden der Biostratigraphie möglich. Dies gilt insbesondere für Kalke und zahlreiche

Tonschiefer. Das so bestimmte Alter kann dann, wenn durch andere Kriterien eine Remagnetisierung ausgeschlossen werden kann, als Remanenzalter angesehen werden. Viele Sedimente (z. B. Sandsteine) sind jedoch weitgehend fossilfrei, und ihr Alter muß dann ebenso wie ihr Remanenzalter auf Grund anderer geologischer Kriterien ermittelt werden.

Archäologische Proben sind häufig mit der ^{14}C-Methode datiert, wenn das Alter nicht direkt über Bezüge zu historisch bekannten Ereignissen ermittelt werden kann. ^{14}C-Alter weisen jedoch einen systematischen Fehler auf, der 10 % und mehr betragen kann. Der Fehler wird durch die unbekannte Erzeugungsrate von ^{14}C in der Hochatmosphäre verursacht, die wiederum von der Intensität des erdmagnetischen Feldes in der Vergangenheit abhängt. Es ist versucht worden, Korrekturfaktoren einzuführen, was bisher jedoch nur unvollkommen geglückt ist. Da bei der ^{14}C-Methode eine Halbwertszeit von nur 5730 Jahren auftritt, können nur Proben bis zu einem Alter von maximal 20000 Jahren datiert werden. Für archäologische Materialien mit einer TRM sind (korrigierte) ^{14}C-Alter und Alter der TRM weitgehend identisch. Die Thermolumineszenzmethode ist in der Archäologie gelegentlich bei Keramiken möglich. Auch dieses Verfahren ist für die Bestimmung des Remanenzalters recht problematisch.

2.8 Statistische Methoden zur Analyse von Remanenzrichtungen

Die remanente Magnetisierung eines geologischen Körpers, die an einer Vielzahl von orientiert entnommenen Einzelproben gemessen wird, ist nicht einheitlich, sondern mit einer mehr oder weniger großen Streuung behaftet. Diese Streuung ist eine natürliche Folge verschiedener Prozesse während der Remanenzbildung. Es sind dies beispielsweise die Säkularvariation des erdmagnetischen Feldes, Setzungserscheinungen im geologischen Körper, lokal verschieden große Anteile der einzelnen Remanenztypen an der NRM sowie kleine Orientierungsfehler bei der Probenentnahme, um die wichtigsten Ursachen zu nennen. Die Einzeldaten, wie z. B. ein Satz von Deklinations- oder Inklinationswerten, können nicht arithmetisch gemittelt werden, weil sie weder einzeln noch als Paar, sondern als Meßgrößen eines Vektors im dreidimensionalen Raum betrachtet werden müssen. An Hand des Schmidtschen Netzes kann man sich dies für die beiden Richtungen R_1 mit $D_1 = 60°$, $I_1 = 17°$ und R_2 mit $D_2 = 180°$, $I_2 = 53°$ deutlich veranschaulichen. Würde man jeweils die Deklinationen und die Inklinationen getrennt mitteln, so ergäbe sich eine mittlere Richtung R_3 mit $D = (60° + 180°)/2 = 120°$ und $I = (17° + 53°)/2 = 35°$. In Wahrheit liegt aber die mittlere Richtung R_4 bei $D = 98.5°$, $I = 52.5°$. Dieser Sachverhalt ist in Abb. 2.8.1 dargestellt. Es lassen sich durchaus noch drastischere Beispiele konstruieren. Der Mittelwert zweier Richtungen liegt stets auf dem beide Richtungen gemeinsamen Großkreis. Es ist in keinem Fall erlaubt, auch nicht bei einer guten Grup-

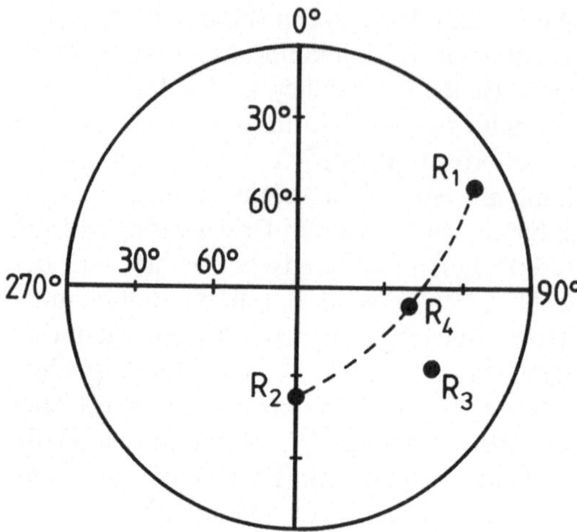

Abb. 2.8.1. Darstellung des Zahlenbeispiels im Text für die Mittelung von Remanenzrichtungen im Schmidtschen Netz. Gestrichelt: Großkreis durch die Richtungen R_1 und R_2; auf diesem Großkreis muß auch die mittlere Richtung R_4 liegen; R_3: falscher Mittelwert, berechnet als arithmetisches Mittel der Deklinationen und der Inklinationen der Richtungen R_1 und R_2

pierung der Richtungen, von Deklinationen und Inklinationen arithmetische Mittelwerte zu bilden. Dies gilt auch dann, wenn nur Inklinationswerte vorliegen, wie z. B. bei Bohrungen (2.8.4).

Bei paläomagnetischen Messungen wird vorausgesetzt, daß die an einzelnen Gesteinsproben ausgeführten Messungen – unabhängig von der Intensität der remanenten Magnetisierung – von gleicher Genauigkeit und praktisch fehlerfrei sind. (Auf die Behandlung der Fehler einer Messung wird in 2.11.7 nochmals eingegangen). Die ermittelten Richtungen werden daher ohne Gewichtung der Remanenzintensität und Fehler bei der Messung als gleichwertige und fehlerfreie Einheitsvektoren betrachtet. Darauf baut die von Fisher (1953) entwickelte Statistik auf, die sich bei der Analyse von paläomagnetischen Daten weltweit als Standardverfahren bewährt hat (Watson u. Irving 1957; McFadden 1980).

2.8.1 Mittlere Richtungen und Fisher-Statistik

Gegeben seien i Wertepaare D_i, I_i, welche die fehlerfreien Remanenzrichtungen von i Proben in Form von i Einheitsvektoren darstellen. Wie im vorangehenden Abschnitt bereits erläutert, wird die Intensität der Remanenz der Proben nicht gewichtet. Die Vektorkomponenten der i Einheitsvektoren sind:

Nordkomponente l_i: $\qquad l_i = \cos D_i \cdot \cos I_i$

Ostkomponente m_i: $\qquad m_i = \sin D_i \cdot \cos I_i$

Vertikalkomponente n_i: $\qquad n_i = \sin I_i$

Die gemittelten Nord-, Ost- und Vertikalkomponenten (X,Y,Z) erhält man
durch folgende Rechenoperationen:

$$X = \frac{1}{R} \cdot \Sigma\, l_i \; ; \; Y = \frac{1}{R} \cdot \Sigma\, m_i \; ; \; Z = \frac{1}{R} \cdot \Sigma\, n_i \; , \; \text{mit}$$

$$R = (\,(\Sigma\, l_i\,)^2 + (\Sigma\, n_i\,)^2 + (\Sigma\, m_i\,)^2\,)^{1/2}$$

Dabei ist R die Vektorsumme der i Einheitsvektoren. Deklination D und
Inklination I der mittleren Remanenzrichtung können mit folgenden Beziehungen ermittelt werden:

$$\mathrm{tg}\, D = \frac{Y}{X} \; \text{bzw.} \; D = \mathrm{arc}\, \mathrm{tg}\, \frac{Y}{X}, \; \text{mit} \; (0° \leq D \leq 360°)$$

$$\sin I = Z \; \text{bzw.} \; I = \mathrm{arc}\, \sin Z, \; \text{mit} \; (-90° \leq I \leq +90°)$$

Neben diesen Formeln zur Bestimmung von mittleren Richtungen eröffnet
die Statistik von Fisher (1953) auch die Möglichkeit, die Streuung von
Richtungen zu quantifizieren. Dabei wird davon ausgegangen, daß alle
Richtungen gemäß einer Gauß-Verteilung um eine mittlere Richtung grup-
piert sind. Die Spitzen der Einheitsvektoren erscheinen dann auf einer
Kugel mit dem Einheitsradius als Punkte, die sich mit einer flächenhaften
Gauß-Verteilung um ein Zentrum anordnen (Fisher-Verteilung). Abbildung
2.8.2 zeigt schematisch typische Richtungsverteilungen. Eine der Fisher-Sta-
tistik genügende Verteilung zeigt die Gruppe 1. Die Gruppe 2 mit ihrer

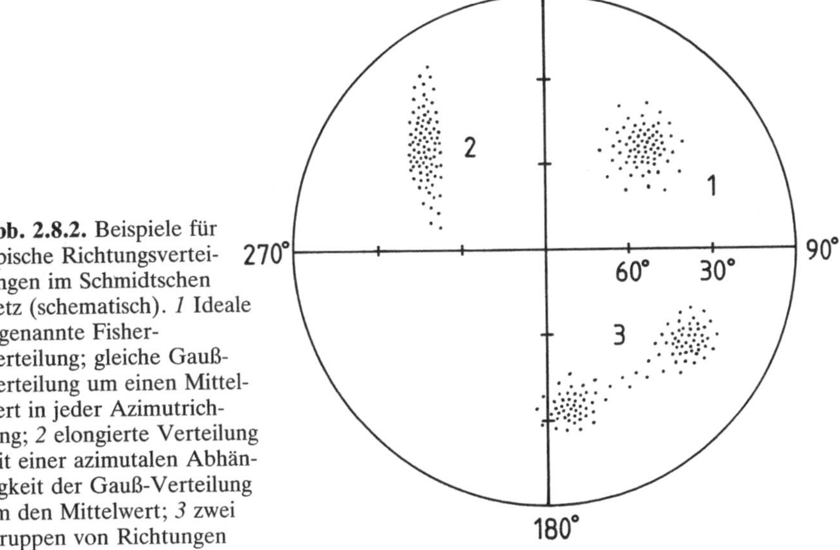

Abb. 2.8.2. Beispiele für
typische Richtungsvertei-
lungen im Schmidtschen
Netz (schematisch). *1* Ideale
sogenannte Fisher-
Verteilung; gleiche Gauß-
Verteilung um einen Mittelwert in jeder Azimutrich-
tung; *2* elongierte Verteilung
mit einer azimutalen Abhängigkeit der Gauß-Verteilung
um den Mittelwert; *3* zwei
Gruppen von Richtungen

langgezogenen Verteilung und die Gruppe 3 mit den beiden Häufungsmaxima sind keine Verteilungen, auf welche die Fisher-Statistik angewendet werden darf. Bei der Gruppe 3 würde der Mittelwert in einen Bereich fallen, in dem kaum Meßpunkte vorliegen. Hier wäre es angebracht, die beiden Untergruppen getrennt zu betrachten. Die Wahrscheinlichkeitsdichte $P(\Phi)$ der Meßpunkte ist nach der Fisher-Statistik gegeben durch:

$$P(\Phi) = \frac{k_o}{4\pi \, \sinh \, k_o} \cdot \exp \, (k_o \, \cos \, \Phi)$$

Dabei ist Φ der Raumwinkel zwischen einem Datenpunkt auf der Einheitskugel und dem Mittelwert der Gruppe und k_o der Präzisionsparameter. Dieser variiert zwischen $k_o = \infty$ bei identischen Punkten bzw. Richtungen und $k_o = 0$ bei einer vollständig statistischen Verteilung der Punkte auf der Kugeloberfläche, d. h. bei einer ganz ungeordneten Verteilung der Remanenzrichtungen. Für die Praxis reicht eine näherungsweise Berechnung des Präzisionsparameters aus. Für $k_o \geq 3$ ergibt sich als Näherungswert für den Präzisionsparameter, der dann mit k bezeichnet werden soll:

$$k = \frac{(N\text{-}1)}{(N\text{-}R)}$$

Dabei ist N die Anzahl der verwendeten Richtungen (oder Punkte auf der Einheitskugel) und R der nach der oben genannten Formel berechnete Wert für die Vektorsumme der Einheitsvektoren. Wegen der möglichen Streuung der Einheitsvektoren ist stets $R \leq N$. Bei Werten für $k \leq 10$ ist die Streuung der Richtungen schon recht erheblich, paläomagnetische Daten mit $k \leq 3$ sind weitgehend unbrauchbar. Hier läßt sich höchstens noch der Quadrant angeben, in dem wahrscheinlich die mittlere Remanenzrichtung liegt.

Bei paläomagnetischen Messungen hat sich neben dem leicht zu berechnenden Präzisionsparameter k noch eine andere Größe eingebürgert, mit der man bei einer vorgegebenen Wahrscheinlichkeitsschranke die Zuverlässigkeit eines Mittelwertes angeben kann. Es ist die Größe α_{95}, d. h. der Radius eines Kreises (Konfidenzkreis) auf der Einheitskugel bzw. der halbe Öffnungswinkel eines Kegels (in °), innerhalb dessen sich mit 95 % Wahrscheinlichkeit die wahre mittlere Richtung befindet. Für die Berechnung von α_{95} gilt folgende Beziehung:

$$\cos \, \alpha_{95} = (1 - \frac{(N\text{-}R)}{R} \, [\, (\frac{1}{P})^{1/(N\text{-}1)} - 1 \,])$$

Für $N \geq 5$ kann folgende Näherungsformel verwendet werden:

$$\alpha_{95} \approx \frac{140}{(k \cdot N)^{1/2}}$$

Kleine Werte für α_{95} können auch dadurch erhalten werden, daß man die Anzahl N der untersuchten Proben erhöht. Deshalb ist bei der Beurteilung der Streuung besonders auf den Präzisionsparameter k zu achten.

2.8.2 Fehlerfortpflanzung

Bei paläomagnetischen Untersuchungen ist es in der Regel notwendig, mittlere Remanenzrichtungen von verschiedenen Vorkommen miteinander zu kombinieren, um daraus eine neue mittlere Richtung berechnen zu können. Obwohl jedes einzelne Vorkommen einen eigenen Grad von Streuung aufweist (charakterisiert durch einen Wert für den Präzisionsparameter k_i und den Radius $\alpha_{95,i}$ des Konfidenzkreises) geht man auch hier gewöhnlich bei der Mittelwertberechnung für zahlreiche Vorkommen von fehlerfreien Einzelwerten, d. h. Einheitsvektoren für jedes einzelne Vorkommen aus. Dies ist streng genommen nur statthaft, wenn alle Einzelvorkommen einen etwa gleich großen Grad der Streuung (annähernd gleiche Werte k_i) aufweisen und wenn ihre Richtungen um die individuellen Mittelwerte gemäß einer Gauß-Verteilung streuen. Sind die einzelnen Werte k_i erheblich unterschiedlich, so wertet man die Daten ohne große interne Streuung ab gegenüber denen mit einer großen Streuung. Der so berechnete Präzisionsparameter ist dann zu groß und täuscht ein zu gutes Ergebnis vor. Ein besserer Wert für den Präzisionsparameter k einer Anzahl n von Vorkommen läßt sich berechnen zu:

$$k^{-1} = k_1^{-1} + k_2^{-1} + \ldots = \Sigma\, k_n^{-1}$$

2.8.3 Signifikanztests

Diese Tests dienen zur Überprüfung der Frage, ob zwei oder mehr Remanenzrichtungen sich statistisch signifikant unterscheiden. Fragen dieser Art treten zum Beispiel auf, wenn geklärt werden muß, ob die in 2.7 beschriebenen Tests positiv oder negativ sind. Auch hier wird bei paläomagnetischen Untersuchungen als Standard eine Aussage auf dem Niveau einer Wahrscheinlichkeit von 95 % getroffen. Der einfachste Signifikanztest besteht in der Überprüfung, ob sich die α_{95}-Kreise von zwei Populationen A und B schneiden oder nicht (Abb. 2.7.5). Schneiden sich die beiden Kreise, so wird eine Schnittmenge von möglichen Richtungen gebildet, die mit einer Wahrscheinlichkeit von 95 % den Mittelwert beider Populationen darstellen können. Sie unterscheiden sich somit nicht signifikant. Schneiden sich die α_{95}-Kreise nicht, so könnten die Populationen als signifikant unterschiedlich betrachtet werden. Dieses graphische Verfahren ist jedoch nicht zuverlässig, weil durch große Probenzahlen die α_{95}-Werte herabgesetzt werden können. Sicherer ist daher der rechnerische Wert über die Betrachtung der Präzisionsparameter k_1 und k_2 von zwei Populationen.

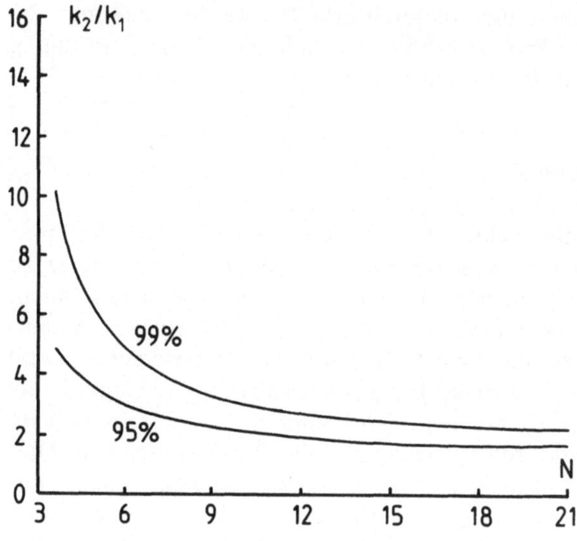

Abb. 2.8.3. Kritische Werte für k_2/k_1 (Präzisionsparameter k_2 nach / k_1 vor dem Faltungstest) in Abhängigkeit von der Zahl N der verwendeten Einzelrichtungen für die Wahrscheinlichkeiten 95 % und 99 %; s. auch Tabelle 2.8.1. (Mod. nach McElhinny 1964)

Ein einfacher Test zur Überprüfung der Signifikanz eines Faltungstests wurde von McElhinny (1964) vorgeschlagen. Dabei werden die Präzisionsparameter k_1 und k_2 vor bzw. nach der tektonischen Korrektur miteinander verglichen. Der Faltungstest ist positiv, wenn $k_2 > k_1$ ist und wenn k_2/k_1 darüber hinaus in Abhängigkeit von der Zahl N der Einzelrichtungen eine von N abhängige Schranke übersteigt. Die kritischen Werte für k_2/k_1 als Funktion von N für die Wahrscheinlichkeiten 95 % und 99 % sind in Abb. 2.8.3 und Tabelle 2.8.1 gezeigt. Verbesserte statistische Methoden für den Faltungstest stammen von McFadden und Jones (1981) und von McFadden

Tabelle 2.8.1. Kritische Werte für das Verhältnis der Präzisionsparameter k_2/k_1 nach und vor dem Faltungstest in Abhängigkeit von der Zahl N der verwendeten Einzelrichtungen für die Wahrscheinlichkeiten 95 % und 99 %; s. auch Abb. 2.8.2. (Aus McElhinny 1964)

N	k_2/k_1 (95 %)	k_2/k_1 (99 %)	N	k_2/k_1 (95 %)	k_2/k_1 (99 %)
2	19.00	99.00	12	2.05	2.79
3	6.39	16.00	13	1.98	2.66
4	4.28	8.47	14	1.93	2.53
5	3.44	6.03	15	1.88	2.47
6	2.97	4.85	16	1.84	2.38
7	2.69	4.16	17	1.81	2.32
8	2.48	3.70	18	1.78	2.26
9	2.33	3.37	19	1.75	2.20
10	2.22	3.13	20	1.72	2.15
11	2.12	2.94			

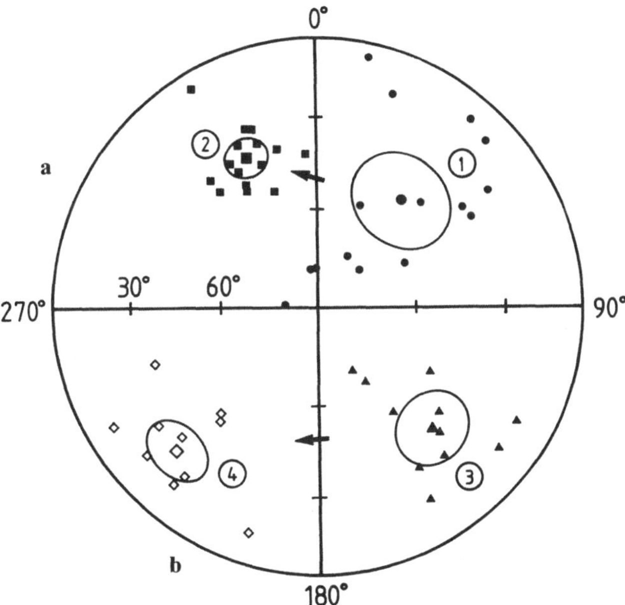

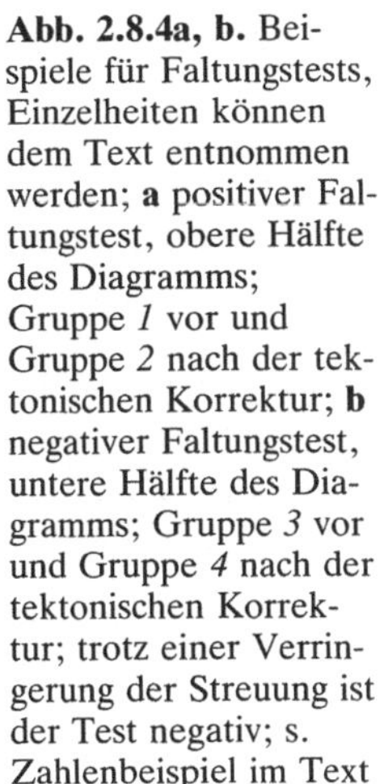

Abb. 2.8.4a, b. Beispiele für Faltungstests, Einzelheiten können dem Text entnommen werden; **a** positiver Faltungstest, obere Hälfte des Diagramms; Gruppe *1* vor und Gruppe *2* nach der tektonischen Korrektur; **b** negativer Faltungstest, untere Hälfte des Diagramms; Gruppe *3* vor und Gruppe *4* nach der tektonischen Korrektur; trotz einer Verringerung der Streuung ist der Test negativ; s. Zahlenbeispiel im Text

(1990). Eine weitere Methode zur Überprüfung signifikanter Unterschiede von Gruppen von Vektoren gibt Watson (1956) an. Die Abb. 2.8.4 zeigt Meßbeispiele für einen positiven und einen negativen Faltungstest. Ein positiver Faltungstest ist in der oberen Hälfte des Schmidtschen Netzes dargestellt. Vor der tektonischen Korrektur sind die Richtungen der Probengruppe 1 (volle Kreise, Richtungen vorwiegend im 1. Quadranten) stark gestreut. Der Mittelwert liegt bei $D=38.1°$, $I=47.5°$, mit $k_1=6.6$ und $\alpha_{95}=14.0°$. Nach der tektonischen Korrektur ist die Streuung wesentlich geringer geworden (volle Quadrate, Richtungen vorwiegend im 2. Quadranten). Der Mittelwert liegt bei $D=334.7°$, $I=37.9°$, mit $k_2=40.1$ und $\alpha_{95}=5.7°$. Das Verhältnis $k_2{:}k_1$ ist $40.1{:}6.6=6.07$. Der Test ist mit einer Wahrscheinlichkeit von 99 % positiv. Für $N=15$ hätte für einen positiven Faltungstest auf dem Niveau von 95 % ein Verhältnis $k_2{:}k_1=1.88$ ausgereicht. Einen negativen Faltungstest zeigt die untere Hälfte des Diagramms. Vor der tektonischen Korrektur sind die Richtungen der Probengruppe 3 (volle Dreiecke, Richtungen vorwiegend im 4. Quadranten) stark gestreut. Der Mittelwert liegt bei $D=136.9°$, $I=37.9°$, mit $k_1=15.6$ und $\alpha_{95}=10.7°$. Nach der tektonischen Korrektur ist die Streuung etwas geringer geworden (offene Rauten, Richtungen vorwiegend im 3. Quadranten). Der Mittelwert liegt bei $D=225.5°$, $I=-25.1°$, mit $k_2=22.2$ und $\alpha_{95}=9.0°$. Das Verhältnis $k_2{:}k_1$ ist $22.2{:}15.6=1.42$. Trotz verringerter Streuung wurde der kritische Wert (2.12) bei $N=11$ für einen positiven Faltungstest auf dem 95 % Signifikanzniveau nicht erreicht.

2.8.4 Analyse und statistische Behandlung von Inklinationsdaten

Bei der Untersuchung der remanenten Magnetisierung von Proben aus Bohrungen, bei denen keine azimutale Orientierung der Kerne vorliegt, sind die gemessenen Deklinationswerte in der Regel statistisch verteilt und können somit nicht verwertet werden. Dieses Problem stellt sich in der Regel bei der Untersuchung von Bohrkernen aus Seen bei der Bestimmung der Paläosäkularvariation und bei der Untersuchung von Kernen aus Bohrungen im Sediment oder auch in Kristallingebieten. Für die Bestimmung einer mittleren Inklination ist die Berechnung eines arithmetischen Mittels nicht der richtige Weg, weil es sich um eine Mittelwertbildung einer dreidimensionalen Vektorgröße handelt. Für die Berechnung der mittleren Inklination I_m und des Präzisionsparameters k sei auf die Arbeit von Kono (1980) verwiesen. Dabei wird von einer völlig statistischen Verteilung der Deklinationswerte und von einer Fisher-Verteilung der Inklinationswerte ausgegangen.

2.9 Berechnung des virtuellen geomagnetischen Pols VGP und des virtuellen geomagnetischen Dipolmoments M_{pal}

2.9.1 VGP-Berechnung auf der Basis der Dipolhypothese

Das erdmagnetische Feld läßt sich im zeitlichen Mittel gut als Feld eines geozentrischen, axialen Dipols darstellen (3.1). Dies bedeutet, daß mit Hilfe der Formeln für einen Dipol sowie aus den geographischen Koordinaten eines Beobachtungsortes (Länge λ in °E, Breite Φ in °N) und der am Ort gemessenen Feld- oder Remanenzrichtung die Lage des dazugehörenden Nord- oder Südpols berechnet werden kann (s. Abb. 2.9.1 zur Definition der einzelnen Größen). Den ersten Schritt in der Berechnung stellt die Bestimmung der sogenannten Co-Breite p dar. Dies ist die Winkeldifferenz zwischen dem Probenort und dem virtuellen geomagnetischen Pol. Hierzu benötigt man nur die Inklination I. Es gilt:

$$p = \text{arc tg } \frac{2}{\text{tg } I}$$

Die geomagnetische Breite Φ_m des Beobachtungsortes (bei einer paläomagnetischen Messung die Paläobreite $\Phi_{m,pal}$) stimmt im Mittel über einige 10^4 Jahre mit der Breite Φ überein (3.1). Man erhält sie aus der Inklination I mit folgender Beziehung:

$$\Phi = \text{arc tg } (1/2 \text{ tg } I)$$

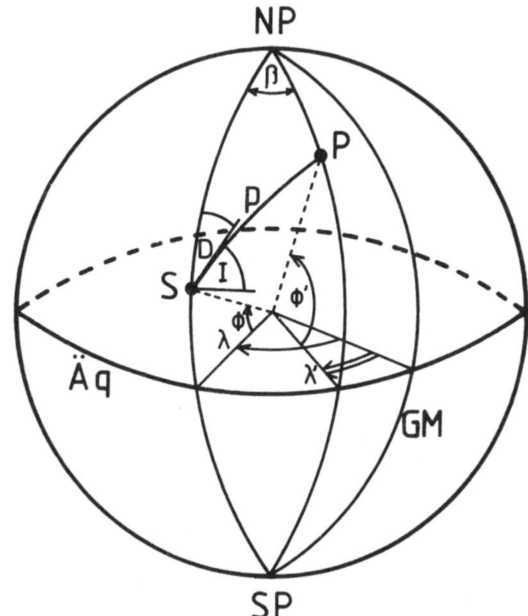

Abb. 2.9.1. Definition der Größen, die für die Berechnung eines virtuellen geomagnetischen Pols (VGP) benötigt werden: λ, Φ Länge und Breite des mit S bezeichneten Probenortes; λ', Φ' Länge und Breite des Pols P; D, I Deklination und Inklination der Remanenz; p Co-Breite; NP, SP geographischer Nordpol bzw. Südpol; GM Meridian von Greenwich ($\lambda = 0$); $Äq$ Äquator

Für einen Ort mit den geographischen Koordinaten λ (Länge) und Φ (Breite) und der dort beobachteten Deklination D und Inklination I lassen sich die geographischen Koordinaten λ' (Länge) und Φ' (Breite) des virtuellen geomagnetischen Pols wie folgt berechnen:

$$\sin \Phi' = \sin \Phi \cos p + \cos \Phi \sin p \cos D$$

mit $-90° \leq \Phi' \leq +90°$. Die geographische Länge λ' des virtuellen geomagnetischen Pols ergibt sich zu:

$$\sin (\lambda' - \lambda) = \sin p \sin D / \cos \Phi' = \sin \beta$$

Für die Bedingung

$$\sin \Phi \sin \Phi' \leq \cos p$$

ist

$$\lambda' = \lambda + \beta$$

und für

$$\sin \Phi \sin \Phi' > \cos p$$

ist

$$\lambda' = \lambda + 180° - \beta$$

Dabei sind:

$$-90° \leq \beta \leq +90° \text{ und } 0° \leq \lambda' \leq 360°$$

2.9.2 Statistische Behandlung der Pollagen

Pollagen, die durch die Angabe einer Länge λ' und einer Breite Φ' charakterisiert sind und aus einzelnen Remanenzrichtungen berechnet worden sind, kann man mit der Statistik von Fisher (1953) betrachten und als Einheitsvektoren auffassen. Dabei ist die Länge λ' so zu behandeln wie ein Deklinationswert, die Breite Φ' wie ein Inklinationswert. Der Präzisionsparameter wird dann meist mit K bezeichnet und für den Radius des Konfidenzkreises verwendet man statt α_{95} die äquivalente Größe A_{95}.

Eine andere Möglichkeit zur Berechnung einer mittleren Pollage und ihrer Streuung besteht darin, zuerst die Remanenzrichtungen nach der Methode der Fisher-Statistik zu mitteln und daraus dann mit den in 2.9.1 angegebenen Formeln die Pollage zu bestimmen. Die Unterschiede zwischen beiden Verfahren sind in der Regel unerheblich. Auf Grund der speziellen Eigenschaften des Dipolfeldes werden dann an Stelle des Wertes A_{95} die Fehler für die Länge λ' und die Breite Φ' des virtuellen geomagnetischen Pols angegeben, die mit δm bzw. δp bezeichnet werden. Es gilt für den Fehler der Co-Breite p:

$$\delta p = 1/2 \; \alpha_{95} \; (\; 1 \; + \; 3 \; \cos^2 p \;)$$

und für die zur Co-Breite p senkrechten Richtung:

$$\delta m = \alpha_{95} \; \frac{\sin \; p}{\cos \; I}$$

2.9.3 Berechnung des virtuellen Dipolmoments M_{pal}

Dieses Problem tritt insbesondere bei den in 2.10 beschriebenen Verfahren der Paläointensitätsbestimmungen auf. Auch hier geht man wieder von der Hypothese eines axialen, geozentrischen Dipols aus. Zwischen der lokalen Feldintensität bzw. der Paläointensität F_{pal}, der Paläobreite $\Phi_{m,pal}$, dem Radius R der Erde (dieser kann während der Erdgeschichte als nahezu konstant angenommen werden) und M_{pal} gilt folgende bekannte Beziehung für ein Dipolfeld:

$$F_{pal} = \frac{M_{pal} \; (\; 1 \; + \; 3 \; \cos^2 \; \Phi_{m,pal} \;)^{1/2}}{R^3}$$

Daraus ergibt sich bei Auflösung nach M_{pal} folgender Ausdruck:

$$M_{pal} = \frac{F_{pal}\, R^3}{(\,1\,+\,3\,\cos^2\,\Phi_{m,pal}\,)^{1/2}}$$

Diese Beziehungen können verwendet werden, um Paläointensitätswerte aus verschiedenen geomagnetischen Breiten zu normieren und untereinander zu vergleichen.

2.10 Methoden zur Bestimmung der Paläointensität

Für eine vollständige Analyse des Paläofeldes ist nicht nur seine Paläorichtung, sondern auch seine Paläointensität erforderlich. Das Prinzip einer solchen Messung sieht die Erzeugung einer künstlichen remanenten Magnetisierung in einem Laborfeld bekannter Intensität unter möglichst natürlichen Bedingungen vor. Diese wird dann mit der natürlichen Remanenz verglichen. Dabei macht man sich zunutze, daß remanente Magnetisierungen in erster Näherung dem äußeren Feld H_a proportional sind. Unter den vielen Remanenztypen kommen nur solche in Frage, die Informationen über das Paläofeld tragen und die im Labor unter möglichst natürlichen Bedingungen reproduzierbar sind.

Obwohl die chemische Remanenz CRM ein guter Datenträger für die Richtung des Paläofeldes ist, scheidet sie als mögliche Remanenz für die Bestimmung der Paläointensität aus, weil die in der Natur sehr langsam ablaufenden chemischen Umbildungen und das Mineralwachstum in Gesteinen unter Laborbedingungen nicht reproduziert werden können. Die besten Erfahrungen konnten mit der Thermoremanenz TRM bzw. der partiellen Thermoremanenz PTRM gemacht werden. Versuche mit der Sedimentationsremanenz DRM und der Postsedimentationsremanenz PDDRM führten auch zu brauchbar erscheinenden Resultaten, sind jedoch selten anwendbar. Das beschränkt die Methode der Paläointensitätsmessungen im wesentlichen auf die Gruppe der magmatischen Gesteine sowie auf archäologische Materialien (Ziegel, Öfen, Keramik) mit einer TRM oder PTRM.

2.10.1. Methode unter Verwendung der TRM (Methode Thellier)

Die Methode Thellier geht auf grundlegende Arbeiten von Folgheraiter (1899), Koenigsberger (1936) sowie auf Thellier's eigene Messungen (Thellier 1937, 1941; Thellier u. Thellier 1942) zurück. Sie stützt sich auf die bei kleinen Feldern ($\leq 0.1\,mT$) vorhandene Proportionalität zwischen Intensität der TRM und des generierenden äußeren Feldes H_a sowie auf die Additivität der partiellen Thermoremanenzen PTRM (Thellier 1937). In der einfachsten Form geschrieben gilt für die totale TRM als Summe aller PTRM:

$$\mathrm{TRM} = k_{\mathrm{TRM}}\, H_a$$

Dabei hat die Größe k_{TRM} die Funktion einer TRM-Suszeptibilität. Sie ist vom Erzgehalt und Erztyp, von der Korngröße, der Dauer des Erhitzungsexperiments und vielen anderen gesteinsmagnetischen Parametern abhängig. Näheres ist in 2.4.2 über die TRM zu finden. Obwohl dort im wesentlichen auf der Basis der Theorien von Néel (1949, 1955) Beziehungen zwischen der TRM und zahlreichen gesteinsmagnetischen Parametern hergestellt werden konnten, ist es bisher noch nicht möglich gewesen, aus der TRM bzw. NRM einer Gesteinsprobe die Paläointensität direkt zu berechnen. Dies gelingt nur größenordnungsmäßig, was für genaue Untersuchungen des Paläofeldes nicht ausreicht.

Das Prinzip der experimentellen Bestimmung der Paläointensität sieht wie folgt aus: die NRM eines magmatischen Gesteins wird als eine TRM ($\mathrm{TRM}_{\mathrm{pal}}$) angesehen, die in einem Paläofeld H_{pal} unbekannter Intensität erworben wurde. Durch Erhitzen bis über die Curie-Temperatur und Abkühlen in einem Feld H_{lab} bekannter Intensität wird eine künstliche TRM ($\mathrm{TRM}_{\mathrm{lab}}$) erzeugt und mit der NRM = $\mathrm{TRM}_{\mathrm{pal}}$ verglichen. Dabei geht man von folgenden einfachen Relationen aus:

$$\mathrm{TRM}_{\mathrm{pal}} = k_{\mathrm{TRM}}\, H_{\mathrm{pal}}$$

und

$$\mathrm{TRM}_{\mathrm{lab}} = k_{\mathrm{TRM}}\, H_{\mathrm{lab}}$$

Unter der Voraussetzung, daß sich die TRM-Suszeptibilität k_{TRM} der Probe im Lauf ihrer geologischen Geschichte nicht änderte (daß z. B. keine Änderungen des Erzbestandes, der Korngrößen und anderer wichtiger gesteinsmagnetischer Parameter stattfanden), kann die Paläointensität durch folgende einfache Beziehung ermittelt werden:

$$H_{\mathrm{pal}} = H_{\mathrm{lab}}\, \frac{\mathrm{TRM}_{\mathrm{pal}}}{\mathrm{TRM}_{\mathrm{lab}}}$$

In der Realität kann von der Voraussetzung $k_{\mathrm{TRM}} = \mathrm{const.}$ über geologische Zeiten hinweg nicht ausgegangen werden. Vielmehr ist immer mit gewissen Änderungen der gesteinsmagnetischen Eigenschaften insbesondere bei sehr alten Gesteinen zu rechnen. Ferner stellt die NRM selten ausschließlich eine TRM dar, weil die Gesteine in ihrer langen Geschichte meist viele andere zusätzliche Remanenztypen erwerben konnten.

Das von Thellier (1941) zunächst nur für die Untersuchung von archäologischen Proben entwickelte Verfahren wurde durch ihn (Thellier u. Thellier 1942, 1959) und durch andere Gruppen auch auf Gesteine ausgeweitet, allerdings mit einigen Modifikationen (Kono u. Ueno 1977). So wird das Verhalten der NRM durch schrittweises thermisches Entmagnetisieren untersucht und die künstliche TRM_{lab} nicht in einem Zug durch die Abkühlung von der Curie-Temperatur bis zur Raumtemperatur aufgeprägt. Vielmehr werden schrittweise die einzelnen PTRM aufgebaut. Dabei hat sich ein Meßschema bewährt, bei dem zunächst einige Vorversuche stattfinden sollten – zum Beispiel die schrittweise thermische Entmagnetisierung von Pilotproben – um zu testen, ob die NRM überhaupt aus einem Remanenztyp (TRM) besteht (Kontrolle mit einem Zijderveld-Diagramm) und eine für die TRM charakteristische Stabilität hat. Dies dient auch zur Erfassung der Blockungstemperaturen des Materials und zur Festlegung experimenteller Einzelheiten der Methode Thellier (Anzahl und Abstände der Temperaturschritte). Nützlich sind auch J_s/T-Kurven zur Identifizierung der Erzphasen über die Curie-Temperaturen. Die J_s/T-Kurven sollten möglichst reversibel sein, denn irreversible Kurven sind ein Indiz für irreversible Vorgänge in den ferrimagnetischen Mineralien beim Erhitzen.

Durch thermische Entmagnetisierung in einem ersten Temperaturschritt (Abkühlen im Nullfeld) und Wiederholung des Experimentes durch Abkühlen im Laborfeld H_{lab} ermittelt man, welche PTRM der TRM_{pal} entfernt und welche PTRM der TRM_{lab} aufgebaut wurde. Bei schrittweiser Erhöhung der Temperatur bis zur maximalen Blockungstemperatur (dafür sollten wenigstens 10 Schritte vorgesehen werden), kann man so die Zerstörung der TRM_{pal} und den Aufbau einer TRM_{lab} verfolgen. Trägt man die nach den einzelnen thermischen Entmagnetisierungsschritten verbleibende NRM gegen die im bekannten Laborfeld erworbene TRM auf, so muß sich nach dem Thellierschen Gesetz der Additivität der PTRM eine lineare Beziehung zwischen beiden Größen ergeben. Die negative Steigung der Geraden, die ja durch das Verhältnis TRM_{pal} / TRM_{lab} gegeben ist, multipliziert mit $(-H_{a,lab})$ ergibt die Paläointensität $H_{a,pal}$. Eine derartige Meßkurve für einen tertiären Basalt aus Island zeigt Abb. 2.10.1.

Eine andere Möglichkeit der Darstellung besteht darin, die entfernte $PTRM_{pal}$ gegen die $PTRM_{lab}$ aufzutragen (Abb. 2.10.2). Die in diesem Fall positive Steigung der zu erwartenden Geraden multipliziert mit $H_{a,lab}$ ergibt wieder die Paläointensität $H_{a,pal}$.

In der Praxis funktioniert das Verfahren selten so gut wie auf den beiden Abbildungen dargestellt. Folgende Gründe sind hierfür verantwortlich:

(1) Die NRM eines Gesteins besteht in der Regel nur zum Teil aus einer TRM. Die anderen möglichen Remanenztypen (CRM, VRM usw.) folgen nicht dem Gesetz der Additivität der PTRM. Dies führt bei einzelnen Temperaturintervallen zu Abweichungen von der linearen Beziehung der beiden PTRM untereinander. Liegen sie im unteren Temperaturbereich, d. h. bei den niedrigen Blockungstemperaturen, so können sie in der Regel auf den Einfluß einer VRM zurückgeführt werden. Solche bei hohen Blockungstemperaturen werden meist von der CRM eines hochkoerzitiven Materials (z. B. sekundärer Hämatit) verursacht. Bei der Auswertung einer

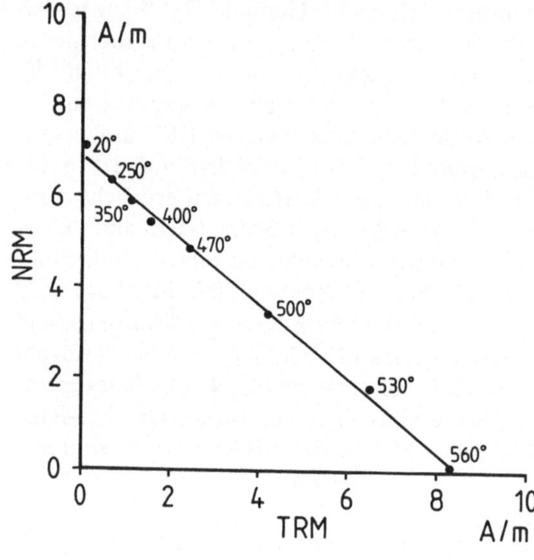

Abb. 2.10.1. Messung der Paläointensität nach der Methode Thellier an einem tertiären Basalt aus Island. Aufgetragen ist die *NRM* nach den einzelnen Schritten der thermischen Entmagnetisierung gegen die im konstanten Laborfeld aufgebaute *TRM*. Die Steigung der besten Geraden durch die Meßpunkte multipliziert mit dem Laborfeld ergibt den Absolutwert der Paläointensität. Temperaturen in °C. (Nach Schweitzer u. Soffel 1980)

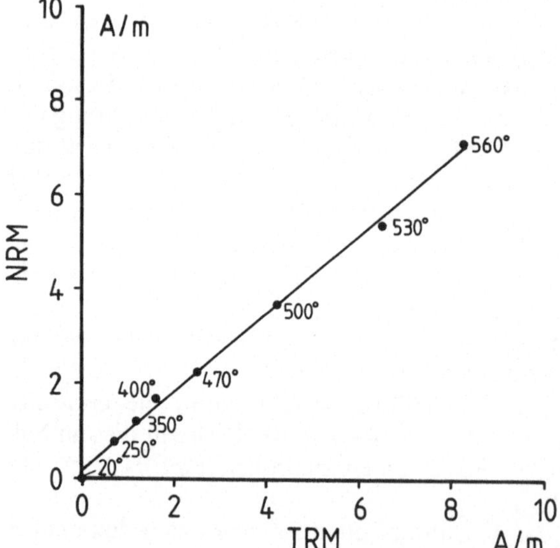

Abb. 2.10.2. Andere Darstellung der Messung der Paläointensität nach der Methode Thellier (gleiches Meßbeispiel wie bei Abb. 2.10.1); aufgetragen ist die Abnahme der *NRM* gegen die im konstanten Laborfeld aufgebaute *TRM* (s. Text). Die Steigung der besten Geraden multipliziert mit dem Laborfeld ergibt wieder den Absolutwert der Paläointensität; Temperaturen in °C

Paläointensitätsmessung muß darauf geachtet werden, daß über ein hinreichend langes Temperaturintervall hinweg eine streng lineare Beziehung zwischen den PTRM gegeben ist, die durch zahlreiche Meßschritte belegt werden kann.

(2) Das mehrfache Aufheizen der Probe führt auch unter vorsorglichen Maßnahmen wie Vakuum oder Schutzgasatmosphäre zu mineralogischen Veränderungen des Erzgehaltes und der Gesteinsmatrix. Sie können durch die Messung der Suszeptibilität nach jedem Temperaturschritt überprüft

werden. Sekundär chemisch gebildete Erzphasen während der thermischen Entmagnetisierung, die bei reinen Richtungsmessungen bei einer guten Kompensation des erdmagnetischen Feldes meist nicht sehr stören, machen eine saubere Paläointensitätsmessung zunichte. Auch hier empfiehlt es sich, durch Vorversuche solche Proben auszuwählen, die eine mehrfache Erhitzung ohne mineralogische Veränderungen überstehen. Gesteine mit Maghemit und maghemitisierten Titanomagnetiten sowie sekundär gebildeten Vererzungen können für Paläointensitätsmessungen nicht verwendet werden. Dies schränkt die Durchführung solcher Untersuchungen gegenüber den Richtungsmessungen in der Paläomagnetik erheblich ein.

Die Dauer der Abkühlungsvorgänge (McClelland-Brown 1984) haben bei der Methode Thellier offenbar eine Auswirkung auf die Paläointensität. Dies ist auch nach der Theorie von Néel (1949) zu erwarten. Hier stößt die Methode jedoch an ihre Grenzen, weil die sehr langsamen natürlichen Vorgänge bei der Abkühlung insbesondere großer geologischer Körper natürlich nicht im Labor simuliert werden können.

2.10.2 *Methode unter Verwendung der ARM (Methode Shaw)*

Die Entstehung und Eigenschaften einer anhysteretischen Remanenz ARM wurden in 2.4 erläutert. Nach der Theorie von Néel (1949) ist die ARM einer TRM äquivalent, wenn genügend starke Wechselfelder verwendet werden. Der Vorteil der ARM-Methode von Shaw liegt darin, daß man die Proben nur einmal bis über die höchste Curie-Temperatur erhitzen muß und daß man die bei der Methode Thellier häufig auftretenden mineralogischen Veränderungen über den Vergleich der ARM_1 vor und der ARM_2 nach dem Erhitzungsexperiment überprüft. Die anhysteretischen Remanenzen werden in einem der Stärke des erdmagnetischen Feldes äquivalenten Gleichfeld ($50\mu T$) bei Wechselfeldern zwischen 0 und 150 mT erzeugt. Felder dieser Maximalintensität reichen für Magnetit und die Titanomagnetite meist aus.

Das Verfahren nach Shaw (1974) wird in folgenden Schritten durchgeführt:

(1) Die NRM wird schrittweise im Wechselfeld entmagnetisiert. In den späteren Versuchen mit den anhysteretischen Remanenzen und mit der TRM müssen die gleichen Entmagnetisierungsschritte wieder verwendet werden. Sie sollten durch Vorversuche so gewählt werden, daß die Entmagnetisierung der Remanenzen mit wenigstens 10 (besser 15 Schritten) optimal erfaßt wird.

(2) Den Proben wird dann eine ARM_1 in einem Gleichfeld von $50\mu T$ bei einem Wechselfeld von ca. 150mT aufgeprägt. Diese ARM_1 wird anschließend mit den gleichen Schritten wie die NRM entmagnetisiert.

(3) Es wird in *einem* Erhitzungsversuch eine TRM in einem Laborfeld (meist 50 μT) gebildet, die anschließend mit denselben Schritten wie die NRM und die ARM_1 entmagnetisiert wird.

(4) Schließlich wird wieder wie unter (2) eine ARM_2 erzeugt und wie oben im Wechselfeld abmagnetisiert.

Treten bei den Erhitzungsversuchen keine mineralogischen oder strukturellen Änderungen der ferrimagnetischen Erzphasen auf, so ergeben die Darstellungen NRM gegen TRM (Abb. 2.10.3a) bzw. ARM_1 gegen ARM_2 (Abb. 2.10.3b), beide in Abhängigkeit von der Stärke des Wechselfeldes, eine Gerade in Richtung auf den Ursprung. Aus der Steigung der NRM/TRM-Geraden kann in gleicher Weise wie bei der Methode Thellier in Verbindung mit dem Laborfeld die Paläointensität bestimmt werden. Bei Abweichungen der ARM_1/ARM_2-Geraden von 1 können Korrekturfaktoren für die NRM/TRM-Verhältnisse bzw. die Paläointensität gebildet (Kono 1978) oder Koerzitivkraftintervalle für die Bestimmung der Paläointensität ausgeklammert werden (Rolph u. Shaw 1985). Wenn die Diagramme NRM

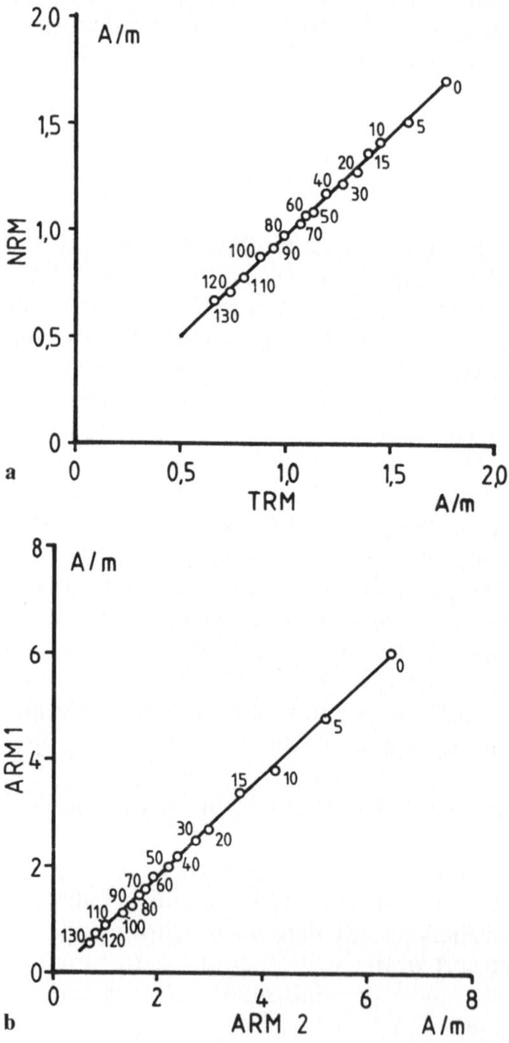

Abb. 2.10.3a, b. Messung der Paläointensität an einem tertiären Basalt aus Neuseeland nach dem Verfahren von Shaw (1974). **a** Verhältnis *NRM/TRM* in Abhängigkeit von den Schritten der Wechselfeldentmagnetisierung führt zu einer Geraden in Richtung auf den Ursprung. Deren Steigung multipliziert mit dem Laborfeld ergibt das Paläofeld (nach Sherwood 1986, private Mitteilung); **b** Darstellung der *ARM₁* vor dem Erhitzungsexperiment zur Erzeugung einer künstlichen TRM in einem Laborfeld gegen die *ARM₂* nach dem Erhitzungsexperiment in Abhängigkeit von den Schritten der Wechselfeldentmagnetisierung (Wechselfelder in mT). Es ergibt sich eine Gerade mit der Steigung 1 in Richtung auf Ursprung über den ganzen Bereich der Koerzitivkräfte hinweg. Dies bedeutet, daß bei dem zwischengeschalteten Erhitzungsversuch zur Erzeugung einer TRM keine mineralogischen oder strukturellen Änderungen der ferro(i)magnetischen Erzminerale auftraten

gegen TRM und ARM$_1$ gegen ARM$_2$ keine Geraden sind, so war keine Messung der Paläointensität möglich. In diesem Fall traten bei dem Erhitzungsversuch zur Erzeugung einer künstlichen TRM irreversible mineralogische Änderungen auf. Ergibt NRM gegen TRM eine Gerade, ARM$_1$ gegen ARM$_2$ jedoch nicht, so ist das Resultat auf Grund von mineralogischen Änderungen ebenfalls wertlos.   Die Methoden von Thellier und Shaw wurden auch schon mehrfach an gleichen Gesteinen getestet (Kono 1978; Senanayake et al. 1982; Aitken et al. 1988a,1988b; Walton 1988a, 1988b). Dabei konnte ganz überwiegend eine Übereinstimmung der Paläointensitätsdaten festgestellt werden. Es gibt jedoch auch kritische Stimmen zu Paläointensitätsmessungen überhaupt (Dunlop et al. 1987). Die ARM-Methode führt bei Proben mit Hämatit als Träger der TRM meist nicht zu befriedigenden Ergebnissen, weil man mit Apparaturen zur Entmagnetisierung im Wechselfeld keine ausreichend starken Felder zur vollständigen Abmagnetisierung dieses Minerals erzeugen kann. Sie ist daher mehr für Gesteine mit Magnetit und Titanomagnetiten geeignet. Bei archäologischem Material (Vasen, Ziegel, Öfen) wird in der Regel die Methode Thellier eingesetzt.

2.10.3 Methode unter Verwendung der DRM

Dieses Verfahren ist nur auf unverfestigte Sedimente anwendbar, deren Sedimentationsbedingungen im Labor einigermaßen reproduziert werden können (Johnson et al. 1948; Levi u. Banerjee 1976). Hierzu zählen vor allem Sedimente mit hohen Sedimentationsraten und geringer diagenetischer Verfestigung. Das Verfahren kam deshalb bisher nur bei Glazialsedimenten (Warven) zum Einsatz. Man geht bei diesem Material von einer DRM aus, die auf Grund von Laborexperimenten dem äußeren Feld H$_a$ proportional ist. Nach der Vermessung der NRM und der anschließenden Entmagnetisierung im Wechselfeld werden die Proben zerkleinert, aufgeschlämmt und wieder sedimentiert. Dabei muß auf die Vermeidung von mechanischen Erschütterungen geachtet werden. Die Remanenz der neu sedimentierten und konsolidierten Proben wird anschließend wieder vermessen, einschließlich Entmagnetisierung im Wechselfeld. Die Paläointensität ergibt sich dann aus der folgenden einfachen Beziehung:

$$H_{pal} = H_{lab} \frac{NRM}{DRM_{lab}}$$

Dabei sollten im Idealfall die Kurven der Wechselfeldentmagnetisierungen vor und nach der künstlichen Resedimentation übereinstimmen. Die DRM-Methode hat zu recht plausibel erscheinenden Paläointensitätswerten für rezente bis subrezente Glazialsedimente geführt. Diagenetisch verfestigte Gesteine können mit dieser Methode nicht untersucht werden.

Bei luftgetrockneten Ziegeln aus Ägypten (Games 1977) wurde ebenfalls eine remanente Magnetisierung gemessen, die sich sehr wahrscheinlich als

eine PDDRM bei dem Einstampfen des Lehms in vorgefertigte Formen
ausbildet. Mit solchem Material wurden auch schon Paläointensitätsmessungen durchgeführt, die zwar größenordnungsmäßig die Intensität des erdmagnetischen Feldes wiedergaben, jedoch mit einer für Detailaussagen zu großen Streuung.

2.11 Probenentnahme und Meßgeräte im Paläomagnetismus und Archäomagnetismus

2.11.1 Kriterien für die Auswahl von Beprobungsorten

Bei der Probenentnahme im Gelände sind einige für den Erfolg einer paläomagnetischen Messung wichtige Punkte zu beachten.

1. Die ausgewählten Gesteine müssen sich für paläomagnetische Messungen gut eignen. Eine entsprechende Auswahl von geeigneten Gesteinstypen kann nach den in 2.5 vorgestellten typischen magnetischen Eigenschaften erfolgen. Grundsätzlich sind angewitterte, chemisch oder metamorph veränderte und mechanisch zerrüttete Partien zu vermeiden.
2. Das Material muß anstehen, und seine tektonische Position (Streichen und Fallen der Schichten und der Faltenachsen) muß eindeutig erkennbar sein und eingemessen werden können. Wenn möglich, ist vom Aufschluß eine geologische Skizze anzufertigen, und seine Lage muß auf Karten eingetragen werden, denen die geographische Länge und Breite entnommen werden kann. Ferner muß die Position der Einzelproben innerhalb einer geologischen Sektion oder eines geologischen Körpers festgehalten werden (Skizzen oder photographisch).
3. Das Alter der Gesteine sollte mit Hilfe biostratigraphischer und/oder radiometrischer Methoden so gut wie möglich feststellbar sein.
4. Die geologische Struktur sollte möglichst die Anwendung der in 2.7 aufgeführten Tests (Faltungstest, Konglomerattest, Kontakttest) erlauben.
5. Es sollte ein so weiter Zeitbereich bei der Beprobung eines Vorkommens oder einer Gruppe von Vorkommen erfaßt werden, daß zum einen die Säkularvariation herausgemittelt werden kann, zum anderen über die Beobachtung von Feldumkehrungen ein Reversal-Test möglich wird.
6. Stellen, an denen mit einer Blitzschlagmagnetisierung gerechnet werden muß (Bergspitzen oder Klippen) sollten bei der Probenentnahme vermieden werden. Sie fallen durch örtlich starke Abweichungen der Kompaßnadel von der im Gebiet normalen magnetischen Nordrichtung auf.
7. An Orten, die unter Naturschutz stehen oder die einen besonders schönen geologischen Aufschluß darstellen, sollten keine Proben entnommen werden, insbesondere nicht mit Hilfe von Bohrgeräten. Vorzu-

ziehen sind unauffällige Stellen, die durch Bohrlöcher oder entnommene Handstücke nicht verunstaltet werden.

2.11.2 Statistische Minimalanforderungen

Die Statistik nach Fisher (1953) wird als Standardverfahren zur Berechnung von Mittelwerten und zur Beurteilung der Streuung und Zuverlässigkeit von Daten allgemein verwendet (2.8). Dabei haben sich Minimalanforderungen an die Zahl der verwendeten Proben bewährt. $N=7$ wird in der Regel als absolutes Minimum betrachtet. Bei $N \leq 7$ wird auch bei geringer Streuung (d. h. bei Werten für den Präzisionsparameter k von 20) der Radius des Konfidenzkreises α_{95} recht groß. Die Probenzahl 7 sollte als Minimum nur dann gewählt werden, wenn die Beschaffung der Proben und ihr Transport große logistische Probleme mit sich bringen, wie zum Beispiel bei paläomagnetischen Untersuchungen in schwer zugänglichen Gebieten (Hochgebirge, Wüsten, Antarktis). Im Normalfall sollte die Probenanzahl wesentlich darüber liegen (N zwischen 15 und 20), um auch genügend zusätzliches Material für gesteinsmagnetische Untersuchungen zur Verfügung zu haben und bei Einzelproben mit unzureichenden magnetischen Eigenschaften nicht unter die Zahl $N=7$ zu kommen. Im hierarchischen System der Fisher-Statistik sollte die Zahl 7 auch für die Anzahl von Vorkommen oder Lokalitäten nicht unterschritten werden. Dieser Forderung kann aber häufig auf Grund von fehlenden Aufschlüssen nicht nachgekommen werden.

2.11.3 Bestimmung der horizontalen Referenzebene
und einer Referenzrichtung

Die remanente Magnetisierung einer Gesteinsprobe wird in dem in 2.1 vorgestellten Koordinatensystem (X als Nordkomponente, Y als Ostkomponente und Z als Vertikalkomponente) beschrieben. Handstücke oder Bohrkerne müssen daher im gleichen Koordinatensystem orientiert werden. Die Lotrichtung bzw. die Horizontalebene bereitet dabei die geringsten Schwierigkeiten, denn hierzu genügt im Prinzip eine Libelle. Als azimutale Referenzrichtung wird normalerweise die geographische Nordrichtung gewählt. Andere Referenzrichtungen (z. B. eine weit sichtbare Geländemarke oder ähnliches) können auch verwendet werden, wenn diese später bezüglich der geographischen Nordrichtung eingemessen werden können. Die Nordrichtung wird am einfachsten mit einem Magnetkompaß bestimmt. Zur Korrektur lokaler Abweichungen zwischen der magnetischen und geographischen Nordrichtung dienen Karten mit Linien gleicher Deklination (Abb. 2.1.3). Diese zeigen nur die regionalen Mittelwerte, punktuell können erhebliche Abweichungen durch besonders stark magnetisierte Gesteine (Basalte, Eisenerze) oder durch Blitzschlagmagnetisierung auftreten. Im allgemeinen kann davon ausgegangen werden, daß man in geographischen Breiten zwischen ±60° die geographische Nordrichtung auf ±1–2° mit dem Kompaß bestimmen kann. Bei starker Gesteinsmagnetisierung und bei einer geographischen Breite ≥60° sollte man den Magnetkompaß möglichst nicht mehr anwenden, sondern entweder einen Sonnenkompaß (2.11.6) benutzen, einen Kreiselkompaß einsetzen oder die Referenzrichtung über Hilfsrichtungen (Anpeilen von markanten, auf Karten identifizierbaren topographischen Punkten) bestimmen. Man kann auch mit Hilfe von Theodoliten die Nordrichtung astronomisch ermitteln und auf die Gesteinsprobe in geeigneter Weise übertragen.

2.11.4 Entnahme von orientierten Handstücken

Orientierte Handstücke (etwa doppelte Faustgröße) sind in der Regel am schnellsten zu entnehmen, wenn der Gesteinskörper eine gewisse Klüftigkeit aufweist und entsprechend große natürliche Teilstücke auftreten, die ohne Schwierigkeiten zu orientieren und zu entnehmen sind. Vorteil dieser Art von Probenentnahme ist, daß sie ohne zusätzliche Hilfsmittel wie Bohrmaschinen durchgeführt werden kann. Zur Orientierung der Proben genügen eine Libelle, ein Filzstift und ein Kompaß. Wie die Markierung der Referenzrichtung (meist magnetisch Nord selbst oder die Ausrichtung einer Referenzlinie auf der Gesteinsprobe gegenüber magnetisch Nord) und der Horizontalebene erfolgt, ist in Abb. 2.11.1 skizziert. Eine genauere Orientierungsmethode besteht darin, anstelle der Markierungen mit einem Filzstift an der Probe eine horizontale Gipsfläche anzubringen (Abb. 2.11.2) und auf dieser die Nordrichtung entweder mit einem Magnetkompaß oder einem Sonnenkompaß (2.11.6) zu markieren. Bei der Entnahme von Handstücken steht auch reichlich Material für gesteinsmagnetische Begleituntersuchungen und unter Umständen auch für eine radiometrische Altersbestimmung zur Verfügung.

Die Vermessung der remanenten Magnetisierung des Gesteins wird an zylindrischen (selten würfelförmigen) Proben vorgenommen, die natürlich auch bezüglich des X,Y,Z-Koordinatensystems orientiert sein müssen (Abb. 2.11.3). Diese werden im Labor aus den orientierten Handstücken mit einer

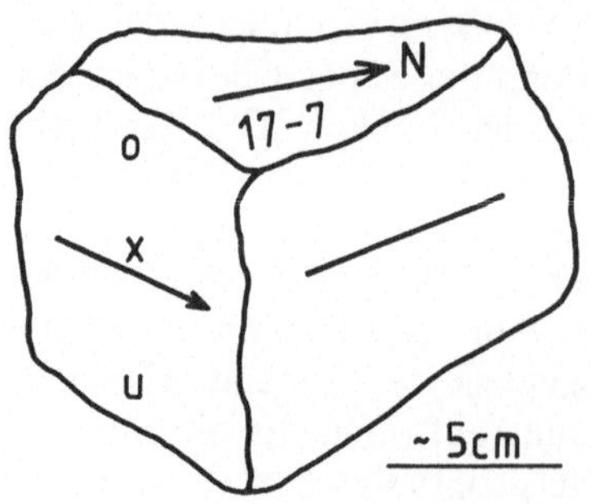

Abb. 2.11.1. Markierung der Horizontalebene an einem Handstück (Vorkommen Nr. 17, Probe Nr. 7) mit Hilfe von Libelle und wasserfestem Filzschreiber. Der *Pfeil* auf der Probenoberseite gibt die (ungefähre) Nordrichtung an, während die mit einem *Pfeil* markierte horizontale Referenzrichtung x mit einem Kompaß genau eingemessen werden kann (z. B. 113°E)

Abb. 2.11.2. Orientiertes Handstück einer archäologischen Probe (Probe Nr. DT 17) mit Hilfe einer horizontierten Gipsfläche, auf der die magnetische Nordrichtung *(zwei parallele Linien mit Pfeilen)* vermerkt ist. Die Probe wurde zusätzlich mit einem Sonnenkompaß eingemessen, die Richtung auf die Sonne zu *(einzelne Linie mit Pfeil)* ist auch in die Gipsfläche eingeritzt. Aus der geographischen Lage des Probenortes und der Uhrzeit für die Markierung der Sonnenrichtung läßt sich geographisch Nord berechnen

Abb. 2.11.3. Internes Koordinatensystem eines Standardprobenzylinders. Die Zylinderachse gibt die Z-Richtung an; sie ist positiv in Richtung der mit *Pfeilen* versehenen Linie auf der Außenseite des Zylinders. Die X-Richtung weist von der Zylinderachse in Richtung auf die mit *Pfeilen* versehene Linie, während die Y-Richtung trivialerweise senkrecht auf den beiden anderen Richtungen steht

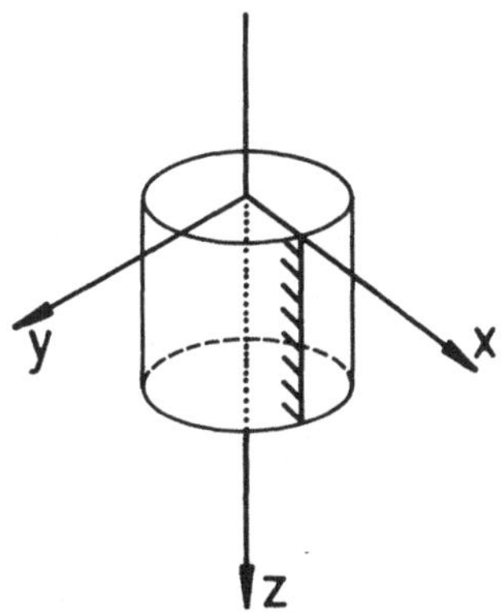

Diamantbohrkrone herausgebohrt. Zu ihrer Reorientierung setzt man das Handstück in eine Sandkiste und orientiert es bezüglich der Horizontalebene und der Nordrichtung (bzw. einer anderen Referenzrichtung) entsprechend seiner ursprünglichen Lagerung im Anstehenden (Abb. 2.11.4). Die Einmessung der Bohrkerne bezüglich der horizontalen Referenzebene und der Nordrichtung geschieht dann mit einer Vorrichtung, die in 2.11.5

Abb. 2.11.4. Reorientierung eines Handstücks im Sandkasten zusammen mit einer besonders leichten Ausführung einer Vorrichtung zur Orientierung von Bohrkernen. Man erkennt auf dem Handstück die beiden fast senkrecht aufeinander stehenden Markierungen der Horizontalebene. Aus dem Handstück wurden Kerne herausgebohrt, die nach der Orientierung der Probe im Sandkasten eingemessen werden können

beschrieben ist. Bei der Entnahme von Handstücken kann der Fehler der Orientierung von kleinen Probenzylindern relativ groß sein, weil diese dreimal vorgenommen wird: einmal im Gelände, ein zweites Mal in der Sandkiste und ein drittes Mal bei der Orientierung der herausgebohrten Zylinder. Insgesamt kann durchaus mit einem Fehler von $\pm 5°$ gerechnet werden, der zur Streuung von Remanenzrichtungen einen wesentlichen Beitrag liefert.

Die Probenentnahme in Form von Handstücken hat mehrere Nachteile:

1. Es können nur Proben in den zerklüfteten Bereichen der zu untersuchenden Gesteine entnommen werden. Diese Gesteinspartien weisen im Vergleich zu ihrem Volumen eine große spezifische Oberfläche auf und zeigen daher einen höheren Verwitterungsgrad als massiges, nicht zerklüftetes Gestein. Die Klüftung ist auch in der Regel das Resultat von Spannungszuständen im Gestein und ein Indiz für eine tektonische Beanspruchung.

2. Bei der Entnahme von wenigstens 7, besser aber doppelt so vielen Gesteinsproben ergibt sich pro Vorkommen eine Probenmenge von etwa 10–15 kg, was unter Umständen bei der Beprobung eines großen Gebietes erhebliche Transportprobleme zur Folge hat.

3. Der Arbeitsaufwand für die Gewinnung von geeigneten Probenformen
   zur Bestimmung der remanenten Magnetisierung ist im Regelfall wesentlich höher als bei dem im nächsten Abschnitt beschriebenen Verfahren.
   Hinzu kommen noch die etwas größeren Orientierungsfehler.

2.11.5 Entnahme von Kernen mit Diamantbohrern und Kolbenloten

Bohrmaschinen (angetrieben durch Elektro- oder Benzinmotoren) mit dia-
mantbesetzten Hohlbohrern (1 Zoll bzw. 2.5 cm Innendurchmesser) haben
sich zur Entnahme von orientierten Probenzylindern direkt aus dem Anstehenden gut bewährt. Abbildung 2.11.5 zeigt eine derartige im Eigenbau
hergestellte Bohrmaschine mit Zubehör (Diamantbohrkrone, Orientierungsgerät für die Kerne, Ritzstift aus Messingdraht, Magnetkompaß,
Libelle). Die Bohrmaschine hat ein Gewicht von ca. 6.5 kg (mit Zubehör).
Bei diesem Entnahmeverfahren kann man bei einem Aufschluß diejenigen
Gesteinspartien auswählen, die den geringsten Verwitterungs- und Zerrüt-
tungsgrad aufweisen. Außerdem ist es möglich, nur so viel Material zu
beproben, wie man für die paläomagnetische Untersuchung als Minimum
benötigt. Für gesteinsmagnetische Messungen können dann noch repräsentative (möglichst auch orientierte) kleine Handstücke zusätzlich entnommen
werden. Die Länge der Kerne soll etwa 10 cm betragen, so daß man nach
Absägen der äußeren Verwitterungsschicht noch wenigstens 3 Zylinder von
2.2 cm Länge aus dem Kern gewinnen kann. Bei allen Messungen der

Abb. 2.11.5. Handbohrmaschine mit Benzinmotor zur Probenentnahme. Die Diamantbohrkrone ist aufgesetzt. Im Vordergrund: erbohrter Gesteinszylinder mit Markierung
und Beschriftung; Libelle; Kompaß; Orientierungsgerät; Ritzstift aus Messingdraht

Remanenz und auch der Suszeptibilität wird von einer homogenen Magnetisierung der Proben ausgegangen. Das Feld im Außenraum eines homogen magnetisierten Zylinders der oben genannten Abmessungen ist mit sehr guter Näherung das Feld eines Dipols. Die ganze Auswertung der Messungen an Gesteinsproben beruht auf dieser Annahme. Auch bei Proben mit einer inhomogenen Magnetisierung (z. B. durch eine unregelmäßige Verteilung der Erzkörner) ist die Annahme einer homogenen Magnetisierung immer noch eine gute Näherung (Collinson 1977).

Die Orientierung wird mit einer besonderen Vorrichtung vorgenommen, die in Abb. 2.11.4 und 5 gezeigt ist. Das zylindrische Rohr wird über den im Bohrloch stehenden Kern geschoben, und die in einem Gelenk schwenkbare Platte wird mit Libellen horizontiert. Die Neigung des Bohrkerns gegenüber der Horizontalen oder Vertikalen kann auf $\pm 0.5°$ abgelesen werden. Das Azimut der Kernachse wird mit einem Kompaß bestimmt. Auf der Oberseite des über den stehenden Bohrkern geschobenen Rohrs befindet sich ein Schlitz, in den ein Ritzdraht aus Messing oder Silberlot geführt werden kann. Damit ist es möglich, das Azimut auf den Bohrkern zu übertragen, der dann herausgenommen werden kann. Die geritzte Markierung sollte noch mit einem wasserfesten Filzschreiber verstärkt werden und auf dem Kern muß eine Markierung für oben und unten angebracht und die Kernnummer vermerkt werden. Zum Transport der Kerne empfiehlt es sich, diese mit Papier zu umwickeln und das Ganze mit einem Klebeband abzusichern, damit die Orientierungsmarken keinen Schaden nehmen. Die Kerne für ein Vorkommen (mindestens 7, wenn möglich aber doppelt so viele) einschließlich Material für gesteinsmagnetische Messungen haben ein Gewicht von höchstens 2 kg. Der Orientierungsfehler beträgt bei diesem Verfahren etwa ± 1–$2°$. Von diesen Kernen können im Labor ohne weitere Orientierungsarbeiten direkt die für die modernen Meßinstrumente notwendigen Probenzylinder von 2.2 cm Länge bei 2.5 cm Durchmesser abgesägt werden.

Nicht immer bleiben die erbohrten Kerne im Bohrloch stehen und sind dann, wie oben beschrieben, leicht zu orientieren. Häufig brechen die Kerne am Bohrende oder sogar während des Bohrvorganges ab. In diesen Fällen erfordert die Orientierung etwas mehr Aufwand. Es empfiehlt sich, zunächst wie oben vorzugehen und Neigung sowie Azimut des Bohrlochs einzumessen. Bei der Festlegung des Azimuts markiert man seine Richtung nicht mit dem Ritzdraht auf dem Kern, sondern zeichnet einen Hilfspunkt mit Filzschreiber an den Rand des Bohrlochs. Aus den Bruchstücken kann der Bohrkern meist hinreichend gut zusammengesetzt und mit Klebestreifen zusammen gehalten werden. Der intakte oder zusammengeklebte Bohrkern wird dann wieder in das Bohrloch eingefügt, und wegen der unregelmäßigen Bruchfläche ist es fast immer möglich, die ursprüngliche Kernorientierung wiederzufinden. Die Markierung des Hilfspunktes kann schließlich mit einem Filzschreiber auf den Kern übertragen werden. Auf diese Weise orientierte Kerne weisen dann Fehler von etwa ± 2–$3°$ auf. Hilfreich bei der Orientierung von zerbrochenen Bohrkernen ist es auch, einen quer über die

Bohrstelle verlaufenden Hilfsstrich asymmetrisch zu überbohren. Nachteil der Probenentnahme mit einer Kernbohrmaschine ist, daß eine doch relativ schwere Ausrüstung erforderlich ist und für den Bohrvorgang erhebliche Wassermengen benötigt werden (etwa 1 l Wasser für jeden Kern von ca. 10 cm Länge). Dies macht in Trockengebieten, im Hochgebirge oder beispielsweise auch in der Antarktis unter Umständen erhebliche Schwierigkeiten.

Die Sedimente am Boden von Gewässern werden mit Kolbenloten entnommen (MacKereth 1958, 1969, 1971). Dies sind im Prinzip unmagnetische Rohre aus Kunststoff oder V4A-Stahl, die meist hydraulisch in den Boden gepreßt werden (maximal 20 m). Dabei muß vorsichtig zu Werke gegangen werden, um eine Beschädigung des Sedimentes und eine Ablenkung des Entnahmerohres von der Vertikalen zu vermeiden. Das Rohr besitzt am unteren Ende eine Schließvorrichtung, um das Herausgleiten des Bohrgutes während der Entnahme zu verhindern. Meist bleibt jedoch der Bohrkern durch die Reibung im Rohr stecken. Die azimutale Orientierung wird mit einem Kompaß durchgeführt. Das Herausziehen des Kernrohres aus dem weichen Untergrund erfordert hohe Kräfte, die entweder durch Auftriebskörper oder über Seilwinden aufgebracht werden müssen. Bei der Entnahme großer Mengen möglichst ungestörter noch wenig verfestigter Sedimente vom Meeresgrund werden sogenannte Kastenlote eingesetzt. Für Weichproben (Seetone, Löß, Tochterproben von Kastenloten) kann ein Stechrohr mit Orientierungsvorrichtung nach Petersen verwendet werden. Die ausgestochenen Proben können mit einem Kolben in kleine Plastikbehälter geschoben und gleich luftdicht verschlossen werden, um ein Austrocknen zu verhindern.

2.11.6 Probenentnahme bei archäologischen Fundorten

In der Archäomagnetik interessieren die geringfügigen Schwankungen des Erdmagnetfeldes, die bei der Säkularvariation auftreten. Bei der Probenentnahme und der Vermessung der Proben muß daher ein größerer Aufwand getrieben werden, um die Orientierungsfehler deutlich unter $\pm 1°$ zu halten. Die bei den paläomagnetischen Messungen üblicherweise verwendeten Standardzylinder (2.2 cm lang, 2.5 cm Durchmesser) genügen den Genauigkeitsanforderungen nicht, weil auf ihnen die Orientierung auf höchstens $\pm 2°$ genau markiert werden kann. Im Archäomagnetismus arbeitet man überwiegend mit würfelförmigen Proben von etwa 10 cm Kantenlänge, die mit der in 2.11.2 erläuterten und in Abb. 2.11.2 gezeigten Gipsmethode bezüglich der horizontalen Ebene orientiert werden. Für die Vermessung der Nordrichtung oder einer anderen Referenzrichtung ist der Magnetkompaß viel zu ungenau. Wenn kein Kreiselkompaß zur Verfügung steht, muß ein Sonnenkompaß verwendet werden. Aus dem Sonnenstand, den geographischen Koordinaten und der Zeit kann dann die jeweilige geographische Nordrichtung berechnet werden (Creer u. Sanver 1967; Stone 1967; Embleton u. Edwards 1973). Nach Anbringen und Orientierung der Gipsfläche werden die Proben vom Untergrund abgelöst, wofür auch eine motorgetriebene Trennscheibe verwendet werden kann.

2.11.7 Laborgeräte zur Messung magnetischer Parameter

2.11.7.1 Messung der remanenten Magnetisierung

Die für die Vermessung der remanenten Magnetisierung verwendeten Standardmeßgeräte, ihre maximalen Empfindlichkeiten und die Meßdauer für eine Einzelprobe sind in Tabelle 2.11.1 aufgeführt. Das klassische Gerät, das auch im Eigenbau erstellt werden kann, ist das astatische Magnetometer (s. Abb. 2.11.6). An einem dünnen Faden der Torsionssteifigkeit τ hängt ein Meßsystem bestehend aus zwei starr miteinander verbundenen, antiparallel angeordneten Magneten in einem Abstand von etwa 10 bis 20 cm, dessen Drehbewegungen über einen Spiegel beobachtet werden können. Die magnetischen Momente beider Magnete sind antiparallel und annähernd gleich groß, so daß die Horizontalkomponente des erdmagnetischen Feldes auf das Gehänge nur ein kleines Restdrehmoment ausüben kann. Der Grad der Astasierung bestimmt sowohl die Schwingungsdauer T des Meßsystems

Tabelle 2.11.1. Meßprinzip, durchschnittliche Dauer einer Messung und maximale Empfindlichkeit der gängigsten Magnetometertypen im Paläomagnetismus

Magnetometer	Physikalisches Prinzip	Empfindlichkeit in A/m[a]	Meßzeit für eine Ablesung in s
Astatisches Magnetometer	Ablenkung eines aufgehängten Magnetsystems	$1 \cdot 10^{-5}$	bis zu 300 s
Ballistisches Magnetometer	Induktion	$1 \cdot 10^{-5}$	bis zu 20 s
Fluxgatemagnetometer	Induktion Fluxgateprinzip	$1 \cdot 10^{-3}$	20 s
Spinnermagnetometer	Induktion	$1 \cdot 10^{-5} - 3 \cdot 10^{-6}$	bis zu 150 s
Fluxgate-Spinnermagnetometer	Induktion Fluxgateprinzip Analogmessung	$1 \cdot 10^{-5}$	bis zu 200 s
Fluxgate-Spinnermagnetometer	Induktion Fluxgateprinzip Digitalmessung	$1 \cdot 10^{-5}$	bis zu 200 s
Kryogenmagnetometer	Induktion Josephson-Effekt	$1 \cdot 10^{-6}$	3 s

[a] für eine Probe mit einem Volumen von 10 cm^3

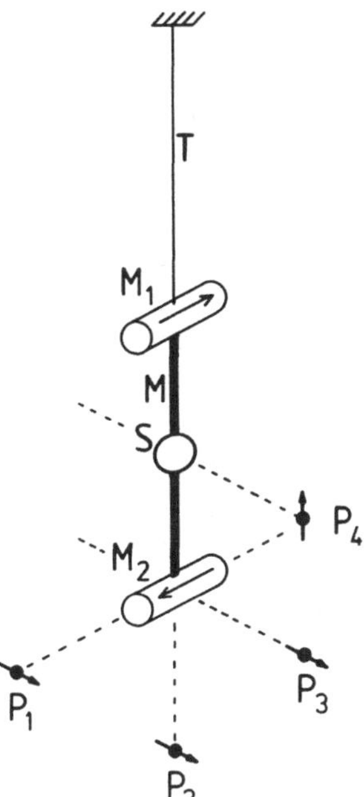

Abb. 2.11.6. Prinzip des astatischen Magnetometers mit Meßgehänge *(M)* an einem dünnen Torsionsfaden *(T)*; *S* Spiegel; M_1, M_2 starr miteinander verbundene, antiparallel orientierte Magnete mit annähernd gleich großen magnetischen Momenten; P_1–P_4 mögliche Probenpositionen

als auch die Empfindlichkeit der Apparatur und die Meßdauer. Die Probe wird in eine definierte Position in die Nähe des Gehänges gebracht. Das vom magnetischen Moment der Probe ausgehende inhomogene Zusatzfeld übt ein Drehmoment auf das Meßsystem aus und überführt dieses in eine neue, stabile Gleichgewichtslage. Über eine Eichung mit einer Probe oder mit einer Spule bekannten magnetischen Moments können die Komponenten der remanenten und der im Erdmagnetfeld induzierten Magnetisierung aus den Ablesungen in verschiedenen Positionen der Probe bestimmt werden. Abbildung 2.11.6 zeigt die möglichen Probenpositionen P_1 – P_4.

Auf dem Meßprinzip der Induktion basieren die Spinnermagnetometer (Abb. 2.11.7). Hier rotiert die Probe in einer Induktionsspule S_1 mit einer konstanten Umdrehungszahl (etwa 110 Hz). Das Meßsignal wird einem Lock-in-Verstärker zugeführt, dort mit einem Referenzsignal verglichen, das z.B. von einem kleinen Magneten in einer zweiten Induktionsspule S_2 erzeugt wird. Im Lock-in-Verstärker wird das Meßsignal der Probe in zwei orthogonale Komponenten aufgespalten, die den Remanenzkomponenten

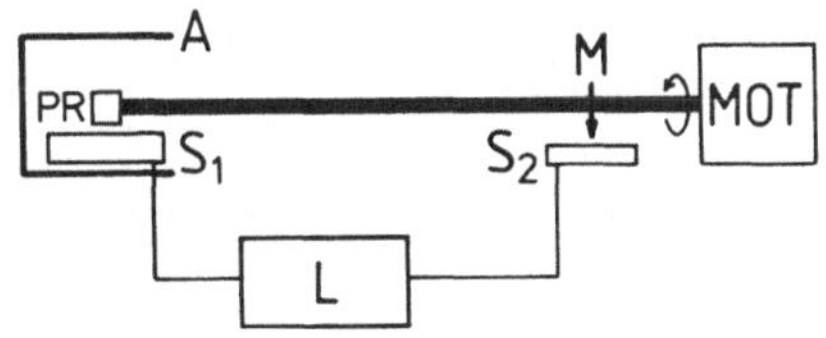

Abb. 2.11.7. Prinzip eines Spinnermagnetometers nach dem Induktionsprinzip; *PR* Probe; S_1, S_2 Induktionsspulen; *M* kleiner Permanentmagnet zur Erzeugung eines Referenzsignals; *L* Lock-in-Verstärker; *MOT* Antriebsmotor

in der Ebene senkrecht zur Rotationsachse entsprechen. Durch eine Rotation der Probe um 6 Achsen können die 3 orthogonalen Remanenzkomponenten je 4mal bestimmt werden. Die Eichung des Geräts bezüglich Phase und Intensität geschieht mit einer Standardprobe in Form eines aufmagnetisierten dünnen Streifens eines Magnetbandes. Der Erhöhung der Empfindlichkeit des Geräts dient eine magnetische Abschirmung (A). Ein sehr empfindliches Spinnermagnetometer wird von Jelinek (1966) beschrieben. Für archäomagnetische Messungen wurden spezielle Geräte zur Vermessungen sehr großer Proben entwickelt (Aitken et al. 1967; Thellier 1967).

Rechnerunterstützte Fluxgatemagnetometer mit langsam rotierender Probe (Abb. 2.11.8) zählen neben dem Jelinek-Spinnermagnetometer zu den kommerziell gebauten Standardgeräten für die Vermessung der Remanenz auch schwach magnetisierter Proben (Molyneux 1971). Die Empfindlichkeit des Gerätes kann durch eine magnetische Abschirmung verbessert werden. Die vom Fluxgatemagnetometer aufgenommenen schwachen Magnetfelder im Außenraum der meist zylindrischen Gesteinsproben werden bei der langsamen Rotation (etwa 7 Hz) in vielen verschiedenen Azimutpositionen (etwa 200 je Umdrehung) abgetastet. Zur Digitalisierung der Magnetometerablesungen dient eine Schlitzscheibe mit einer Photodiode. Im Rechner werden die Resultate vieler Umläufe gestapelt und nach Phase und Intensität ausgewertet. Ebenso wie bei den Induktionsspinnermagnetometern liefert die Rotation um 6 verschiedene Achsen für jede Remanenzkomponente 4 Werte, über die gemittelt wird. Harrison (1980) sowie Lowrie et al. (1980) haben eine Methode entwickelt, um die interne Streuung bei

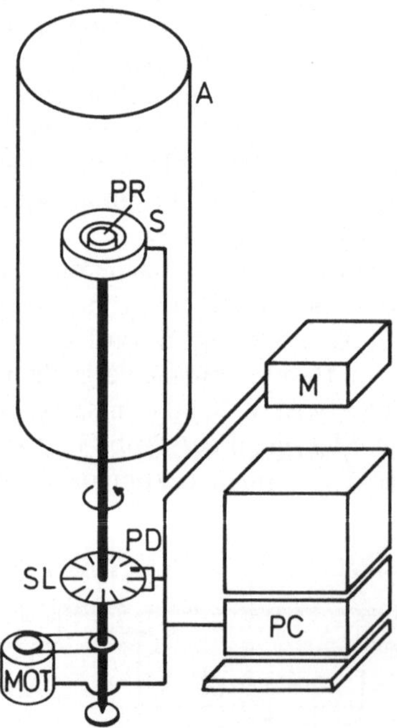

Abb. 2.11.8. Prinzip des Spinnermagnetometers auf der Basis von Fluxgatemagnetometern in Verbindung mit einem Rechner und einem Drucker *(PC)* zur Datenaufnahme und Analyse; *MOT* Antriebsmotor; *PR* Probe; *S* Fluxgatesonden; *A* Abschirmung; *M* Magnetometer; *SL* Schlitzscheibe mit Photodioden *PD* zur Steuerung der Signalabtastung (Mod. nach Molyneux 1971)

der Messung von Remanenzen beurteilen zu können. Überschreitet dieser sogenannte SmM-Parameter eine gewisse Schranke, so gelten Meßwerte als unzuverlässig. Insbesondere bei sehr schwach magnetischen oder auch inhomogen magnetisierten Proben wird die Berechnung des SmM-Parameters empfohlen, um ein Kriterium für die Beurteilung der Zuverlässigkeit der Daten zur Hand zu haben.

Auf dem Josephson-Effekt beruhen die Kryogenmagnetometer (Goree u. Fuller 1976). Das Meßsystem S mit den beiden Squids innerhalb einer magnetischen Abschirmung (Abb. 2.11.9) zur Erfassung des magnetischen Moments einer Probe in einer bestimmten Achsenrichtung muß dabei soweit abgekühlt werden, daß Supraleitung auftritt. Für den Betrieb dieser Geräte ist flüssiges Helium (bei alten Geräten auch zusätzlich flüssiger Stickstoff) notwendig, was die Messungen erheblich verteuert. Zur Temperaturisolierung ist der tiefgekühlte Teil des Geräte vakuumisoliert und zusätzlich noch mit anderem Isoliermaterial umgeben. Durch ein Rohr wird die Probe in den Meßraum eingeführt und kann dort von außen über Hebelmechanismen in verschiedene Positionen gebracht werden. Durch eine Messung in 6 verschiedenen Positionen werden die Remanenzkomponenten ähnlich wie bei den oben beschriebenen Geräten mehrfach bestimmt. Geräte dieser Art sind die momentan empfindlichsten, aber auch in der Anschaffung und im Betrieb teuersten Instrumente im Paläomagnetismus. Für viele Untersuchungen, z. B. an schwach magnetischen Sedimenten, sind sie unverzichtbar geworden. Bei Messungen an den stark magnetischen Vulkaniten reichen auch die weniger empfindlichen Spinnermagnetometer völlig aus. Bei einigen Kryogenmagnetometern ist es sogar möglich, im Inneren der Geräte noch eine Vorrichtung für eine Wechselfeldentmagnetisierung bis 100 mT unterzubringen.

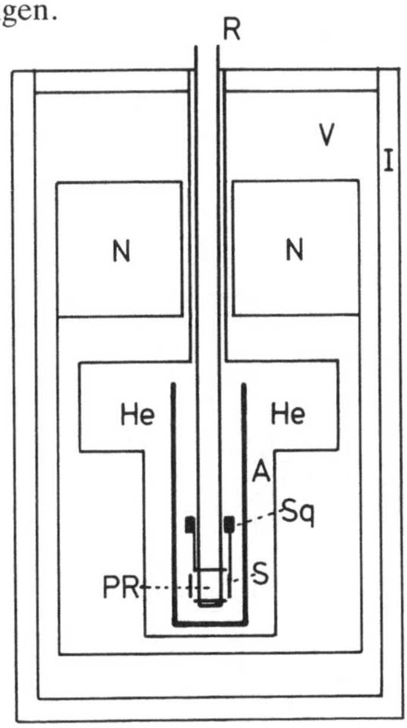

Abb. 2.11.9. Prinzip eines Kryogenmagnetometers; *R* Rohr zur Einführung der Probe *PR* in den Meßraum; *S* Sensorspulen; *SQ* Squid; *A* magnetische Abschirmung; *I* thermische Isolation; *V* Vakuum; *N* Behälter mit flüssigem Stickstoff; *He* Behälter mit flüssigem Helium

2.11.7.2 Messung der Suszeptibilität und ihrer Anisotropie

Die magnetische Anfangssuszeptibilität von Gesteinsproben kann im Prinzip aus den Messungen mit einem astatischen Magnetometer abgeleitet werden (As 1967). Von Daly (1967) wurde ein Instrument auf der Grundlage eines Induktometers entwickelt. Bequemer ist jedoch die Bestimmung mit einer Wechselstrommeßbrücke (Jelinek 1973), deren Prinzip in Abb. 2.11.10 dargestellt ist. Für die Messungen werden in der Regel Proben in Form von Gesteinszylindern der in 2.11.5 beschriebenen Standardgröße oder Würfel verwendet. Die in Abb. 2.11.10 gezeigte Brückenschaltung gleicht sich selbst vollautomatisch ab. Die Eichung wird mit einer definierten Menge einer Substanz mit bekannter Suszeptibilität vorgenommen. Hierzu eignen sich am besten stark paramagnetische Salze wie zum Beispiel $FeSO_4$.

Um die Anisotropie der Suszeptibilität zu bestimmen, verwendet man Probenformen, die möglichst wenig von der Kugelgestalt abweichen sollen, um den Effekt der Formanisotropie gering zu halten (Würfel, Zylinder mit einem Verhältnis von Länge zu Durchmesser von 0.85:1). Als Meßinstrumente eignen sich ebenfalls Brückenschaltungen, aber auch Fluxgatemagnetometer und Kryogenmagnetometer. Aus den Messungen in 12 verschiedenen Positionen läßt sich der Anisotropietensor mit den Richtungen und Intensitäten der maximalen, intermediären und minimalen Suszeptibilität bestimmen. Bei manchen Meßgeräten (z. B. Brückenschaltungen) sind auch Messungen bei hohen und tiefen Temperaturen möglich. Damit können die para- bzw. ferro(i)magnetischen Anteile der Anisotropie der Suszeptibilität voneinander getrennt werden.

2.11.7.3 Messung der Koerzitivkraft H_c

Da die Koerzitivkraft der Gesteine im allgemeinen viel höher ist als die von massiven Ferro(i)magnetika und da auch zur Sättigung wesentlich größere Feldstärken erforderlich sind (bis zu einigen Tesla), können die in der

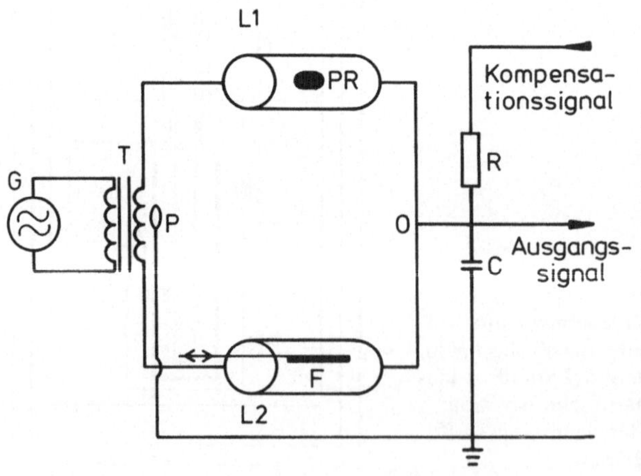

Abb. 2.11.10. Prinzip einer Wechselstrommeßbrücke zur Bestimmung der magnetischen Anfangssuszeptibilität k_a und ihrer Anisotropie; *PR* Probe; L_1 Meßspule; L_2 Referenzspule; *F* Ferritstab; *G* Wechselspannungsgenerator; *T* Transformatorspule; *P* Probenspule zum Abgriff eines Referenzsignals; *O* Abgriff des Signals; *R, C* Widerstand, Kapazität (Mod. nach Jelinek (1973)

Experimentalphysik gebräuchlichen Geräte mit Luftspulen meist nicht verwendet werden, um eine vollständige Aussteuerung der Hystereseschleife zu erreichen. Für Proben von einige hundert mg Gewicht eignen sich Vibrationsmagnetometer (eine derartige Kurve für eine Basaltprobe ist Abb. 2.2.3b gezeigt), bei denen die Probe mechanisch innerhalb einer Induktionsspule im homogenen Magnetfeld eines starken Elektromagneten hin und her bewegt wird. Hierbei kann auch noch die Temperatur variiert werden, so daß auch Hystereseschleifen und Koerzitivkräfte bei verschiedenen Temperaturen gemessen werden können.

Die Koerzitivkraft von Gesteinsproben in Form der Standardzylinder (Gewicht ca. 10 g) kann mit Vibrationsmagnetometern der oben genannten Art nicht gemessen werden. Mit Spulen und Fluxgatemagnetometern kann aber nach einer Sättigung der Proben in einem starken Feld eines Elektromagneten der zur Bestimmung der Koerzitivkraft notwendige Teil der Hysteresekurve ermittelt werden. Hierzu verwendet man eine Anordnung von zwei senkrecht zur Spulenachse orientierten Fluxgatesonden (Abb. 2.11.11a). Die Probe wird auf der Spulenachse versetzt angebracht und zwar so, daß an den Sonden ein möglichst großes Streufeld auftritt. Das Feld der Luftspule wird so lange erhöht, bis keine Magnetisierung der Probe (verschwindendes Streufeld) mehr beobachtet werden kann. Abbildung

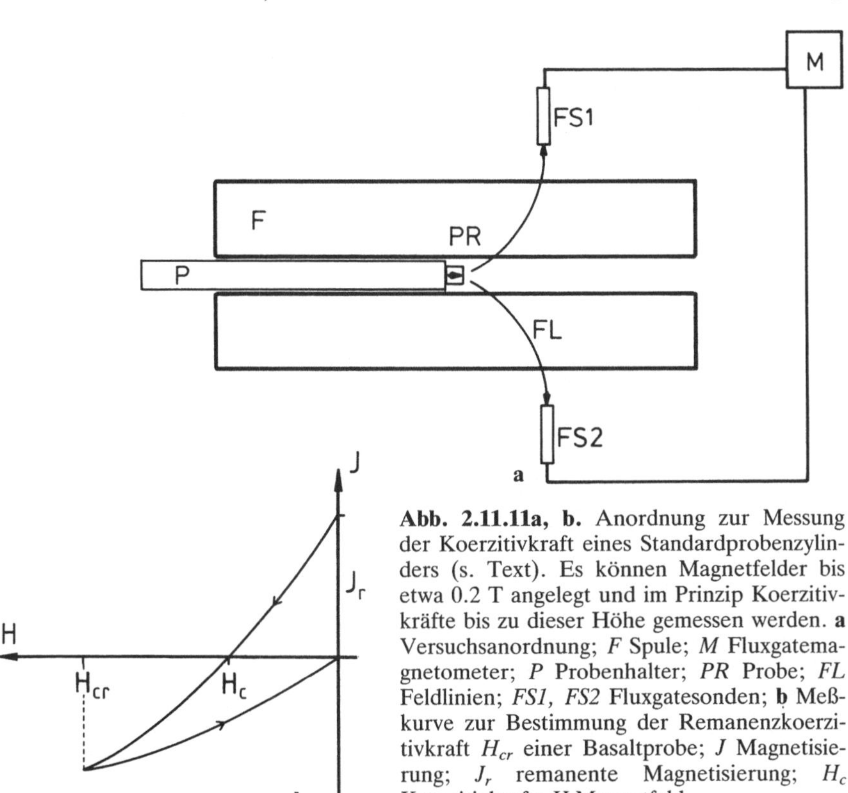

Abb. 2.11.11a, b. Anordnung zur Messung der Koerzitivkraft eines Standardprobenzylinders (s. Text). Es können Magnetfelder bis etwa 0.2 T angelegt und im Prinzip Koerzitivkräfte bis zu dieser Höhe gemessen werden. **a** Versuchsanordnung; *F* Spule; *M* Fluxgatemagnetometer; *P* Probenhalter; *PR* Probe; *FL* Feldlinien; *FS1, FS2* Fluxgatesonden; **b** Meßkurve zur Bestimmung der Remanenzkoerzitivkraft H_{cr} einer Basaltprobe; *J* Magnetisierung; J_r remanente Magnetisierung; H_c Koerzitivkraft; *H* Magnetfeld

2.11.11b zeigt das Ergebnis der Messung der Remanenzkoerzitivkraft H_{cr} einer Basaltprobe. Diese wurde zunächst in einem starken Elektromagneten gesättigt und dann in die oben definierte Meßposition der H_c-Apparatur gebracht. Dort wurde das Gegenfeld so weit erhöht, bis bei Rückführung des Gegenfeldes auf den Wert Null die Kurve im Ursprung bei der Magnetisierung J=0 endete. Bei Aussteuerung auf etwa 200 mT kann man mit dieser Meßanordnung bei Proben mit nicht allzu hoher Koerzitivkraft (Magnetit, Magnetkies, Titanomagnetit) eine Sättigung der Probe erreichen und die Hysteresekurve bestimmen.

2.11.7.4 Messung der Curie-Temperatur T_c

Bei der Curie-Temperatur verschwindet die Sättigungsmagnetisierung J_s einer ferro(i)magnetischen Probe und die Suszeptibilität k fällt von den hohen Werten eines Ferro(i)magnetikums auf die niedrigeren Werte eines Paramagnetikums ab. Zur Bestimmung der Curie-Temperatur eignen sich daher Messungen von $J_s(T)$ und k(T).

Bei den Waagen zur Vermessung von J_s/T-Kurven wird eine Probe in ein inhomogenes Magnetfeld gebracht. Die Kraft dieses Feldes auf die Probe ist proportional zu J_s und zum Produkt H·dH/dx. Die Kraft des Magnetfeldes auf die Probe wird durch eine gleich große Gegenkraft (kleiner Permanentmagnet in einer Zusatzspule) kompensiert. Diese Gegenkraft hält die Probe im inhomogenen Magnetfeld stets an der gleichen Stelle mit H·dH/dx = const., und der Strom durch diese Zusatzspule ist dann eine zu J_s proportionale Meßgröße. In Abb. 2.11.12 ist eine derartige J_s/T-Apparatur

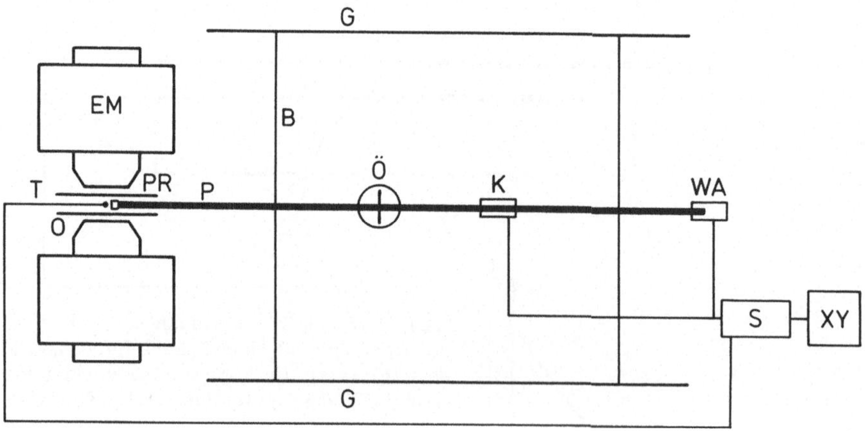

Abb. 2.11.12. Pendelapparatur nach Petersen zur Messung der Sättigungsmagnetisierung als Funktion der Temperatur (J_s/T-Kurven); Ansicht von oben; *EM* starker wassergekühlter Elektromagnet (0.5–1 Tesla); *T* Thermoelement; *O* Ofen oder Kühlvorrichtung; *PR* Probe; *P* Probenhalter mit Waagebalken; *B* Bifilaraufhängung; *K* Kompensationsvorrichtung; *Ö* Öldämpfung; *WA* induktiver Wegaufnehmer; *G* Träger für das Gehänge; *S:* Registriereinheit mit Verstärker. *XY:* Zweikomponentenschreiber für die Temperatur und das Meßsignal

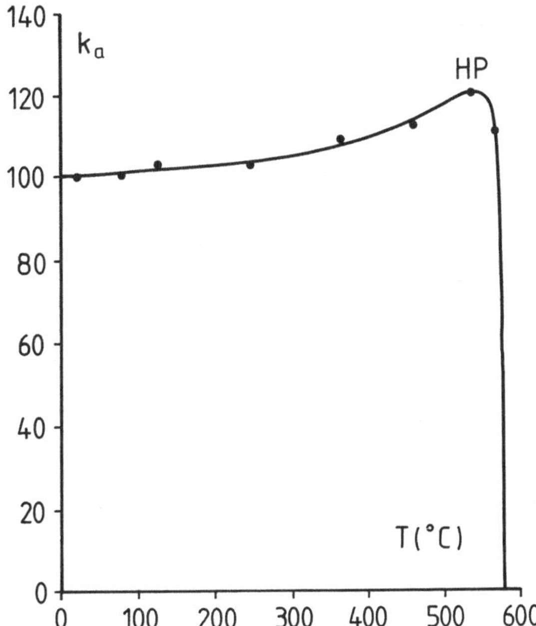

Abb. 2.11.13. Anfangssuszeptibilität k_a als Funktion der Temperatur einer magnetithaltigen Gesteinsprobe; *HP* Hopkinson-Peak. (Nach Uyeda et al. 1963)

(Forrersche Pendelwaage) dargestellt. Beispiele von J_s/T-Kurven zeigt Abb. 2.3.6.

Mit Hilfe von Brückenschaltungen ist es möglich, die Anfangssuszeptibilität k_a in Abhängigkeit von der Temperatur zu messen. Das Erreichen der Curie-Temperatur macht sich durch eine markante Abnahme der Suszeptibilität nach dem sogenannten Hopkinson-Peak bemerkbar. Abbildung 2.11.13 zeigt eine Meßkurve für die Bestimmung der Curie-Temperatur einer Gesteinsprobe mit Magnetit (vorwiegend Mehrbereichsteilchen) aus der Temperaturabhängigkeit der Anfangssuszeptibilität.

2.11.8 Geräte zur Entmagnetisierung von Proben

2.11.8.1 Wechselfeldentmagnetisierung

Die Geräte zur Wechselfeldentmagnetisierung (Schaltplan s. Abb. 2.11.14) bestehen im Prinzip aus einer Luftspule zur Erzeugung eines magnetischen Wechselfeldes bis maximal 0.2 T (meist jedoch nur bis 0.1 T). Der für die

Abb. 2.11.14. Schaltplan für ein Gerät zur Wechselfeldentmagnetisierung; $T_1 - T_3$ Drehtransformatoren; *C* Kondensatoren zur Abstimmung des Schwingkreises auf Resonanz; *A1,A2* Anschlüsse für die Feldspule

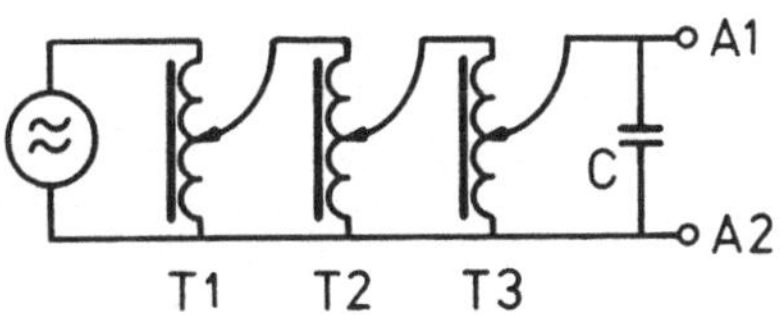

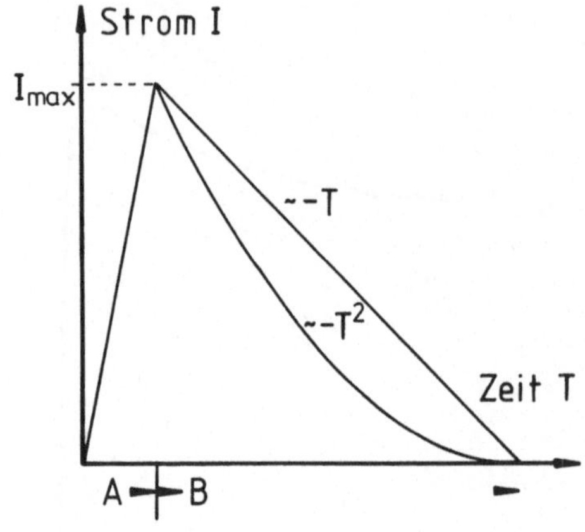

Abb. 2.11.15. Verschiedene Rampenfunktionen für die Regelung des Spulenstroms bei der Wechselfeldentmagnetisierung; I_{max} maximale Stromstärke; A Anstiegsphase; B Abklingphase

gewünschte Maximalfeldstärke notwendige Wechselstrom wird über Drehtransformatoren T_1, T_2 eingestellt. Die Regelung der Feldstärke vom Maximalwert auf den Wert Null geschieht von Hand, über motorgetriebene Drehtransformatoren oder elektronische Schaltungen, wobei sich Rampenfunktionen der Art von Abb. 2.11.15 am besten bewährt haben. Zur Abschirmung des Erdmagnetfeldes während des Entmagnetisierungsvorgangs eignen sich entweder Helmholtz-Spulen oder magnetische Abschirmungen. Die Feldspule ist mit Hilfe von Kondensatoren auf Resonanz mit der Netzfrequenz abzustimmen, um die notwendigen Stromstärken zu erhalten und um höhere Harmonische zu unterdrücken. In kommerziell angebotenen Entmagnetisierungsapparaturen werden Feldeinstellung und Stromregelung elektronisch gesteuert. Dabei können auch unterschiedliche Rampenfunktionen für die Regelung der Feldstärke auf den Wert Null ausgewählt und den speziellen magnetischen Eigenschaften von verschiedenen Gesteinen optimal angepaßt werden.

Die Entmagnetisierung im Wechselfeld kann auf verschiedene Weise durchgeführt werden. Sie verläuft im einen Fall getrennt in den drei verschiedenen Achsenrichtungen. Zur Zeiteinsparung werden dabei auch Behälter, die mehrere (6–8) Proben aufnehmen können, nacheinander in den drei Raumrichtungen entmagnetisiert. Beim anderen Verfahren werden die Proben in allen drei Raumrichtungen in einem Arbeitsgang unter Verwendung eines Taumlers entmagnetisiert. Ein Taumler ist eine Vorrichtung (Abb. 2.11.16), bei der die Probe in einem von verschiedenen Zahnrädern

Abb. 2.11.16a, b. Taumlervorrichtungen zur simultanen Rotation der Probe Pr um zwei bzw. drei orthogonale Achsen während der Wechselfeldentmagnetisierung. 1,2,3,(4) verschiedene ineinander verschachtelte Rotoren; **a** Zweiachsentaumler; **b** Bewegungsablauf in einem Zweiachsentaumler, dargestellt in einem Schmidtschen Netz. *Durchgezogene (unterbrochene) Linien:* vordere (hintere) Hemisphäre

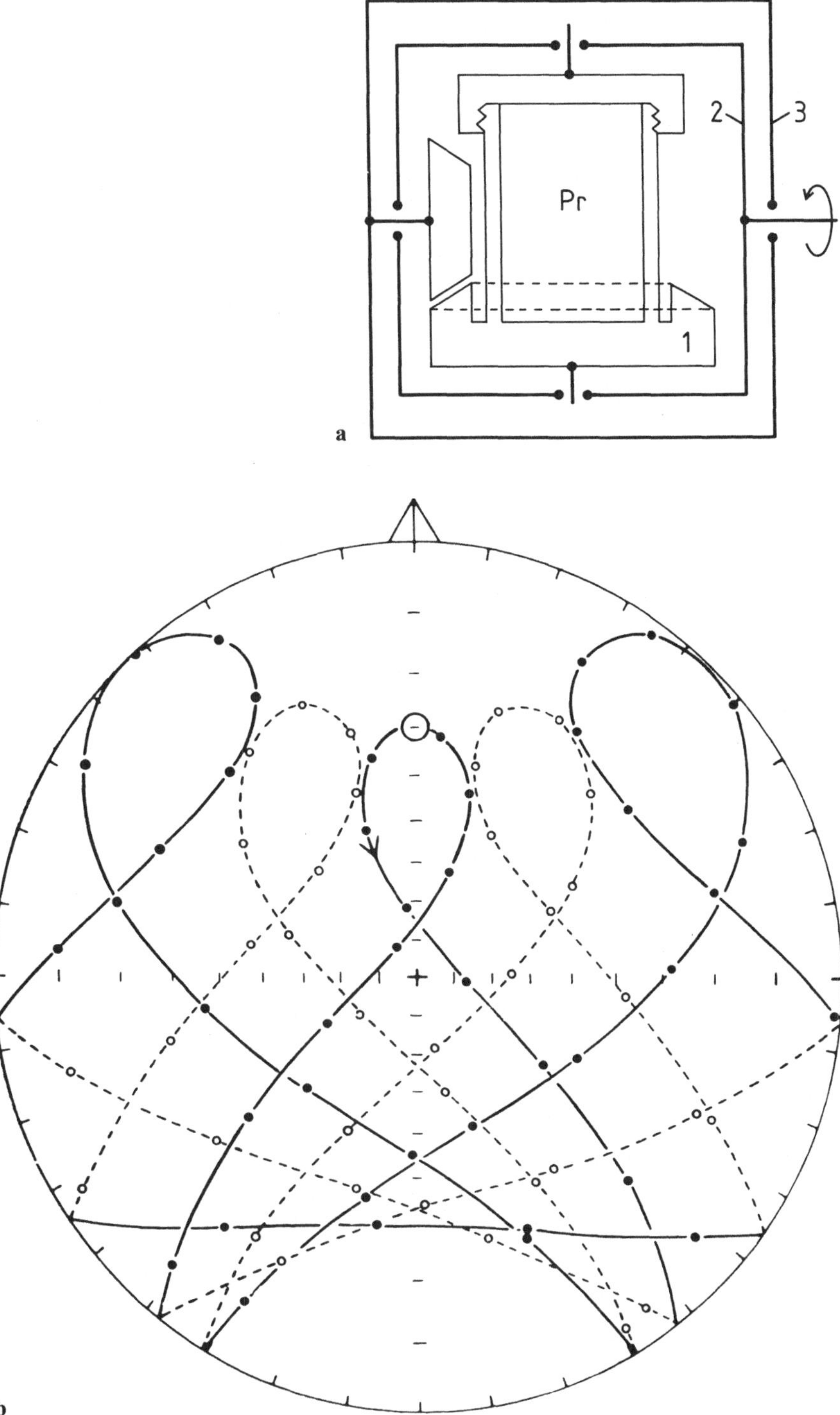
Pr
2
3
1
a
b

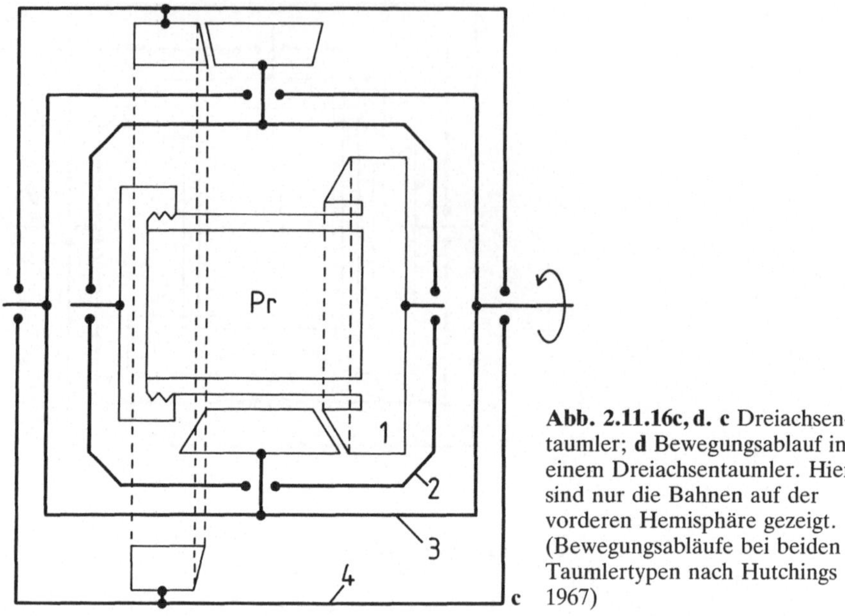

Abb. 2.11.16c, d. c Dreiachsentaumler; **d** Bewegungsablauf in
einem Dreiachsentaumler. Hier
sind nur die Bahnen auf der
vorderen Hemisphäre gezeigt.
(Bewegungsabläufe bei beiden
Taumlertypen nach Hutchings
1967)

angetriebenen Käfig sitzt und sich während des Entmagnetisierungsvorgangs simultan um mehrere Achsen dreht. Bei einer geschickten Wahl der Zahn-radgrößen (Primzahlverhältnisse) vollführt die Probe eine nahezu statisti-sche Bewegung und exponiert im Mittel alle Richtungen dem entmagnetisie-renden Wechselfeld. Abb. 2.11.16 zeigt das Prinzip eines Zweiachsen- und eines Dreiachsentaumlers sowie die Bewegungsabläufe in beiden Taumlern, dargestellt in einem Schmidtschen Netz. Während der Zweiachsentaumler eine noch recht regelmäßige Bewegung der Probe zeigt (Abb. 2.11.16b), ist diejenige im Dreiachsentaumler (Abb. 2.11.16d) wesentlich unregelmäßi-ger.

2.11.8.2 Thermische Entmagnetisierung

Für die thermische Entmagnetisierung benötigt man einen temperaturge-steuerten unmagnetischen Ofen mit einem möglichst großen Volumen mit konstanter Temperatur in einem über Spulensysteme oder durch magneti-sche Abschirmung feldfreien Raum. Nach Erreichen der gewünschten maxi-malen Aufheiztemperatur werden die Proben im Nullfeld abgekühlt. Die Abkühlungsgeschwindigkeit kann durch ein Gebläse erhöht werden. Es ist auch möglich, durch die Verwendung von Schutzgasen mineralogische Umwandlungen der Gesteine bei der thermischen Entmagnetisierung weit-gehend zu unterdrücken. Abbildung 2.11.17 zeigt den schematischen Auf-

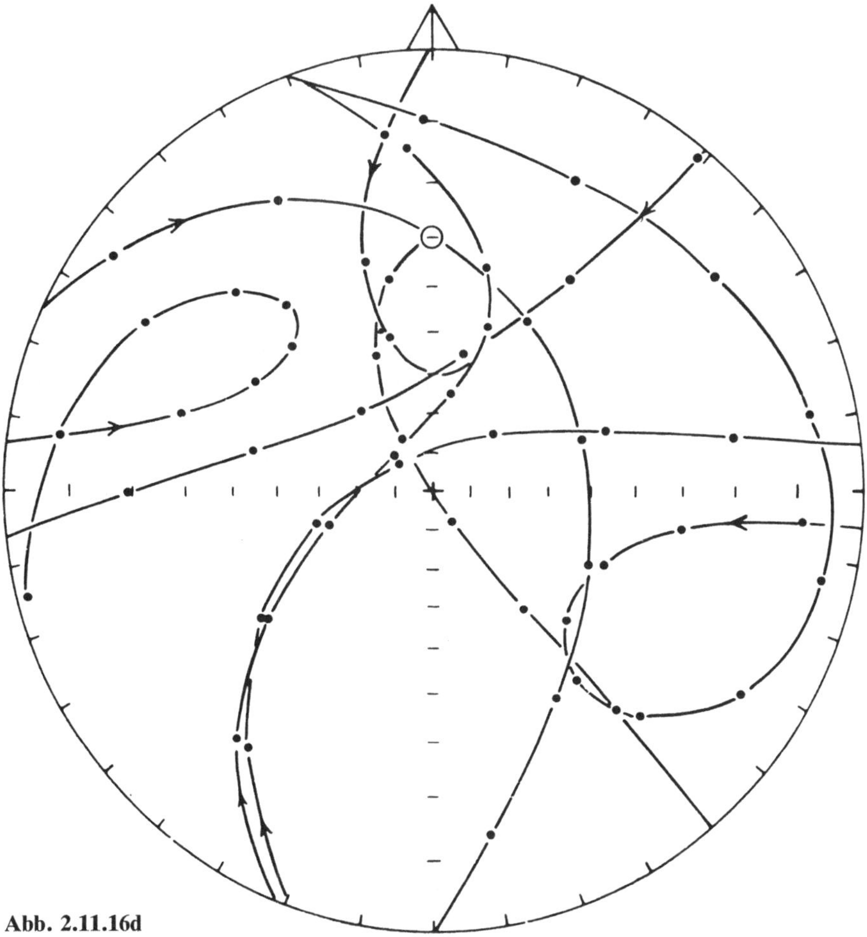

Abb. 2.11.16d

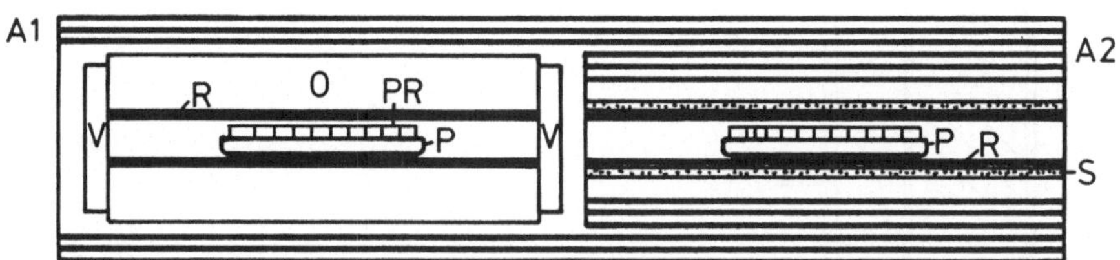

Abb. 2.11.17. Schematischer Aufbau eines unmagnetischen, mit μ-Metall abgeschirmten Ofens für die thermische Entmagnetisierung einer größeren Probenanzahl in einem Arbeitsgang (System Schonstedt). Der Ofen muß in seiner Längsachse Ost-West ausgerichtet sein. *A1* 3fache μ-Metallabschirmung für den Ofenteil; *A2* 6fache μ-Metallabschirmung für den Abkühlteil; *O* unmagnetischer Ofen; *P* Probeschiffchen für etwa 10 Proben (*PR*); *R* Keramikrohr; *V* Verschlüsse des Ofens, von außen bedienbar; *S* Spule für die Erzeugung eines magnetischen Gleichfeldes in Richtung der Ofenachse für Paläointensitätsmessungen

bau einer Apparatur zur thermischen Entmagnetisierung einer größeren Anzahl von Proben in einem einzigen Arbeitsgang. Da der Bau von unmagnetischen Öfen außerordentlich aufwendig ist, wird von einem Eigenbau abgeraten, zumal es preiswerte Apparaturen auf dem Markt gibt. Die Feldabschirmung im Ofenteil der Apparatur muß nicht so gut sein wie im Abkühlteil. Dort sollte das Feld 5 nT nicht überschreiten.

2.11.8.3 Chemische Entmagnetisierung

Das Prinzip eines Gerätes zur chemischen Entmagnetisierung mehrerer Standardgesteinsproben in einem Arbeitsgang zeigt Abb. 2.11.18. Die Probenzylinder werden von einer Gummimanschette umgeben, die hydraulisch an die Zylinderwand angedrückt wird. Dadurch wird verhindert, daß die Säure am Außenrand der Zylinder entlang gepreßt wird, statt in den Porenraum der Gesteine einzudringen. Im Anschluß an jeden Entmagnetisierungsgang wird mit Wasser nachgespült, um restliche Säure aus den Proben zu entfernen und damit die Lösungsvorgänge zu unterbrechen. Geräte dieser Art sind im Handel nicht erhältlich, im übrigen wird dieses Entmagnetisierungsverfahren kaum eingesetzt.

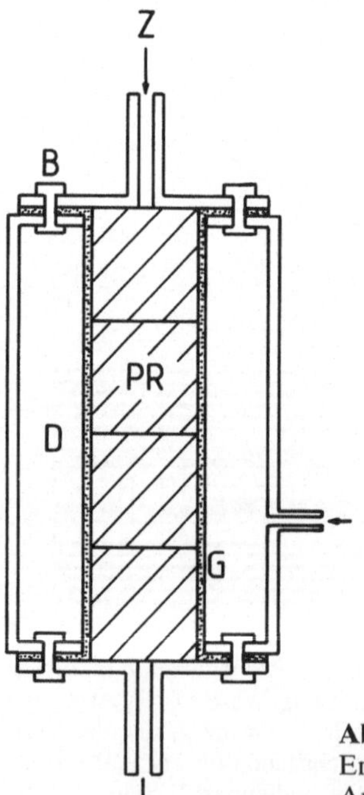

Abb. 2.11.18. Prinzip eines Gerätes zur chemischen Entmagnetisierung von mehreren Probenzylindern in einem Arbeitsgang; *PR* Gesteinsproben; *G* Gummimanschette; *D* Druckmedium, z. B. Hydrauliköl; *Z,A* Zuführung bzw. Abfluß der Säure; *B* Bolzen zur Öffnung des Gerätes

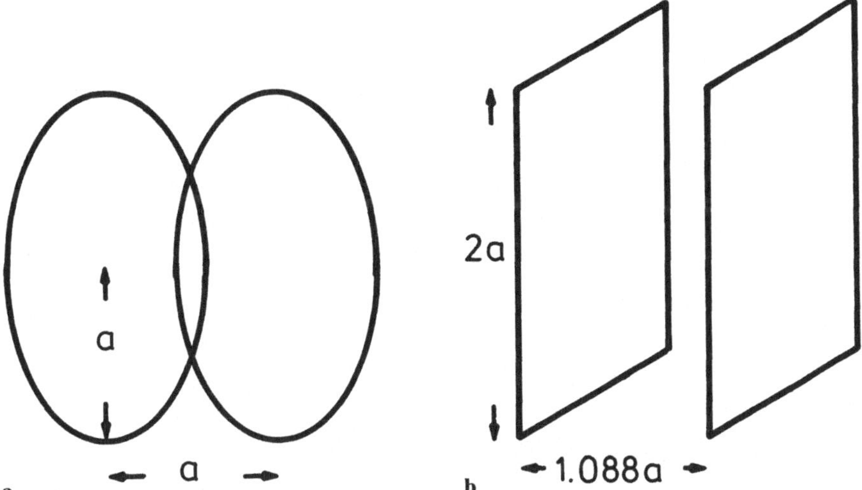

Abb. 2.11.19a, b. Helmholtzspulen zur Kompensation des erdmagnetischen Feldes; **a** Spulensystem mit kreisförmigen Spulen (Radius *a*, Abstand b=a); **b** quadratische Spulen (Kantenlänge *2a*, Abstand b=1.088a)

2.11.8.4 Spulensysteme zur Kompensation des erdmagnetischen Feldes

Hierzu verwendet man in der Regel die klassischen Helmholtzspulen (Abb. 2.11.19), die zur Kompensation des Gesamtfeldes aus drei ineinander verschachtelten orthogonalen Spulensystemen bestehen. Bei kreisförmigen Spulen (Radius a und Abstand b; Abb. 2.11.19a) erhält man optimale Homogenität für a=b. Das Feld F im Zentrum des Spulensystems (in Tesla) ist gegeben durch die Formel

$$F = 8.992 \cdot 10^{-7} \cdot N \cdot i \,/\, a$$

mit N als Anzahl der Windungen und i als Strom in Ampère. Paare von quadratischen Spulen sind leichter herzustellen als solche mit einem kreisförmigen Querschnitt. Sei ihre quadratische Kantenlänge 2a und ihr Abstand voneinander b (Abb. 2.11.19b), so erhält man für das Verhältnis b=1.088a eine optimale Homogenität für das Feld im Zentrum des Spulenpaares. Die Feldstärke F (in Tesla) beträgt dort

$$F = 8.148 \cdot 10^{-7} \cdot N \cdot i \,/\, a$$

Als Homogenitätsraum sei der Bereich definiert, in dem die Feldänderungen kleiner als 10^{-5} sind. Dieser ist bei quadratischen bzw. kreisförmigen Spulen etwa gleich ±0.1a. Spulensysteme für die thermische oder Wechselfeldentmagnetisierung sind entsprechend zu dimensionieren, um die zu entmagnetisierende(n) Probe(n) innerhalb des Homogenitätsbereichs zu behalten.

2.11.8.5 Magnetische Abschirmung

Bleche aus μ-Metall sind in der Lage, ein eindringendes Magnetfeld abzuschirmen. Der Abschirmungsfaktor (Verhältnis der Feldstärke mit und ohne Abschirmung) hängt von der Permeabilität des μ-Metalls, der Blechdicke und der Geometrie der Abschirmung ab. Auf Einzelheiten kann hier nicht eingegangen werden. Dabei ist die Abschirmung mit mehreren dünnen Blechen vorteilhafter und preiswerter als die Abschirmung mit einem einzelnen dickeren Blech. Manche paläomagnetische Laboratorien haben magnetisch abgeschirmte Räume, in denen die Meßgeräte (Magnetometer, Entmagnetisierungsgeräte) aufgestellt sind. Dort sind die Wände des Raumes mit mehreren Schichten von μ-Metall oder auch Transformatorenblechen verkleidet und die Magnetfelder im Innenraum bis auf wenige 10er nT reduziert (Patton u. Fitch 1962b). Vielfach werden in paläomagnetischen Labors magnetische Abschirmungen nur in relativ kleinen Volumina im Rahmen der Wechselfeld- oder thermischen Entmagnetisierung oder zur Aufbewahrung von Proben (Verhinderung einer VRM) benötigt. Dazu reichen Röhren oder Kästen aus μ-Metall aus.

2.12 Mikroskopie und Mößbauer-Spektroskopie

2.12.1 Erzmikroskopie: Dünnschliffe, Anschliffe

Eine detaillierte Untersuchung der ferro(i)magnetischen Mineralien in einem Gestein, ihrer Korngrößenverteilung und ihres Erhaltungszustandes sollte mit zu den wichtigsten Teilen einer paläomagnetischen Messung gehören. Obwohl zahlreiche indirekte Meßverfahren zur Identifikation der Träger einer Remanenz zur Verfügung stehen (2.3.8), sollte zumindest bei magmatischen und metamorphen, möglichst auch bei sedimentären Gesteinen nicht auf eine direkte Überprüfung des Erzbestandes mit Hilfe mikroskopischer Untersuchungen verzichtet werden. Bei Sedimenten ist häufig der Gehalt an ferro(i)magnetischen Mineralien so gering und die Erzkörner sind auch oft so klein, daß sie bei der begrenzten Auflösung eines Lichtmikroskops (maximal etwa 1200fach) nicht beobachtet werden können. Im Regelfall können dann nur die in 2.3.8 beschriebenen Verfahren eingesetzt werden, eventuell auch die weiter unter beschriebenen Verfahren der Elektronenmikroskopie. Bei Magmatiten und Metamorphiten ist eine Untersuchung der Erzminerale mit dem Lichtmikroskop fast immer möglich. Die Träger einer remanenten Magnetisierung in Gesteinen gehören zu den im Mikroskop undurchsichtigen oder opaken Mineralien. Mit den in der Mineralogie häufig eingesetzten Dünnschliffuntersuchungen ist man in der Lage, opake von eher durchsichtigen Mineralien (Feldspäte, Quarz usw.) zu unterscheiden und ihre Korngrößen zu messen. Häufig ist es auch möglich, auf Grund der Kristallform einzelne Erzmineralien zu identifizieren. Die klassische Methode zum Studium der Erzminerale ist jedoch die Auflichtmikroskopie mit Hilfe eines Polarisationsmikroskops, wenn möglich in Kombination mit Mikrosondenmessungen zu ihrer Analyse. Es würde den Rahmen dieses Buches sprengen, auf Einzelheiten der Erzmikroskopie einzugehen. Hierzu sei auf das klassische Lehrbuch von Ramdohr (1955) und auf die Bildkartei der Erzmikroskopie von Maucher und Rehwald (1961) verwiesen. Für die häufig vorkommenden opaken Mineralien ist auch die Bildtafel von Lof (1983) nützlich. Eine Beschreibung der Oxidminerale und ihrer Phasenbeziehungen (Magnetit, Hämatit, Maghemit, Titanomaghemite) findet man bei Rumble (1976), das entsprechende über Sulfidminerale (Magnetkies und andere Sulfide) bei Ribbe (1974).

Scheibchen mit 2.5 cm Durchmesser und etwa 1 cm Höhe von Probenzylindern (2.11.5) werden häufig ohne weitere Präparation für die Herstellung der Anschliffe verwendet. Kleinere Gesteinsstückchen werden besser vor der Politur in Kunststoff eingegossen, ebenso angereicherte Mineralfraktionen. Der Vorschliff wird mit Sandpapier verschiedener Rauhigkeit und reichlich Wasser durchgeführt, der Feinschliff mit Diamantpasten verschiedener Körnungen. Daran kann noch ein weiterer Feinstschliff mit kolloidalem SiO_2 (Syton, OP-S) angeschlossen werden, wenn man besonders gut polierte, möglichst spannungsfreie Oberflächen benötigt (Hoffmann 1988). Dies ist zweckmäßig bei sehr starken Vergrößerungen und zur Beobachtung von magnetischen Domänen. Hierfür kann auch die Ionenpolitur (Soffel 1968, Soffel u. Petersen 1971) verwendet werden.

Die ferro(i)magnetischen opaken Mineralien unterscheiden sich durch etwas unterschiedliche Kornformen und auch in der Färbung. Die kubischen Minerale Magnetit, Maghemit und die Titanomagnetite zeigen in der Regel Umrissc, die sich von einem Schnitt durch einen Oktaeder ableiten lassen: Quadrate, Dreiecke, Rechtecke und alle möglichen Kombinationen und Zwischenformen davon mit wenig von 1 abweichenden Achsenverhältnissen. Sie sind optisch isotrop, zeigen also im polarisierten Licht bei Drehung des Mikroskoptisches keine Änderungen ihrer Helligkeit. Gegenüber Magnetit erscheint Maghemit etwas heller mit einer bläulichen Färbung, während die Titanomagnetite etwas dunkler und bräunlicher sind. Abbildung 2.12.1 zeigt einen Anschliff eines Basalts mit homogenen Titanomagnetiten variabler Korngröße. Titanomagnetite in Basalten, die schnell abgekühlt wurden, zeigen oft keine gerundeten Formen, sondern eine Skelettstruktur (Abb. 2.12.2). Hierbei treten auch längliche Kornformen auf und sehr unregelmäßige Berandungen. Diese Kornform hat höhere Koerzitivkräfte der Gesteine zur Folge (2.2.2; 2.2.6).

Die rhomboedrischen ferro(i)magnetischen Mineralien Hämatit und Magnetkies sind optisch anisotrop und wechseln im polarisierten Licht bei Drehung des Mikroskoptisches ihre Helligkeit. Dies trifft auch für den rhomboedrischen Ilmenit zu. Hämatit hat ein größeres Reflexionsvermögen als Magnetit und erscheint im Auflicht ganz weiß. Neben Hämatit hat

Abb. 2.12.1. Anschliff eines Basalts mit homogenen Titanomagnetiten variabler Korngröße

Abb. 2.12.2. Skelettstruktur der Titanomagnetite bei einem schnell abgekühlten Ozeanbasalt

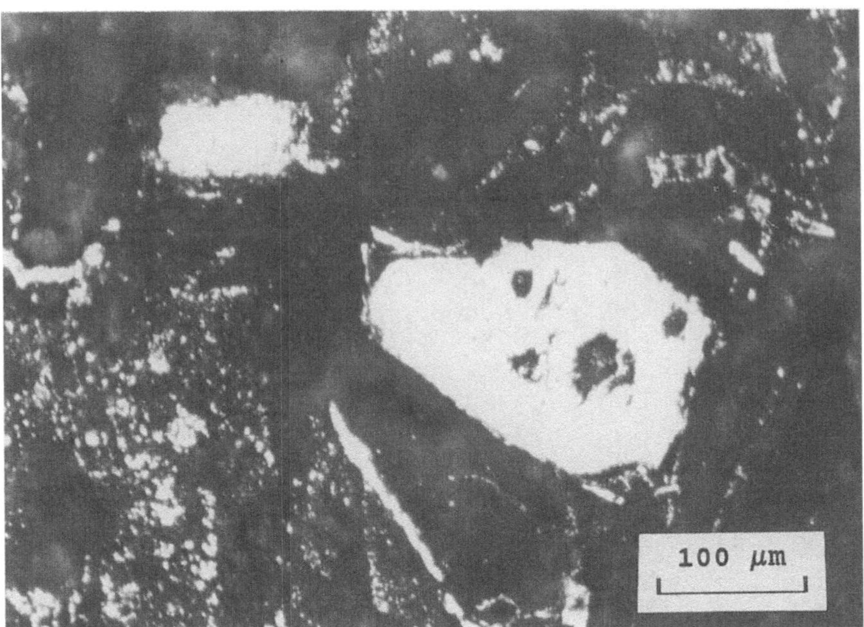

Abb. 2.12.3. Großes Erzkorn von Hämatit, pseudomorph nach Magnetit

Magnetit einen leichten Farbstich ins grau-braune. Typisch für Hämatit sind rote Innenreflexe. Das Mineral tritt häufig in Form dünner Plättchen und Nadeln auf, aber auch als gerundete Erzkörner, insbesondere dann, wenn Hämatit durch Oxidation aus Magnetit oder Titanomagnetit entstanden ist. Abbildung 2.12.3 zeigt ein großes Hämatiterzkorn, das durch einen Oxidationsprozess aus Magnetit hervorgegangen ist. Nadelförmige Hämatitkristalle sind in Abb. 2.12.4 dargestellt. Häufig findet man Magnetit und Titanomagnetit mit einem Saum von (sekundärem) Hämatit und Hämatit entlang von Rissen und Klüften im Inneren. Magnetkies erscheint im Erzmikroskop als helles, gelbliches Mineral mit meist gerundeten Kornformen. Vom ebenfalls gelblich erscheinenden, aber kubischen und damit optisch isotropen Pyrit (FeS_2) kann man es durch die optische Anisotropie leicht unterscheiden.

Ursprünglich homogene Titanomagnetite können durch Oxidationsvorgänge bei hohen Temperaturen entmischen. Die Entmischungslamellen bestehen dann meist aus Magnetit und Ilmenit. Ein Beispiel hierfür zeigt Abb. 2.12.5 (Soffel u. Petersen 1971). Durch die Entmischungslamellen wird die effektive Korngröße der Erzmineralien erheblich reduziert, was zu einem Anstieg der Koerzitivkraft führt (2.2.6). Meist findet die Entmischung der Titanomagnetite während der Abkühlung von Laven statt, so daß in den Gesteinen eine primäre Thermoremanenz konserviert wird.

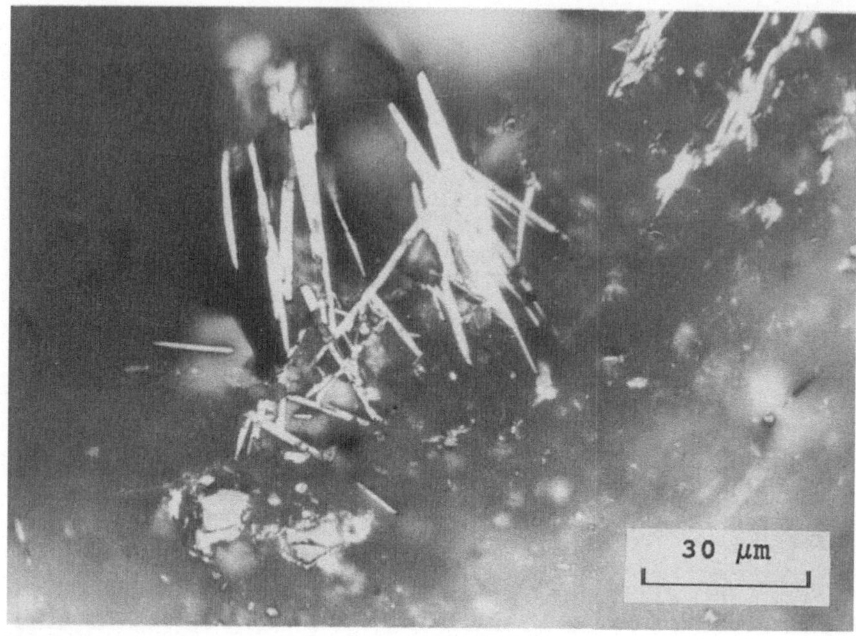

Abb. 2.12.4. Nadelförmiger, sekundär gebildeter Hämatit

Abb. 2.12.5. Entmischungslamellen von Magnetit und Ilmenit. (Aus Soffel u. Petersen 1971)

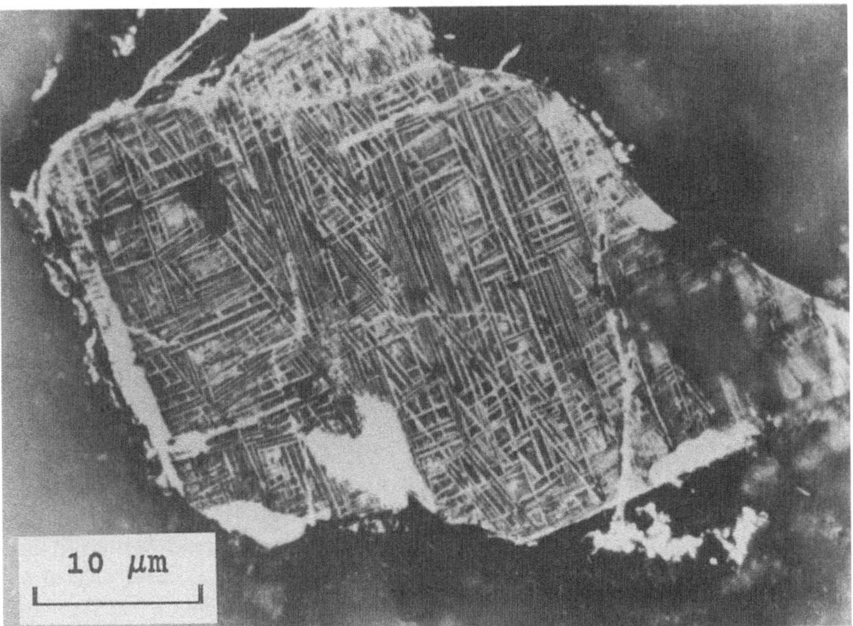

Abb. 2.12.6. Ursprünglicher Titanomagnetit, der durch eine Oxidation bei hohen Temperaturen entmischt, jetzt in Form von Lamellen von Hämatit und Ilmenit vorliegt. (Aus Soffel u. Harzer 1991)

Gelegentlich ist der Oxidationsprozess so intensiv, daß der entmischte Magnetit weiter zu Hämatit oxidiert wird. Ein Beispiel zeigt Abb. 2.12.6 (Soffel u. Harzer 1991). Hier besteht der ursprüngliche Titanomagnetit (erkennbar an seiner äußeren Form) aus einem Netzwerk von Entmischungslamellen der Minerale Ilmenit und Hämatit mit Resten von Magnetit.

Die Oxidation von homogenen Titanomagnetiten kann aber auch langsam bei tiefen Temperaturen über Maghemit-Zwischenstadien erfolgen. Endprodukt ist dann Pseudobrookit, der sich eventuell noch weiter in Hämatit und Rutil (TiO_2) entmischen kann. Pseudobrookit hat ein wesentlich geringeres Reflexionsvermögen als die oben beschriebenen opaken Minerale und erscheint grau-rosa neben Hämatit. Abbildung 2.12.7 zeigt Pseudobrookit (grau) verwachsen mit Resten von Titanomaghemit (hellgrau) neben einem kleinen Erzkorn von Hämatit (weiß). Ein ehemaliger Titanomagnetit, der in Lamellen von Ilmenit (hellgrau) und Magnetit entmischt wurde, ist in Abb. 2.12.8a dargestellt. Der Magnetit wurde zum großen Teil durch Hämatit (weiß) verdrängt und ist nur noch in Form von kleinen, unregelmäßig geformten Resten (hellgrau) vorhanden. In diesem Gestein konnten zwei Generationen von Remanenzen nachgewiesen werden: eine primäre Rema-

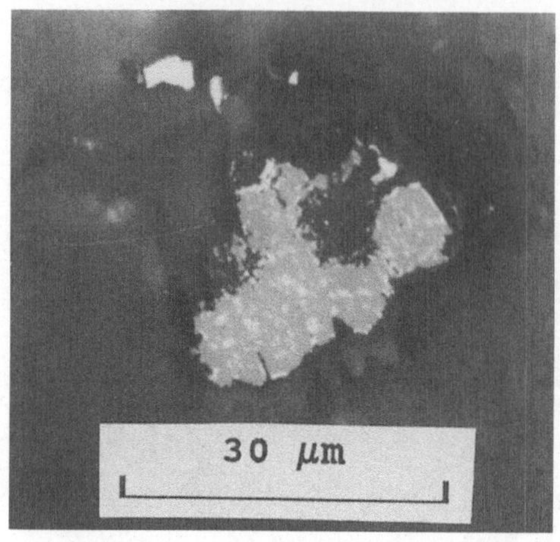

Abb. 2.12.7. Pseudobrookit (grau) verwachsen mit einem Titanomaghemiten (hellgrau) in einem bei tiefen Temperaturen (<300 °C) oxidierten paläozoischen Diabas in Grünschieferfazies; weißes Erzkorn: sekundär gebildeter Hämatit

nenz, getragen von den Resten des ursprünglich entmischten Magnetits, und eine sekundäre Remanenz, die vom sekundären Hämatit stammt (Ku et al. 1967). Hier hatte die sekundäre Remanenz höhere Koerzitivkräfte und Blockungstemperaturen als die primäre Remanenz. Es ist also nicht immer diejenige Remanenz primär, die gegen Entmagnetisierungen im Wechselfeld oder thermisch die stabilere ist. Die Erzmikroskopie kann bei der Mehrkomponentenanalyse (2.6.9) entscheidende Hinweise darüber geben, welche Remanenzen wahrscheinlich primär und welche sekundär oder tertiär sind.

Einzelne ferro(i)magnetische Mineralien können aber nicht nur durch ihre Kornform oder ihr Reflexionsvermögen unterschieden werden, sondern auch auf Grund ihrer Eigenschaft als stark magnetisches oder schwach magnetisches (antiferro- oder paramagnetisches) Mineral. Hierzu wird die Methode mit dem Magnetitkolloid verwendet, die auch zur Sichtbarmachung der magnetischen Domänen eingesetzt wird (Soffel 1962). Die Anwendung soll am Beispiel der Abb. 2.12.8b demonstriert werden. Magnetitkolloid auf der Oberfläche des Anschliffs bedeckt nur den stark magnetischen Magnetit (Vergleich mit Abb. 2.12.8a), nicht aber den schwach ferro(i)magnetischen Hämatit und den antiferromagnetischen, bei Normaltemperatur paramagnetischen Ilmenit.

Bei verschiedenen Phasen von Magnetkiesen kann man mit Hilfe des Magnetitkolloids auch die ferro(i)magnetischen von den antiferromagnetischen unterscheiden. Dies ist mit Hilfe des Lichtmikroskops im allgemeinen nicht oder nur schwer möglich, denn sie unterscheiden sich kaum durch das Reflexionsvermögen. Abbildung 2.12.9 zeigt einen Magnetkies verwachsen mit Pyrit bei einer Bedeckung mit Magnetitkolloid. Während der paramagnetische Pyrit das Kolloid nicht anzieht, bildet sich auf dem Magnetkies die Bereichsstruktur mit Bitterschen Streifen ab. Ein weiteres Beispiel wurde schon in Abb. 2.2.15 dargestellt.

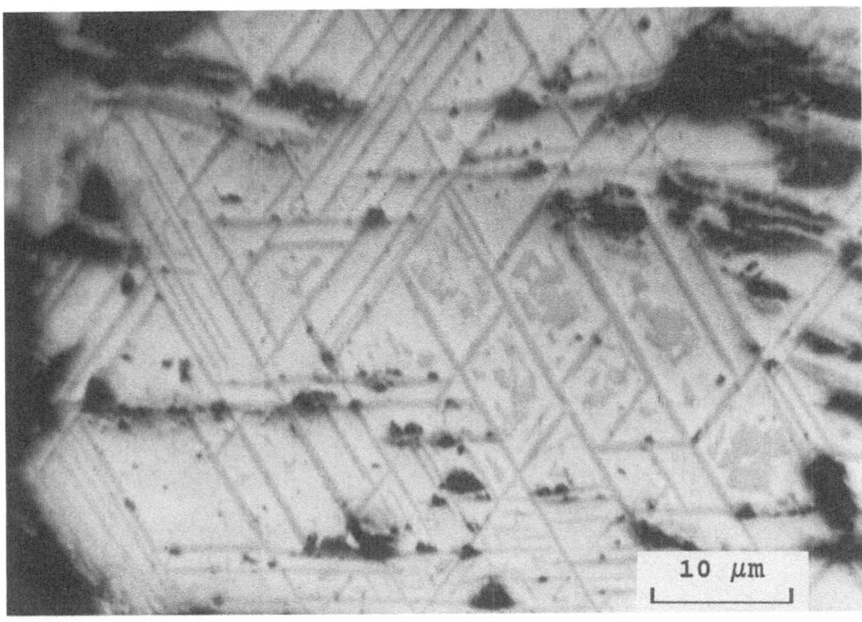

a

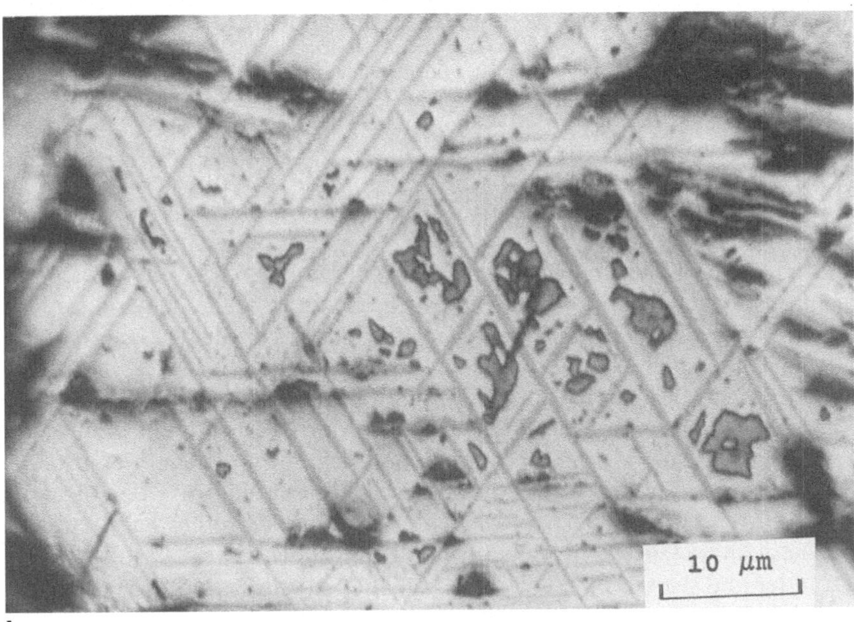

b

Abb. 2.12.8a, b. Entmischungslamellen von Ilmenit (hellgrau) und Hämatit (weiß). Im Hämatit befinden sich noch unregelmäßig geformte Reste von Magnetit (hellgrau). **a** Anschliff ohne Bedeckung durch Magnetitkolloid; **b** Anschliff mit Bedeckung durch Magnetitkolloid. Dieses lagert sich nur auf dem stark magnetischen Mineral Magnetit ab und kennzeichnet es damit

Abb. 2.12.9. Magnetkies, verwachsen mit Pyrit, mit einer Bedeckung von Magnetitkolloid. Der paramagnetische Pyrit ist frei von Kolloid, während auf dem Magnetkies Domänenstrukturen (Bittersche Streifen) zu beobachten sind

2.12.2 Rasterelektronenmikroskopie REM

Die auf etwa 1200fach begrenzte Vergrößerung der Lichtmikroskope ist nicht ausreichend, um sehr kleine Erzkörner und sehr feine Strukturen in den Erzmineralien (Entmischungslamellen usw.) genauer zu untersuchen. Hierzu eignen sich die Verfahren der Elektronenmikroskopie, bei denen allerdings ein größerer Präparationsaufwand notwendig ist als bei der Lichtmikroskopie. Die Verfahrenstechniken der REM sind bei Reimer und Pfefferkorn (1973) beschrieben und sollen hier nicht weiter erläutert werden. Beispiele für die Anwendung dieser Technik sind in den folgenden Abbildungen dargestellt. Abbildung 2.12.10 zeigt hydrothermal gezüchtete Magnetiteinkristalle recht einheitlicher Korngrößen. Die Kornformen sind gerundet und typisch für kubische Kristalle. Neben der verbesserten Auflösung (bis maximal etwa 20000fach) besitzt die REM noch den Vorteil größerer Tiefenschärfe als das Lichtmikroskop. Die Objekte erscheinen als nahezu dreidimensional. Mit der REM ist es auch möglich, Präparate von angereicherten ferro(i)magnetischen Phasen zu untersuchen. Die opaken Minerale können dann von den durchsichtigen Mineralien nicht mehr durch ihr unterschiedliches Reflexionsvermögen unterschieden werden, sondern

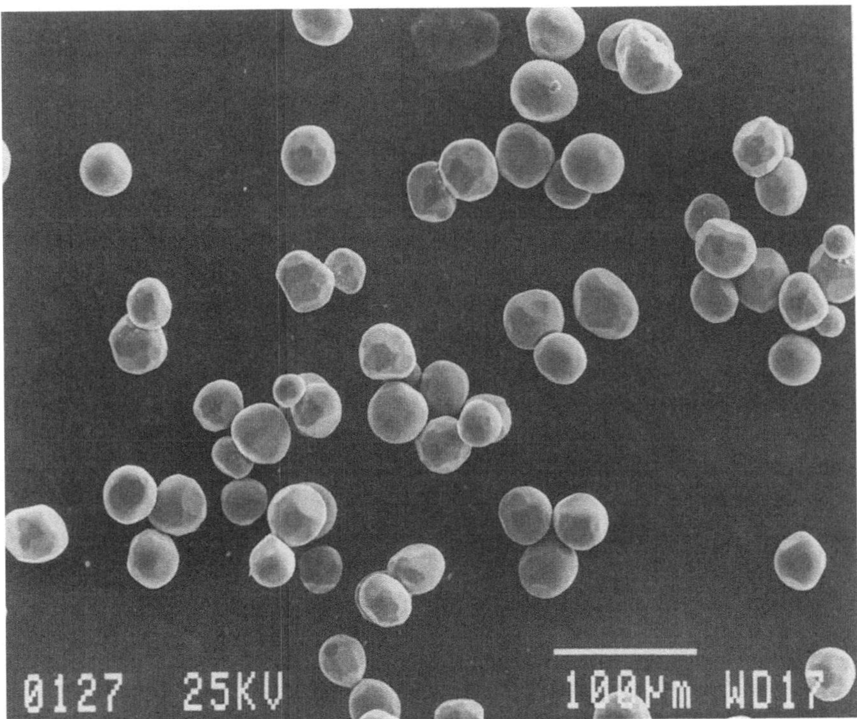

Abb. 2.12.10. Aufnahme von hydrothermal gezüchteten Magnetiten einheitlicher Korngrößen mit dem Rasterelektronenmikroskop. Mittlerer Korndurchmesser etwa 40 µm. (Kristallzüchtung und Aufnahmen: Heider 1990, unveröffentlicht)

nur noch durch ihre charakteristischen Kornformen. Dies ist häufig nicht einfach und führt vielfach nicht zu eindeutigen Ergebnissen.

Auch für hochauflösende Domänenbeobachtungen kann die REM verwendet werden. Die Domänenwände (Bittersche Streifen) auf einem Titanomagnetit der Zusammensetzung TM 72 zeigt Abb. 2.12.11. Die Wände sind meist gestreckt, zum Teil aber auch zick-zackförmig. Diese komplizierte Wandstruktur konnte mit dem Lichtmikroskop nicht mehr aufgelöst werden. Die Wände schienen lediglich verbreitert zu sein. In Abb. 2.12.12a ist ein kleines, hydrothermal gezüchtetes Magnetitkorn in Form eines 2-Bereichsteilchens dargestellt. Eine Domänenwand trennt das Erzkorn in zwei entgegengesetzt magnetisierte Bereiche (nach Heider 1989, aus Soffel et al. 1990). Es sind auch noch zwei Abschlußbereiche ausgebildet, um das magnetische Streufeld zu reduzieren. Eine mögliche Magnetisierungsverteilung ist in Abb. 2.12.12b gezeigt. Wahrscheinlich gibt es im Übergang von den Abschlußbereichen zu den beiden großen antiparallel magnetisierten Domänen die für Magnetit typischen 109°- bzw. 71°-Wände.

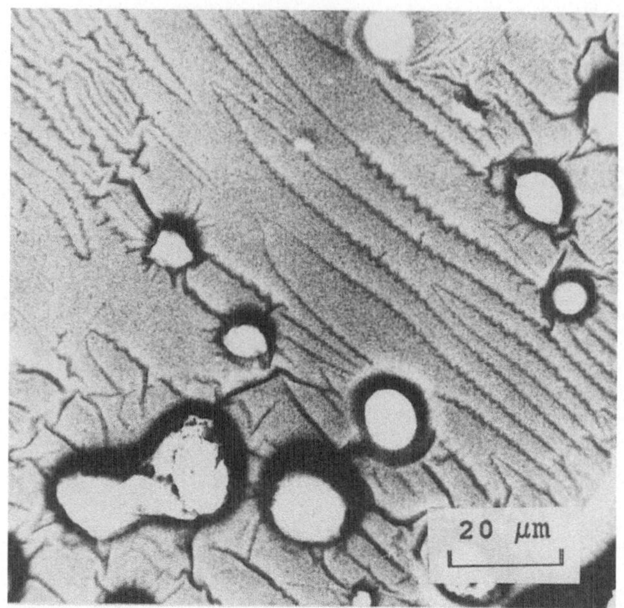

Abb. 2.12.11. Domänenbeobachtung mit dem Rasterelektronenmikroskop; gestreckte und zickzackförmige Wände auf einem Titanomagnetiten der Zusammensetzung TM 72. (Soffel et al. 1990)

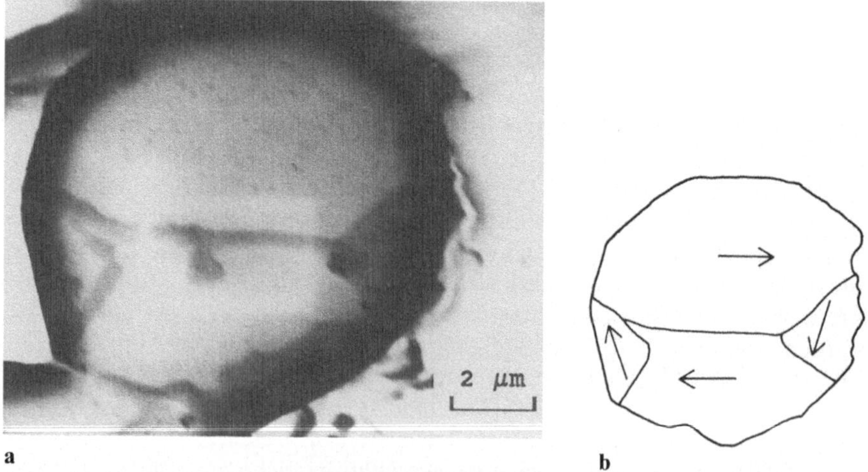

a   b

Abb. 2.12.12a, b. Domänenbeobachtung mit dem Rasterelektronenmikroskop; hydrothermal gezüchteter Magnetitkristall; Durchmesser: 10 µm. **a** Teilchen mit zwei magnetischen Domänen und zwei Abschlußbereichen (nach Heider 1989, persönliche Mitteilung); **b** wahrscheinliche Magnetisierungsrichtungen in den Domänen *(Pfeile)*. (Soffel et al. 1990)

2.12.3 Transmissionselektronenmikroskopie TEM

Die Techniken der TEM sind in zahlreichen Lehrbüchern (z. B. Hayat 1989) beschrieben. Es sollen hier in kurzer Form nur zwei Anwendungsbereiche vorgestellt werden. Der eine betrifft die Untersuchung von submikroskopischen Entmischungslamellen in Hämo-Ilmeniten mit Durchmessern unterhalb des Auflösungsvermögens des Lichtmikroskops. Hierzu mußten die an und für sich opaken Minerale zunächst mechanisch so dünn wie möglich geschliffen und anschließend mit Laserlicht so weit abgetragen werden, daß sie von einem Elektronenstrahl durchdrungen werden können. Die Präparationstechnik der Proben und die Struktur der beobachteten Lamellen ist bei Lawson et al. (1981) beschrieben. Beim anderen Anwendungsbeispiel handelt es sich um die Sichtbarmachung von kleinen Magnetiten im Inneren von sogenannten magnetotaktischen Bakterien. Es wird vermutet (2.4.5), daß fossile magnetotaktische Bakterien einen nenneswerten Beitrag zur Magnetisierung von kalkigen Sedimenten und Böden liefern können (Blakemore 1975, 1982; Kirschvink et al. 1985; Petersen et al. 1986, 1989; Faßbinder et al. 1990). Abbildung 2.12.13 zeigt die Aufnahme eines rezenten magnetotaktischen Bakteriums mit einer Kette von Magnetitkristallen (Magnetosome) im Inneren. Die Funktion der Magnetosome ist noch nicht ganz geklärt. Rezente Formen der magnetotaktischen Bakterien verwenden sie zur Orientierung im Erdmagnetfeld und möglicherweise zur Auffindung eines für sie günstigeren Lebensmilieus. Es ist aber auch möglich, daß der

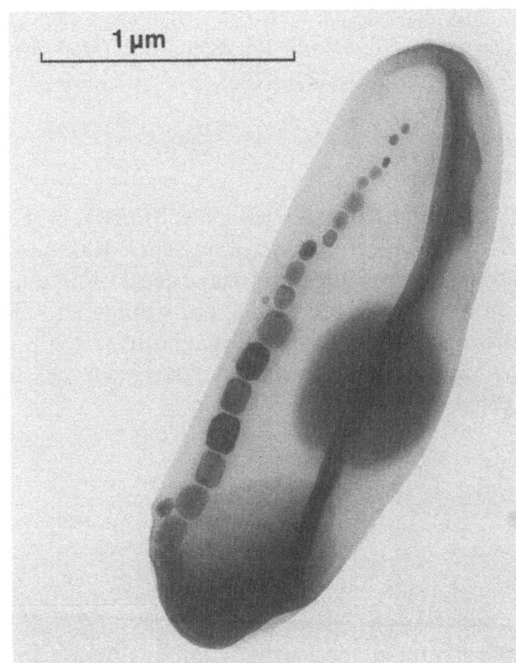

Abb. 2.12.13. Aufnahme eines rezenten magnetotaktischen Bakteriums mit einem Strang kleiner Magnetiteinbereichsteilchen im Inneren. (Nach Petersen et al. 1989)

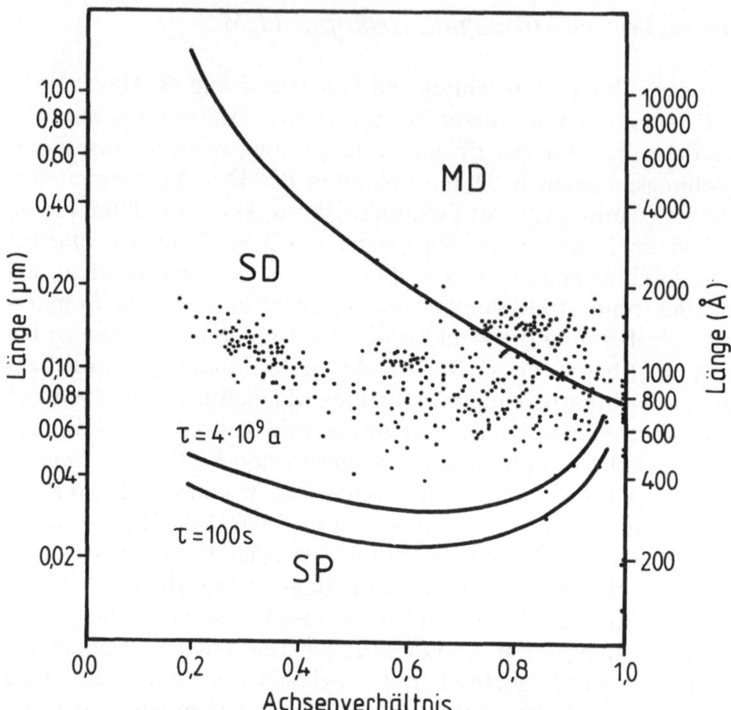

Abb. 2.12.14. Größenverteilung der Magnetosome im Diagramm von Butler und Banerjee (1975). Sie stammen von rezenten Magnetbakterien verschiedener Gewässer aus dem süddeutschen Raum; *MD* Mehrbereichsteilchen; *SD* Einbereichsteilchen; *SP* superparamagnetische Teilchen; τ Relaxationszeit. (Mod. nach Petersen et al. 1989)

Magnetit zur Regulierung des Stoffwechsels dient. Die Größe der Magnetosome rezenter magnetotaktischer Bakterien ist in Abb. 2.12.14 im Diagramm von Butler und Banerjee (1975) dargestellt. Sie liegen überwiegend im Feld der Einbereichs-, nur wenige im Feld der Zweibereichsteilchen. Die Einbereichsteilchen sind magnetostatisch miteinander gekoppelt und stellen einen stabilen Strang dar, der auch bei fossilen Formen zum Teil noch erhalten ist.

2.12.4 Mößbauer-Spektroskopie

Das Verhältnis der Fe^{2+}- zu den Fe^{3+}-Ionen in einem natürlichen ferro(i)-magnetischen Mineral ist entscheidend für die Beurteilung des Oxidationsgrades von Maghemit und Titanomaghemiten. Er wird mit dem Oxidationsparameter z beschrieben. Darauf wurde in 2.3.3 schon eingegangen. Zum

Prinzip der Mößbauer-Messungen sei auf Greenwood und Gibb (1971) und Barb (1980) verwiesen. Mößbauer-Spektren von Titanomaghemiten bei verschiedenen Temperaturen (Schmidbauer 1987) erlauben die Bestimmung der Kationenverteilung auf die A- und B-Plätze des inversen Spinellgitters. Als Beispiele für Mößbauer-Messungen sollen die in Abb. 2.12.15 gezeigten Spektren von Magnetit und Maghemiten verschiedener Oxidationsgrade dienen (Keller 1991). In Abb. 2.12.15a ist das Spektrum von reinem Magnetit dargestellt. Es zeigt 6 Linien, die aber zum Teil als Doubletten auftreten. Dies rührt daher, daß im Magnetit Fe^{2+} und Fe^{3+} vorhanden sind. Die berechneten Flächen unter den angeglichenen Kurven verhalten sich wie

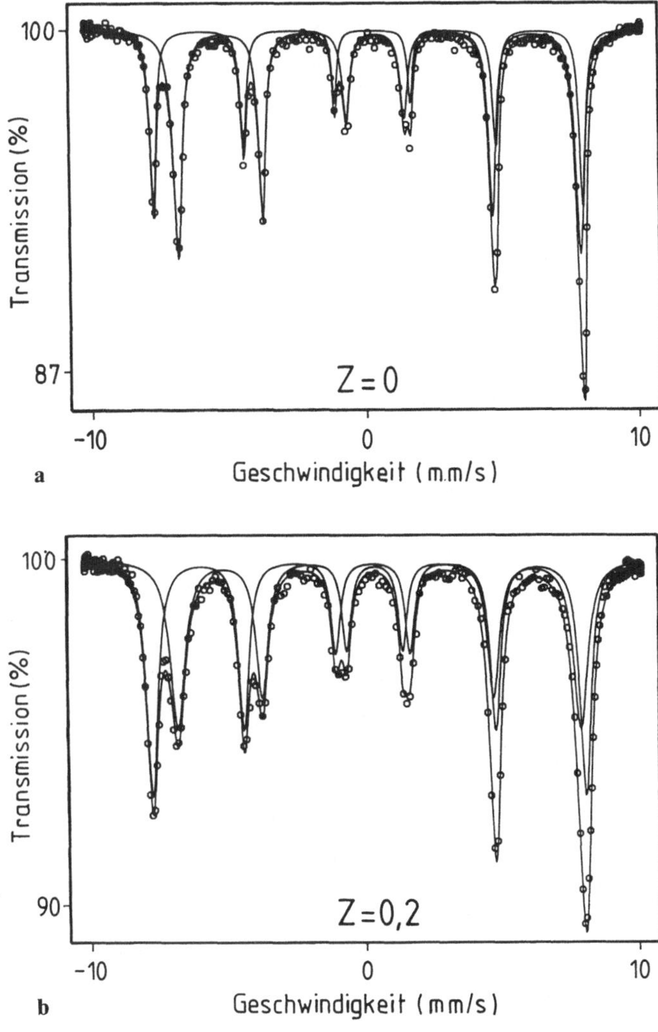

Abb. 2.12.15a–f. Mößbauer-Spektren von **a** Magnetit und **b–e** Maghemiten mit zunehmendem Oxidationsparameter z; **f** reiner Maghemit mit $z=1$. (Aus Keller 1991)

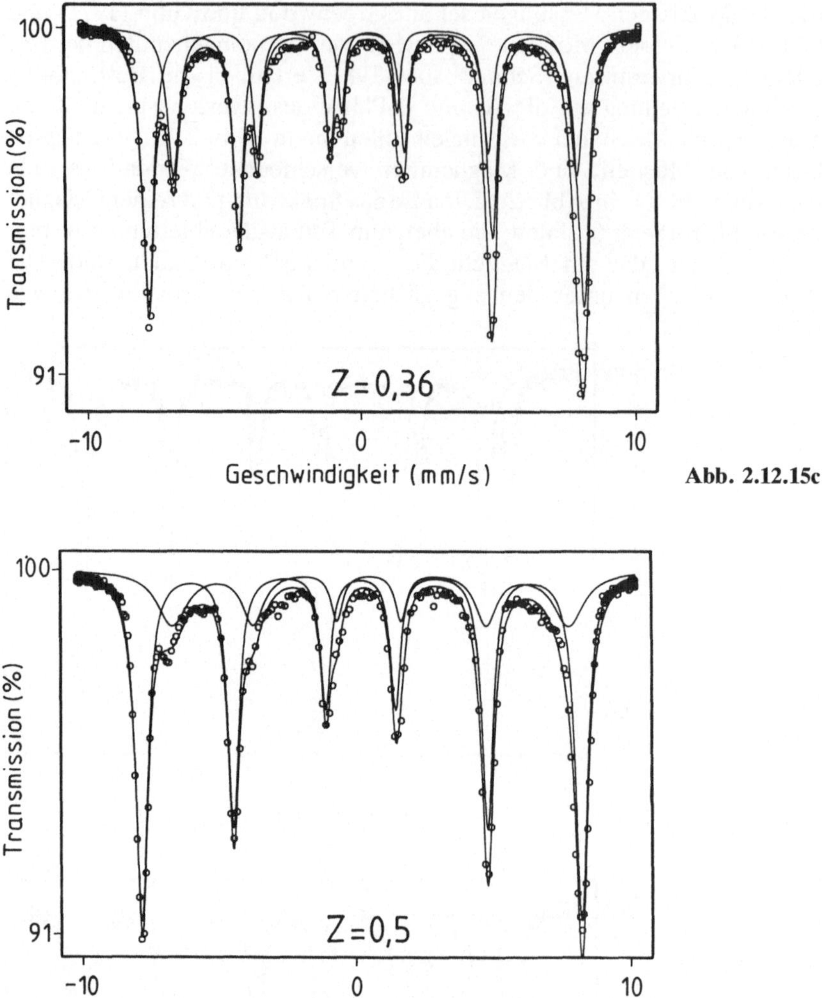

Abb. 2.12.15c

Abb. 2.12.15d

2:1, entsprechend dem Verhältnis von $Fe^{3+}:Fe^{2+}$ im Magnetit. Das Bild zeigt auch die zu den A- bzw. B-Plätzen gehörenden Linien. Mit zunehmendem Oxidationsparameter z werden die Spektren immer einfacher, das Verhältnis der Flächen unter den Kurven nimmt immer weiter zu. Beim Maghemit in Abb. 2.12.15f treten keine Doubletten mehr auf, die auf Fe^{2+} hinweisen. Es sind nur noch Fe^{3+}-Ionen vorhanden. Mößbauer-Messungen gehören noch nicht zum Standard einer paläomagnetischen Untersuchung, weil spezielle Apparaturen erforderlich sind, die nicht überall zur Verfügung stehen. Für spezielle Probleme, z. B. bei der Untersuchung von remagnetisierten Gesteinen, sollte in Zukunft nicht auf sie verzichtet werden.

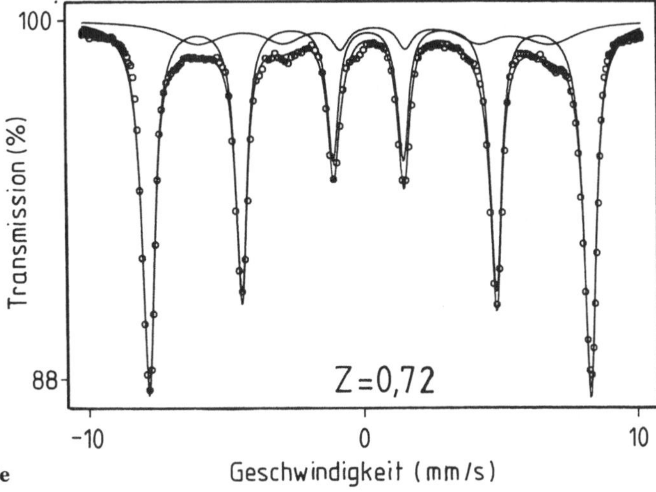

Abb. 2.12.15e

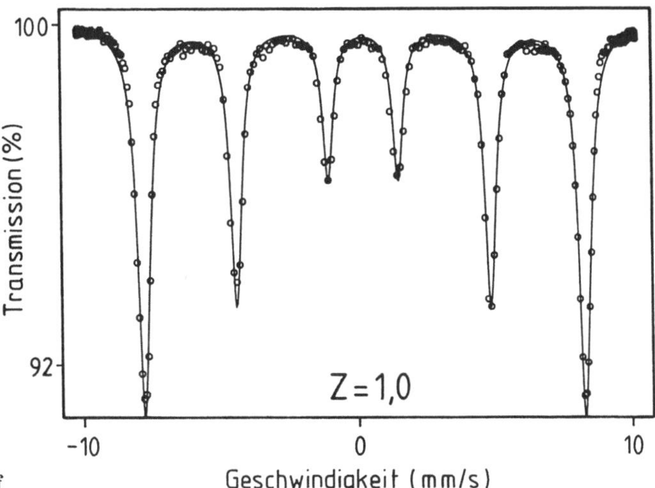

Abb. 2.12.15f

3 Ergebnisse des Paläo- und Archäomagnetismus

3.1 Geometrie des Erdmagnetfeldes

3.1.1 Hypothese vom axialen geozentrischen Dipol

In den Anfangsjahren der paläomagnetischen Forschung (1940–1950) wurde viel Mühe darauf verwendet, den Dipolcharakter des Erdmagnetfeldes in seiner geologischen Vergangenheit nachzuweisen. Dies war wegen der geringen Anzahl paläomagnetischer Daten zu der damaligen Zeit schwierig. Eine Entmagnetisierung der natürlichen Remanenz von Proben war noch nicht üblich, und man mußte sich darauf verlassen, daß die NRM der untersuchten Gesteine weitgehend das Paläofeld zur Zeit ihrer Entstehung wiedergab. Die Untersuchung von Laven, die seit dem mittleren Tertiär (seit etwa 30 Mio. Jahren) in allen Gegenden der Welt gefördert wurden, brachte den Nachweis, daß sich die Pollagen gut um den heutigen geographischen Nordpol gruppieren (Abb. 3.1.1), und zwar unabhängig von der Polarität der ChRM. Die Streuung ist dabei nur unwesentlich größer als diejenige der Pollagen, die man aus heute an der Erdoberfläche beobachteten Feldrichtungen berechnen kann. Ähnliche Untersuchungen an älteren Gesteinen beider Hemisphären lieferten etwas später das gleiche Ergebnis: auch in der weiter zurückliegenden geologischen Vergangenheit war das Erdmagnetfeld mit guter Näherung ein geozentrisches Dipolfeld, d.h. der Dipol befand sich im Zentrum der Erde und nicht etwa seitlich oder entlang der Rotationsachse der Erde versetzt. Mittlerweile kann man sogar annehmen, daß das Erdmagnetfeld seit wenigstens 3.5 Mrd. Jahren diese Eigenschaft besitzt. Die frühe Existenz des Erdmagnetfeldes ist ein wichtiges Argument für die Ausbildung des Erdkerns unmittelbar nach der Entstehung unseres Planeten. Momentan bildet die Dipolachse mit der Rotationsachse einen Winkel von etwa 11°. Die gute Übereinstimmung zwischen dem Zentrum der Polverteilung in Abb. 3.1.1 und dem geographischen Nordpol zeigt außerdem, daß im Mittel über einen genügend langen Zeitraum (mindestens einige 10^4 Jahre; s. 3.1.2) die Dipolachse mit der Rotationsachse übereinstimmt. Die zeitlich variablen Abweichungen zwischen der Dipolachse und der Rotationsachse sind durch die Säkularvariation bedingt.

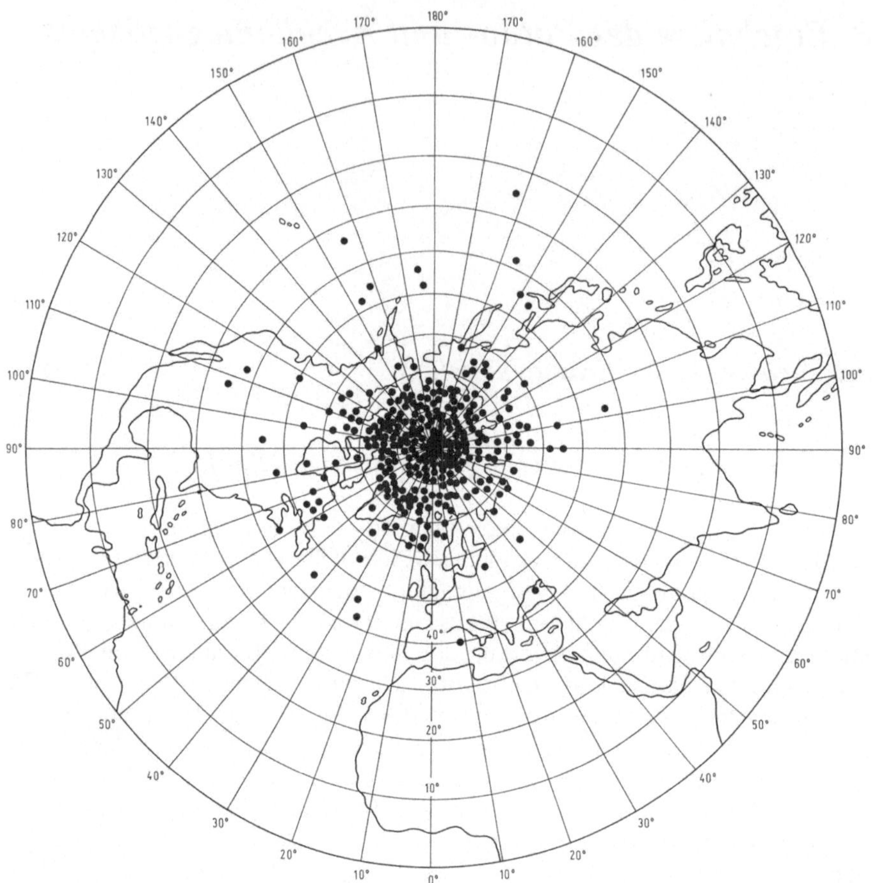

Abb. 3.1.1. Virtuelle geomagnetische (Nord)-Pole (VGP) von Laven aus dem Oberen Tertiär. (Nach Tarling 1971, aus Soffel 1985)

Diese Ergebnisse führten zur Hypothese vom axialen geozentrischen Dipol. Im Mittel über einen gewissen Zeitraum liefert also der Mittelwert der auf der Basis der Dipolformel (s. 2.9) berechneten virtuellen geomagnetischen Pole die Lage des geographischen Nordpols. Mit diesem Ergebnis wurde den Geowissenschaften ein wichtiges Instrument an die Hand gegeben. Es war möglich geworden, die Verschiebung und die Rotation der Kontinente quantitativ zu erfassen. Der Paläomagnetismus stellt eine wichtige Stütze für die Theorie der Kontinentalverschiebung dar, wie sie A. Wegener (1912) zum ersten Mal formulierte. Über kurze Zeitabschnitte hinweg (vielleicht einige 10^6 Jahre) scheint es auch Abweichungen vom geozentrischen Dipol gegeben zu haben. Nach Wilson (1971) war im Tertiär das Zentrum des Dipols mehrere hundert km nach Norden versetzt. Die Erscheinung kann aber auch durch Nichtdipolanteile erklärt werden.

3.1.2 Archäosäkularvariation

Vor etwa 300 Jahren begann man mit der kontinuierlichen Beobachtung der Deklination D und Inklination I des Erdmagnetfeldes (Abb. 2.1.5) in London und Paris und stellte dabei fest, daß sich diese beiden Werte im Lauf der Zeit langsam ändern. Hierauf wurde in 2.1.3 schon hingewiesen. Durch eine erhebliche Verdichtung der weltweit verteilten Beobachtungsstationen (Observatorien) seit Mitte des letzten Jahrhunderts ist es möglich gewesen, die Säkularvariation gut zu erfassen. Für die davor liegende Zeit stehen keine direkten Beobachtungen mehr für solche Analysen zur Verfügung. Hier helfen paläomagnetische Untersuchungen mit den in Kapitel 2 beschriebenen Techniken an archäologischen Materialien weiter. Benutzt wird dabei in der Regel die Thermoremanenz von gebrannten Tonmaterialien (Ziegel, Keramiken, Öfen, Feuerstellen). Die Zeit des letzten Brandes, der zum Erwerb einer TRM und damit zu einer Konservierung des lokalen Erdmagnetfeldes führte, wird entweder direkt mit einem historisch belegbaren Datum in Verbindung gebracht (Brand eines Gebäudes, Herstellung einer Keramik zu einer bekannten Zeit) oder mit Hilfe anderer Datierungstechniken (^{14}C-Methode, Dendrochronologie) bestimmt.

Für Gebiete mit einer gut belegbaren Geschichte und einer entsprechend hohen Anzahl von Funden, die für archäomagnetische Untersuchungen geeignet sind (wie z. B. Mittel- und Westeuropa, Südosteuropa, der Vordere Orient, Amerika, der Ferne Osten), konnte die Säkularvariation in Form von Kurven für die Abhängigkeit von D und I mit der Zeit bestimmt werden. Abbildung 3.1.2 zeigt die für Mittel- und Westeuropa erstellten Kurven. Ähnlich vollständige Datensätze existieren für die oben genannten Gebiete (für Amerika: Sternberg 1983; für Südosteuropa: Kovacheva und Zagniy 1985). Sie schließen gut an die Meßreihen der direkten Beobachtungen von D und I der jüngeren Vergangenheit an und zeigen, daß sich diese Werte an einem Beobachtungsort im Lauf der Jahrhunderte erheblich ändern können. Momentan herrscht in Mitteleuropa die glückliche Situation, daß der Magnetkompaß recht genau auch nach geographisch Nord zeigt. In den vergangenen 2000 Jahren gab es immer wieder Zeiten mit Abweichungen bis zu 25° zwischen der magnetischen und der geographischen Nordrichtung, und in 100 Jahren, bei der Extrapolation des jetzigen Trends, muß in Mitteleuropa mit einer Abweichung der Magnetnadel von etwa 15° nach Osten gerechnet werden.

Es ist auch möglich, die Säkularvariation der jüngsten Vergangenheit mit Hilfe der aus den Werten D und I sowie aus den geographischen Koordinaten berechneten Pollagen (s. 2.9) darzustellen. Ein derartiges Beispiel von historisch datierten Laven aus Island zeigt Abb. 3.1.3. Die Pollagen beschreiben dabei Schleifen um den heutigen Rotationspol der Erde. Man sieht auch deutlich, daß eine Mittelung von Pollagen über einen Altersbereich von nur wenigen hundert Jahren nicht ausreicht, um die Säkularvariation ganz zu eliminieren. Bei einer paläomagnetischen Probenentnahme ist also darauf zu achten, daß ein genügend großer Altersbereich (wenigstens

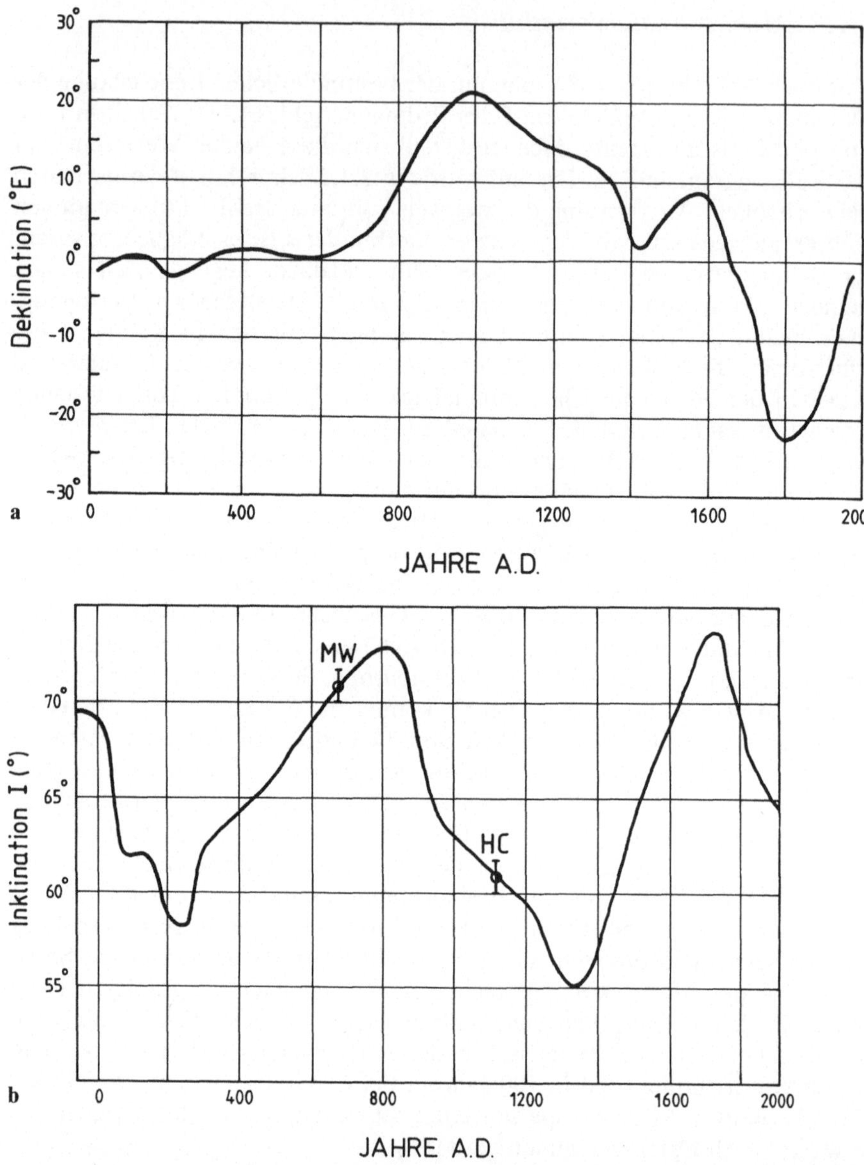

Abb. 3.1.2a, b. a Variationen der Deklination D und **b** der Inklination I in Westeuropa in den letzten etwa 2000 Jahren; die eingetragenen Daten *MW*, *HC* werden in 4.3.2 erläutert. (Mod. nach Thellier 1981)

10^4 Jahre) abgedeckt wird. Das paläomagnetische Ergebnis z. B. eines einzigen Lavastroms ist daher ein Zufallsresultat, und der ermittelte VPG kann wegen der Säkularvariation und lokalen magnetischen Störfeldern erheblich vom geographischen Nordpol zur Zeit der Förderung der Lava abweichen.

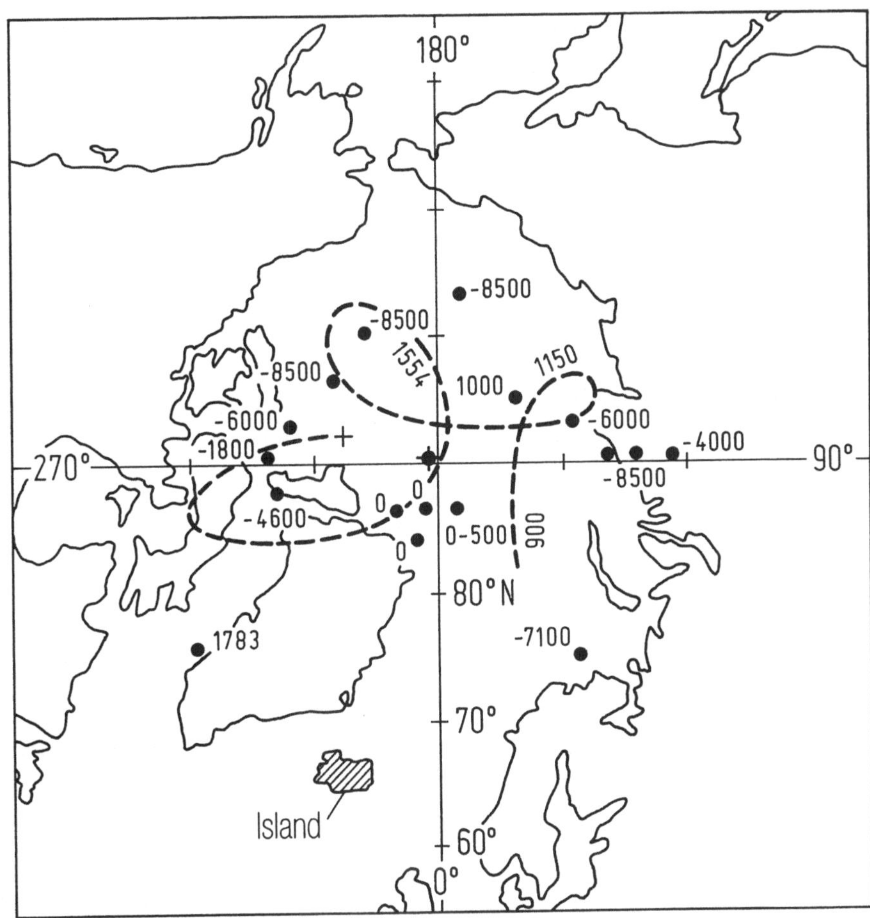

Abb. 3.1.3. Wanderung des virtuellen geomagnetischen Pols (VGP), abgeleitet aus der Remanenz historisch datierter Lavaströme in Island zwischen 900 A.D. (Besiedlung Islands) und rezent *(gestrichelte Kurve); Kreuz:* Pollage für das geomagnetische Referenzfeld des Jahres 1965; *Einzelpunkte* mit Jahreszahlen: Alter von Laven (B.C.), radiometrisch (^{14}C) datiert; *Punkt mit Kreuz:* Mittelwert aller Pollagen über einen Zeitraum von etwa 10000 Jahren (8500 B.C. bis 1965 A.D.), er liegt sehr dicht beim Rotationspol der Erde. (Mod. nach Schweitzer u. Soffel 1980, aus Soffel 1985)

3.1.3 Quartäre Säkularvariation

Die Säkularvariation im Zeitintervall einige 1000 bis etwa 100000 Jahre liegt außerhalb des Bereiches historischer Daten. Der Zeitraum liegt unglücklicherweise auch außerhalb der Möglichkeiten der ^{14}C-Datierung (Halbwertszeit von ^{14}C: 5730 a; Obergrenze für den Einsatz der Methode: etwa 20000 a) und noch nicht im Bereich der Datierungsmöglichkeit der K/Ar-Methode (Halbwertszeit: 1280 Ma). Gerade aber aus diesem Altersintervall stammen besonders interessante Daten über die Säkularvariation. Die Thermoremanenz von Laven kann wegen der Unsicherheiten bei der Altersbestimmung mit der K/Ar-Methode nicht mehr für eine genaue Rekonstruktion der lokalen Feldrichtung verwendet werden, wohl aber die Sedimentations- oder Postsedimentationsremanenz (DRM bzw. PDDRM) von glazialen, marinen oder auch limnischen Ablagerungen. Häufig ist die Sedimentationsrate genügend groß (0.3–1mm pro Jahr), so daß mit einem etwa 10 m langen Kern etwa 10 000–30 000 Jahre untersucht werden können. Bei geringeren Sedimentationsraten, wie sie besonders im marinen Bereich häufig anzutreffen sind, kann der erprobte Altersbereich wesentlich größer sein. Kerne aus Süßwasserseen lassen sich in den meisten Fällen über ihren Pollengehalt und eine ^{14}C-Datierung organischer Reste datieren, marine Sedimente über ihren Fossilgehalt, und bei glazialen Sedimenten (Warven) kann das Alter durch das Auszählen der Jahresrhythmen bestimmt werden, zusätzlich aber auch durch eine ^{14}C-Datierung von Holzstücken im Sediment. Da diese Ablagerungen im allgemeinen noch nicht konsolidiert sind, mußten spezielle Techniken der Probenentnahme entwickelt werden, auf die in 2.11.5 eingegangen wurde. Aus weichen größeren Bohrkernen werden orientierte Tochterkerne (2.11.4) für paläomagnetische Untersuchungen herausgestochen.

Die azimutale Orientierung großer Bohrkerne aus dem marinen oder limnischen Bereich ist häufig schwierig. Man verwendet entweder einen Magnetkompaß oder setzt die Horizontalkomponente der ChRM des obersten Kernabschnitts gleich der Horizontalkomponente des heutigen Erdmagnetfeldes. Dies ist aber ein ungenaues Verfahren, weil die obersten Teile der Kerne besonders wenig konsolidiert sind und bei der Probenentnahme in der Regel zerfallen. Die Kernrohre scheinen sich auch beim Eindrücken in den Untergrund leicht zu verdrillen. Es besteht auch der Verdacht, daß sich das Material im Kernrohr etwas dreht. Dies führt zu mehr oder weniger gleichmäßigen Trends bei der Deklination, die man eliminieren kann. Abweichungen von der Vertikalen treten bei der Probenentnahme durch ein Verbiegen des Kernrohres auch auf, sie sind selten größer als 5°. Es empfiehlt sich, zur Kontrolle der Ergebnisse mehrere Kerne in einem Meßgebiet (See) in nicht allzu großer Entfernung voneinander zu ziehen. Bei örtlich leicht unterschiedlichen Sedimentationsraten können Teilabschnitte benachbarter Kerne über spezifische gesteinsphysikalische Eigenschaften (Suszeptibilität, Geochemie, Aschenlagen) miteinander korreliert und daraus mittlere geglättete Kurven für die Deklination und Inklination bestimmt werden. Abbildung 3.1.4 zeigt eine derartige Messung aus Großbritannien. Kompilationen von Daten der Paläosäkularvariation finden sich auch bei Creer und Tucholka (1983), Creer et al. (1983) und Lund et al. (1988). Die Kurven der Säkularvariation der Deklination und Inklination für die letzten 10 000 Jahre zeigen charakteristische Strukturen, die mit lateinischen (für D) und griechischen (für I) Buchstaben bezeichnet worden sind, um eine Nomenklatur für Vergleiche mit Kurven aus anderen Meßgebieten zur Verfügung zu haben. Die Werte von D und I der letzten 10 000 Jahre stellen

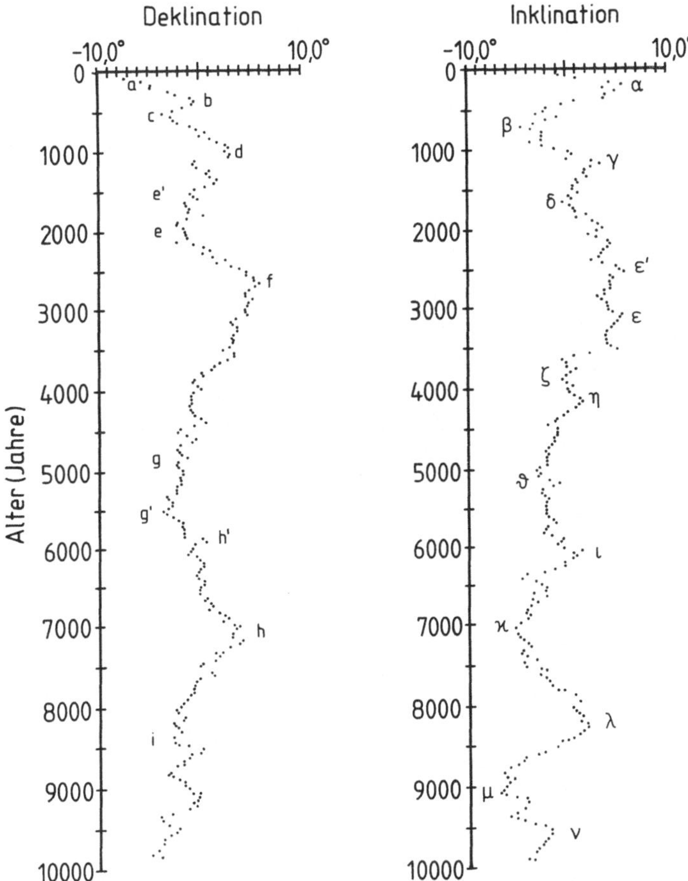

Abb. 3.1.4. Standardkurve für die Säkularvariation (Deklination und Inklination) der letzten 10000 Jahre, gemessen an Kernen aus Großbritannien. (Mod. nach Turner u. Thompson 1981)

eine Fortsetzung des Feldverhaltens der letzten etwa 2000 Jahre dar: D und I oszillieren mit einer Periode von etwa 2000 Jahren um einen mittleren Wert. Die Säkularvariationskurven für ein begrenztes Gebiet (z. B. Europa) sind vergleichbar und zeigen, von zu erwartenden lokalen Effekten abgesehen, eine ähnliche Struktur. Die entsprechenden Kurven weit auseinander liegender Gebiete (z. B. Europas, Nordamerikas und Japans) sind jedoch recht unterschiedlich und legen nahe, daß sich bei der Säkularvariation nicht nur das Dipolfeld, sondern auch lokal unterschiedliche Nichtdipolanteile zeitlich ändern. Die bisherigen Untersuchungen der quartären Säkularvariation beschränkten sich bisher auf noch zu wenige Gebiete der Erde, um eine genauere Analyse zum Beispiel des Dipol- und des Nichtdipolanteils der Säkularvariation durchführen zu können.

3.1.4 Paläosäkularvariation

Für die weiter zurückliegende geologische Geschichte (Alter mehr als 1 Ma) ist die Paläosäkularvariation nicht mehr lückenlos über die Untersuchung von nacheinander geförderten Laven oder über rasch abgelagerte Sedimente möglich. Ungenauigkeiten bei der radiometrischen Altersbestimmung von Laven oder eine unzureichende Auflösung bei konsolidierten Sedimenten beschränken die Auflösung von zeitlichen Variationen des Erdmagnetfeldes mit einer Periodizität von einigen tausend Jahren. Für diesen Zeitraum kann nur noch die Grobstruktur des Erdmagnetfeldes (Polwechsel) erkannt werden. Die Säkularvariation ist dort nur über statistische Aussagen mit Hilfe der Streuung von Remanenzrichtungen oder Pollagen zugänglich. Man unterscheidet im wesentlichen vier Beiträge: Änderungen der Stärke und Richtung des Nichtdipolanteils, Änderung der Intensität des Dipolmoments, Richtungsänderungen der Achse des geozentrischen Dipols (Dipoloszillation), Abweichungen zwischen Zentrum der Erde und Zentrum des Dipols. Die drei ersten Ursachen werden als die wichtigsten angesehen, und bei einem Dipolfeld ist ihre Auswirkung auf die Streuung von Remanenzrichtungen von der Breite abhängig. Die Streuung am geomagnetischen Äquator ist nach einer Analyse gleichaltriger, aber in verschiedenen Breiten gebildeter Gesteine (Brock 1971) etwa doppelt so groß wie an den Polen (s. Abb. 3.1.5). Unter den verschiedenen Möglichkeiten zur Interpretation der Säkularvariation liefert ein Modell auf der Basis einer Dipoloszillation in Verbindung mit variablen Nichtdipolanteilen die beste Annäherung an die tatsächlich beobachtete Breitenabhängigkeit der Streuung. Diese muß beachtet werden, wenn man Daten aus verschiedenen geomagnetischen Breiten miteinander vergleicht und das in 2.8 beschriebene Fehlerfortpflanzungsgesetz für die Streuung anwendet. Es ist dann notwendig, die Streuungen mit Hilfe der Kurve von Abb. 3.1.5 vorher zu normieren.

Im allgemeinen steigt mit zunehmendem Alter von Gesteinen die Streuung paläomagnetischer Daten. Daraus kann nicht unmittelbar auf eine geringere Qualität des Dipolfeldes in der Vergangenheit geschlossen werden, denn die Streuung kann auch durch Ungenauigkeiten bei der Proben-

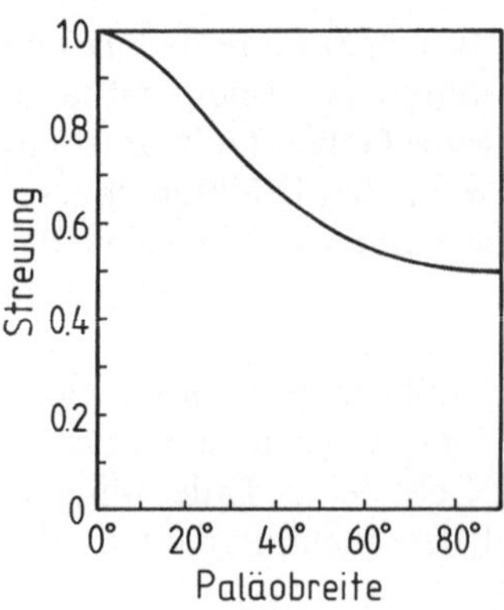

Abb. 3.1.5. Streuung paläomagnetischer Richtungen durch die Säkularvariation in Abhängigkeit von der Breite, normiert auf den Wert am Äquator. (Mod. nach Brock 1971)

entnahme und durch Meßfehler bei der Bestimmung der ChRM beeinflußt werden. Mit zunehmendem Alter der Gesteine verringert sich durch Prozesse der magnetischen Nachwirkung die Intensität einer Remanenz, und diese wird dann immer schwieriger meßbar, hinzu kommt noch die erhöhte Wahrscheinlichkeit für die Bildung von sekundären Remanenzen und späteren partiellen Remagnetisierungen. Dadurch läßt sich die ursprünglich erworbene ChRM nur mit Fehlern bestimmen, die im Lauf der Erdgeschichte immer größer werden.

3.1.5 Exkursionen des Erdmagnetfeldes

Sehr große Abweichungen des erdmagnetischen Feldes vom Zustand eines axialen geozentrischen Dipols werden als Exkursionen bezeichnet. Die Feldverteilung während einer solchen Exkursion ist noch nicht hinreichend genau erforscht, um ein definitives Modell angeben zu können (s. auch Hoffman 1977; Hoffman u. Fuller 1978; Jacobs 1984; Valet u. Laj 1984). Die starke Neigung der Dipolachse zur Rotationsachse in Verbindung mit einem örtlich sehr intensiven Nichtdipolanteil kann dazu führen, daß lokal eine völlige Umkehr des Erdmagnetfeldes vorgetäuscht werden kann. Es ist durchaus möglich, daß einige der in 3.3 beschriebenen, bisher nur an einer Lokalität oder in einem engeren Gebiet beobachteten Feldumkehrungen in Wirklichkeit Exkursionen darstellen. Es wird daher die Aufgabe der Paläomagnetiker in den nächsten Jahren sein, die bisher vor allem während der letzten 0.7 Ma beobachteten Feldumkehrungen (Abb. 3.3.1) möglichst global zu untersuchen, um die Exkursionen von echten Polwechseln unterscheiden zu können. Dies wäre ein wichtiger Beitrag zur Charakterisierung der Eigenschaften des Erdmagnetfeldes. Exkursionen können auch als nicht

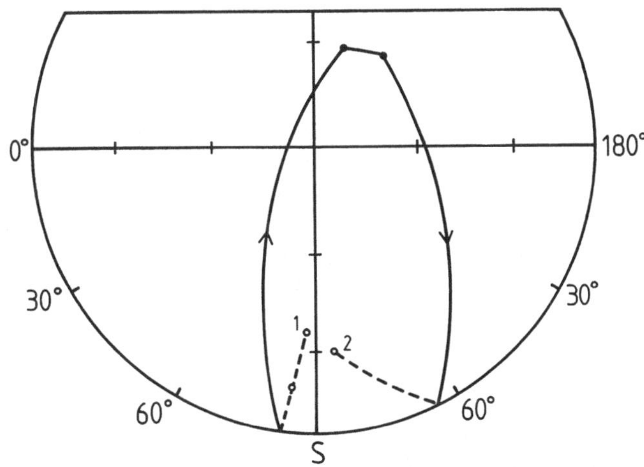

Abb. 3.1.6. Exkursion des erdmagnetischen Feldes in Form einer Wanderung des VGP vom Pol *(1)* ausgehend bis in niedrige Breiten über den Äquator hinweg und Rückkehr zu einer Pollage *(2)* in der Nähe des Ausgangszustands. (Mod. nach Dagley u. Lawley 1974)

erfolgreich abgeschlossene Versuche einer Feldumkehr gedeutet werden. Häufig werden die Feldumkehrungen selbst zunächst von heftigen Exkursionen eingeleitet, dann erfolgt die Umklappung des Feldes mit weiteren Exkursionen um die entgegengesetzte Feldrichtung, bevor sich das Dipolfeld in seiner Gegenrichtung stabilisiert. Abbildung 3.1.6 zeigt eine Exkursion des Erdmagnetfeldes. Der virtuelle geomagnetische Pol erreicht niedrige Breiten, kehrt aber wieder zur ursprünglichen Lage zurück.

Bei der Untersuchung einer Sequenz von Laven kommt es immer wieder vor, daß man neben Proben mit nahezu entgegengesetzt gerichteten Magnetisierungsrichtungen auch solche mit ganz anormalen Richtungen findet. Diese werden in der Regel durch Exkursionen des Erdmagnetfeldes oder gar durch eine Remanenzbildung während einer Feldumkehr interpretiert und bei der Berechnung eines Mittelwertes für die Richtung der Probenkollektion einfach weggelassen. Anormale Remanenzrichtungen können natürlich auch durch grobe Fehler bei der Probenorientierung im Gelände und im Labor auftreten.

3.2 Polwanderungskurven größerer Kontinentalschollen

3.2.1 Scheinbare oder echte Polwanderung?

Die ersten systematischen paläomagnetischen Untersuchungen an Gesteinen unterschiedlichen Alters wurden in Großbritannien zu Beginn der 50er Jahre durchgeführt (Hospers 1954; Creer et al. 1954, 1957, 1958). Während die Pollagen der tertiären Gesteine noch recht gut um die Richtung des heutigen Rotationspols gruppierten und damit für den Dipolcharakter des erdmagnetischen Feldes während der letzten 20–30 Mio.Jahren sprachen, lagen die mittleren Pollagen der älteren Gesteinsformationen aus dem Mesozoikum und dem Paläozoikum mit zunehmendem Alter immer weiter vom heutigen Rotationspol entfernt, wie auf der ersten Polwanderungskurve für Großbritannien (Abb. 3.2.1) zu sehen ist. Dies wurde zunächst von der Mehrheit der Geophysiker als echte Polwanderung interpretiert. Hierfür boten sich zwei Erklärungsmöglichkeiten an:
– eine Verkippung der Dipolachse relativ zur Rotationsachse ohne eine Verschiebung von Erdmantel und Erdkruste relativ zur Rotationsachse;
– eine zeitlich stabile Übereinstimmung von Dipolachse und Rotationsachse, aber eine Verschiebung des Erdmantels und der daraufliegenden Erdkruste relativ zur Rotationsachse der Erde.

In beiden Fällen sollten bei einer starren Erdkruste, d. h. ohne Relativbewegungen zwischen den einzelnen Kontinenten, die Polwanderungskurven der Kontinente mit derjenigen Großbritanniens übereinstimmen.

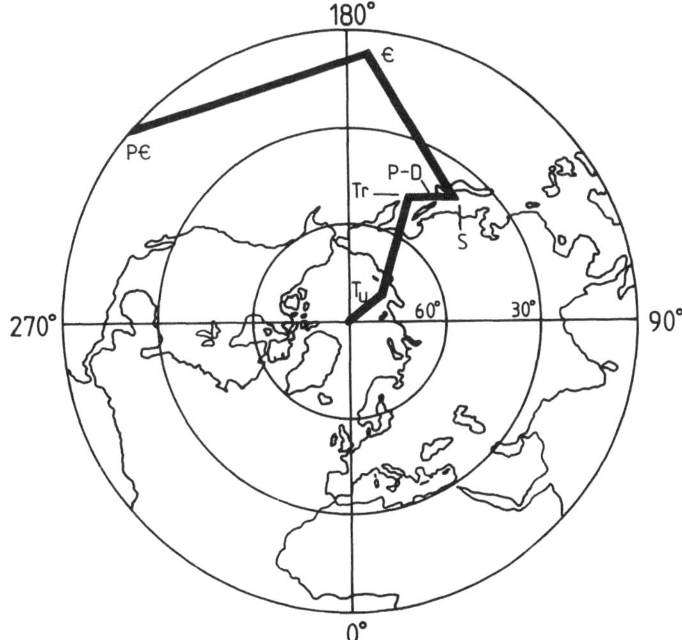

Abb. 3.2.1. Erste Polwanderungskurve Großbritanniens *(dicke Linie)*; Abkürzungen für die geologischen Formationen: *T* Tertiär; *K* Kreide; *J* Jura; *Tr* Trias; *P* Perm; *C* Carbon; *D* Devon; *S* Silur; *€* Cambrium; *P€* Präkambrium. (Mod. nach Creer et al. 1954)

Eine andere Interpretationsmöglichkeit der britischen Polwanderungs-kurve bot die von Alfred Wegener (1912, 1929) propagierte und innerhalb der Geowissenschaften bis dahin wenig anerkannte Theorie der Kontinen-talverschiebung. Danach sollten sich die großen Kontinentalblöcke wie schwimmende Schollen auf einem Substrat (plastischer Erdmantel) gegen-einander bewegen können. Eine Konsequenz dieser Modellvorstellung war, daß die einzelnen Kontinente auf Grund ihrer wahrscheinlich verschiedenen Bewegungen auch unterschiedliche Polwanderungskurven haben sollten. Eine Polwanderungskurve würde dabei die Lageveränderung einer Konti-nentalscholle relativ zum heutigen Rotationspol der Erde widerspiegeln (scheinbare Polwanderung).

Die seit Mitte der 50er Jahre auf allen Kontinenten einsetzenden paläo-magnetischen Untersuchungen erbrachten innerhalb weniger Jahre den Nachweis, daß mit einer sehr hohen Wahrscheinlichkeit die scheinbare Pol-wanderung (d. h. die Relativbewegung zwischen den einzelnen Kontinental-blöcken) gegenüber den Effekten einer echten Polwanderung (Verschie-bung von Erdmantel und Erdkruste als Ganzes relativ zur Rotationsachse oder Abweichung der Dipolachse von der Rotationsachse) dominiert.

Damit war in Verbindung mit sich rasch verbessernden Methoden der radiometrischen und biostratigraphischen Altersbestimmung von Gesteinen sowie der Weiterentwicklung gesteins- und paläomagnetischer Techniken die Möglichkeit gegeben, die Wegenerschen Vorstellungen der Kontinentalverschiebung zu überprüfen und zu quantifizieren. Wegeners Vorstellungen konnten dabei in den wesentlichen Punkten bestätigt werden. Die Ende der 60er Jahre entstandene Plattentheorie (Dewey u. Bird 1970a, b; Dewey u. Horsfield 1970) geht ganz wesentlich auf die Hypothese von Alfred Wegener zurück, beinhaltet darüber hinaus natürlich auch noch weitere neuere Beobachtungen aus der Geophysik (Umkehrungen des Erdmagnetfeldes, Seismologie), der Geologie, Mineralogie, Geochemie und Paläontologie, die Wegener noch nicht zur Verfügung gestanden hatten. Momentan gilt die Plattentheorie als Grundlage zum Verständnis der wichtigsten großtektonischen Erscheinungen.

3.2.2 Scheinbare Polwanderungskurven der großen Kontinentalschollen

Seit Ende der 50er Jahre wurden die paläomagnetischen Arbeiten erheblich intensiviert und auf alle Kontinente ausgedehnt. Dabei wurden sowohl regionale als auch globale Listen von Pollagen erstellt, die entweder in Übersichtsartikeln, Monographien, internen Berichten oder internationalen Zeitschriften veröffentlicht wurden. Zur Zeit werden im Rahmen der IAGA dem Beispiel anderer Disziplinen der Geophysik folgend globale und regionale paläomagnetische Datenbanken für verschiedene Datensätze (Pollagen, Polaritätszeitskalen, Paläointensitäten, Archäomagnetische Daten und andere mehr) eingerichtet (McElhinny u. Lock 1990a, b). Dies wird in Zukunft einen raschen Zugriff auf die inzwischen anderweitig kaum noch überschaubare Datenmenge der Paläomagnetik ermöglichen.

Schon Ende der 50er Jahre wurde versucht, für die als geologisch stabil angesehenen Kontinente oder Subkontinente (Eurasien, Afrika, Nord- und Südamerika, Indien, Australien, Antarktis) scheinbare Polwanderungskurven (APWP, Apparent Polar Wander Paths) zu erstellen (Irving 1964). Die geologischen Großeinheiten können natürlich nur für den Zeitraum eine einheitliche APWP aufweisen, in dem sie tatsächlich einen stabilen Block bildeten. Indien, als Teil von Asien, hat zum Beispiel erst seit dem Tertiär eine mit Asien gemeinsame APWP, denn es wurde erst zu dieser Zeit dem Kontinent Asien in Form einer Kontinent-Kontinent-Kollision angegliedert. Afrika wurde erst mit Ablauf der panafrikanischen Orogenese vor etwa 800 Mio. Jahren aus vier Teilkratonen (Ostsahara-Kraton, Westafrika-Kraton, Kongo-Kraton, Kalahari-Kraton) zusammengefügt und bildete überdies bis vor etwa 200 Mio. Jahren zusammen mit Südamerika, Indien, Australien und der Antarktis den Superkontinent Gondwana (Abb. 3.2.2), der dann zerbrach und dessen Einzelteile seither auseinander driften. Afrika hat also erst seit etwa 800 Mio. Jahre eine einheitliche APWP, in welche die älteren

Abb. 3.2.2. Rekonstruktion des Superkontinents Gondwana für das Obere Paläozoikum (etwa 300 Ma). Aus ihm gingen im Mesozoikum und Känozoikum die Kontinente Südamerika, Afrika, Antarktis, Australien und der Subkontinent Indien hervor. (Mod. nach Smith u. Hallam 1970)

Abschnitte der APWP der afrikanischen Teilkratone einmünden. Ähnlich sind die Verhältnisse bei den anderen Kontinenten. Eurasien hat zum Beispiel nur für die Zeit nach dem Ende der variszischen Orogenese (< 300 Ma) eine gemeinsame APWP.

Abbildung 3.2.3 zeigt den stark vereinfachten Verlauf der APWP der letzten etwa 300 Ma für die Kontinentalblöcke Eurasien, Nordamerika (Nordpole) sowie Afrika, Südamerika, Australien und Indien (Südpole), nach einer Kompilation von Irving und Irving (1982). Genauere Daten sind in Tabelle 3.2.1 in Form von gleitenden Mittelwerten über ein Zeitfenster von 30 Ma zu finden. Für die Zeit vor etwa 300 Ma (Ende der variszischen Orogenese in Europa) lassen sich für viele Kontinente keine einheitlichen APWP mehr angeben. Es würde hier zu weit führen, diese Daten auch in Tabellen darzustellen. Hierzu sei auf die im Kapitel 5 angegebene Spezialliteratur verwiesen sowie auf den folgenden Abschnitt, in dem auf einige Mikroplatten Südeuropas besonders eingegangen wird. Ein Vergleich der ersten Polwanderungskurve von Großbritannien (Abb. 3.2.1) mit der momentan besten Kurve für Eurasien (Abb. 3.2.3a) zeigt eine verblüffende Übereinstimmung. Es ist nach mehr als 35 Jahren einer stetigen Weiterentwicklung der Methode des Paläomagnetismus erstaunlich, mit welcher Treffsicherheit damals geeignete Gesteine für die ersten Untersuchungen ausgewählt worden sind.

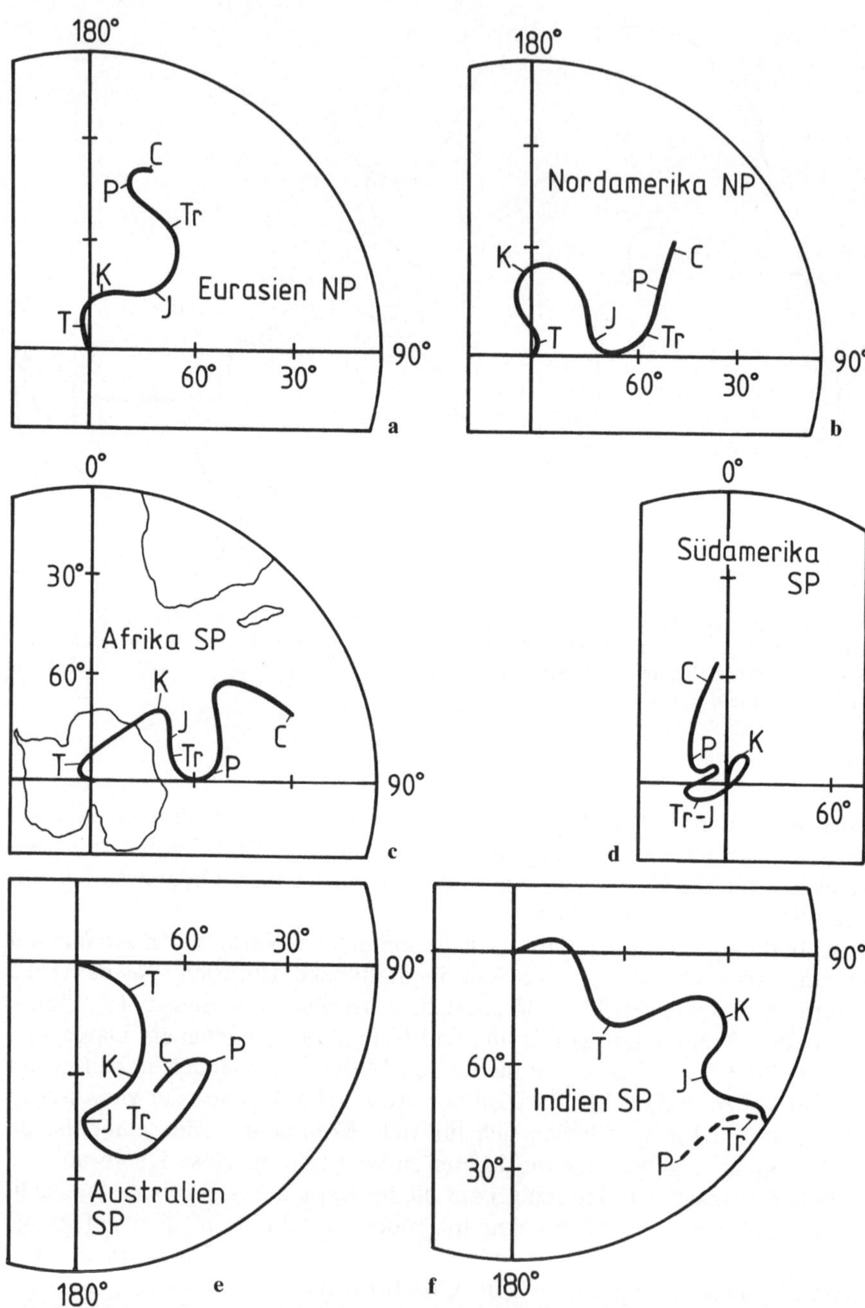

Abb. 3.2.3a–g. Stark vereinfachte scheinbare Polwanderungskurven (APWP) der Kontinentalblöcke für die letzten etwa 300 Ma (s. auch Tabelle 3.2.1); **a** Eurasien; **b** Nordamerika; **c** Afrika; **d** Südamerika; **e** Australien; **f** Indien; Nordpole *NP* bei **a** und **b**; Südpole *SP* bei **c–f**; **g** gemeinsame Darstellung aller APWP (Nordpole). Abkürzungen für die geologischen Formationen s. Legende zu Abb. 3.2.1. (Daten aus Irving u. Irving 1982)

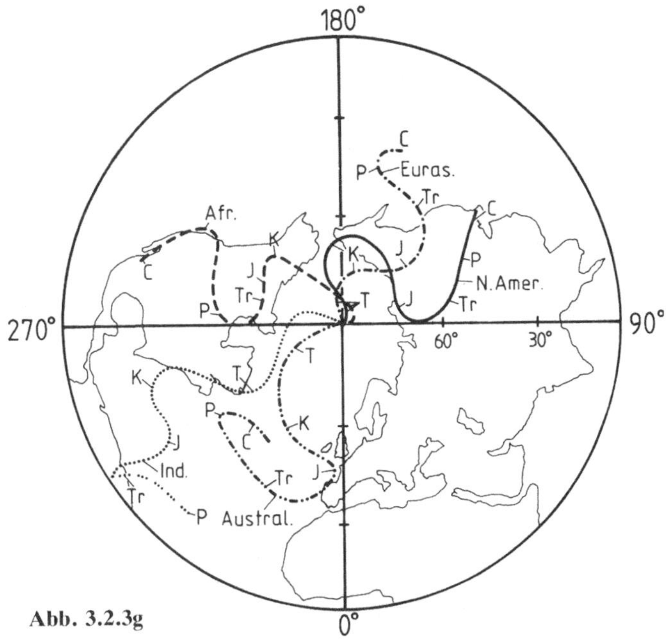

Abb. 3.2.3g

Es ist üblich, für die Nordkontinente Nordamerika und Eurasien die Wanderungskurven der Nordpole (NP) darzustellen, für die Südkontinente Afrika, Südamerika, Australien, Indien und die Antarktis die Wanderungskurven der Südpole (SP). Auf die Vorstellung von Pollagen für die Antarktis wurde verzichtet. Dieser Kontinent besteht aus wenigstens drei Mikrokontinenten, deren Polwanderungskurven noch nicht ausreichend gut definiert sind. Die Pole für Südamerika liegen in den letzten etwa 250 Ma alle recht dicht beim heutigen geographischen Südpol. Dies bedeutet, daß dieser Subkontinent sich in den letzten 250 Ma nur ganz geringfügig bewegt hat. Die größte Wanderungsrate hat Indien aufzuweisen. In der Abb. 3.2.3g sind die stark vereinfachten Polwanderungskurven (nur Nordpole) von Eurasien, Nordamerika, Afrika, Indien und Australien nochmals zusammengestellt. Sie laufen mit unterschiedlichen Driftraten sternförmig auf den heutigen geographischen Nordpol zu.

Von einigen Kratonen (Kanadischer Schild, Baltischer Schild, Kalahari-Kraton in Südafrika, Australien) existieren Polwanderungskurven, die zum Teil bis zu einem Alter von über 2 Mrd. Jahre zurückreichen. Obwohl sie nicht ganz unumstritten sind (hauptsächlich wegen eventuell nicht erkannter jüngerer Remagnetisierungen), liefern sie doch Informationen über die durchschnittliche Driftrate der Schollen in der frühen Geschichte unseres Planeten. Darüber hinaus geben diese Untersuchungen Hinweise auf die Geometrie des Erdmagnetfeldes zu dieser Zeit. Die präkambrische Polwanderungskurve des Baltischen Schildes zeigt die Abb. 3.2.4. Die Kurve von

Abb. 3.2.4a beginnt bei einem Alter von etwas über 2000 Ma und hat zum größten Teil einen sicheren Verlauf. Ebenso wie die Polwanderungskurven der letzten 300 Ma (Abb. 3.2.3a–g) treten gelegentlich Schleifen auf, die mit Namen geologischer Provinzen belegt werden, aus denen die betreffenden paläomagnetischen Daten stammen. So definieren Pesonen et al. (1989) den

Tabelle 3.2.1. Pollagen der großen Kontinentalblöcke; gleitende Mittel über 30 Ma, bei Indien und Pakistan auch Mittelwerte geologischer Formationen und Einzeldaten; Nordpole für Eurasien *(1)* und Nordamerika *(2)*, Südpole für Afrika *(3)*, Südamerika *(4)*, Australien *(5)* und Indien/Pakistan *(6)*; *Mio* Miozän; *Eoz* Eozän; *Pal* Paläozän; die Polwanderungskurven sind in Abb. 3.2.3 dargestellt. (Nach Irving u. Irving 1982)

	1	2	3	4	5	6	
Alter (Ma)	°N,°E	°N,°E	°S,°E	°S,°E	°S,°E	Alter (Ma)	°S,°E
10	86,192	88,101	87,007	85,358	81,087		
20	85,196	88,121	84,344	85,358	77,113	*Mio*	72,069
30	83,198	86,154	84,332	83,345	73,114		
40	78,159	84,168	80,275		69,129	*Eoz*	57,129
50	75,155	82,189	86,332	77,018	67,134	*Pal*	55,123
60	75,153	81,188		88,333	70,126	65	35,101
70	72,156	74,190		88,333	68,133		
80	74,145	68,191	62,046	88,333	57,147		
90	69,162	67,186	62,046	85,221	56,150	90	28,107
100	74,165	67,184	63,054	89,045	56,150	95	26,113
110	77,176	69,186	62,078	86,042	52,153	103	07,117
120	77,170	68,189	62,078	86,042	50,158		
130	77,170	68,171	62,078	82,033			
140	71,145	66,163	45,068	81,030			
150	67,125	67,138	45,083	88,320	45,179		
160	66,123	70,123	57,079	88,320	47,181		
170	66,130	74,102	62,086	86,229	47,181		
180	62,132	71,094	68,069	79,264	47,180		
190	60,146	66,093	68,066	74,273	44,177	195	30,125
200	49,149	63,092	67,062	74,271	42,174	200	10,130
210	50,141	63,092	70,068	81,267	42,174		
220	49,148	56,100	68,075	83,258	34,159	228	–07,124
230	48,152	55,104	68,078	85,260	40,141	231	–07,120
240	48,153	55,108	62,085	86,257	40,141	232	–04,127
250	44,163	49,116	58,089	85,293	40,141		
260	42,167	48,118	45,053	82,304	45,127		
270	42,166	46,119	36,062	72,334	46,122		
280	41,167	43,126	36,064	68,339	48,136	280	–13,137
290	39,167	40,127	31,068	67,342	48,136	290	–31,134
300	37,169	39,129		58,352	49,140		
310	36,169	40,127			49,140		
320	37,162						
330	35,158						

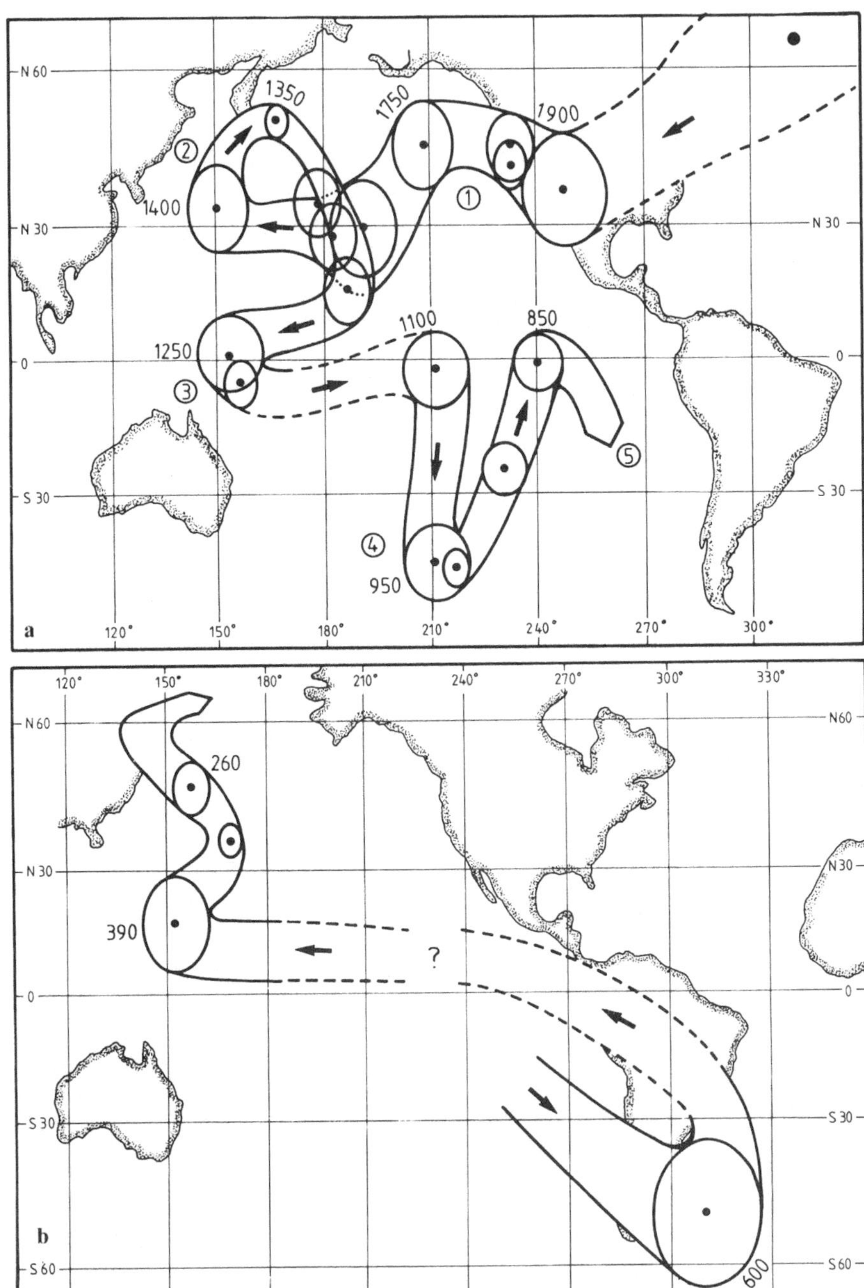

Abb. 3.2.4a, b. Präkambrische und Paläozoische scheinbare Polwanderungskurven für den Baltischen Schild, dem geologisch ältesten Teil der Europäischen Platte; *Durchgezogene (gestrichelte) Linien:* sichere (unsichere) Daten; die Zahlen bedeuten Alter in Mrd. Jahren; **a** Archaikum (2000 Ma) bis etwa 800 Ma; **b** etwa 800 Ma bis zum Ende des Paläozoikums; dort schließt die Kurve an die in Abb. 3.2.3a bzw. 3.2.3g an. *1–5:* im Text definierte Schleifen der Polwanderungskurven. (Mod. nach Pesonen et al. 1989)

Verlauf zwischen 1925–1700 Ma (1) als die Sveco-Finnische, zwischen 1650–1320 Ma (2) als die Subjotnische, zwischen 1300–1200 Ma (3) als die Jotnische und zwischen 1100–800 Ma (4) als die Sveco-Norwegische Schleife. Die Schleifen können mit orogenen Phasen des Baltischen Schildes in Verbindung gebracht werden. Die Schleife (5) leitet über zu Abb. 3.2.4b mit den Pollagen des späten Präkambriums (600 Ma) und des Paläozoikums (570–245 Ma). Der Verlauf der Polwanderungskurve für das Altpaläozoikum in Skandinavien ist nicht gut belegt und gestrichelt dargestellt. Für die Zeit nach dem Mittleren Paläozoikum stehen wieder reichlich Daten zur Verfügung, und die gut definierte Kurve mündet dann ab etwa 260 Ma in die Polwanderungskurve von Eurasien (Abb. 3.2.3g) ein. Über das ganze Zeitintervall von etwa 2000 Ma hinweg ergibt sich eine mittlere Driftrate (in Nord-Süd-Richtung) von etwa 2–4 cm/a. Werte gleicher Größenordnung sind typisch für die in den letzten etwa 150 Ma gemessenen Driftraten (abgeleitet aus der Interpretation ozeanischer magnetischer Anomalien) und sprechen dafür, daß sich die Konvektionsprozesse im Erdmantel, die letzten Endes die Drift der Kontinente verursachen, in den letzten 2000 Ma nicht entscheidend verändert haben.

Tabelle 3.2.2. Pollagen (Nordpole) von Mikroplatten aus dem Mittelmeerraum. *T* Tertiär; *K* Kreide; *J* Jura; *Tr* Trias; *P* Perm; *C* Carbon; *D* Devon; *S* Silur; Indizes *o,m,u*: oberes, mittleres, unteres; *1* Adriatische Mikroplatte (nach Vandenberg 1979); *2* Südalpen (nach Vandenberg 1979); *3* Mikroplatte Sardinien *(S)* – Korsika *(C)* (aus Soffel 1985); *4* Iberische Mikroplatte (nach Vandenberg 1979); s. auch Abb. 3.2.5

1		2		3		4	
Alter (Ma)	°N,°E	Alter	°N,°E	Alter	°N,°E	Alter	°N,°E
25–30	71,264	T_o	71,165	$T_o(S)$	81,190		
30–33	61,253						
T_{m-o}	66,261			$T_m(S)$	63,253		
T_u	63,264	T_u	64,213			T_u	72,196
K_o-T_u	54,249	K_o-T_u	64,229				
K_o	55,265	K_o	65,225			K_o	77,174
		K_{u-o}	55,245				
K_u	40,285					K_u	67,202
J_o	34,295	J_o	59,255			J_o	70,204
				$J(S)$	40,292		
Tr_{m-o}	47,300	Tr_{m-o}	50,240			Tr_{m-o}	55,196
		Tr_m	60,250	$Tr(S)$	33,285		
Tr_u	36,257	Tr_u	55,248			P_o-Tr_u	53,222
P_{m-o}	50,235						
P	45,240			$P(S)$	37,238		
P_u	36,250	P_u	46,236	$P(C)$	44,209	C_o-P_u	40,210
						D–C	36,203
						S_o	21,228

3.2.3 Scheinbare Polwanderungskurven von Mikroplatten

Wie im vorigen Abschnitt bereits erwähnt, setzen sich die großen Kontinentalblöcke wiederum aus einzelnen Schollen zusammen. Bei einer tektonischen Beanspruchung eines Kontinents kann es an internen Störungen zu Lateralverschiebungen und Rotationen kommen, die sich in kleinen Unterschieden der Polwanderungskurven benachbarter Bereiche bemerkbar machen. Besonders in den Randbereichen der Kontinente finden sich oft Teilschollen, die eine andere Polwanderungskurve besitzen als der Restkontinent. In Europa ist dies für Spanien (Iberische Mikroplatte), die Mikroplatte Sardinien-Korsika und die italienische Halbinsel (Adriatische Mikroplatte) einschließlich der Südalpen der Fall. Ihre Polwanderungskurven (Vandenberg 1979, 1980; Channell et al. 1979; s. auch Tabelle 3.2.2 und

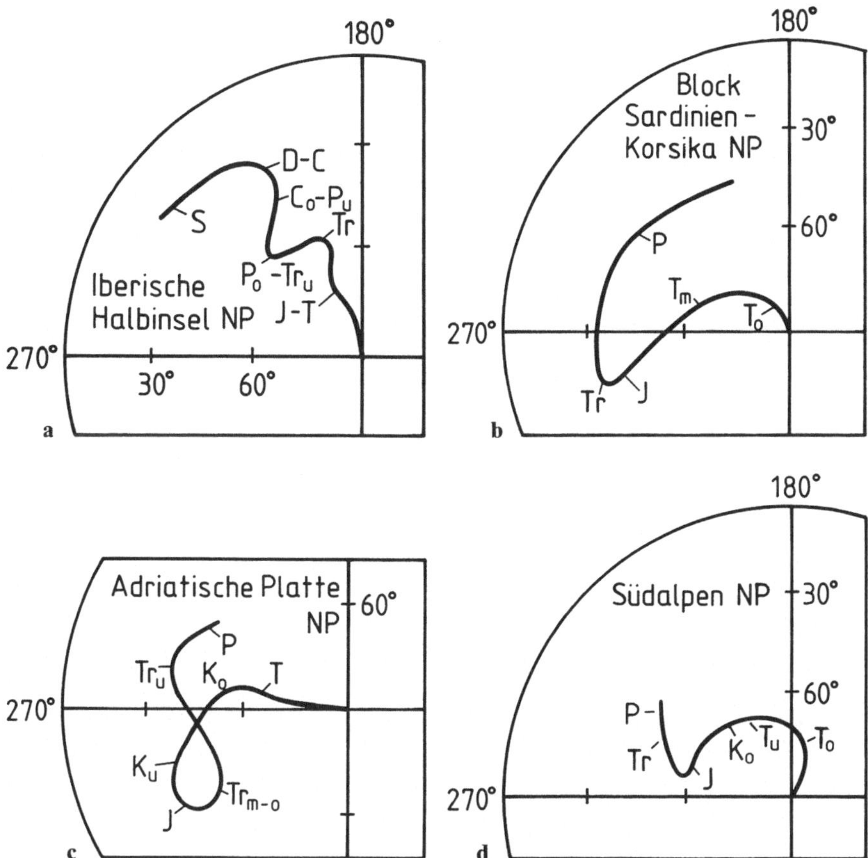

Abb. 3.2.5a–d. Stark vereinfachte Polwanderungskurven (Nordpole) einiger Mikroplatten aus dem Mittelmeerraum; Einzeldaten können den Tabellen 3.2.1 und 3.2.2 entnommen werden; zum Vergleich mit den Polwanderungskurven für Eurasien und Afrika, s. Abb. 3.2.3g; **a** Iberische Halbinsel; **b** Block Sardinien–Korsika; **c** Adriatische Platte; **d** Südalpen

Abb. 3.2.5) zeigen lediglich ab dem Mittleren bis Oberen Tertiär eine Übereinstimmung mit dem restlichen Europa. Davor ist eine Ähnlichkeit mit der APWP von Afrika gegeben (Vergleich der Abb. 3.2.5 mit der Polwanderungskurve Afrikas, Nordpole in Abb. 3.2.3g). Auch auf Grund geologischer Argumente wird daraus geschlossen, daß diese Gebiete geologisch eigentlich zu Afrika gehören. Eine weitere Analyse dieser Daten wird in 4.1.3 vorgestellt.

An der Westküste des nordamerikanischen Kontinents wurden Gebiete nachgewiesen, die sich nicht nur geologisch erheblich von ihrer Nachbarschaft unterscheiden, sondern deren Pollagen auch in keiner Weise mit entsprechenden Pollagen des stabilen Nordamerikanischen Kontinents übereinstimmen. Man nimmt heute an, daß es sich hier um sogenannte „displaced terranes" handelt, also um Gebiete, die während der Subduktion der Pazifischen Platte unter den Nordamerikanischen Kontinent herantransportiert, aber auf Grund ihrer Lithologie (Dichte) nicht völlig subduziert, sondern teilweise an der Erdoberfläche verblieben und dem Kontinent angegliedert wurden (Beck 1980, Coney et al. 1980). Es wird heute ganz allgemein angenommen, daß man in allen Randbereichen der Kratone, die einmal eine Tektonik vom sogenannten andinen Typ (Subduktion ozeanischer Kruste unter einen Kontinent) erlebt haben, mit derartigen „displaced terranes" zu rechnen hat.

3.3 Feldumkehr und Polaritätszeitskalen

3.3.1 Selbstumkehr der Remanenz oder Feldumkehr?

Das Vorkommen von invers, d. h. der heutigen Erdfeldrichtung entgegengesetzt magnetisierten Laven wurde zu Beginn dieses Jahrhunderts von Brunhes (1906) beschrieben, der schon damals einen Polaritätswechsel des Erdmagnetfeldes für möglich hielt. Die Entdeckung der möglichen Selbstumkehr einer remanenten Magnetisierung von Ferriten durch Néel (1948, 1951) und die experimentelle Bestätigung einer Selbstumkehr an einem Vulkanit aus Japan (Nagata et al. 1951, 1952, 1953) führte zu Kontroversen unter den Geophysikern über das Thema Selbstumkehr oder Feldumkehr. Die Frage konnte erst Ende der 50er Jahre zugunsten der Feldumkehr beantwortet werden. Dennoch tritt Selbstumkehr gelegentlich auf, und zwar meist bei stark oxidierten magmatischen Gesteinen mit sehr Ti-reichen Fe-Oxiden (Schult 1975, 1976), selten bei Sedimenten. Auch bei Magnetkies ist der Effekt schon beobachtet worden. Insbesondere bei magnetostratigraphischen Untersuchungen ist deswegen durch begleitende gesteinsmagnetische Messungen und erzpetrographische Beobachtungen (2.12) auf diesen Effekt zu achten.

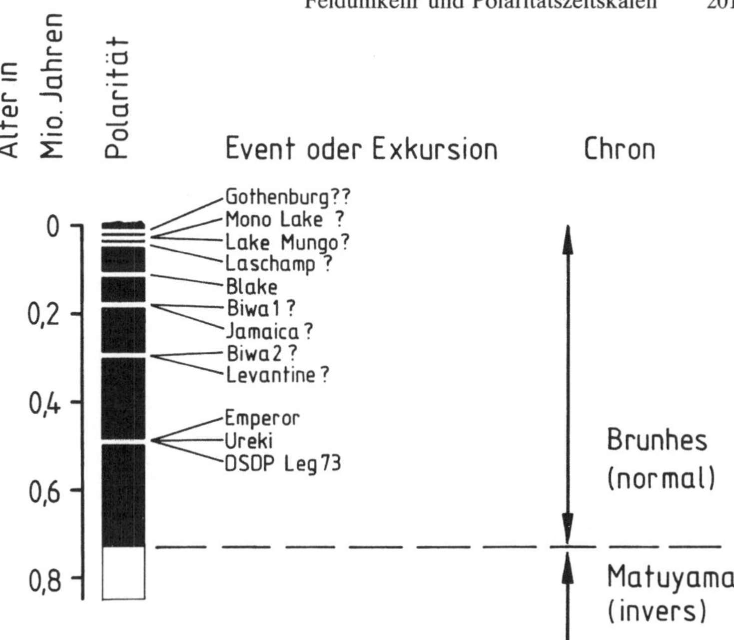

Abb. 3.3.1. Exkursionen (kurzzeitige Umkehrungen ?) des erdmagnetischen Feldes in den letzten etwa 0.7 Ma. *Schwarz:* heutige Polarität der Brunhes-Epoche (-Chron); *weiß:* inverse Polarität der Matuyama-Epoche (-Chron); die Namen der vermuteten Feldumkehrungen bzw. Exkursionen (Event) stammen von den Orten der ersten Messungen. (Mod. nach Petersen 1986)

3.3.2 Polaritätszeitskala der letzten 0.7 Ma

In den letzten etwa 700 000 Jahren besaß das Erdmagnetfeld, von wenigen noch etwas umstrittenen Ausnahmen abgesehen, die gleiche Polarität wie das heutige Feld. Bei den in Abb. 3.3.1 gezeigten kurzen Zeiten einer Feldumkehr ist man sich noch nicht ganz sicher, ob es wirkliche, allerdings nur sehr kurzzeitige Feldumkehrungen waren oder große Exkursionen des Feldes (3.1.5), die in Verbindung mit lokalen Nichtdipolanteilen eine Feldumkehr vortäuschen können. Die vermuteten (oder echten) Feldumkehrungen werden nach den Lokalitäten benannt, an denen sie zum ersten Mal gemessen wurden. Ungenauigkeiten in der Altersbestimmung erschweren auch die Zuordnungen dieser Erscheinungen untereinander und ihren Nachweis als globaler Effekt. Einige dieser vermuteten Feldumkehrungen wurden auch bisher nur an einer einzigen Lokalität oder in einem eng begrenzten Gebiet gefunden und konnten in gleichaltrigen Schichten an anderer Stelle, z. B. auf einem anderen Kontinent, nicht nachgewiesen werden. Hinzu kommt noch, daß sie zum Teil nur auf der Messung der Inklination an Bohrkernen ohne azimutale Orientierung beruhen. Lokale

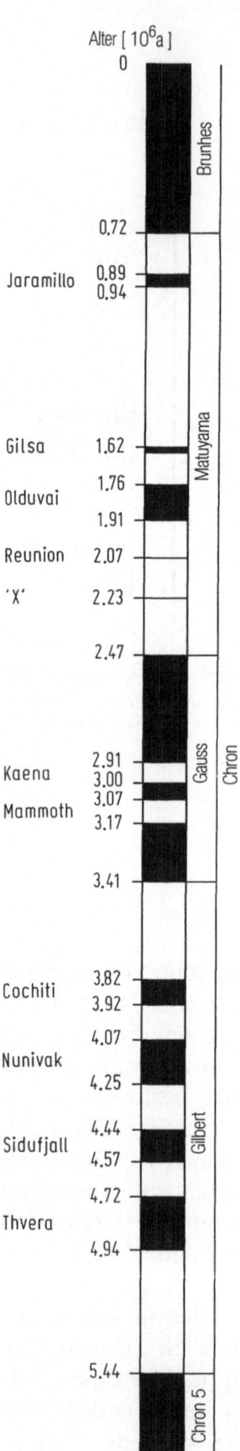

Abb. 3.3.2. Polaritätszeitskala der letzten etwa 5 Ma. *Schwarz:* heutige normale Polarität; *weiß:* inverse Polarität; Alter der Feldumkehrungen in Ma. (Mod. nach McDougall 1977)

gesteinsmagnetische Effekte (Selbstumkehr) sowie eine Magnetisierung durch Blitzschlag wird in einigen Fällen auch nicht ausgeschlossen. Der Nachweis von sehr kurzen, echten Feldumkehrungen wäre sehr wichtig zur Bestimmung der Zeitkonstante für einen Polaritätswechsel. Dies hätte wiederum wichtige Konsequenzen für die dynamischen Vorgänge im Erdkern und seine physikalischen Eigenschaften (elektrische Leitfähigkeit, Wärmeleitfähigkeit, Viskosität). Der Nachweis wäre auch bedeutsam für die in 3.3.7 diskutierte Statistik, weil man dann davon ausgehen müßte, daß viele Feldumkehrungen in der weiter zurückliegenden Zeit bisher unentdeckt geblieben sind.

3.3.3 Polaritätszeitskala der letzten 5 Ma

Die Erstellung der Skala der letzten 5 Ma begann Anfang der 60er Jahre, als genügend viele paläomagnetische Untersuchungen an radiometrisch datierten Gesteinen vorlagen. Hinzu kamen noch paläomagnetische Messungen an Sedimenten der Tiefsee. Die Geschichte der Entwicklung der Polaritätszeitskala ist durch McDougall (1977), Glen (1982) und Hailwood (1989) dargestellt worden. Abbildung 3.3.2 zeigt die Polaritätszeitskala der letzten etwa 5 Ma nach McDougall (1977). Eine nur geringfügig veränderte Kurve dieser Art wurde von Mankinen und Dalrymple (1979) veröffentlicht. Die Feinstruktur der Brunhes-Epoche (Abb. 3.3.1) mit den vermuteten Feldumkehrungen oder Exkursionen wurden in Abb. 3.3.2 der Klarheit der Abbildung wegen weggelassen. Polaritätszeitskalen zeigen nach einer Konvention in schwarz die Zeitbereiche mit normaler (d. h. heutiger) und in weiß diejenigen mit inverser Polarität. Aus historischen Gründen wurden für die ersten vier Zeitbereiche mit überwiegend normaler bzw. inverser Polarität zunächst Namen berühmter Geomagnetiker (Brunhes aus Frankreich, Matuyama aus Japan, Gauß aus Deutschland, Gilbert aus England) vergeben. Diese und auch frühere Abschnitte mit überwiegend normaler oder inverser Polarität werden Epochen oder neuerdings auch „Chrons" genannt. Unterhalb des Gilbert-Chrons beginnt Epoche oder Chron 5.

Die kürzeren Unterbrechungen mit umgekehrter Polarität werden „Event" genannt und nach ihrem locus typicus bezeichnet, zum Beispiel das Gilsa-Event nach einer Lokalität in Island, das Olduvai-Event nach einer Lokalität in Ostafrika. Alle diese Events sind global belegt und werden als echte Feldumkehrungen anerkannt. Beginn und Ende der Events wurden durch eine Kombination der K/Ar-Alter von magmatischen Gesteinen (Laven, Aschenlagen) mit biostratigraphischen Daten von Tiefseesedimenten mit möglichst konstanter Sedimentationsrate bestimmt und können zumindest für die letzten 5 Ma auf ±0.01 Ma genau angegeben werden. Die Skala ist inzwischen so gut belegt, daß in der Zukunft sicher nur noch mit kleinen Korrekturen zu rechnen ist.

3.3.4 Polaritätszeitskala der letzten 150 Ma

Diese in Abb. 3.3.3b–d gezeigten Skalen beruhen auf einer Kombination paläomagnetischer Detailuntersuchungen von an Land aufgeschlossenen oder durch Bohrungen zugänglichen Sedimentserien mit wenigen, sehr genauen radiometrischen Altersbestimmungen (K/Ar-Methode) und Modellrechnungen zur Interpretation der Anomalien des Erdmagnetfeldes im Bereich der Ozeane. Die Methode zur Ableitung der Polaritätsabfolge aus den Anomalien des Erdmagnetfeldes im Bereich der mittelozeanischen Rücken geht auf die Untersuchungen von Vine und Matthews (1963) zurück. Das Prinzip ist in Abb. 3.3.3a dargestellt. Die oberste Kurve zeigt die Anomalie der Totalintensität des Erdmagnetfeldes. Darunter folgen: die berechnete Modellkurve unter der Annahme einer konstanten Driftrate von 3.7 cm pro Jahr, die Bezeichnung der Nummern der magnetischen Anomalien (J, 2, 2', 3; s. Abb. 3.3.3b), das Modell für die Magnetisierung der ozeanischen Kruste, die Namen der Epochen oder Chrons (Brunhes, Matuyama, Gauß, Gilbert), das Krustenalter in Ma und die Entfernung vom Zentrum C (Pfeil) in km. Für die Dicke der überwiegend remanent magnetisierten ozeanischen Kruste (Koenigsberger-Faktor Q > 1) wird ein Wert von

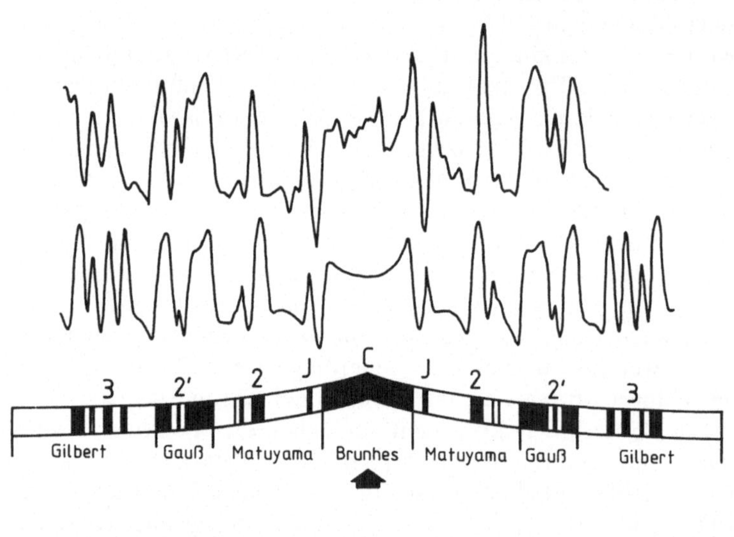

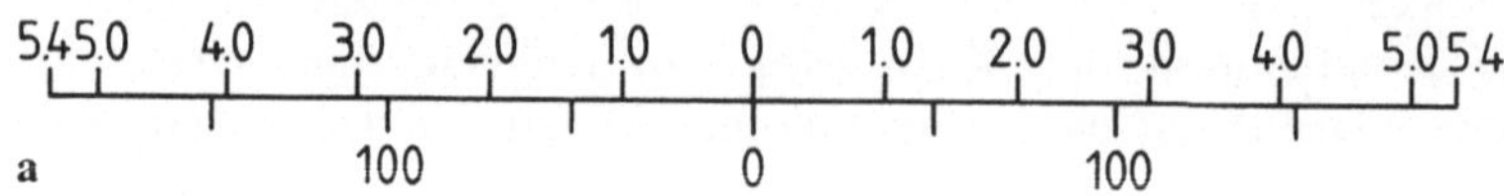

Abb. 3.3.3a–d. Polaritätszeitskala der letzten etwa 170 Ma. *Schwarz:* heutige normale, *weiß:* inverse Polarität. **a** Modell zur Ableitung der Polaritätszeitskala aus der Interpretation von Anomalien des Erdmagnetfeldes im Bereich der mittelozeanischen Rücken; Einzelheiten s. Text (mod. nach Gordon u. Acton 1989); **b** Zeitskala von 0–100 Ma; *1–33* Nummern der ozeanischen magnetischen Anomalien (mod. nach Lowrie u. Alvarez 1981);

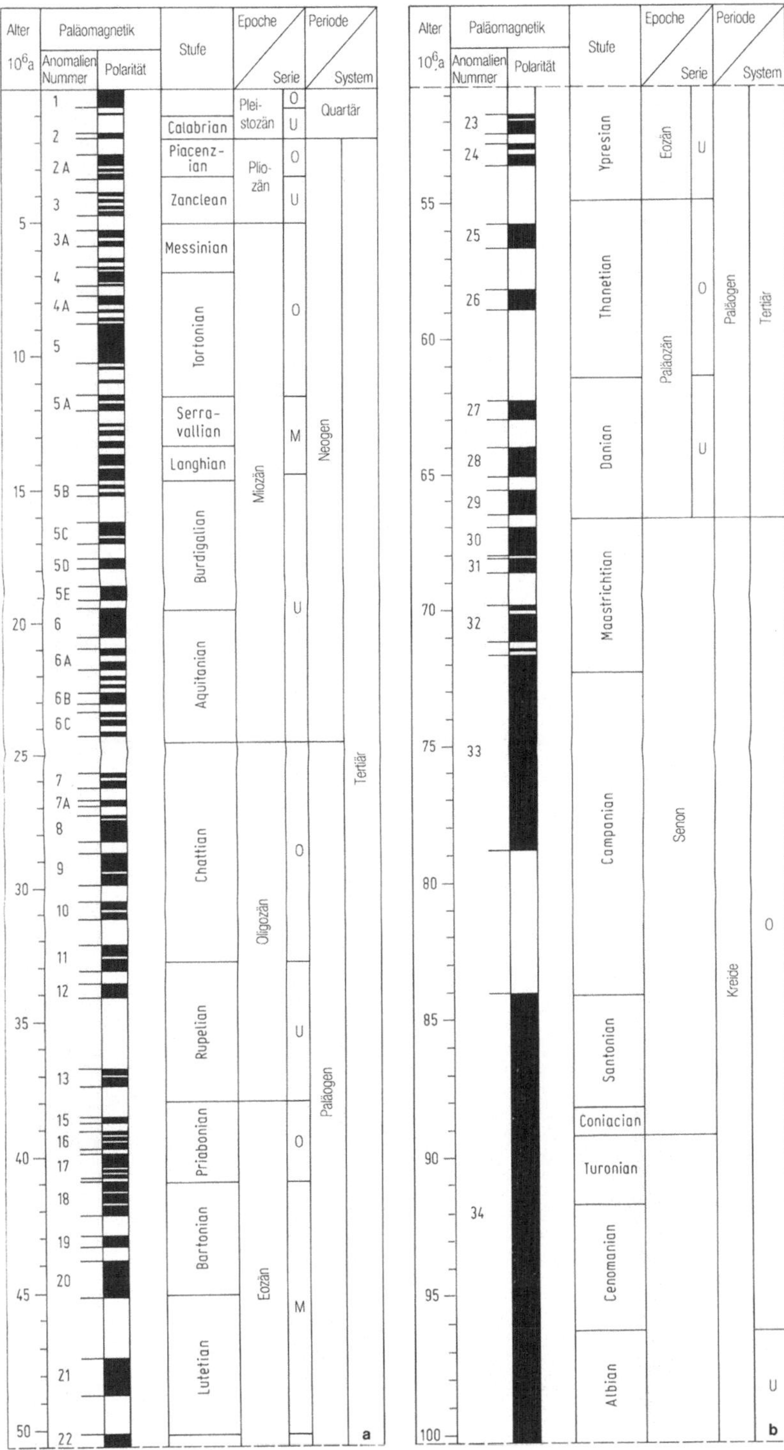

Abb. 3.3.3b

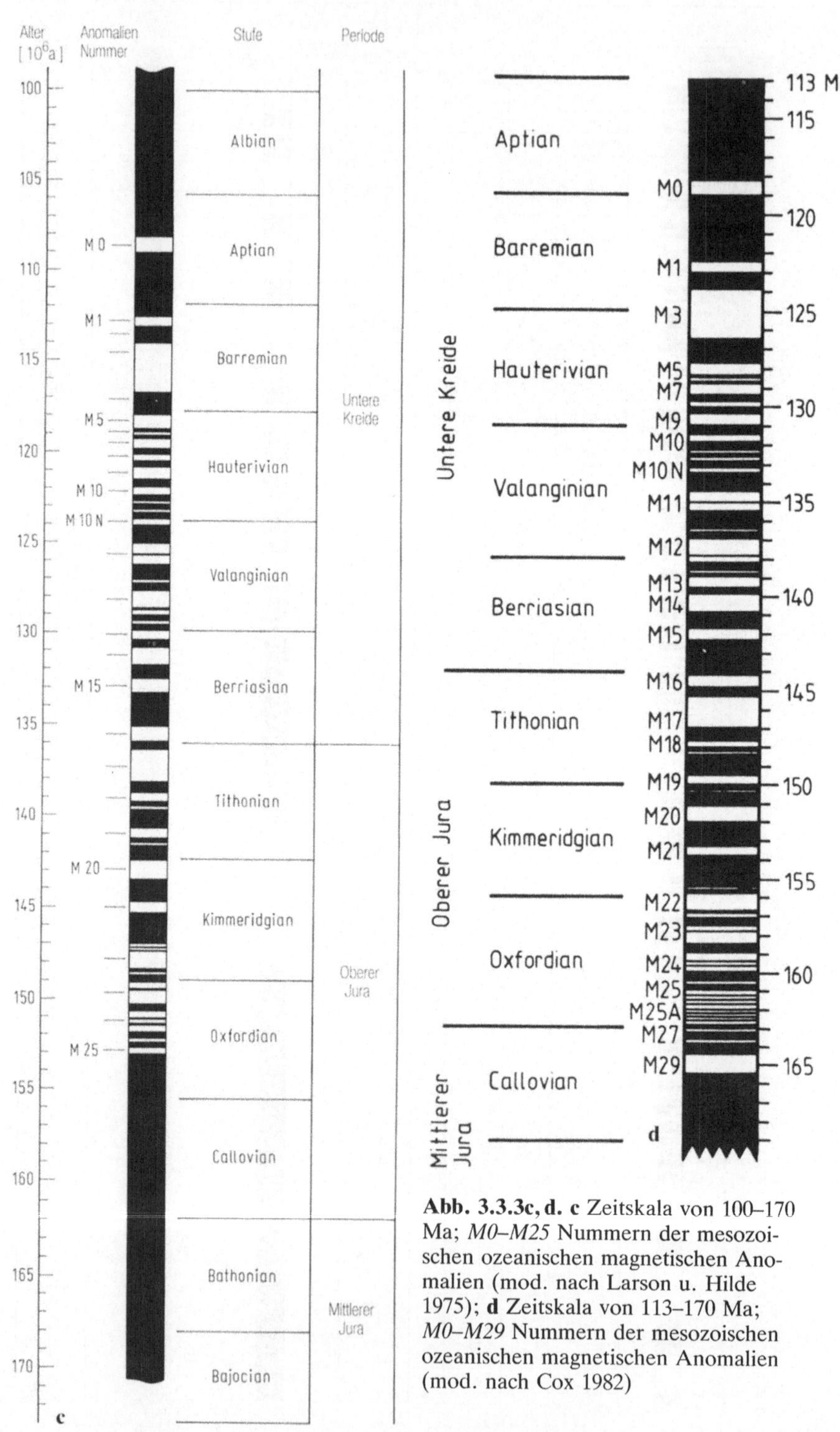

Abb. 3.3.3c, d. c Zeitskala von 100–170 Ma; *M0–M25* Nummern der mesozoischen ozeanischen magnetischen Anomalien (mod. nach Larson u. Hilde 1975); **d** Zeitskala von 113–170 Ma; *M0–M29* Nummern der mesozoischen ozeanischen magnetischen Anomalien (mod. nach Cox 1982)

etwa 2 km angenommen. Die Gesteine im Zentrum der mittelozeanischen Rücken erwerben eine Thermoremanenz in Richtung des bei der Extrusion der Laven herrschenden Erdmagnetfeldes. Beim Auseinanderdriften der ozeanischen Platten wird diese Information symmetrisch nach beiden Seiten wegtransportiert. Die hohe Symmetrie der magnetischen Anomalien auf beiden Seiten der Riftachsen spricht für die Symmetrie der Driftbewegungen. Erste Polaritätszeitskalen auf der Basis dieser Modellvorstellungen wurden Ende der 60er Jahre veröffentlicht (Heirtzler et al. 1968). Die aus den Polaritätswechseln der ersten 5 Ma gewonnene Driftrate der ozeanischen Platten wurde dabei bis etwa 100 Ma weiter linear extrapoliert, was sicher ein Wagnis darstellte. Die in Abb. 3.3.3b gezeigte Skala bis 100 Ma nach Lowrie und Alvarez (1981), die wenig später von Cox (1982) leicht verbessert wurde, berücksichtigt nur wenige, sehr zuverlässige K/Ar-Datierungen sowie zeitlich etwas variable Driftraten der ozeanischen Platten und kann als recht zuverlässige Information über das Umkehrverhalten in der jüngsten geologischen Vergangenheit gelten. Die einzelnen Spalten enthalten (von links nach rechts) folgende Daten: Alter in Ma, Anomalien-Nummer, Polarität des Erdmagnetfeldes in der üblichen Konvention, geologische Stufen und Formationsnamen in der üblichen Nomenklatur.

Abbildung 3.3.3c zeigt eine etwas ältere Skala von 100–170 Ma nach Larson und Hilde (1975). Die Spalten enthalten die gleichen Daten wie bei Abb. 3.3.3b. Eine stark verbesserte Skala von Cox (1982) für das Zeitintervall 113–170 Ma ist in Abb. 3.3.3d dargestellt. Von links nach rechts ist hier gezeigt: Geologische Formationen und Stufen, Nummern der magnetischen Anomalien, Polarität des Erdmagnetfeldes und Alter in Ma. Die Skalen der Abb. 3.3.3c und d unterscheiden sich ganz erheblich, insbesondere durch die unterschiedliche Zuordnung von magnetischen Anomalien zu absoluten Altern. Insgesamt sind die Skalen der Abb. 3.3.3b–d etwas unsicherer als die der letzten 5 Ma, liegen aber in ihren Grundzügen fest und werden im Detail laufend verbessert.

Auffallend an der Skala der letzten 170 Ma sind einmal das sehr unruhige erdmagnetische Feld mit häufigen Umkehrungen im Tertiär, und zum anderen die langen Zeitabschnitte mit vorwiegend normaler Polarität in der Oberen und Mittleren Kreide sowie im Oberen und Mittleren Jura. Neuere Untersuchungen weisen jedoch darauf hin, daß auch die etwa 30 Ma dauernde normale Epoche in der Oberkreide eventuell gelegentlich durch sehr kurze inverse Events unterbrochen wurde. Die Ergebnisse sind jedoch unsicher und können eventuell auch durch falsche Alter und durch gesteinsmagnetische Effekte erklärt werden. In der Unteren Kreide und im Jura wird das Feld wieder sehr unruhig mit ähnlich häufigen Polaritätswechseln wie im Tertiär. Dies zeigt, daß keine methodischen Fehler (Nichterkennung von Umkehrungen in den magnetischen Anomalien) Ursache für das lange Intervall normaler Polarität in der Kreide sein können. Leider sind die Gesteine der Ozeanböden nicht älter als etwa 170 Ma, so daß die oben beschriebene Methode der Kombination von paläomagnetischen Messungen an Sedimentserien mit der Interpretation von ozeanischen Anomalien (Heirtzler et al. 1968) für die früheren Perioden der Erdgeschichte nicht mehr eingesetzt werden kann. Für einzelne Abschnitte der letzten 170 Ma wurden auch von anderen Autoren Zeitskalen erstellt, z. B. durch Berggren (1972), Tarling u. Mitchell (1976), Van Hinte (1976), La Brecque et al. (1977) und Lowrie u. Channell (1984).

3.3.5 Polaritätszeitskalen der früheren geologischen Vergangenheit

Für die Zeit vor 170 Ma können Polaritätszeitskalen nur noch mit folgenden Methoden erstellt werden: Kompilation paläomagnetischer Daten von besonders genau datierten Gesteinen, Messungen an gut datierten und möglichst lückenlosen Sedimentprofilen, Messungen an Bohrkernen. Im letzten Fall kann in der Regel wegen der nicht vorhandenen azimutalen Orientierung der Kerne nur die Inklination bestimmt werden. Es fehlt nicht an Versuchen, hieraus Polaritätszeitskalen für den Zeitbereich vor 150 Ma abzuleiten. Abbildung 3.3.4 zeigt eine frühe Kompilation nach McElhinny und Burek (1971) für das Intervall 170 bis 250 Ma. Charakteristisch sind hierbei das wahrscheinlich von 280 Ma bis 235 Ma dauernde Kiaman-Intervall mit durchwegs inverser Polarität und gemischte Polaritäten mit häufigen Umkehrungen im Obersten Perm bis zur Mittleren Trias. Eine genaue Zeitskala für das Oberste Perm und die Trias kann noch nicht angegeben werden, jedoch wird an diesem Problem intensiv gearbeitet. Über die Ursache sowohl des langen Kiaman-Intervalls inverser Polarität am Ende des Paläozoikums und des langen Intervalls normaler Polarität am Ende des Mesozoikums ist viel spekuliert worden. Unter anderem wird diskutiert, ob nicht exogene Gründe (erhöhter Einfall von Meteoriten und ihre Auswirkung auf das Klima der Erde) sowohl für eine Änderung im Charakter des Erdmagnetfeldes als auch für Änderungen der Flora und Fauna verantwortlich sind (Muller u. Morris 1986).

3.3.6 Feldverhalten während einer Feldumkehr

Insbesondere die Untersuchungen der Feldumkehrungen der letzten 5 Ma (Hoffman 1977; Hoffman u. Fuller 1978; Jacobs 1984; Valet u. Laj 1984; Valet et al. 1986; Williams et al. 1988) haben gezeigt, daß für eine Feldumkehr ein Zeitraum von einigen (2–10) tausend Jahren angenommen werden muß. Es gibt jedoch auch paläomagnetische Untersuchungen, die auf eine wesentlich kürzere Dauer für eine Feldumkehr hinweisen (Coe u. Prévot 1989; Fuller 1989). Die Trägheit der Vorgänge im Erdkern sowie die gute elektrische Leitfähigkeit des unteren Erdmantels begrenzen die Zeit nach unten, die oft beobachtete Schärfe des Überganges von einer Polarität in die andere die Zeit nach oben. Nur in Gebieten mit hoher, annähernd gleichför-

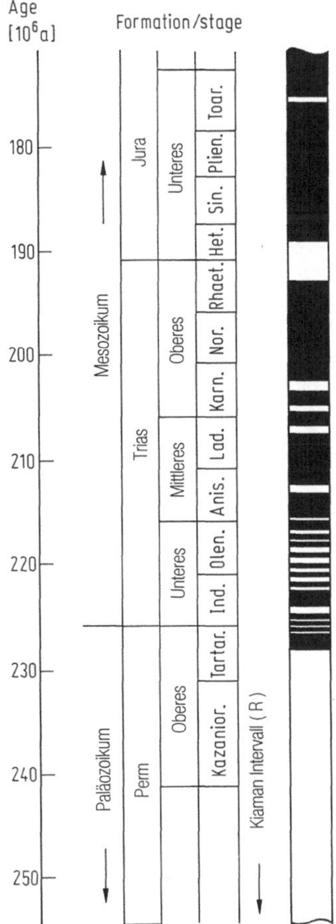

Abb. 3.3.4. Vorläufige schematische Polaritätszeitskala für das Zeitintervall 170–250 Ma. (Mod. nach McElhinny u. Burek 1971)

miger Lavaproduktion über lange Zeiträume hinweg und bei Sedimenten mit einer hinreichend hohen Sedimentationsrate, kann ein Polaritätswechsel mit einer ausreichenden Genauigkeit aufgezeichnet werden. Es ist auch notwendig, ein und denselben Polaritätswechsel an vielen, möglichst weit entfernt liegenden Punkten zu erfassen, um Aussagen über das generelle Verhalten des Erdmagnetfeldes während einer Feldumkehr machen zu können. Dies ist bisher nur in wenigen Fällen möglich gewesen, und die Ergebnisse weisen darauf hin, daß eine Feldumkehr nicht immer nach dem gleichen Schema abzulaufen scheint. Als wichtigste Ergebnisse kann man folgendes festhalten. Eine Feldumkehr ergibt sich nach einem stochastischen Modell von Cox (1968) im Anschluß an eine Phase mit einem schwachen Dipolfeld bei einem starken Nichtdipolfeld (Abb. 2.1.8c). Aus der Sicht eines einzelnen Beobachtungspunktes verlagert sich dabei der auf der Basis der Dipolhypothese berechnete virtuelle geomagnetische Pol (VGP) aus dem Gebiet in der Nähe des Rotationspols in einer meist direkten Bahn

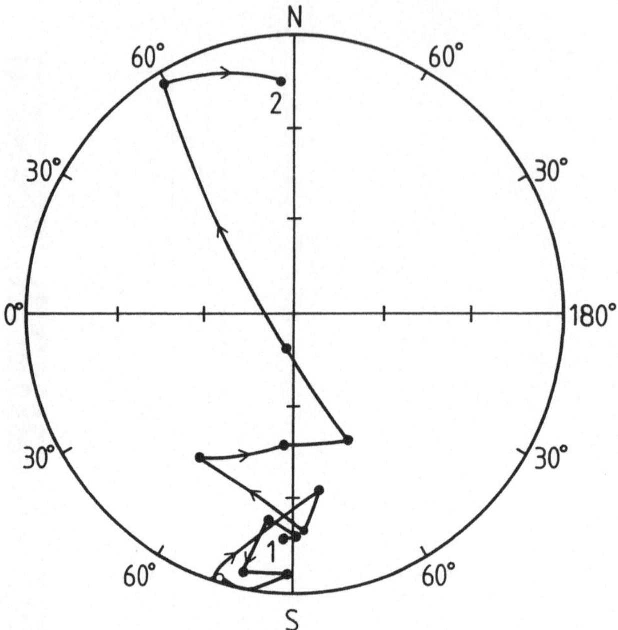

Abb. 3.3.5. Wanderung des VGP bei einer Feldumkehr über den Äquator hinweg auf die Gegenseite, abgeleitet aus einer Lavasequenz in Nordamerika. (Mod. nach Dagley u. Lawley 1974)

quer über den Äquator in die Nähe des Pols auf der anderen Hemisphäre (Abb. 3.3.5). Beim Vergleich der VGP-Pfade von Feldumkehrungen aus dem Oberen Tertiär, beobachtet an weit entfernt liegenden Orten, wurde gefunden, daß sich zumindest für diese Umkehrungen zwei VGP-Pfade von Pol zu Pol ergaben, die um 180° gegeneinander versetzt sind. Der eine verläuft über Nord- und Südamerika, der andere über Ostasien. Die bevorzugten VGP-Pfade laufen also der Berandung des Pazifiks entlang. Runcorn (1991, pers. Mitteilung) vermutet, daß diese VGP-Pfade ebenso wie die geringen Amplituden der Säkularvariation und der Nichtdipolanteile im Bereich des Pazifiks durch eine anomal gute elektrische Leitfähigkeit des unteren Erdmantels bedingt sind. Ganz allgemein läßt die Beobachtung gut übereinstimmender VGP-Pfade den Schluß zu, daß bei einer Feldumkehr doch noch ein wesentlicher Dipolanteil erhalten bleiben kann und nicht nur chaotische Nichtdipolfelder dominieren müssen. Trotzdem sind Zweifel angebracht, ob die Berechnung eines VPG mit der Dipolformel und die Angabe eines VGP-Pfades während einer Feldumkehr überhaupt geeignete Verfahren für die Beschreibung des Zustandes des Erdmagnetfeldes während einer Feldumkehr sind. Die oben beschriebenen Feldzustände scheinen aber nicht die einzig möglichen zu sein, denn es gibt auch Hinweise auf starke Quadrupol- und Oktopolfelder während einer Feldumkehr und auch eindeutige Nachweise von abgebrochenen Feldumkehrversuchen mit einer anschließenden Stabilisierung des Dipols in seiner alten Polarität. Es ist wahrscheinlich, daß der Schutzschild der Magnetosphäre während einer Feldumkehr mehrere tausend Jahre lang erheblich schwächer ist als im Fall eines intakten starken Dipolfeldes. Die kosmische Strahlung hat in diesen Zeiten einen vermehrten Zutritt auf die Erdoberfläche. Es wird daher vermutet, daß es Zusammenhänge zwischen der Häufigkeit der Polaritätswechsel (und damit geringeren Schutzwirkung der Magnetosphäre) und der Mutationsrate gibt.

3.3.7 Statistik der Feldumkehrungen

Für die noch weiter als 280 Ma zurückliegende Zeit gibt es nur sporadische Untersuchungen über die Polarität von Sedimentserien neben den Informationen aus sonstigen paläomagnetischen Arbeiten. Hieraus kann man für bestimmte Zeitabschnitte das Verhältnis von normaler zu inverser Polarität ermitteln. Abbildung 3.3.6 zeigt einen derartigen Versuch für das Phanerozoikum (die letzten 570 Ma). Hieraus kann eine gewisse Periodizität abgelesen werden, für die allerdings aus der weiter zurückliegenden Erdgeschichte eine Bestätigung fehlt. Während im Tertiär und im Quartär ein ausgeglichenes Verhältnis von normaler und inverser Polarität vorliegt, kann man deutlich sehen, daß in gewissen Abschnitten des Phanerozoikums Zeiten mit entweder normaler oder inverser Polarität überwogen. Die heutige, als normal bezeichnete Polarität ist also ein reines Zufallsergebnis und keineswegs eine typische Eigenschaft des irdischen Dynamos. Polaritätswechsel lassen sich im übrigen bis zu den bisher ältesten untersuchten Gesteinen (etwa 3200 Ma) zurückverfolgen.

Der besonders gut belegte Zeitraum vom 0–150 Ma wurde auch hinsichtlich der Häufigkeit von Polaritätswechseln pro Zeiteinheit untersucht, insbesondere die letzten 80 Ma. Abbildung 3.3.7 zeigt die Ergebnisse für die in Abb. 3.3.3b gezeigte Skala von Lowrie und Alvarez (1981) in Form der Häufigkeit von Feldumkehrungen in 1 Ma für ein gleitendes Zeitfenster von

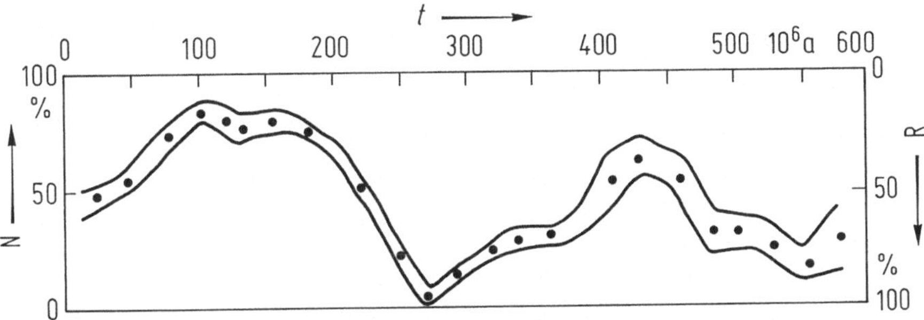

Abb. 3.3.6. Verhältnis von normaler *N* zu inverser *R* Polarität des Erdmagnetfeldes in % während der letzten 600 Ma. (Mod. nach Irving u. Pullaiah 1976)

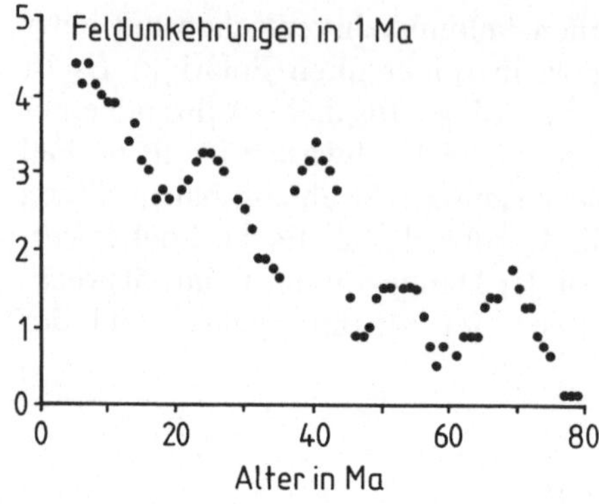

Abb. 3.3.7. Häufigkeit der Feldumkehrungen je 1 Ma der Skala von Lowrie u. Alvarez (1981) in den letzten 80 Ma, gemittelt über einen Zeitbereich von 8 Ma. (Mod. nach Lowrie u. Kent 1983)

8 Ma. Diese nimmt in den letzten 80 Ma nahezu linear von etwa 4 Umkehrungen je 1 Ma auf Null in der langen Periode konstanter Polarität in der Kreide ab. Ob die überlagerten kürzeren Perioden von etwa 15 Ma reell sind, wie von McFadden (1984a) vermutet, ist nicht gesichert. Bei einer solchen Darstellung ist auch zu bedenken, daß bisher nicht entdeckte Feldumkehrungen die Statistik erheblich verändern können. Eine Analyse der Polaritätszeitskala von La Brecque et al. (1977) durch Lowrie und Kent (1983) zeigt (Abb. 3.3.8), daß die Anzahl der Polaritätsintervalle in Abhängigkeit von ihrer Dauer im Zeitraum 0–40 Ma einer Gammaverteilung folgt. Danach gibt es nur wenige Intervalle von 0–0.05 Ma Dauer, ein Maximum bei etwa 0.25 Ma Dauer und wiederum wenige Intervalle länger als 0.5 Ma. Eine Behandlung der Statistik der Feldumkehrungen geben auch McFadden (1984b) und McFadden et al. (1987), die allerdings eine Poisson-Verteilung favorisieren. Eine Poisson-Verteilung würde darauf hindeuten, daß unmittelbar nach einer Feldumkehr die Wahrscheinlichkeit für eine erneute

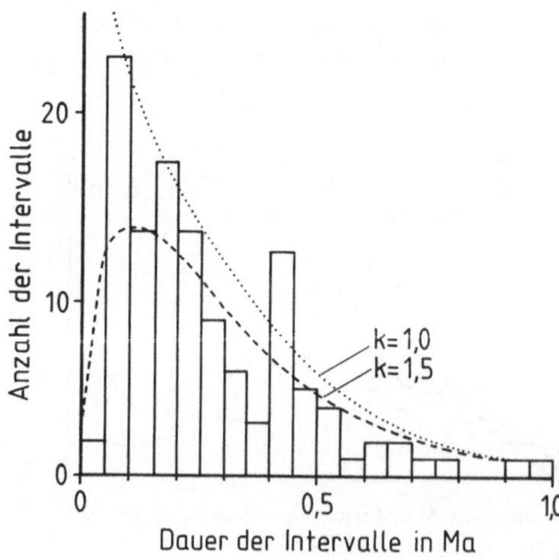

Abb. 3.3.8. Analyse des Zeitbereichs 0–40 Ma der Polaritätszeitskala von La Brecque et al. (1977) hinsichtlich der Häufigkeit und der Länge von Polaritätsintervallen. Die Daten lassen sich am besten mit einer Gammaverteilung *(gestrichelte Kurve)* beschreiben; die *punktierte Kurve* entspricht einer von anderen Autoren favorisierten Poisson-Verteilung. (Mod. nach Lowrie u. Kent 1983)

Feldumkehr besonders hoch ist. Eine Gammaverteilung würde bedeuten, daß nach einer Feldumkehr eine Pause eintritt, bis zu der eine erneute Feldumkehr möglich wird. Zwischen beiden Modellen kann noch nicht eindeutig entschieden werden.

3.4 Paläointensität des Erdmagnetfeldes

3.4.1 Ergebnisse von archäologischen Proben

Die Intensität des erdmagnetischen Feldes der vergangenen etwa 9000 Jahre wurde fast ausschließlich mit der auf Thellier und Thellier (1959) zurückgehenden Methode an keramischen Materialien (Ziegel, Tonscherben usw.) bestimmt. Paläointensitätsmessungen an Laven oder mit anderen Methoden spielten bei der Erstellung dieser Kurve eine untergeordnete Rolle. Abbildung 3.4.1 zeigt eine Zusammenstellung der Daten aus verschiedenen Kontinenten in Form einer zeitlichen Änderung des virtuellen Dipolmoments der Erde (2.9.3). Die seit Beginn des 19. Jahrhunderts durch direkte Messungen beobachtete Abnahme des Dipolmoments der Erde (Abb. 2.1.7) wird durch die archäomagnetischen Messungen bestätigt. Das Erdmagnetfeld war vor etwa 2000 Jahren offenbar etwa 20–30 % stärker als heute, vor

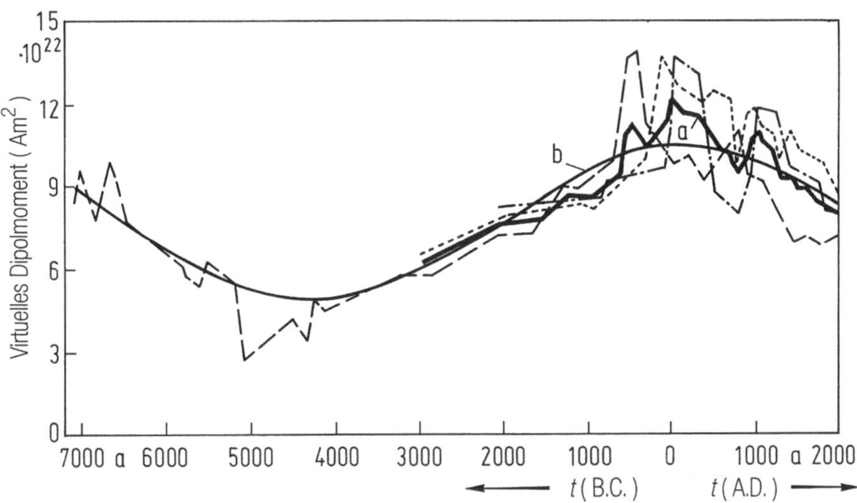

Abb. 3.4.1. Paläointensitätsmessungen, dargestellt als virtuelles Dipolmoment für den bis etwa 10000 Jahre zurückreichenden Zeitabschnitt, abgeleitet aus archäologischem Material verschiedener Gebiete. *Gestrichelte Kurve:* Europa; *strich-punktierte Kurve:* Mittelamerika; *Punkte:* Japan; *a* mittlere Kurve für die letzten 5000 Jahre; *b* Annäherung mit einer Sinuskurve. (Mod. nach Bucha 1970)

etwa 6000 Jahren dagegen nur etwa halb so stark. Die Daten weisen auf eine Intensitätsschwankung des Dipolmoments mit einer Periode von etwa 10 000 Jahren hin. Leider reichen die Meßreihen nicht weiter zurück, um die Signifikanz dieser Periode oder einer Periodizität ganz generell überprüfen zu können. Der Zeitbereich der letzten 2000 Jahre ist besonders dicht mit Messungen belegt. Man erkennt trotz einer weitgehenden Ähnlichkeit deutliche Unterschiede im zeitlichen Verlauf des virtuellen Dipolmoments bei Proben aus verschiedenen Kontinenten, die sehr wahrscheinlich auf lokal unterschiedlich große Nichtdipolanteile zurückzuführen sind. Dies bedeutet wiederum, daß man aus einem lokalen Verlauf der Paläointensitätskurve nicht unmittelbar auf Einzelheiten der zeitlichen Variation des Dipolmoments schließen darf.

3.4.2 Paläointensitäten in der geologischen Vergangenheit

Für geologische Zeiten reicht die zeitliche Auflösung nicht aus, um die Feinstruktur der zeitlichen Variationen des Dipolmoments auflösen zu können. Die in Abb. 3.4.2 gezeigte Kompilation von Paläointensitätsdaten (überwiegend basierend auf der Methode Thellier) macht deutlich, daß das Erdmagnetfeld auch in der geologischen Vergangenheit etwa die gleiche Intensität hatte wie das heutige Feld. Es gibt aber gewisse Anzeichen dafür, daß es im Paläozoikum vorübergehend um fast einen Faktor 10 schwächer war als heute. Insgesamt muß man leider feststellen, daß es wesentlich weniger Paläointensitätsdaten gibt als Richtungsdaten. Dies hängt mit den erheblich schwierigeren Messungen zusammen und mit den zusätzlichen Forderungen hinsichtlich der gesteinsmagnetischen Eigenschaften an das Gestein. Es gibt auch noch eine Reihe ungelöster Probleme bei der Methodik. Für Paläointensitätsdaten steht demnächst auch eine globale Datenbank zur Verfügung.

Bei den Landungen auf dem Mond wurde auch genügend Material für paläomagnetische Untersuchungen (Lavagestein) zur Erde zurückgebracht.

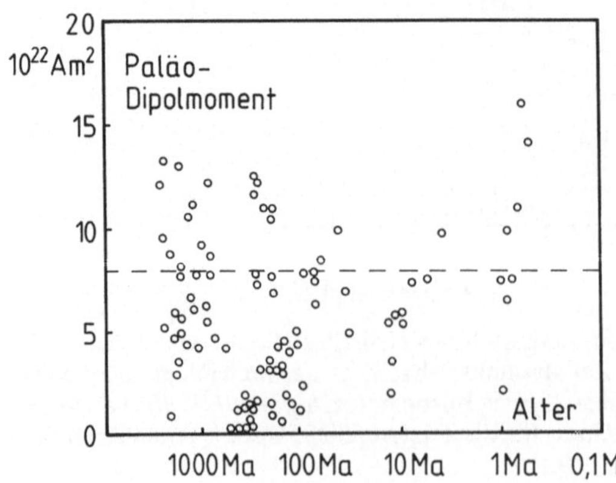

Abb. 3.4.2. Paläointensität des erdmagnetischen Feldes der letzten etwa 2000 Ma, dargestellt als virtuelles Dipolmoment; *gestrichelte Linie:* heutiges Dipolmoment. (Aus Soffel 1985)

Da die Gesteine nicht orientiert entnommen worden waren und Mondgestein ohnehin durch das fortwährende Bombardement mit Meteoriten in
seiner geologischen Geschichte mehrfach umgelagert worden ist, waren
keine Richtungsmessungen, sondern nur Paläointensitätsbestimmungen
möglich. Ein großes Problem bei diesen Untersuchungen war neben der
geringen Probenmenge, die zur Verfügung stand, vor allem die Frage nach
dem Ursprung der Magnetisierung des Mondgesteins. Es kamen im wesentlichen folgende Remanenztypen in Frage:

a) eine Thermoremanenz (TRM), entstanden bei der Extrusion und der
   Abkühlung der Laven in einem Paläofeld des Mondes;
b) eine Piezoremanenz (PRM) durch die Stoßwellen beim Bombardement
   mit Meteoriten in einem Paläofeld;
c) eine viskose Remanenz (VRM) durch die Einwirkung von Magnetfeldern im Raumschiff und des Erdmagnetfeldes nach der Landung.

Andere Remanenztypen, wie zum Beispiel eine chemische Remanenz
(CRM) oder eine Sedimentationsremanenz (DRM) konnten aus geologischen Gründen ausgeschlossen werden. Durch Versuche mit Stoßwellen
wurde festgestellt, daß eine Piezoremanenz mit hoher Wahrscheinlichkeit
auszuschließen war. Die Anteile einer VRM konnten durch Entmagnetisierungsversuche ermittelt werden. Für die Messung der Paläointensität wurde
sowohl die Methode Thellier als auch die Methode in Kombination mit der
ARM verwendet (Fuller 1974; Stephenson et al. 1976). Abbildung 3.4.3
zeigt die Ergebnisse von Paläointensitätsmessungen an Mondgestein nach
einer Kompilation von Runcorn et al. (1981). Die Paläofelder (in µT) in

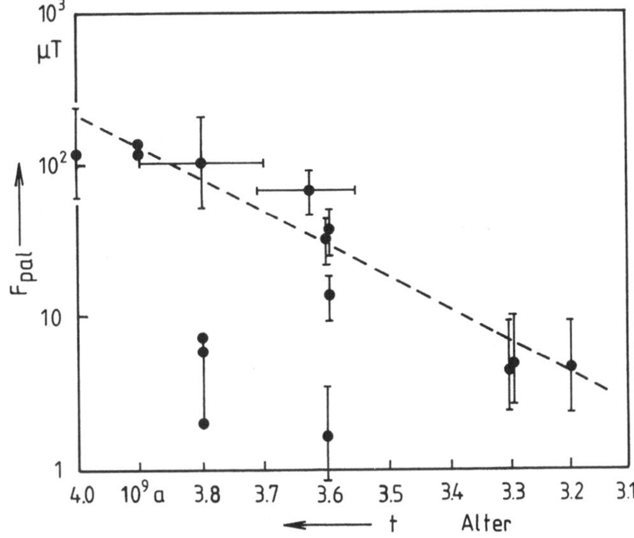

Abb. 3.4.3. Ergebnisse von Paläointensitätsmessungen an Mondgestein. Paläofeld F_{pal} in
µT in Abhängigkeit vom Alter der Proben in Mrd. Jahren; Fehlerbalken für Altersbestimmungen und Paläointensitätsmessungen. (Mod. nach Runcorn et al. 1981)

Abhängigkeit vom Alter der Proben in Ma zeigen einen deutlichen Abfall im Zeitbereich zwischen 4000 bis 3200 Ma, der sich über fast 2 Zehnerpotenzen erstreckt. Obwohl sich die meisten Punkte gut in einer halblogarithmischen Darstellung längs einer Geraden anordnen lassen (gestrichelte Kurve), fallen einige Meßpunkte deutlich heraus. Die Gründe hierfür sind noch nicht bekannt. Aus den Paläointensitätsdaten wird geschlossen, daß der Mond in seiner Anfangsphase in einem Zeitraum von etwa 500–800 Ma auch einen flüssigen Kern hatte, in dem es durch Dynamoprozesse zur Ausbildung eines Dipolfeldes kam. Dieser Prozeß kam dann wahrscheinlich durch eine Verfestigung des Kerns zum Erliegen. Die heute auf der Mondoberfläche gemessenen Felder betragen nur noch einige hundert nT und werden wahrscheinlich durch die Magnetisierung der Mondgesteine verursacht. Ein Dipolfeld scheint der Mond nicht mehr zu besitzen.

3.4.3 Paläointensität während einer Feldumkehr

Von besonderem Interesse bei der Untersuchung der Paläointensitäten war das Feldverhalten während einer Feldumkehr (3.3.6). Abbildung 3.4.4 zeigt

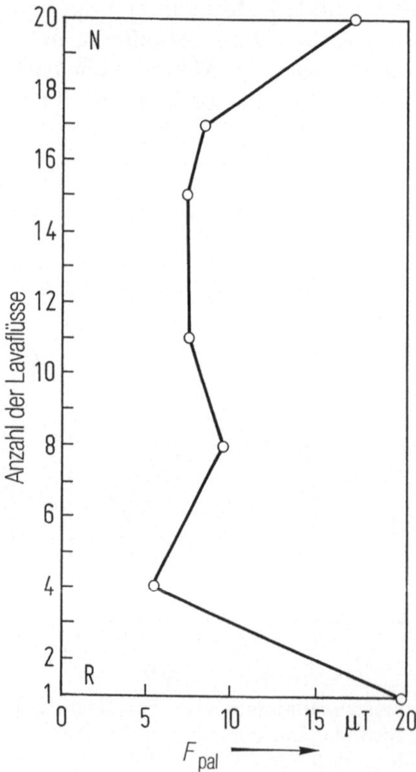

Abb. 3.4.4. Relative Paläointensität von Laven aus dem Tertiär Nordamerikas während einer Feldumkehr von invers zu normal. (Mod. nach Goldstein et al. 1969)

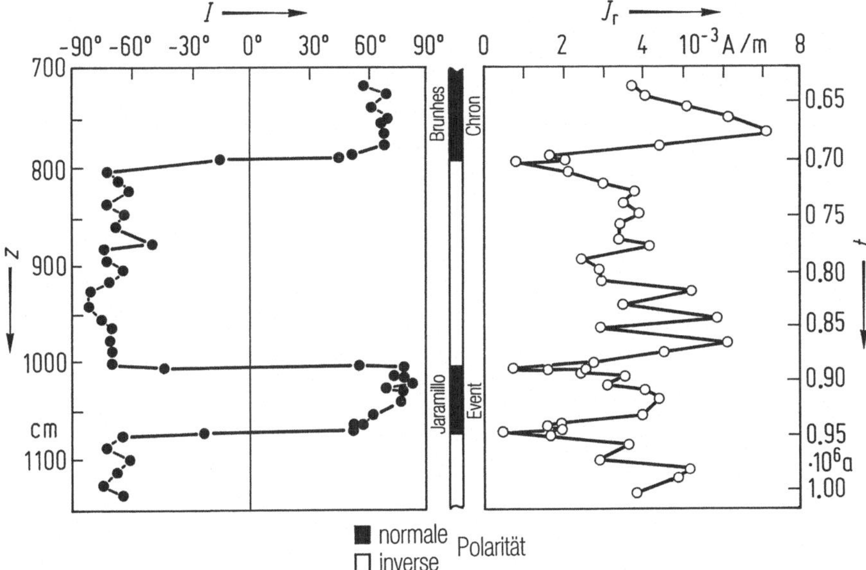

Abb. 3.4.5. Variation der Inklination I und der Remanenzintensität J_r (nach einer Wechselfeldentmagnetisierung mit 15 mT) innerhalb eines Tiefseekerns aus dem Nordpazifik. (Mod. nach Ninkovich et al. 1966)

die Paläointensitäten in einem Stapel von tertiären Laven aus Nordamerika, die während einer Feldumkehr (von inverser zu normaler Polarität) nacheinander gefördert und übereinander geflossen waren. Die Abnahme der Intensität während und ihr Wiederanstieg nach der Feldumkehr sind deutlich zu erkennen. Obwohl bei Sedimenten die üblichen Verfahren zur Paläointensitätsmessung nicht anwendbar sind, sieht man auch dort bei genügend großer zeitlicher Auflösung eine Verringerung der Intensität der Remanenz während der Feldumkehr und kann somit das Verhalten des Erdmagnetfeldes zumindest qualitativ bestätigen. In Abb. 3.4.5 ist dieser Effekt am Beispiel eines Sedimentbohrkerns aus dem Pazifik dargstellt. Die Minima der Remanenzintensität fallen mit den Zeiten des Polaritätswechsels zusammen. Nach vollzogenem Polaritätswechsel erholt sich die Paläointensität wieder.

4 Anwendung des Paläomagnetismus auf geologische, petrologische und archäologische Fragestellungen

4.1 Anwendungen in der Geologie und der Tektonik

4.1.1 Paläorekonstruktion von Kontinentverteilungen

Wie in 3.1 bereits diskutiert, stellen die scheinbaren Polwanderungskurven (APWP) der Kontinente ein wichtiges Hilfsmittel zur Rekonstruktion der Paläokontinentverteilungen dar. Starre Krustenblöcke (Platten) ohne interne größere Deformationen (z. B. Afrika der letzten 500 Ma) haben eine einheitliche APWP, aus der man zumindest zwei Freiheitsgrade der Bewegung auf der Kugeloberfläche ableiten kann: die Drift in Nord-Süd-Richtung und die Rotationen. Die Driftbewegung kann auch in Form einer einzigen Drehung um einen Punkt auf der Erdoberfläche (Eulerpol) dargestellt werden. Die mathematische Beschreibung von Plattenbewegungen kann dem Buch von LePichon et al. (1976) entnommen werden. Bewegungen ohne Rotation und ohne Nord-Süd-Verschiebung (also längs eines Breitenkreises) können prinzipiell aus paläomagnetischen Daten nicht abgeleitet werden. Der Eulerpol fällt in diesem Fall mit dem geographischen Nordpol zusammen. Die Drift der Platten in der jüngeren geologischen Geschichte (0–150 Ma) kann aus der Analyse der ozeanischen Anomalien des Erdmagnetfeldes (Vine u. Matthews 1963) sowie aus den seismisch bestimmten Bewegungsvorgängen an Bruchflächen des Ozeanbodens abgeleitet werden. Abbildung 4.1.1 zeigt die großen Platten in Mercatorprojektion und ihre momentane Driftrichtung (Pfeile). Die Driftgeschwindigkeiten erreichen bei manchen Platten kurzzeitig Werte bis 15 cm/a. Durchschnittswerte sind 2–4 cm/a, dabei entspricht 1 cm/a einer Strecke von 10 km in 1 Ma. Für den Zeitraum älter als 150 Ma können nur noch geologische Argumente für den Nachweis von Bewegungen dieser Art herangezogen werden. In sich stark deformierte Kontinente (z. B. Eurasien) haben in Teilbereichen zum Teil unterschiedliche APWP (3.2.3), was bei solchen Rekonstruktionen beachtet werden muß. Ab einem bestimmten Zeitpunkt sind dann die Driftwege der einzelnen Teilbereiche unterschiedlich darzustellen. Beispiele für die Rekonstruktion von Driftbewegungen finden sich z. B. bei McElhinny (1973), Cox und Hart (1986), Piper (1987). Bei den Rekonstruktionen der ehemaligen Verteilung der Kontinente auf dem Glo-

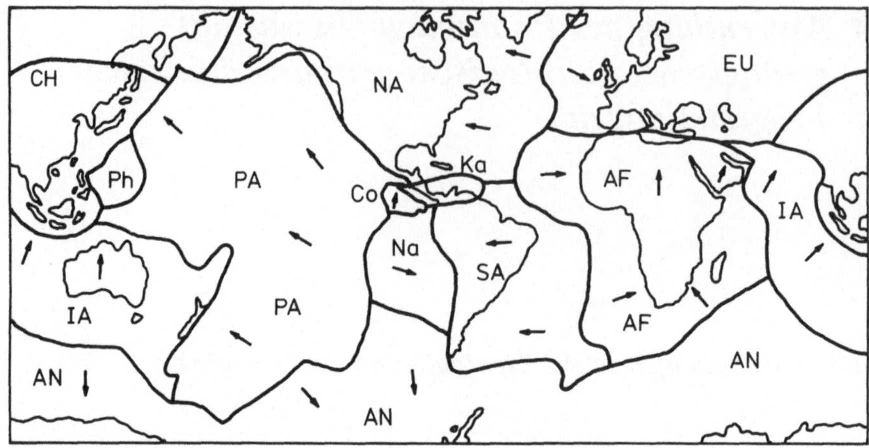

Abb. 4.1.1. Mercatorprojektion etwa zwischen ±70° mit den großen Platten und ihren derzeitigen Bewegungsrichtungen *(Pfeile)*. Die Länge der Pfeile ist unabhängig von den Driftgeschwindigkeiten; *CH* Chinesische; *Ph* Philippinische; *IA* Indisch-Australische; *AN* Antarktische; *PA* Pazifische; *Co* Cocos-; *NA* Nordamerikanische; *Na* Nazca-; *Ka* Karibische; *SA* Südamerikanische; *EU* Eurasiatische; *AF* Afrikanische Platte

bus müssen einige wichtige Bedingungen beachtet werden. So dürfen Kontinente nicht übereinander hinweg transportiert werden. Maximale Driftraten von etwa 10 cm pro Jahr dürfen über längere Zeiträume nicht überschritten werden, weil dies nicht mit den möglichen Konvektionsgeschwindigkeiten im Erdmantel vereinbar wäre. Wichtige, von der Geologie erkannte Zusammenhänge über die Grenzen der heutigen Kontinente hinweg (z. B. Fortsetzung von Orogenen) müssen ebenso beachtet werden wie Befunde der Paläontologie, Palökologie und Paläoklimatologie.

Im Prinzip geht man so vor, daß man zunächst die paläomagnetischen Pole der verschiedenen Kontinente für einen betrachteten Zeitbereich miteinander am heutigen geographischen Nordpol zur Deckung bringt. Durch eine Verschiebung der Kontinente längs eines Breitenkreises schließt man die Lücken zwischen den Kontinenten, wenn dies auf Grund geologischer Argumente notwendig erscheint, oder man läßt eine Lücke, wenn man zwischen den Kontinenten einen Ozeanbereich oder einen inzwischen subduzierten Krustenbereich vermutet. Man kann derartige Rekonstruktionen mit einem Rechner nachvollziehen (Drehung um die Eulerpole) und sich dann Paläokontinentverteilungen für definierte Zeitpunkte in der geologischen Vergangenheit in verschiedenen Projektionen oder Ansichten anfertigen lassen. Es geht aber auch anschaulicher und einfacher mit einem Globus. Die einzelnen Kontinente mit ihren scheinbaren Polwanderungskurven müssen dann auf durchsichtige Kugelschalen aufgezeichnet werden, die auf dem Globus verschoben werden können. Die paläomagnetischen Pole werden mit dem Rotationspol zur Deckung gebracht und die Kontinente können dann um den gemeinsamen paläomagnetischen Pol als Drehpol gegeneinander gedreht werden.

Abbildung 4.1.2 zeigt eine Serie mit den Kontinentverteilungen des Phanerozoikums als Ergebnis von Berechnungen auf der Basis von paläomagnetischen Daten (Smith et al. 1981). Ähnliche Karten von Paläo-Kontinentverteilungen wurden auch von Scotese und McKerrow (1980) publiziert. Die einzelnen Kontinente sind mit dem heutigen Nord-Süd-Ost-West-Raster versehen, um ihre Rotationsbewegungen besser sichtbar zu machen. Die jetzige Verteilung der Kontinente wird als bekannt vorausgesetzt und ist deshalb nicht nochmals dargestellt worden. Die Verteilung der Kontinente vor 40 Ma (Oberes Eozän) zeigt Abb. 4.1.2a. Die Kreuze geben die Nahtzone zweier Kontinentalblöcke (Platten) an, die vor 40 Ma weiter auseinander lagen als heute. Die geöffneten Bereiche sind in den letzten 40 Ma durch die Konvergenz der Platten geschlossen worden. Die alpidische Gebirgsbildung in Südeuropa über den Iran bis in den Himalaya zeugt von dieser Einengungsphase. Die Situation vor 100 Ma (Mittlere Kreide) zeigt die Abb. 4.1.2b. Der Nordatlantik war damals noch geschlossen, Island noch nicht gebildet. Deutlich ist die Drehung von Afrika zu sehen sowie der Meeresbereich (Tethysmeer) zwischen dem Südrand von Asien und Indien, das weit im Süden östlich von Madagaskar lag. Australien war mit der Antarktis verbunden. Die Situation in der Oberen Trias (220 Ma) ist in Abb. 4.1.2c dargestellt. Alle Kontinente bildeten eine große Landmasse (Pangäa) mit einem riesigen Paläopazifik und einem ausgedehnten Mittelmeer (Tethys) zwischen dem Südrand des heutigen Asien und dem Nordrand der südlichen Landmassen Australien, Indien und Afrika. Der Atlantik ist ganz geschlossen, Nord- und Südamerika liegen näher beieinander. Mitteleuropa lag damals etwa in 20° nördlicher Breite. Die Buntsandsteinformation der Unteren Trias dürfte in einem Klimabereich gebildet worden sein, welcher der heutigen Sahara ähnlich war. Damals lag zwischen den beiden geographischen Polen eine nahezu geschlossene Landbarriere. Dies dürfte die Wasserzirkulation im Ozean erheblich beeinflußt haben. Abbildung 4.1.2d zeigt die Verteilung der Kontinente vor 360 Ma (Oberes Devon). Zu der damaligen Zeit scheint es drei große Landkomplexe gegeben zu haben: Nordamerika zusammen mit Europa (Laurussia), Sibirien mit Ost- und Südostasien, ferner einen großen Südkontinent bestehend aus Südamerika, Afrika, Indien, Australien und der Antarktis. Europa befand sich in dieser Zeit knapp südlich des Äquators, im Karbon (vor etwa 300 Ma) lag Mitteleuropa direkt am Äquator. Ausgedehnte Sumpfwälder mit üppiger Vegetation zu der damaligen Zeit sind die Grundlage für die heutigen Kohlelagerstätten in Mitteleuropa und Nordamerika. Vor 560 Ma (Unteres Kambrium, Abb. 4.1.2e) lagen alle Kontinente in relativ niedrigen Breiten um den Äquator herum angeordnet. In beiden Polargebieten gab es keine Landmassen. Afrika und Südamerika haben sich seit dem Unteren Kambrium um fast 180°, Nordamerika und Ostasien um 90° gedreht.

Um die Phasen der Gebirgsbildung in Europa verstehen zu können, müssen die Abbildungen 4.1.2a–e rückwärts betrachtet werden. Im Unteren

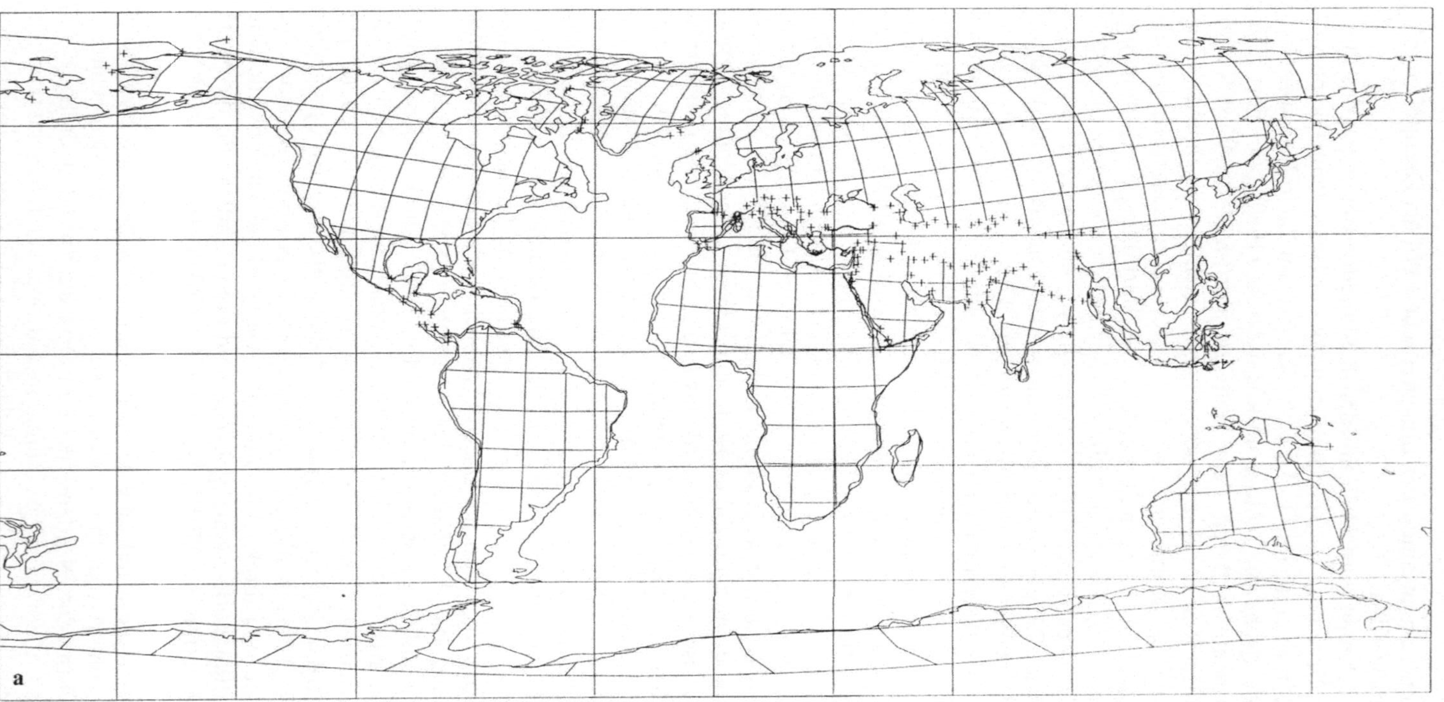

Abb. 4.1.2a–e. Verteilung der Kontinente während des Phanerozoikums. Das aufgeprägte Raster entspricht einer Mercatorprojektion für die heutige Konfiguration; *Kreuzchen:* heutige Nahtstelle von größeren Einheiten im Mittelmeer-Himalaya-Gebiet; **a** vor 40 Ma (Spätes Eozän); **b** vor 100 Ma (Mittlere Kreide); **c** vor 220 Ma (Obere Trias); **d** vor 360 Ma (Oberes Devon); **e** vor 560 Ma (Unteres Kambrium)

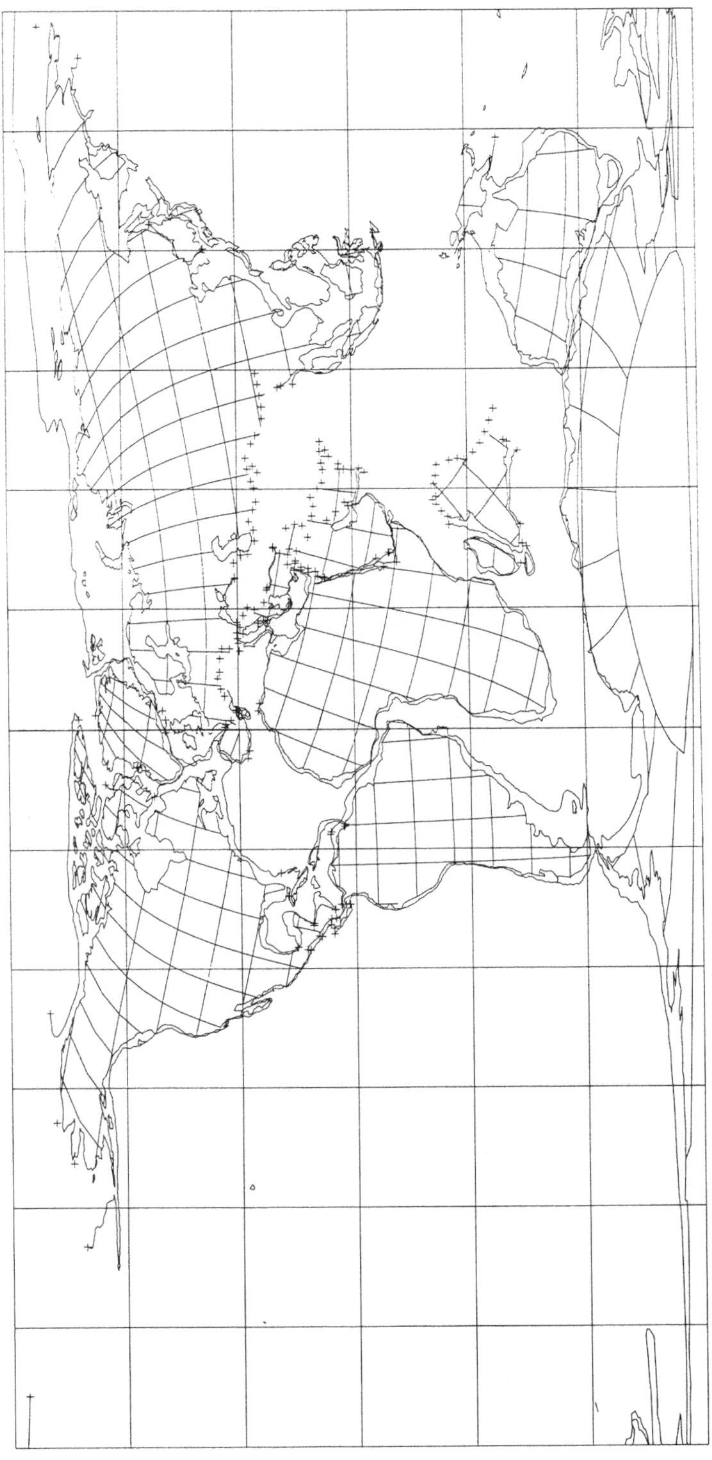

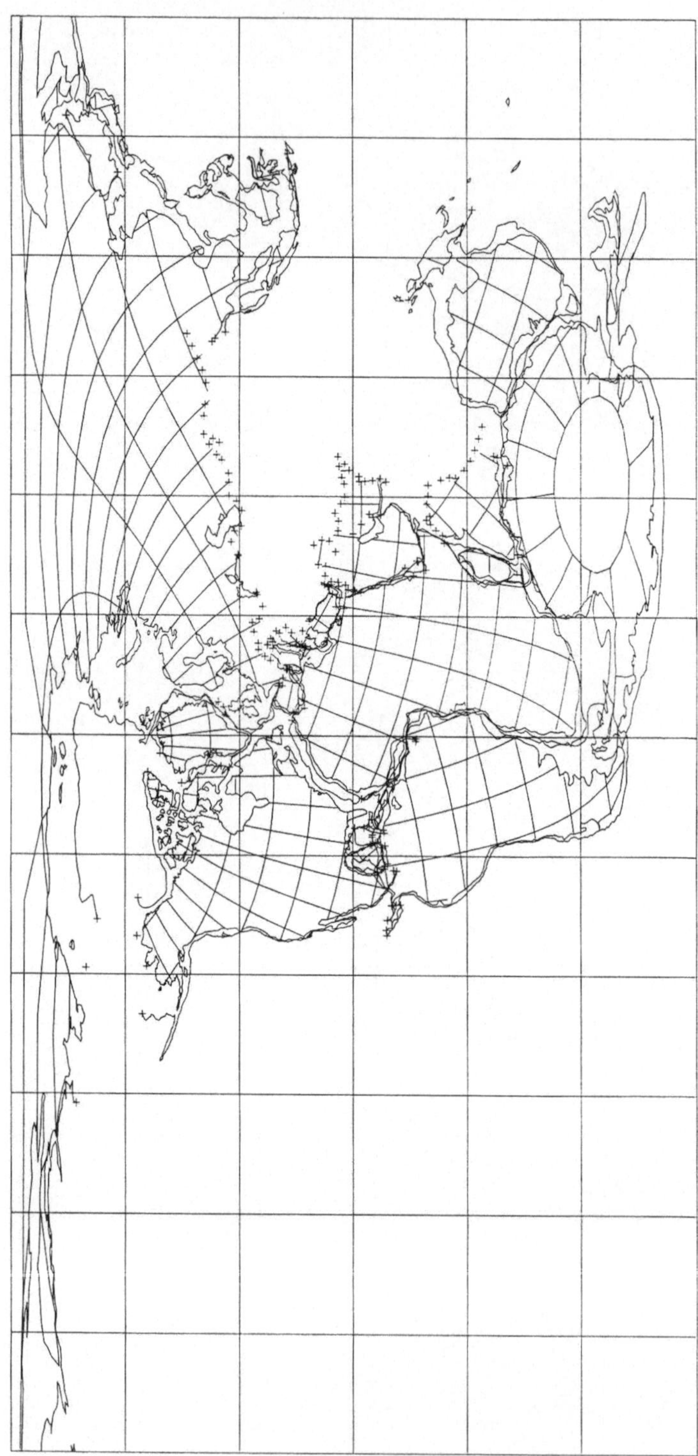

Abb. 4.1.2c

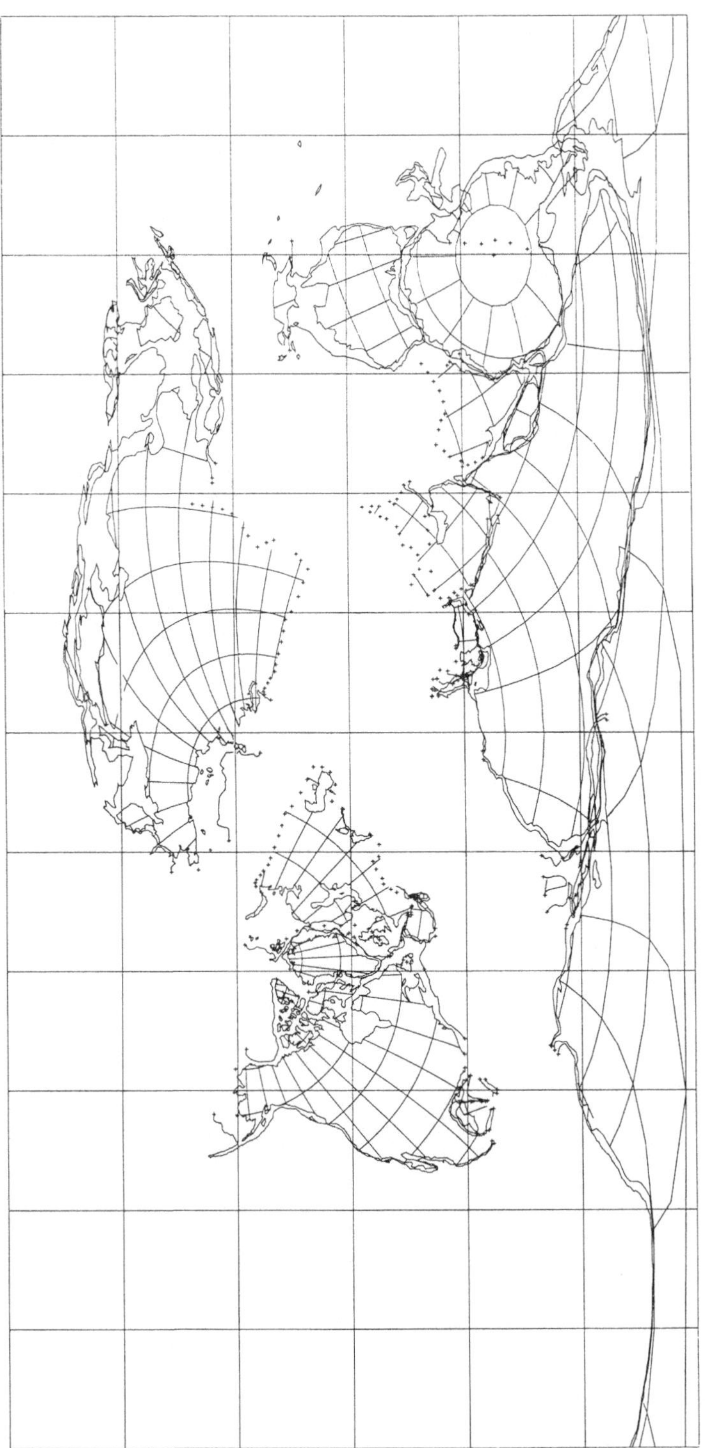

Abb. 4.1.2d

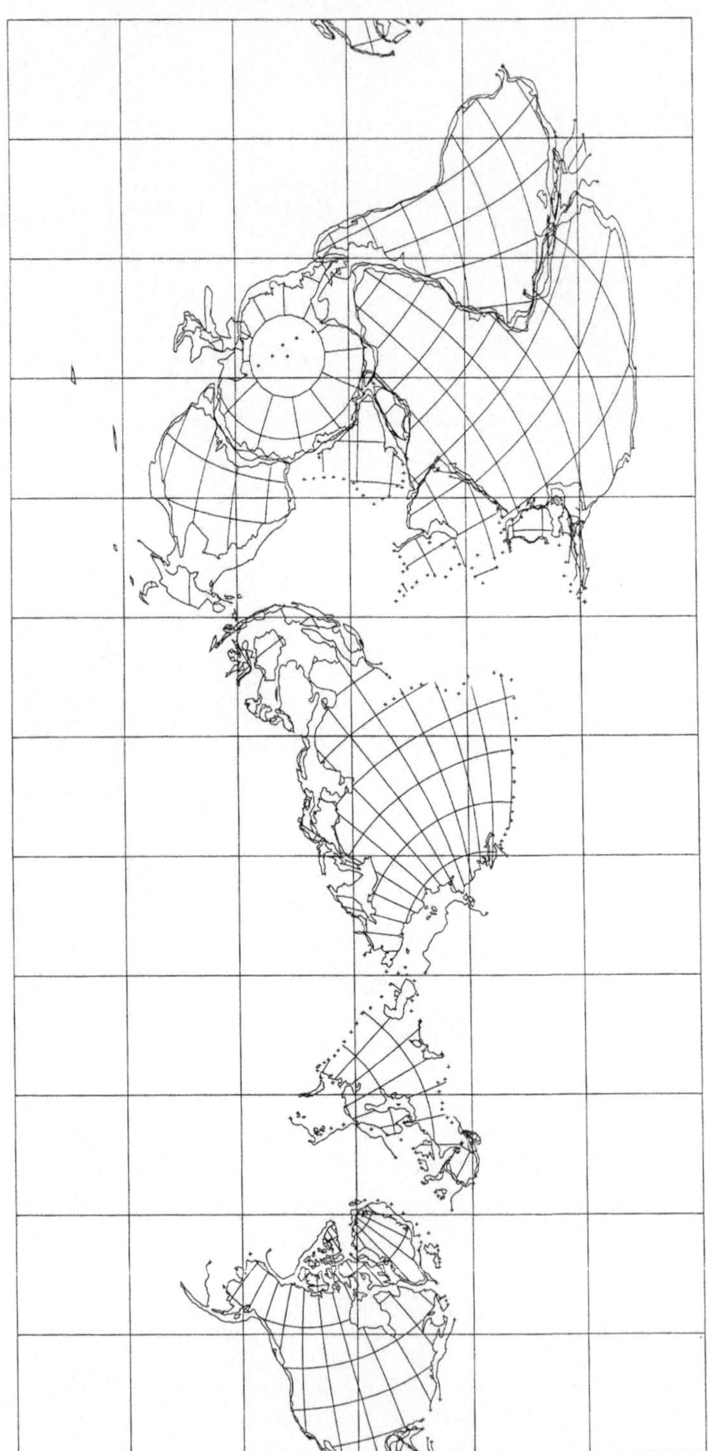

Abb. 4.1.2e

Paläozoikum (450 Ma) kam es zur kaledonischen Gebirgsbildung durch die Kollision zwischen Nordeuropa und dem Ostrand Nordamerikas unter Schließung eines dazwischenliegenden Meeres. Das kaledonische Gebirge in Norwegen, im Norden Großbritanniens und in den Appalachen im Osten von Nordamerika zeugt von diesem Prozeß. Später, im Mittleren und Oberen Paläozoikum (320 Ma), kollidierten der Nordkontinent (Nordamerika und Europa) zum einen mit Ostasien (Gebirgsbildung im Ural) und auch mit dem Südkontinent (Afrika). Hierbei entstand das Variszische Gebirge. Mit der Öffnung des Atlantiks und der Schließung des Tethysmeeres kam es in den letzten 100 Ma zu einer Verengung des Raumes zwischen dem Südrand Eurasiens und dem Nordrand des Südkontinents Gondwana. Dies hatte die alpidische Gebirgsbildung von Südeuropa bis nach Ostasien zur Folge. Die hohe Erdbebenaktivität in diesem Raum zeigt, daß die Prozesse der Gebirgsbildung noch nicht abgeschlossen sind.

4.1.2 Paläobreitenbestimmungen von Krustenblöcken

Die Paläobreite eines Gebiets kann aus paläomagnetischen Daten relativ einfach abgeleitet werden. Hierzu genügt die Paläoinklination. In Gebieten mit einer komplizierten Tektonik (Deckenbau), die häufig nur schwer und nicht mit letzter Sicherheit rekonstruiert werden kann, ist die Paläoinklination meistens der einzig sicher bestimmbare paläomagnetische Parameter. Hierzu genügt es, die Paläohorizontalebene genau zu kennen, z. B. durch die Schichtung von Sedimenten. Über den einfachen Zusammenhang zwischen der Inklination I und der geographischen Breite Φ (s. Abb. 4.1.3)

$$\tan I = 2 \tan \Phi$$

kann man aus paläomagnetischen Daten die ehemalige Breitenlage eines autochthonen oder auch allochthonen Gesteinskomplexes gut ableiten. Die Norddrift Indiens und die Kollision mit der Asiatischen Platte zu Beginn des Tertiärs ist in Abb. 4.1.4 in Form der Paläobreiten dargestellt. In den letzten etwa 240 Ma änderte sich die Breitenlage des Südrandes von Eurasien (Quadrate) nur wenig. Dies steht auch in Übereinstimmung mit den Abb. 4.1.2a–c. Der schwache Trend zu etwas südlicherer Breite hin ist mit der durchgezogenen Gerade angedeutet. In Abb. 4.1.4 ist zu sehen, daß sich Indien (Dreiecke) bis vor etwa 100 Ma sehr weit südlich befand. Seit der Oberen Kreide (ab 80 Ma) driftete Indien um etwa 60° (ca. 7000 km) nach Norden, was einer durchschnittlichen Driftrate von 100 km in 1 Ma oder 10 cm/a entspricht (strich-punktierte Kurve). Solche Driftraten werden zur Zeit auch im Pazifik beobachtet, sie sind also nicht außergewöhnlich hoch. Die Kollision mit dem Südrand von Eurasien erfolgte wahrscheinlich vor etwa 40 Ma, denn von diesem Zeitpunkt an verlangsamt sich die Driftgeschwindigkeit. Die Nordwanderung von Indien scheint noch nicht zum Stillstand gekommen zu sein, wie die tektonischen Bewegungen im Himalaya anzei-

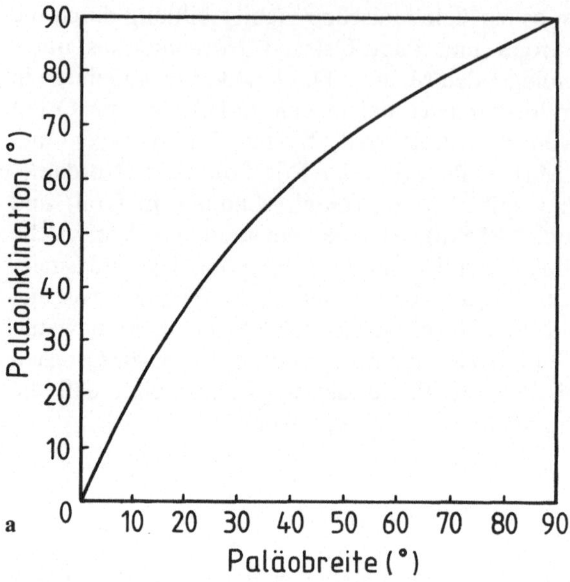

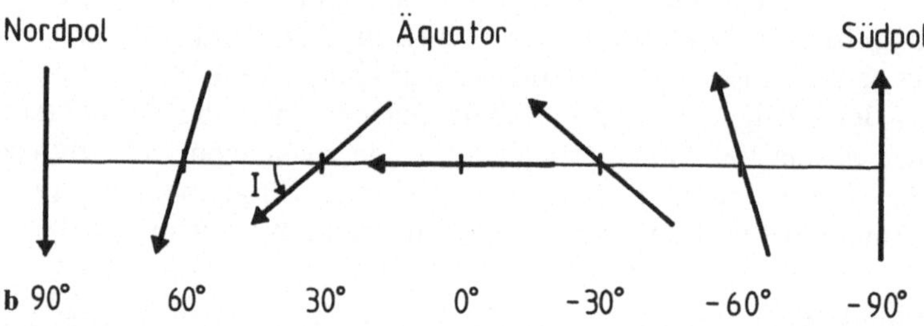

Abb. 4.1.3a, b. Bestimmung der Paläobreite aus der Paläoinklination. **a** Abhängigkeit der Inklination von der Breite für ein ideales Dipolfeld; **b** Variation der Inklination zwischen Nordpol und Südpol

gen. Eine Teilscholle des Himalaya scheint sich jedoch schon früher vom Südkontinent abgelöst zu haben und nach Norden gedriftet zu sein. Die Paläobreiten dieses sogenannten Lhasa-Blocks (Rauten, gestrichelte Kurve) deuten auf eine frühere Kollision mit dem Südrand von Eurasien hin. Andere Teilschollen aus dem südlichen Himalaya (Sterne, Punkte) zeigen eine Nordbewegung ähnlich wie Indien. Ein Vergleich der Paläobreiten lieferte auch bei den in 3.2.3 beschriebenen „displaced terranes" wichtige Hinweise auf deren Ursprung.

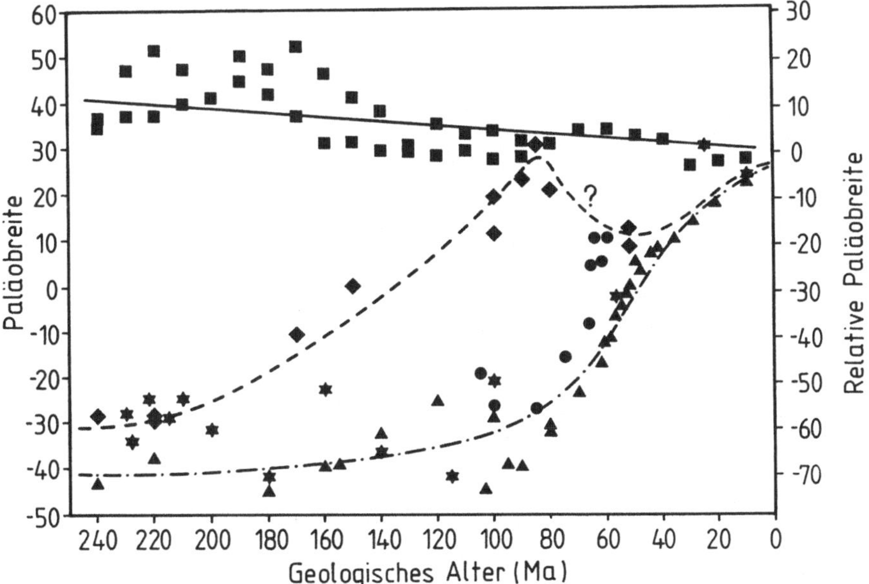

Abb. 4.1.4. Die Änderungen der Paläobreite Indiens und des Südrandes der Asiatischen Platte zeigen die Konvergenz dieser beiden Platten und ihre Kollision. Breitenlage des Südrandes von Eurasien *(Quadrate, durchgezogene Kurve)*; Drift Indiens *(Dreiecke, strich-punktierte Kurve)*; Paläobreiten des Lhasa-Blocks *(Rauten, gestrichelte Kurve)*; andere Teilschollen aus dem südlichen Himalaya *(Sterne, Punkte)*. (Mod. nach Appel 1989)

4.1.3 Nachweis von Rotationsbewegungen

Der Vergleich der Paläodeklinationen benachbarter Gebiete gibt dagegen Informationen über die Drehung von Mikroplatten. Dabei kann sowohl der Rotationsbetrag, als auch der Rotationssinn und der zeitliche Ablauf der Rotation ermittelt werden. Klassische Beispiele in der Literatur sind die Drehungen von Krustenblöcken im Mittelmeerraum (Iberische Halbinsel, Italien, Block Korsika–Sardinien). Die Pollagen dieser Einheiten finden sich in Tabelle 3.1.2 sowie in Abb. 3.2.5. Alle drei Einheiten drehten sich während der alpidischen Orogenese um etwa 50° gegen den Uhrzeigersinn. Das Ende der Rotation gegenüber dem stabilen Mitteleuropa wird durch den Zeitpunkt gegeben, an dem die Deklinationen in Mitteleuropa und in der betreffenden geologischen Einheit in Übereinstimmung sind. Die Deklinationswerte der drei Blöcke im Vergleich zu Mitteleuropa und zu Afrika sind in Abb. 4.1.5 dargestellt. Abbildung 4.1.6 zeigt die Positionen der zurückrotierten Einheiten in der Trias, zusammen mit der damaligen Nordrichtung. Die Drehung der Iberischen Halbinsel unter Auffaltung der Pyrenäen erfolgte in der Oberkreide, denn erst ab diesem Zeitpunkt stimmt die Deklination mit dem Wert von Mitteleuropa überein. Die Rotation Italiens

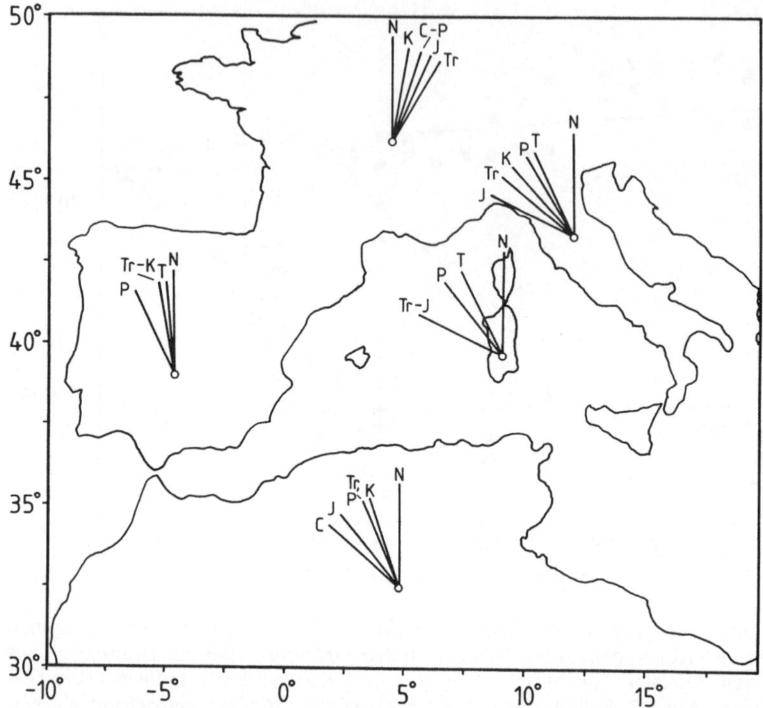

Abb. 4.1.5. Paläorichtungen (Deklinationswerte) der Iberischen Halbinsel, des Blocks Sardinien-Korsika sowie Italiens im Vergleich zu den Paläorichtungen Mitteleuropas und Afrikas. *N* heutige Nordrichtung; *T* Tertiär; *K* Kreide; *J* Jura; *Tr* Trias; *P* Perm; Indizes *o,m,u*: obere(s), mittlere(s), untere(s); die Deklinationswerte wurden aus den Pollagen der Tabelle 3.2.2 berechnet

(unter Auffaltung der Dinariden) erfolgte zwischen Eozän und Mittlerem Oligozän und die des Blockes Korsika–Sardinien (Bildung des Apennin) zwischen Oligozän und Miozän. Es wird angenommen, daß die Drehung der drei Schollen im Mittelmeerraum mit der im Vergleich zu Nordeuropa schnelleren Ostdrift Afrikas in den letzten 50 Ma zu tun hat. Das Muster der ozeanischen Anomalien sowie die Seismizität des Mittelmeergebietes weisen auch auf eine derartige Relativbewegung hin. Auch für den weiter östlich gelegenen Raum (Dinariden, Balkanhalbinsel) werden derartige Rotationen im Uhrzeigersinn vermutet, jedoch liegen aus diesem Gebiet noch zu wenige paläomagnetische Daten vor.

4.1.4 Altersbestimmung mit Hilfe der scheinbaren Polwanderungskurven

Die scheinbaren Polwanderungskurven (APWP) von Kontinenten und Mikroplatten stellen Standardkurven für die Relativbewegung einer geologi-

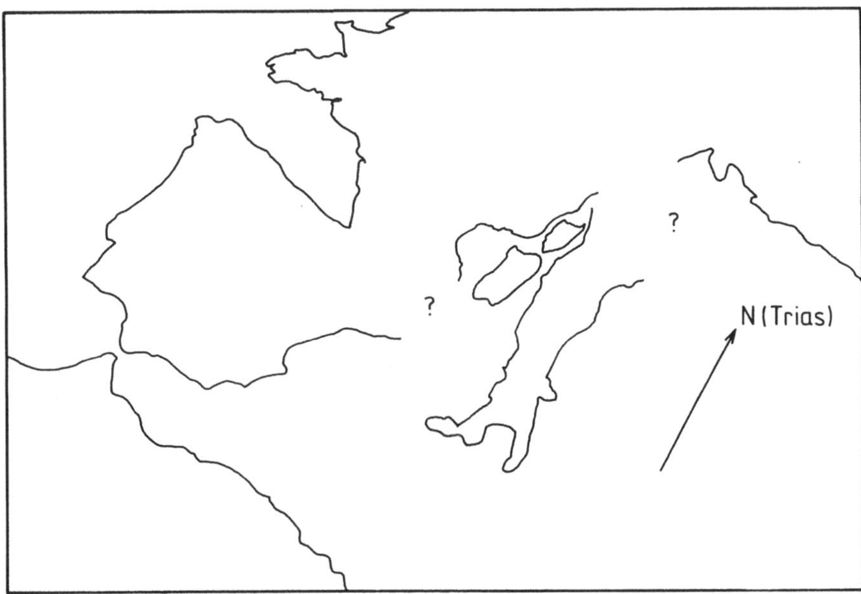

Abb. 4.1.6. Mögliche Position der Iberischen Halbinsel, des Blocks Sardinien–Korsika sowie Italiens im Vergleich zu Mitteleuropa in der Triaszeit. Durch Drehung der Schollen im Uhrzeigersinn wird eine Übereinstimmung mit der Deklination Mitteleuropas erreicht; *Pfeil:* Paläonordrichtung in der Trias

schen Großeinheit gegenüber einem Referenzsystem dar. Ein Gestein auf dieser geologischen Großeinheit liefert für jeden geologischen Altersbereich charakteristische Deklinations- und Inklinationswerte und damit paläomagnetische Pole, die auf der APWP der Platte liegen müssen. Bei allochthonen Einheiten (Decken) können Rotationsbewegungen vorliegen, welche die Deklinationswerte verfälschen. Die Paläoinklination läßt sich aber ermitteln, wenn wenigstens der Paläohorizont noch feststellbar ist. Mit Hilfe der APWP oder der für jeden geologischen Altersbereich charakteristischen Werte der Inklination ist es möglich, das Alter einer ChRM zu bestimmen. Dieses Alter entspricht z. B. bei Vulkaniten mit hoher Wahrscheinlichkeit dem Alter des magmatischen Ereignisses, bei nicht metamorphen Sedimenten dem Ablagerungsalter oder dem Alter der Diagenese, es kann aber auch bei Gesteinen beliebiger Art ein Remagnetisierungsalter in Zusammenhang mit einer Metamorphose darstellen. Ein Beispiel für die Altersbestimmung einer Metamorphose zeigt in Abb. 4.1.7 die Untersuchung von devonischen Diabasen am Westrand der Böhmischen Masse durch Kim und Soffel (1982). Die Gesteine besitzen vor der tektonischen Korrektur eine gute Gruppierung der ChRM-Richtungen, nach der tektonischen Korrektur eine starke Streuung. Dieser negative Faltungstest (2.7.1) belegt, daß die Remanenz jünger als das Gesteinsalter sein muß und nach Abschluß der tektoni-

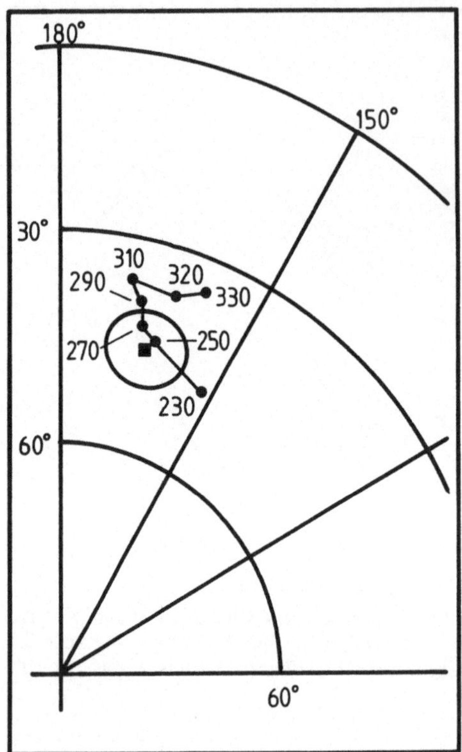

Abb. 4.1.7. Datierung einer Remagnetisierung von devonischen Diabasen am Westrand der Böhmischen Masse mit Hilfe der Polwanderungskurve Europas nach Irving und Irving (1982). Die *Zahlen* geben das Alter des jeweiligen paläomagnetischen Pols in Ma an. *Quadrat mit Konfidenzkreis:* Pollage für die mittlere ChRM-Richtung der Diabase vor der tektonischen Korrektur; die Remagnetisierung hat wahrscheinlich ein Alter von 250 Ma. (Mod. nach Kim u. Soffel 1982)

schen Aktivitäten erworben worden ist. Ein Vergleich der Pollage der ChRM mit der Standardpolwanderungskurve von Europa nach Irving und Irving (1982) deutet auf ein Remagnetisierungsalter von etwa 250 Ma hin (Abb. 4.1.7). Dieser Wert steht im Einklang mit dem Alter der jüngsten Granitintrusionen am Westrand der Böhmischen Masse und einem generell erhöhten Wärmefluß, der wohl Auslöser für die Remagnetisierung der Gesteine war (Soffel u. Harzer 1991).

4.1.5 Datierung mit der Magnetostratigraphie

Die in 3.3 gezeigten Polaritätszeitskalen sind leistungsfähige Hilfsmittel zur Korrelation von Sedimentserien und zur relativen, in manchen Fällen auch zur absoluten Altersdatierung. Wenn man einmal das in 3.3.1 und 3.3.2 diskutierte Problem der Selbstumkehr einer Remanenz oder der nicht einwandfrei identifizierten Feldumkehrungen (Abb. 3.3.1) außer acht läßt, so kann man zum Beispiel aus der inversen Polarität der ChRM einer Lava schließen, daß sie wenigstens 0.7 Ma alt sein muß. Von der oben genannten Einschränkung abgesehen sind nämlich alle jüngeren Laven normal magnetisiert. Man kann also ein Mindestalter angeben.

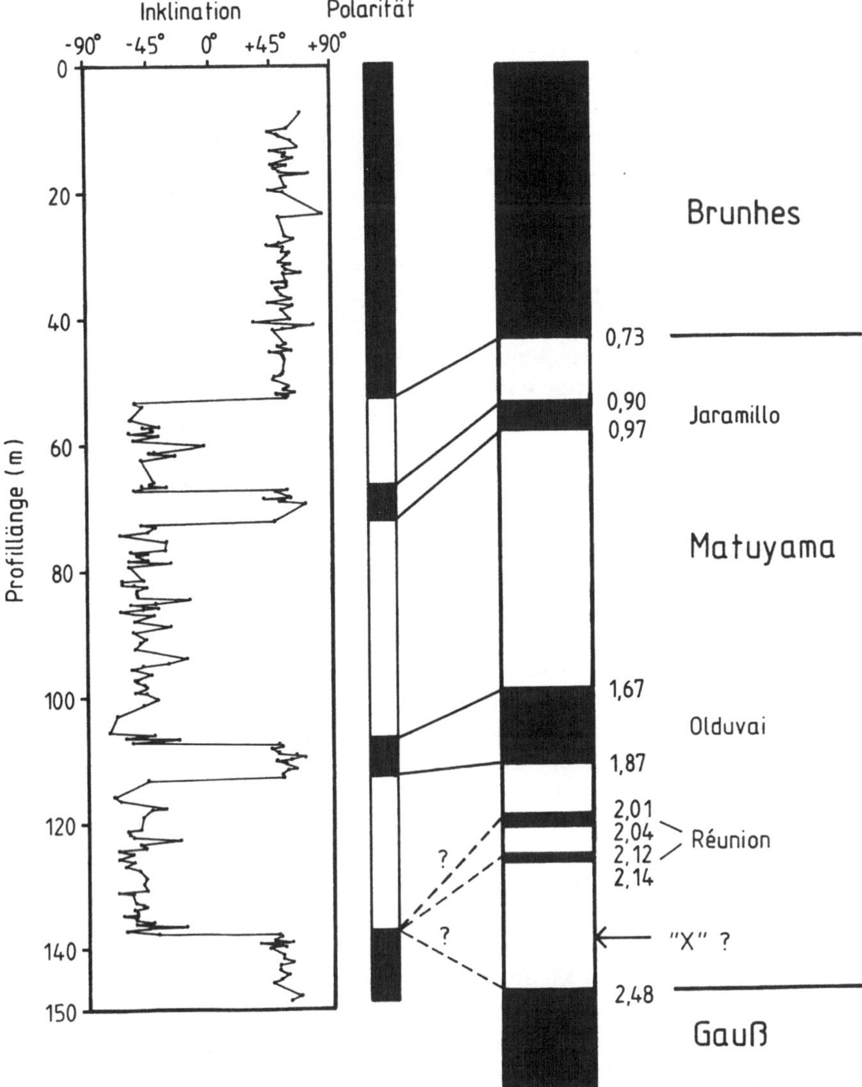

Abb. 4.1.8. Datierung eines Lößprofils aus China durch die Anpassung der gemessenen Polaritätszeitskala an die Standardskala der letzten 5 Ma; im unteren Teil des Profils ist die Korrelation mit der Zeitskala problematisch. (Mod. nach Heller u. Liu (1984)

Da die Polwechsel weltweit beobachtbare Erscheinungen sind, können sie auch zur Korrelation im globalen Maßstab verwendet werden. Die in 3.3 vorgestellten Polaritätszeitskalen zeigen nicht nur einen recht lebhaften Wechsel der Polarität des erdmagnetischen Feldes an, sondern auch eine Strukturierung. Es gibt Zeitabschnitte mit häufigen Polaritätswechseln (Ter-

tiär, Oberer Jura), die abgelöst werden von Zeiten einer dominant normalen (Oberkreide) oder inversen (Perm) Polarität. Als Beispiel sei das Ende
des sehr langen inversen Kiaman-Intervalls im oberen Perm erwähnt (Abb.
3.3.4). Tiefseesedimente lassen sich mit der Strukturierung des Feldes in
den letzten 5 Ma (Abb. 3.3.2) recht gut datieren. Bei Sequenzen von
übereinander abgelagerten Laven oder noch besser bei Sedimenten ist es
möglich, die dort beobachtete Polaritätsabfolge mit den Polaritätszeitskalen
zu vergleichen. Mit der Annahme annähernd konstanter Sedimentationsraten oder Förderungsraten der Laven wird versucht, visuell oder über ein
geeignetes Korrelationsprogramm die beobachtete Polaritätsabfolge der untersuchten Serie mit der Standardpolaritätszeitskala zu vergleichen und sie
optimal zusammenzufügen. Sind die untersuchten Profilabschnitte zu kurz,
enthalten sie also nur wenige Feldumkehrungen, so gelingt die Datierung im
allgemeinen nicht, wenn man nicht durch andere Kriterien (Biostratigraphie) den in Frage kommenden Altersbereich erheblich einschrän-
ken kann. Probleme bei der Anpassung treten auch dann auf, wenn Schicht-
lücken durch die Erosion oder durch eine Unterbrechung der Lavatätigkeit
vorkommen oder auch wenn die Sedimentations- und Förderungsraten
ungleichmäßig sind. Die experimentell bestimmte Polaritätsabfolge stimmt
dann nicht mehr mit der Polaritätszeitskala des entsprechenden Zeitbereichs
überein, vielleicht aber mit derjenigen eines anderen Zeitabschnitts.
Fehlinterpretationen sind dann die Folge. Es ist daher in jedem Fall wichtig,
die Altersdatierung auch mit anderen Methoden, z. B. der Biostratigraphie,
zu überprüfen.

Abbildung 4.1.8 zeigt ein Beispiel für die gelungene Datierung einer
Sedimentserie aus China (Löß) nach Heller und Liu (1984) durch Anpassung an den oberen Teil der Zeitskala der letzten 5 Ma. Im obersten Teil
der etwa 150 mächtigen Lößablagerungen war die Polarität durchwegs normal. Sie wurde der Brunhes-Epoche gleichgesetzt. Interessanterweise wurden keine Anzeichen für die vermuteten Feldumkehrungen (Abb. 3.3.1) im
oberen Teil der Brunhes-Epoche gefunden. Die erste Feldumkehr und
damit der Übergang zur Matuyama-Epoche war ebenso eindeutig wie die
Identifikation des Jaramillo- und des Olduvai-Events. Der Übergang zu
normaler Polarität knapp oberhalb von Profilmeter 140 warf jedoch Probleme auf. Da eine Verlängerung des Profils nicht möglich war, ist offen, ob
die Umkehrung mit den Réunion-Events oder mit dem Übergang zur Gauß-
Epoche gleichzusetzen ist. In den eindeutig korrelierbaren Teilen des Profils
waren aber Altersangaben mit Hilfe der Magnetostratigraphie ohne weiteres
möglich.

4.2 Gesteinsmagnetische Untersuchungen

Es gibt eine Fülle von gesteinsmagnetischen Untersuchungen, die zur Charakterisierung eines Gesteins verwendet werden können. Tabelle 4.2.1 gibt einen Überblick. Sie dienen zum einen der schnellen qualitativen Analyse des ferro(i)magnetischen Erzgehaltes, zum anderen können relativ rasch relevante Daten für die Genese eines Gesteins gewonnen werden, die diejenigen der klassischen Strukturgeologie und Petrologie ergänzen können. Solche gesteinsmagnetischen Messungen gehören im übrigen zur Routine bei der Untersuchung von Bohrkernen und Bohrklein auf Forschungsschiffen und in den Forschungslabors von tiefen Bohrungen an Land. Sie sind auch wichtig für die Interpretation von Anomalien des Erdmagnetfeldes. Gesteinsmagnetische Daten korrelieren zum Teil auch mit anderen physikalischen Parametern wie etwa mit der Dichte, der seismischen Geschwindigkeiten und mit der Mineralogie. Die Möglichkeiten gesteinsmagnetischer Messungen sollen an Hand von Beispielen vorgestellt werden.

Tabelle 4.2.1. Gesteinsmagnetische Parameter und ihre Aussagemöglichkeiten bei paläomagnetischen Messungen

---

Suszeptibilität

Hinweis auf den Gehalt der Gesteine an Magnetit; Semiquantitativ; typische Werte für basische, intermediäre und saure Gesteine, niedrige Werte bei Sedimenten; diamagnetische Suszeptibilität bei Kalksteinen (selten bei Sandsteinen) deutet auf extrem niedrige Gehalte an ferro(i)magnetischen Mineralien hin; auch von solchen Gesteinen werden brauchbare paläomagnetische Ergebnisse berichtet. Die Suszeptibilität kann mit tragbaren Geräten im Gelände bei der Probenentnahme gemessen werden. Damit ist es möglich, stärker magnetische Gesteine zu beproben und die Erfolgschancen der Untersuchung zu erhöhen.

Anisotropie der Suszeptibilität

Information über das Gesteinsgefüge, Strain der Minerale, Spannungsanisotropie, Fließrichtung von Laven, Schüttungsrichtung von Sedimenten; Nachweis eines primären Sedimentationsgefüges oder einer metamorphen Überprägung mit der Neubildung ferro(i)magnetischer und/oder paramagnetischer Minerale.

Suszeptibilität bei sehr tiefen Temperaturen

Identifikation auch kleinster Mengen einer ferro(i)magnetischen Erzkomponente über ihre charakteristischen Phasenumwandlungen (Verwey-Übergang bei Magnetit, Morin-Übergang bei Hämatit, Übergang bei Pyrrhotit); Unterscheidung zwischen vorwiegend SD- oder MD-Teilchen.

Koenigsbergerscher Q-Faktor

Bei $20 > Q > 1$: Hinweis auf junge Vulkanite oder sehr feinkörnige magnetische Erzkomponente; Verdacht auf Blitzschlagmagnetisierung bei $Q > 50$; $Q < 1$: Typischer Wert für Gesteine mit einem Alter größer als etwa 200 Ma oder Hinweis auf sehr große Erzkörner.

Tabelle 4.2.1. (Fortsetzung)

Curie-Temperatur

Art der ferro(i)magnetischen Erzkomponente (Hämatit, Magnetit, Pyrrhotit, Titanomagnetite, Goethit) durch den Nachweis der für jedes ferro(i)magnetische Mineral typischen Curie-Temperatur; Messung irreversibler Prozesse bei Aufheiz- und Abkühlungskurven.

Sättigungsmagnetisierung

Hinweis auf den Gehalt an stark ferromagnetischen Mineralien, wie z. B. Magnetit, Titanomagnetit, Magnetkies.

IRM-Erwerbskurve

Information über die Verteilung der Koerzitivkräfte H_c im Gestein, Möglichkeit zur Identifikation von ferromagnetischen Mineralien auch in sehr geringer Konzentration; bei $H_{c,max} < 0.2$ T: Hinweis auf Magnetit, Titanomagnetit, Maghemit, Magnetkies; bei 0.5 T $< H_{c,max} < 1.5$ T: Hinweis auf Hämatit; bei $H_{c,max} > 2$ T: Hinweis auf Goethit.

Abmagnetisierung der IRM_s

Zusätzlicher Nachweis der ferromagnetischen Erzkomponenten über die maximalen Blockungstemperaturen oder Koerzitivkräfte.

Koerzitivkraft H_c und Remanenzkoerzitivkraft H_{cr}

Korngröße der ferro(i)magnetischen Teilchen, Art der ferro(i)magnetischen Erzkomponente; in Verbindung mit dem Verhältnis Sättigungsremanenz zu Sättigungsmagnetisierung Information über den dominierenden Domänenzustand (Diagramm von Day et al. 1977).

Auf eine ausführliche Darstellung aller gesteinsmagnetischen Techniken in Verbindung mit Beispielen muß hier verzichtet werden, denn dies würde den Rahmen dieses Buches sprengen. Hier sei auf Collinson (1983) verwiesen. Es sollen nur diejenigen Verfahren kurz diskutiert werden, die nach dem gegenwärtigen Stand wichtig für die Beurteilung einer paläomagnetischen Messung sind.

4.2.1 Suszeptibilität und Magnetitgehalt

Wie durch einen Vergleich der Suszeptibilitätswerte von paramagnetischen, antiferro- und ferro(i)magnetischen Mineralien festgestellt werden kann (Tabellen in 2.2), genügen Spuren ($<1\%$) stark ferrimagnetischer Mineralien (Magnetit, Titanomagnetite), um die magnetische Suszeptibilität eines Gesteins fast ausschließlich zu bestimmen. Aus diesem Grund beobachtet man eine gute Korrelation zwischen dem Magnetitgehalt eines Gesteins in Volumenprozenten p und seiner Volumensuszeptibilität k (Abb. 4.2.1) über

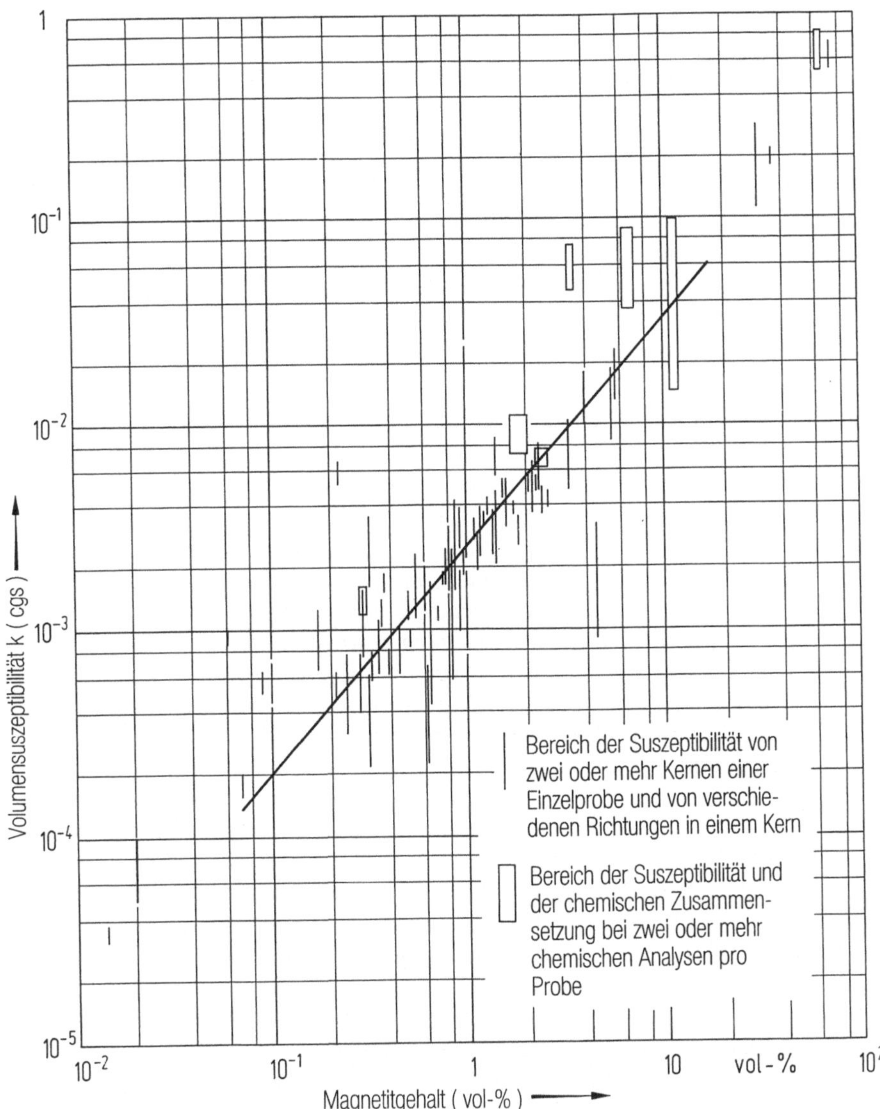

Abb. 4.2.1. Zusammenhang zwischen der Volumensuszeptibilität k (in cgs-Einheiten) und dem Magnetitgehalt in Volumenprozenten. (Mod. nach Lindsley et al. 1966)

mehrere Zehnerpotenzen hinweg. Der lineare Zusammenhang in einer doppellogarithmischen Darstellung deutet auf ein Potenzgesetz hin, das nach Lindsley et al. (1966) für cgs-Einheiten wie folgt dargestellt werden kann:

$$k = 2.6 \cdot 10^{-3} \cdot p^{1.33}$$

Ein Magnetitgehalt von 1% ergibt danach eine Suszeptibilität von $k=2.6\cdot10^{-3}$ cgs-Einheiten bzw. $k=3.3\cdot10^{-2}$ SI-Einheiten.

Bei der paläomagnetischen Probenentnahme ist es empfehlenswert, im Aufschluß diejenigen Gesteinspartien auszuwählen, die wegen einer besonders hohen Suszeptibilität höhere Erzgehalte und damit auch eine etwas stärkere und leichter meßbare Remanenz erwarten lassen. Für die quantitative Messung der Suszeptibilität im Gelände gibt es kleine, geländetaugliche Meßgeräte, die für das anstehende Gestein und auch für Handstücke verwendet werden können.

4.2.2 Anisotropie der magnetischen Suszeptibilität

Die Anisotropie der magnetischen Suszeptibilität (AMS) ist ein guter Indikator zur Überprüfung von Prozessen bei der Entstehung der Gesteine und von später abgelaufenen Vorgängen in Zusammenhang mit einer mechanischen Deformation, eventuellen Mineralneubildungen oder einer Metamorphose. Mittlerweile wird der Parameter AMS auch zur Untersuchung von tektonisch stark beanspruchten Gesteinen verwendet, um die Deformation und den Spannungszustand des Gebirges quantitativ zu erfassen. Auf derartige Messungen soll hier nicht eingegangen werden, denn sie würden zu weit vom Thema dieses Buches wegführen. Vielmehr sollen hier nur diejenigen Anisotropieuntersuchungen erwähnt werden, die bei rein paläomagnetischen Messungen als Begleituntersuchungen sinnvoll erscheinen.

In Sedimenten, die sich in einem ruhigen Gewässer ablagern, legen sich elongierte oder plättchenförmige ferro(i)- oder paramagnetische Minerale bevorzugt flach am Boden ab. Dabei bildet sich eine Anisotropie der magnetischen Suszeptibilität aus (vorwiegend eine Formanisotropie bei ferro(i)magnetischen, eine Kristallanisotropie bei paramagnetischen Mineralien) mit der Richtung der kleinsten Suszeptibilität (k_{min}) senkrecht zur Sedimentationsebene und den Richtungen der mittleren (k_{int}) und größten (k_{max}) Suszeptibilität in der Sedimentationsebene. Durch die Diagenese der Sedimente (Kompaktion) wird dieser Effekt nicht gestört, eher noch verstärkt. Bei ruhig abgelagerten Sedimenten ist es daher möglich, auch bei optisch nur schwer oder gar nicht identifizierbarer Sedimentationsebene diese durch magnetische Messungen festzustellen. Die Ebene mit $k_{max} \approx k_{int}$ stellt die Sedimentationsebene dar, k_{min} steht senkrecht auf ihr. War während der Sedimentation eine Fließrichtung dominant, so äußert sich auch dies in der Anisotropie der magnetischen Suszeptibilität. Die Achse von k_{min} steht auch hier senkrecht auf der Sedimentationsebene, k_{max} zeigt in Fließrichtung, k_{int} senkrecht dazu. Hierfür zeigt Abb. 4.2.2 ein Beispiel für einen Flysch aus den Westalpen. Die Schüttungsrichtung des Flyschs konnte mit Hilfe von Strömungsmarken festgestellt werden. Die Richtungen von k_{max} zeigen recht gut in diese Richtung während k_{min} senkrecht auf der Sedimentationsebene steht. Auch Sandsteine (Abb. 4.2.3) haben häufig entsprechende Verteilungen der Suszeptibilitätshauptachsen: die minimale

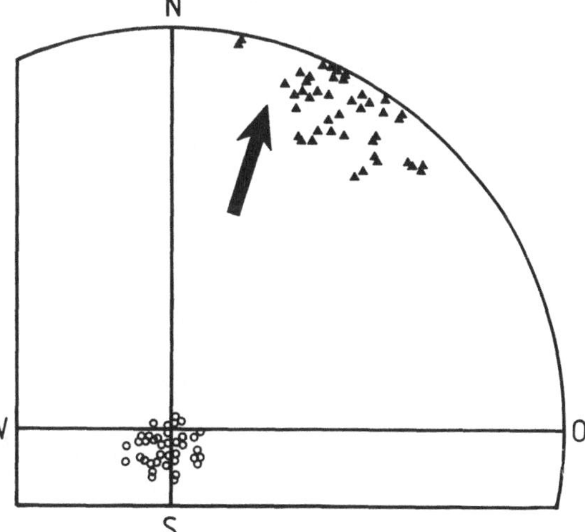

Abb. 4.2.2. Schüttungsrichtung in einem Flysch aus den Westalpen *(Pfeil)* und Richtung der maximalen Suszeptibilität *(Dreiecke)*; Richtungen der minimalen Suszeptibilität *(offene Kreise)*. (Nach Argenton et al. 1974)

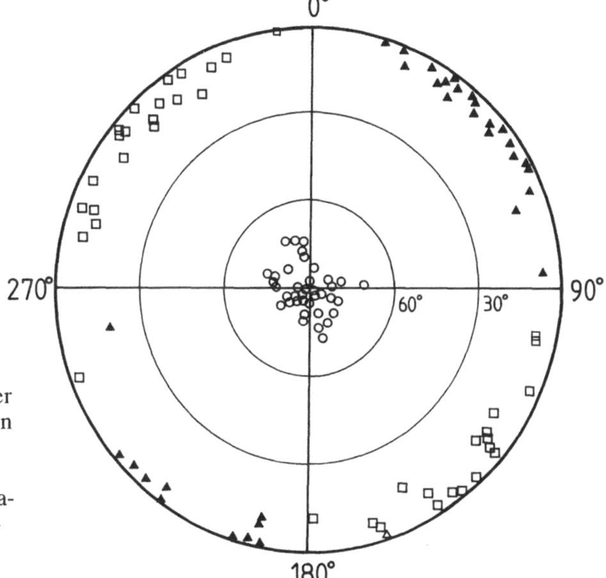

Abb. 4.2.3. Richtungen der minimalen Suszeptibilität in einem Sandstein *(offene Kreise)*; *Dreiecke (Quadrate):* Richtungen maximaler (mittlerer) Suszeptibilität. (Mod. nach Schultz-Krutisch u. Heller 1985)

Suszeptibilität steht senkrecht auf der Sedimentationsebene, die Richtungen von k_{max}, gelegentlich auch die von k_{min}, zeigen in Schüttungsrichtung.

Bei magmatischen Gesteinen sind geringe Anisotropiewerte ($P=k_{max}/k_{min}\approx1.0\text{–}1.05$) mit Werten für $K=L/F\approx1$ (2.2.3) die Regel. Ausgeprägte Anisotropien in den Feldern der extrem prolaten oder oblaten Formen im Flinn-Diagramm (Abb. 2.2.5b) kommen dann vor, wenn die Gesteine tektonisch stark beansprucht worden sind (Verschieferung bis hin zur Mylonitisierung). Dann ist damit zu rechnen, daß Neubildungen von paramagnetischen Mineralien unter der Wirkung von mechanischen Spannungen stattfanden und daß auch eventuell ferro(i)magnetische Mineralien neu gebildet wurden. In solchen Fällen besteht der Verdacht auf eine Remagnetisierung. Bei Sedimenten ist aus dem gleichen Grund Vorsicht geboten, wenn die durch den Sedimentationsvorgang und die Diagenese bedingte Orientierung des Suszeptibilitätsellipsoids bezogen auf die Sedimentationsebene nicht mehr gegeben ist (k_{min} senkrecht auf der Sedimentationsebene). Die magnetischen Eigenschaften können sich schon merkbar ändern, wenn makroskopisch noch keine Schieferung zu erkennen ist.

Aus der Anisotropie der Suszeptibilität, die bei Normaltemperatur gemessen wurde, kann man nicht ohne weiteres ablesen, ob sie hauptsächlich durch paramagnetische oder überwiegend durch ferro(i)magnetische Minerale verursacht wird. Hier helfen zwei Techniken weiter. Man kann zum Beispiel ausnutzen, daß sich die Suszeptibilität der bei Raumtemperatur ferro(i)magnetischen Phasen gemäß Abb. 2.2.6a entweder nicht ändert (wenn Mehrbereichsteilchen dominieren) oder daß sie gemäß Abb. 2.2.1 sogar abnimmt (wenn das Gestein vorwiegend Einbereichsteilchen enthält). Im Gegensatz dazu nimmt die paramagnetische Suszeptibilität gemäß dem Curieschen Gesetz (2.2.1) mit fallender Temperatur zu. Bei tiefen Temperaturen kann der Beitrag der Suszeptibilität paramagnetischer gegenüber dem Anteil der ferro(i)magnetischen Mineralien dominant werden (s. Abb. 2.2.3b). Durch die Subtraktion des bei Normaltemperatur dominanten ferro(i)magnetischen Beitrags kann dann der paramagnetische Anteil getrennt dargestellt werden. Die andere Technik nutzt aus, daß bei ferro(i)-magnetischen Mineralien in Magnetfeldern bis 1 T eine Sättigung der Magnetisierung erreicht wird, während dies bei den paramagnetischen Mineralien erst bei extrem starken Feldern (H>10T) der Fall ist. Durch die Untersuchung der Anisotropien in schwachen und sehr starken Magnetfeldern ist auch eine Trennung der paramagnetischen und der ferro(i)magnetischen Anteile der AMS möglich. Beide Verfahren erfordern aber einen erheblichen zusätzlichen experimentellen Aufwand, für den nur in wenigen Labors Geräte zur Verfügung stehen.

4.2.3 Messung magnetischer Eigenschaften bei tiefen Temperaturen

Neben den im vorangehenden Abschnitt erwähnten Messungen der Suszeptibilität bei tiefen Temperaturen können die Phasenumwandlungen von Magnetit (Verwey-Transition), von Hämatit (Morin-Transition) und die Umwandlungstemperatur von Magnetkies zur Identifikation dieser Minerale verwendet werden (s. auch 2.3.8). Diese Methoden sollten zusätzlich zu den Messungen der Curie-Temperatur eingesetzt werden, wenn Zweifel am Vorkommen einer bestimmten ferro(i)magnetischen Erzkomponente vorliegen.

Aus dem Verlauf der Suszeptibilität bei tiefen Temperaturen kann auch geschlossen werden, ob im Gestein hauptsächlich Einbereichs(SD)- oder Mehrbereichs(MD)-Teilchen vorliegen. Bei vorwiegend SD-Teilchen nimmt die Suszeptibilität mit fallender Temperatur ab, bei MD-Teilchen bleibt sie weitgehend konstant.

4.2.4 Koenigsbergerscher Q-Faktor

Das Verhältnis von remanenter zu induzierter Magnetisierung ist der Koenigsbergersche Q-Faktor.

$$Q = \frac{\text{Natürliche Remanenz (NRM)}}{\text{Induzierte Magnetisierung}} = \frac{\text{NRM}}{k \cdot H}$$

Dabei ist k die Volumensuszeptibilität, und für H wird in der Regel die mittlere Stärke des Erdmagnetfeldes (50 µT) eingesetzt. Obwohl der Q-Faktor von vielen Paläomagnetik-Gruppen bei Routineuntersuchungen nur noch selten gemessen wird, liefert er doch zahlreiche Hinweise auf die Qualität einer Gesteinsprobe für paläomagnetische Untersuchungen. Sehr hohe Werte von Q (Q>50) sind selten und deuten in der Regel eine Blitzschlagmagnetisierung an. Bei Basalten liegt Q in der Regel zwischen 5 und 10, bei jüngeren Gesteinen werden die höheren Werte angetroffen. Alte Ergußgestein haben Q-Werte um 1, sehr alte um 0.1. Bei Sedimenten liegt Q in der Größenordnung von 0.1. Die Abnahme von Q mit dem Alter der Gesteine wurde von Koenigsberger (1936) mit geringeren Intensitäten des Erdmagnetfeldes in der geologischen Vergangenheit interpretiert. Wahrscheinlicher ist jedoch, daß die Remanenz eines Gesteins mit zunehmendem Alter abklingt und daß erratisch gebildete sekundäre Remanenzen und Neubildungen von ferro(i)magnetischen Mineralien die primäre Remanenz zunehmend schwächen. Die Erfahrung hat gezeigt, daß Gesteine mit $Q < 0.01$ kaum noch brauchbare paläomagnetische Ergebnisse liefern. Solche Proben neigen zu einer viskosen Remanenz und zum Erwerb von störenden Remanenzkomponenten (ARM, PTRM) bei der Entmagnetisierung.

4.2.5 J_s/T-Kurven zur Identifikation von ferro(i)magnetischen Mineralien

Derartige Messungen zur Bestimmung der Curie-Temperatur ferro(i)magnetischer Erzphasen wurden in 2.3.8 bereits für einige typische Minerale (Magnetit, Magnetkies, Titanomagnetit) vorgestellt. Hier sollen noch einige weitere Beispiele folgen. Abbildung 4.2.4a zeigt eine Meßkurve für ein präkambrisches Eisenerz aus den USA, bestehend aus etwa 90% Magnetit und 10% Hämatit. Die J_s/T-Kurve zeigt den für Magnetit typi-

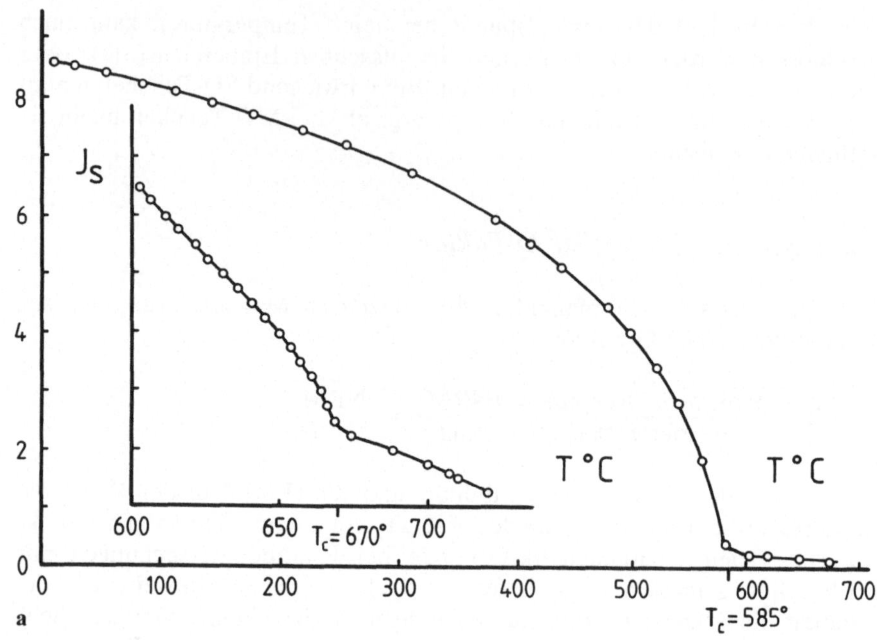

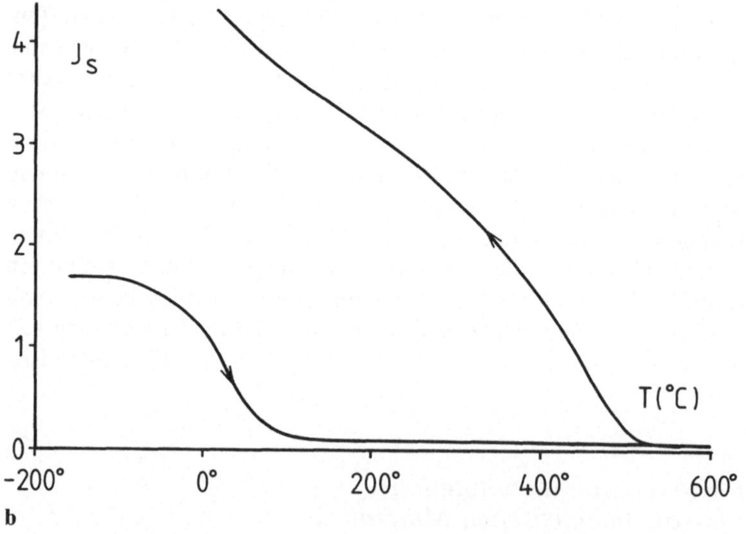

Abb. 4.2.4a–c. Identifikation von ferro(i)magnetischen Mineralien mit Hilfe ihrer Curie-Temperatur. Sättigungsmagnetisierung J_s (willkürliche Einheiten) als Funktion der Temperatur T. **a** Magnetit (90 %) mit T_c=585 °C neben Hämatit (10 %) mit T_c=670 °C; *kleines Diagramm:* Vergrößerung der Kurve im Temperaturbereich oberhalb 600 °C (mod. nach Ehrlich et al. 1969); **b** Aufheiz- und Abkühlkurve für einen Titanomagnetiten mit T_c≈30 °C; Entmischung der ursprünglichen Phase nach Erhitzung auf 600 °C (nach Soffel 1975); **c** Aufheiz- und Abkühlkurve für einen Titanomagnetiten mit T_c≈100 °C; Entmischung der ursprünglichen Phase nach Erhitzung auf 600 °C (mod. nach Soffel 1975)

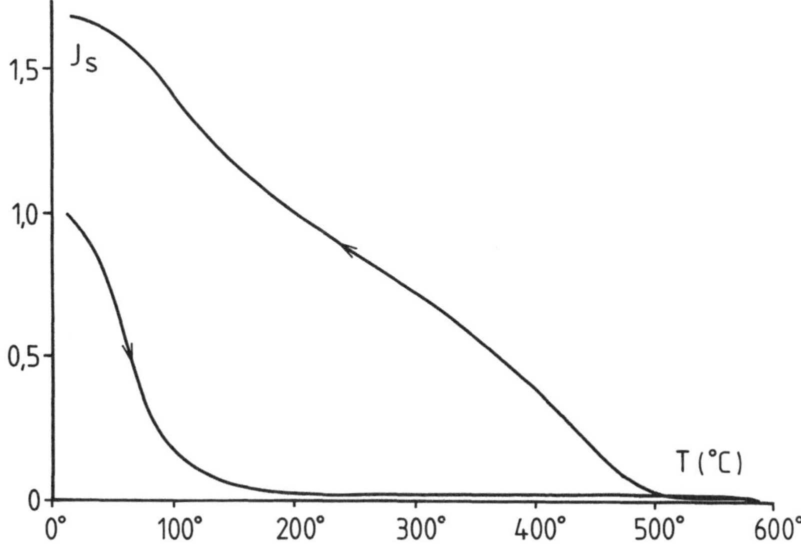

Abb. 4.2.4c

schen Verlauf mit einer Curie-Temperatur von 585 °C, die auf eine geringfügige Maghemitisierung des Magnetits hinweist. Die Curie-Temperatur von Hämatit (kleineres Bild) bei 670 °C wird erst bei einer Steigerung der Empfindlichkeit der Apparatur oberhalb 600 °C sichtbar. Noch geringere Mengen von Hämatit neben Magnetit können mit J_s/T-Messungen nur mit erheblichem Aufwand nachgewiesen werden.

In Basalten werden häufig sehr niedrige Curie-Temperaturen angetroffen. Eine Aufheiz- und eine Abkühlkurvekurve für einen tertiären Basalt aus Oberitalien zeigt Abb. 4.2.4b. Die Messung beginnt bei der Temperatur des flüssigen Stickstoffs und zeigt eine Curie-Temperatur von etwa 30 °C an. Von solchen Proben, die unter der Einwirkung der Sonne über ihre Curie-Temperatur erwärmt werden können, dürfen keine zuverlässigen paläomagnetischen Ergebnisse erwartet werden. Bei der Erwärmung der Probe auf 600 °C entmischte dieser Ti-reiche Titanomagnetit nahezu vollständig in eine wesentlich stärker magnetische Phase nahe Magnetit ($T_c \approx 500$ °C) und in eine zweite Phase, die nicht identifiziert wurde. Von der in der Abb. 4.2.4c dargestellten Basaltprobe aus dem gleichen Meßgebiet mit einer Curie-Temperatur von etwa 100 °C wurde jedoch ein zuverlässiges paläomagnetisches Ergebnis erhalten. Bei Basalten sollte vor Beginn einer thermischen Entmagnetisierung die Curie-Temperatur bestimmt werden, um die Meßschritte bei den Aufheizversuchen zu optimieren.

4.2.6 IRM-Erwerbskurven und Entmagnetisierung der IRM$_s$ mit Wechselfeldern und thermisch

Die Unterschiede in den IRM-Erwerbskurven der einzelnen ferro(i)magnetischen Mineralien wurden im Prinzip in 2.3.8 und Abb. 2.3.7 schon einmal vorgestellt. In diesem Abschnitt sollen einige Meßbeispiele gezeigt werden. Abbildung 4.2.5a zeigt die IRM-Erwerbskurve für ein paläozoisches Tongestein. Der steile Anstieg der Kurve und die Sättigung bei etwa 0.2 T deutet auf folgende möglicherweise vorhandene Minerale hin: Magnetit, Maghemit, Titanomagnetit oder Magnetkies. Durch eine Curie-Temperatur von 575 °C konnte einwandfrei Magnetit als einziges ferro(i)magnetisches Mineral identifiziert werden. An einem ebenfalls paläozoischen Quarzporphyr wurden im Mikroskop Erzminerale mit Entmischungslamellen von Hämatit und Ilmenit, daneben auch noch etwas Magnetit gefunden. Dies bestätigt sich in der IRM-Erwerbskurve. Es zeigt sich ein Mineral, das bei 1.5 T gesättigt ist. Bei niedrigen Feldern erreicht schon eine andere Phase die Sättigung. Der Knick am Anfangsteil der Kurve wird durch Magnetit verur-

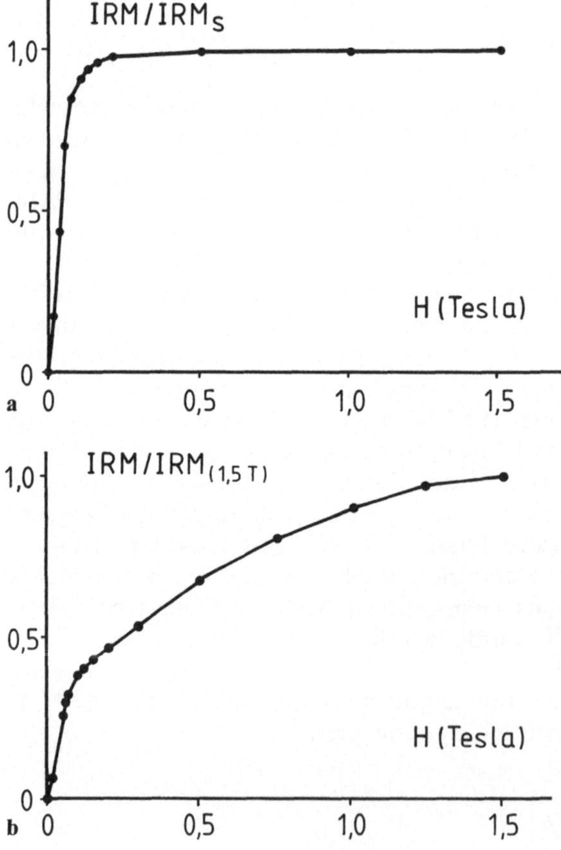

Abb. 4.2.5a, b. *IRM*-Erwerbskurven paläozoischer Gesteinen vom Westrand der Böhmischen Masse; **a** Tongestein mit Magnetit als einziger ferro(i)magnetischer Phase; **b** Quarzporphyr mit Magnetit und Hämatit. (Mod. nach Soffel u. Harzer 1991)

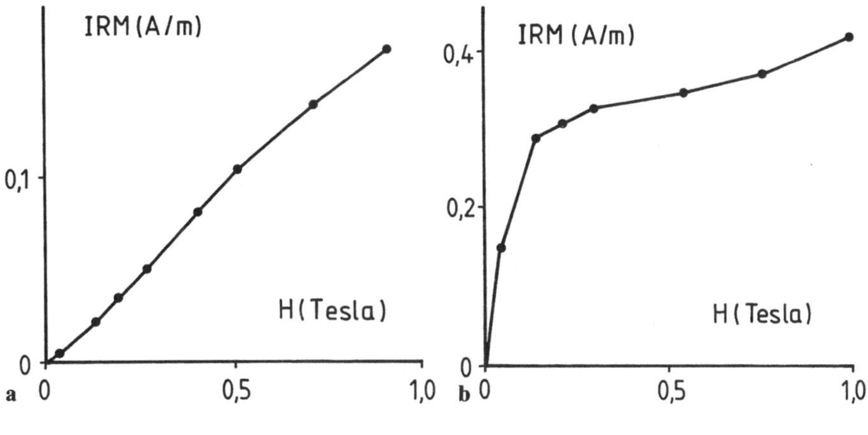

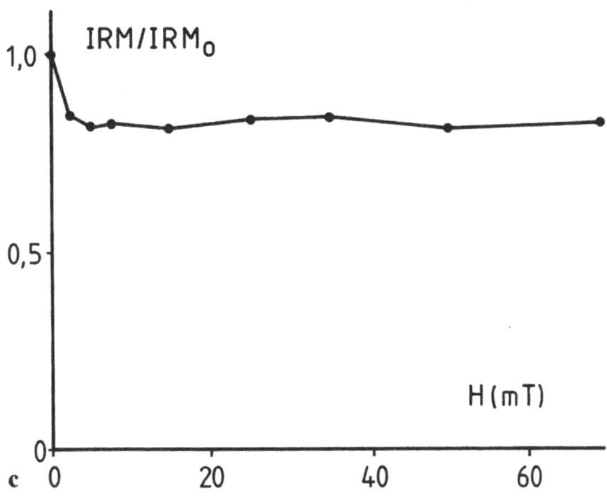

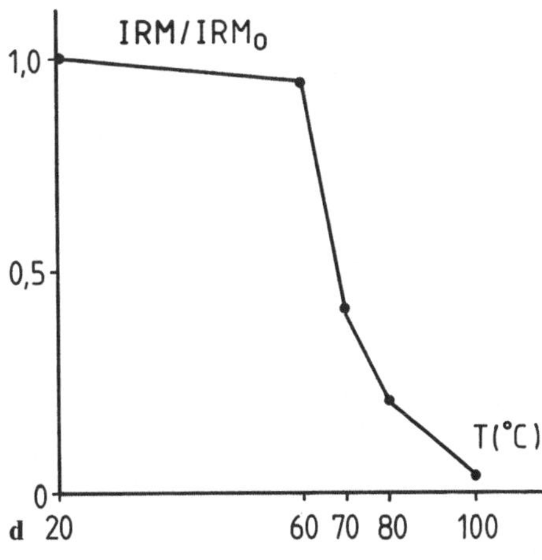

Abb. 4.2.6a–d. *IRM*-Erwerbskurven von oberkretazischen Kalken aus Ägypten; **a** Probe mit Goethit als einzigem ferro(i)magnetischem Mineral; **b** Probe mit Magnetit und Goethit; **c** Wechselfeldentmagnetisierung der Probe mit Magnetit und Goethit; große Stabilität des Goethits; **d** Thermische Entmagnetisierung der Probe mit ausschließlich Goethit; Blockungstemperatur bei 90–100 °C. (Mod. nach Saradeth et al. 1987)

sacht, der weitere Anstieg bis zur Sättigung bei 1.5 T durch feinkörnigen Hämatit.

Beispiele von Sedimenten zeigen die folgenden Diagramme von oberkretazischen Kalksteinen aus Ägypten. In Abb. 4.2.6a ist der typische Verlauf für Goethit dargestellt. Der Anstieg der IRM bis zu 1 T ist nahezu linear. Eine Kombination von Goethit mit Magnetit zeigt Abb. 4.2.6b. Magnetit erreicht eine Sättigung der IRM bei etwa 0.3 T. Daran schließt sich der Anstieg der IRM durch der Goethit an.

Es ist auch möglich, durch die Entmagnetisierung einer gesättigten IRM im Wechselfeld oder thermisch die im Gestein auftretenden Koerzitivkraft- oder Blockungstemperaturverteilungen zu bestimmen. Häufig sind Sedimente zu schwach magnetisch für einwandfrei interpretierbare Experimente mit der NRM. Abbildung 4.2.6c zeigt die Wechselfeldentmagnetisierung der IRM_s der Probe, deren Aufmagnetisierung in Abb. 4.2.6b dargestellt wurde. Die Probe enthält Magnetit neben Goethit. Bei der Entmagnetisierung im Wechselfeld bis 70 mT wird bei Feldern bis etwa 5 mT nur die Remanenz des Magnetits entfernt, die des Goethits bleibt auch bei hohen entmagnetisierenden Feldern unverändert stabil. Bei der thermischen Entmagnetisierung (Abb. 4.2.6d) der IRM_s der Probe, die nur Goethit enthielt, bricht bei der Curie-Temperatur von Goethit ($\approx 100\,°C$) nahezu die ganze Remanenz zusammen. Durch ähnliche Experimente lassen sich auch Hämatit (in Spuren) neben Magnetit oder andere Kombinationen von ferro(i)magnetischen Phasen nebeneinander nachweisen.

4.3 Anwendungen in der Archäologie

4.3.1 Datierung mit Hilfe von Standardkurven der Inklination und Deklination

Die im Abschnitt 3.1 beschriebene Archäosäkularvariation liefert für begrenzte Gebiete (wie z. B. Mitteleuropa, Naher Osten, Japan) und für die letzten etwa 3000 Jahre zwar leicht unterschiedliche, aber für jedes Gebiet doch typische Kurven für die Änderung der Deklination, Inklination und Paläointensität des erdmagnetischen Feldes. Diese Kurven wurden mit archäologischem Material bekannten Brennalters aufgestellt und gelten je nach Datendichte in den einzelnen Zeitabschnitten als mehr oder weniger zuverlässige Information für die typische zeitliche Variation dieser drei Meßgrößen im betrachteten Gebiet. Abbildung 4.3.1 zeigt die Situation bei typischen archäologischen Materialien, aus denen archäomagnetische Daten gewonnen werden können. Tonwaren mit einem flachen Boden (links im Bild eine Vase als Beispiel für ein gebranntes Gefäß) werden im allgemeinen aufrecht stehend in einem Ofen auf einer mehr oder weniger horizonta-

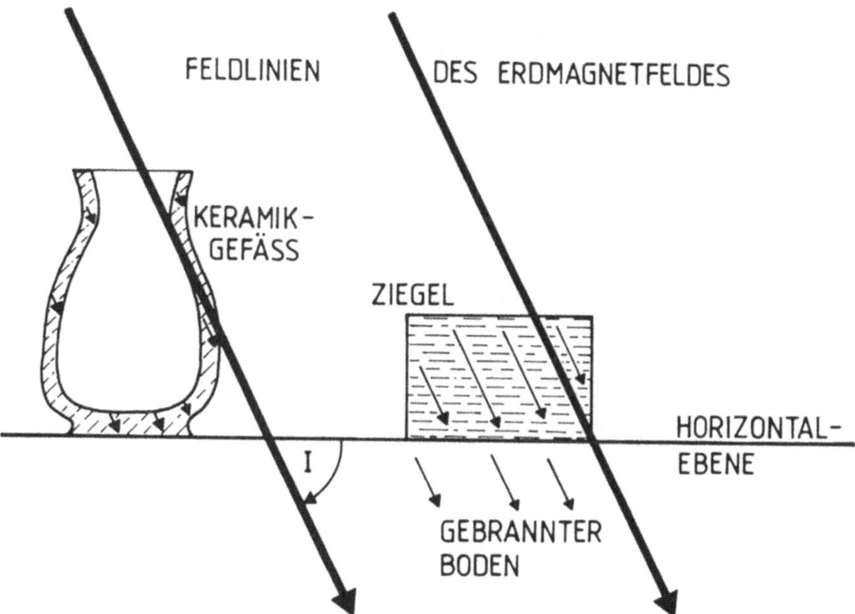

Abb. 4.3.1. Konservierung des Erdmagnetfeldes in archäologischen Gegenständen und Strukturen; *große Pfeile:* Richtung der lokalen Erdmagnetfeldes; *I* Inklination des Erdmagnetfeldes; *kleine Pfeile:* Richtung der Thermoremanenz in den Objekten

len Unterlage gebrannt. Da die azimutale Ausrichtung der Gefäße beim Brennen nicht bekannt ist, kann mit solchen Gegenständen nur die Paläoinklination und die Paläointensität gemessen werden. Bei Gefäßen mit einem runden Boden ist es unsicher, in welcher Lage sie im Ofen gebrannt wurden. Dieses Material kann bestenfalls noch für die Messung der Paläointensität verwendet werden. Bei Ziegeln nimmt man an, daß sie nicht regellos im Brennofen aufgehäuft wurden, sondern zur Platzersparnis so wie im Bild aufeinandergelegt worden sind. Hier lassen sich auch nur die Inklination und die Paläointensität bestimmen. Gebrannte Böden und Teile von Öfen (meist sind jedoch nur die Bodenplatte und die unteren Teile der Wände erhalten) liefern dagegen Daten der Deklination, Inklination und der Paläointensität. Gute Datensätze ergeben sich aber nur dann, wenn diese Strukturen nicht durch Setzungserscheinungen nachträglich deformiert wurden. Bei Tonwaren (Vasen, Töpfen, Schalen) und Öfen wurde mehrfach vom Einfluß der magnetischen Brechung (2.2.4) berichtet (Aitken et al. 1967; Thellier 1981; Schurr et al. 1984; Schurr 1986; Soffel u. Schurr 1990). Die Wirkung der magnetischen Brechung bei einem vertikal stehenden zylinderförmigen Körper (z. B. einer Vase) in einem horizontal gerichteten äußeren Feld ist in Abb. 4.3.2a schematisch gezeigt. Die magnetischen Feldlinien (und damit auch die Thermoremanenz in der Wand) sind nicht mehr parallel zu äußeren Feld, sondern werden durch die Form des Körpers etwas abgelenkt. In Abhängigkeit vom Azimut Ω beschreibt der Winkel Φ

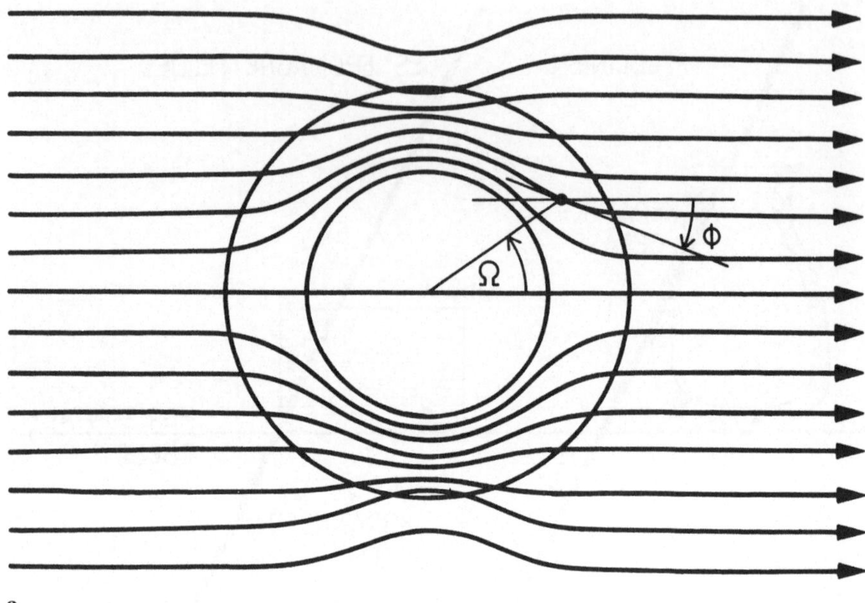

a

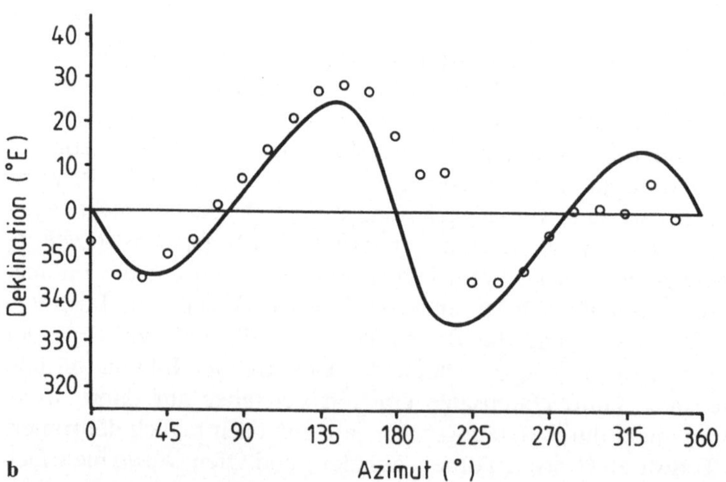

b   Azimut (°)

Abb. 4.3.2a–c. Magnetische Brechung bei einem vertikal stehenden zylinderförmigen Hohlkörper großer magnetischer Permeabilität; das Magnetfeld ist horizontal gerichtet. **a** Ablenkung der Feldlinien in der Wand und außerhalb des Körpers; Φ Winkel zwischen der Feldlinie in der Wand der Körpers und dem äußeren Feld; Ω Azimutwinkel; **b** Experimentell bestimmte Deklinationswerte und **c** experimentell bestimmte Inklinationswerte in Abhängigkeit vom Azimutwinkel Ω bei einer Halbkugelschale mit Bodenplatte *(Punkte)*. Theoretisch zu erwartende Werte im unteren Teil des Modells („Breite" etwa 5°) in Form von etwa sin-förmigen Kurven für einen Suszeptibilitätswert von 1 SI

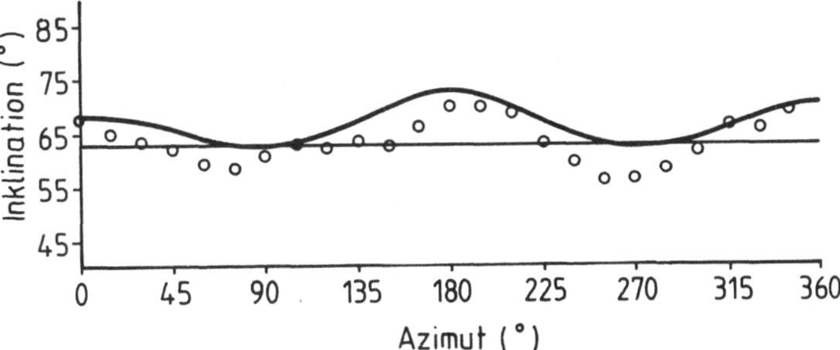

Abb. 4.3.2c

zwischen der Feldlinie in der Wand und dem äußeren Feld eine etwa sin-förmige Kurve. Dies konnte durch Messungen von Schurr (1986) an einem Körper von der Form einer Halbkugel mit einer ebenen Bodenplatte (künstlicher Kuppelofen) experimentell bestätigt werden. Durch den Brechungseffekt werden Raumwinkelabweichungen zwischen der Thermoremanenz und der Richtung des Erdmagnetfeldes von bis zu 10° bedingt. Die Abb. 4.3.2b,c zeigen die experimentell beobachteten Werte für die Deklination und Inklination. Die theoretisch zu erwartenden Werte für eine bestimmte Suszeptibilität des Materials sind als etwa sin-förmige Kurven angegeben. Die Abweichungen der Deklinationswerte vom Sollwert D=0° sind größer als die der Inklinationswerte (I=63°). Eine befriedigende physikalische Erklärung des Brechungseffektes konnte bisher noch nicht gefunden werden. Die Brechungseffekte bei realen archäologischen Strukturen und Gegenständen erreichen aber selten so große Werte. Sie mitteln sich heraus, wie Abb. 4.3.2a zeigt, wenn man die Beprobung auf möglichst die ganze Struktur erstreckt und nicht nur wenige Proben an einer Stelle entnimmt, an welcher der Brechungseffekt besonders groß sein kann. Aus Abb. 4.3.2a kann man leicht diejenigen Stellen bei Objekten dieser Form herausfinden, bei denen die Brechungseffekte besonders klein sind. Für die Deklination sind es zum Beispiel die Azimutwerte 0°, 90°, 180° und 270°.

In einer mehr als 40jährigen Tätigkeit wurde von Thellier (1981) eine Standardkurve für die Deklination und die Inklination West-Mitteleuropas erstellt, die für beide Parameter einzeln in Abb. 3.1.2 schon dargestellt wurde. Sie beruht hauptsächlich auf Messungen aus Frankreich und aus dem Rheinland und kann mit einiger Zuverlässigkeit auch für Mitteleuropa als gültig angesehen werden. Bei ihrer Übertragung auf andere Gebiete Europas kann man Korrekturen verwenden, die sich aus dem heute beobachteten Feld (Abb. 2.1.3) ergeben (Korrekturen für D und I in Abhängigkeit von Länge und Breite). Eine andere Darstellung der gleichen Daten ist in Abb. 4.3.3 gezeigt. Zwischen A.D. 1900 und 1500 ergibt sich eine ähnliche Kurve wie bei Abb. 2.1.5 (Deklination und Inklination in London). Vor A.D. 1500 ändert die Kurve ihren Umlaufsinn. Zwischen A.D. 600 und der Zeitenwende ändert sich die Deklination kaum, dafür aber die Inklination, die sich in 300 Jahren zwischen A.D. 600 und 300 um etwa 10° verringert und zwischen A.D. 300 und 0 wieder um etwa 10° vergrößert. Insgesamt liegen in den letzten 2000 Jahren die Deklinationen und Inklinationen zwischen den Extremwerten D=+21° und D=–22°, bzw. I=55° und I=74°. Archäomagnetische Richtungsmessungen können meist auf ±1° genau angegeben werden. Das hängt mit der größeren Genauigkeit bei der Probenentnahme und mit der in der Regel größeren Probenanzahl als bei Standarduntersuchungen in der Paläomagnetik zusammen. Aus Abb. 4.3.3 ist zu entnehmen, daß sich das Erdmagnetfeld an einem Ort um durchschnittlich 0.05° pro Jahr ändert. In manchen Zeitabschnitten ist die Änderung in der Deklination größer als in der Inklination (z. B. zwischen A.D. 1600–1800) oder umgekehrt (A.D. 800–1300). Wie Abb. 2.1.6a zeigt, änderte sich die Deklination in Fürstenfeldbruck in den letzten 20 Jahren um etwa 0.1° pro Jahr. Legt man einen mittleren Wert in den letzten 2000 Jahren von 0.05° pro Jahr zu Grunde sowie eine Genauigkeit der Messung des Paläofeldes auf ±1°, so ist die Datierungsgenauigkeit mit der Methode des Archäomagnetismus zwischen 0 und A.D. 2000 im Schnitt ±20 Jahre. Die Methode ist gegenüber anderen Verfahren (Dendrochronologie) also durchaus konkurrenzfähig. Während sich die Paläorichtungen in den letzten 2000 Jahren erheblich änderten, zeigt Abb. 3.4.1, daß die Paläointensität weit weniger variierte. Intensitätsdaten werden daher für archäomagnetische Altersdatierungen im allgemeinen nicht verwendet.

Bei der archäomagnetischen Altersbestimmung werden die Daten (D, I) einer Probe unbekannten oder ungenau bekannten Alters mit denjenigen der entsprechenden Standardkurven verglichen, um das wahrscheinliche Brennalter zu erhalten. Je mehr Parameter mit den Standardkurven verglichen werden können, um so eindeutiger und genauer ist die Altersangabe. Bei nur einem Parameter (meist ist dies die Inklination) gibt es verschiedene mögliche Alter auf Grund der mehrfachen Oszillationen des Meßwertes (Abb. 3.1.2; Abb. 4.3.3). Einige Alter lassen sich in der Regel mit Hilfe von plausiblen archäologischen Argumenten ausschließen. Relativ eindeutig ist die Altersbestimmung, wenn D- und I-Werte zur Verfügung stehen. In Abb. 4.3.3 sind die Deklinations- und Inklinationswerte von Öfen auf der Insel Herrenchiemsee in Oberbayern (HC) und von Feuerstellen bei Mannheim-Wallstadt (MW) eingetragen (Schurr et al. 1984). Einzeldaten können der Tabelle 4.3.1 entnommen werden. Die Inklinationswerte konnten wesentlich genauer bestimmt werden als die Deklinationswerte. Dies hängt mit den

Tabelle 4.3.1. Archäomagnetische Daten von Öfen auf Herrenchiemsee und von Feuerstellen bei Mannheim-Wallstadt. (Nach Schurr et al. 1984)

Probenort	Zahl der Proben	I(°)	D(°)
Mannheim-Wallstadt	18	71.04±0.28	–3.47±1.12
Herrenchiemsee	154	60.63±0.57	13.81±1.10

Abb. 4.3.3. Richtungsänderungen des Erdmagnetfeldes in West-Mitteleuropa in Form der Deklination D (positiv nach Osten, negativ nach Westen) und der Inklination I (positiv nach unten); s. auch Abb. 2.1.1 zur Definition der Winkel. Die Daten sind in Abb. 3.1.2 auf eine andere Weise dargestellt. *Zahlen:* Jahre A.D. (mod. nach Thellier 1981); *Dreieck:* Daten von Öfen aus Herrenchiemsee (Oberbayern); *Quadrat:* Daten von Feuerstellen bei Mannheim-Wallstadt (beide Meßwerte aus Schurr et al. 1984)

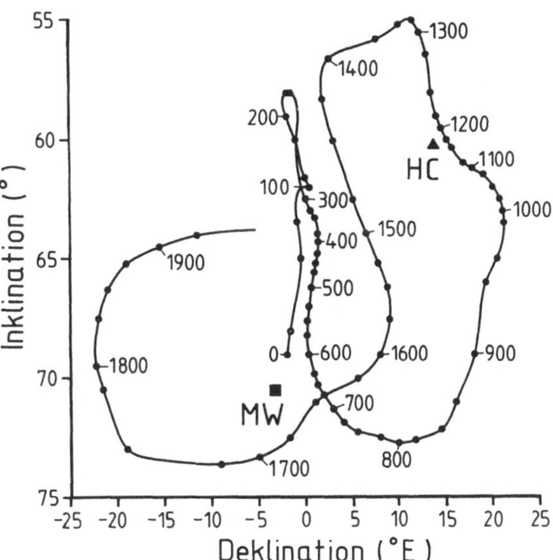

oben erwähnten Effekten der magnetischen Brechung zusammen. In Abb. 3.1.2 wurden die Inklinationswerte bereits eingetragen.

Bei beiden Strukturen ist das Alter am genauesten mit der gut belegten Standardkurve für die Inklinationsdaten anzugeben. Die Deklinationswerte werden im allgemeinen nur dann als weiteres Kriterium herangezogen, wenn zwischen mehreren möglichen Altern entschieden werden muß. Bei den Öfen von Herrenchiemsee gibt es bei I=60.6° in der Standardkurve der Abb. 3.1.2 mehrere mögliche Alter, nämlich A.D. 1450, 1150, 280 und 170. Allein aus archäologischen Gründen können die beiden frühen Alter aus der spätrömischen Zeit (A.D. 170 und 280) ausgeschlossen werden, aus siedlungsgeschichtlichen Gründen auch die Zeit A.D. 1450. Als plausibelste Zeit verbleibt A.D. 1150, bei der auch die größte Übereinstimmung in der Deklination vorliegt. Bei den Feuerstellen von Mannheim-Wallstadt mit I=71° gibt es in der Standardkurve der Inklination folgende mögliche Zeiten der Übereinstimmung: A.D. 1760, 920 und 650. Aus archäologischen und siedlungsgeschichtlichen Gründen kann der Wert 1760 gleich ausgeschlossen werden. Auch der Wert 920 ist unwahrscheinlich, weil damit eine Deklination von etwa D=+16° verbunden sein müßte. Die gemessene Deklination von D=−3.5° favorisiert eindeutig die Zeit A.D. 650 für die Brandereignisse von Mannheim-Wallstadt.

4.3.2 Rekonstruktion archäologischer Objekte

Abbildung 4.3.1 zeigt, daß archäologische Objekte (Tonwaren, Feuerstellen, Öfen) eine einheitliche Richtung der remanenten Magnetisierung bei ihrem letzten Brand erwerben. Zerbrechen diese Gegenstände oder sind sie nur noch in Bruchstücken vorhanden, so bereitet ihre Rekonstruktion oft Probleme, die umso größer werden, je weniger Teilstücke noch vorhanden sind. Durch die Messung der Remanenz ist es häufig möglich, die Stelle des archäologischen Objekts zu bestimmen, von dem das Bruchstück stammen muß. In anschaulicher Weise kann man das am Beispiel der Vase von Abb. 4.3.1 erläutern. Die Remanenzrichtungen müssen im Raum parallel zueinander gerichtet sein, und die Einzelteile müssen auf einer Unterlage relativ zueinander so angeordnet werden, daß diese Bedingung erfüllt werden kann. Bei diesen Untersuchungen muß man mit kleinsten Probenmengen auskommen. Hierfür sind die hochempfindlichen Kryogenmagnetometer geeignete Instrumente. Was bei Vasen und ähnlichen Formen möglich ist, gilt auch bei großen Objekten wie zum Beispiel bei der Rekonstruktion von Kuppelöfen oder ähnlichen Strukturen.

5 Bibliographie

5.1 Gesteinsmagnetismus, Mineralogie

Bleil U, Petersen N (1982) Magnetische Eigenschaften natürlicher Minerale. Landolt-Börnstein, Neue Serie, Gruppe V: Geophysik und Weltraumforschung, Band 1b. Springer, Berlin, Heidelberg, New York, S 308–365

Craik DJ (1975) Magnetic oxides. John Wiley, London, 798 p

Fuller MD (1970) Geophysical aspects of palaeomagnetism. CRC Crit Rev Solid State Sci 1:137–219

Kneller E (1962) Ferromagnetismus. Springer, Berlin, Göttingen, Heidelberg, 792 S

Lowes FJ, Collinson DW, Parry JH, Runcorn SK, Tozer DC, Soward A (eds) (1988) Geomagnetism and Palaeomagnetism. Kluwer Acad. Dordrecht (NATO ASI Series C: Mathematical and Physical Sciences, Vol 261)

Nagata T (1953) Rockmagnetism. Maruzen, Tokyo, 225 p

Nagata T (1961) Rockmagnetism. Maruzen, Tokyo, 350 p

O'Reilly W (1984) Rock and mineral magnetism. Blackie, Glasgow, 220 p

Petersen N (1985) Gesteinsmagnetismus. In: Bender F (ed) Angewandte Geowissenschaften, Band 2, Enke, Stuttgart, S 67–84

Petersen N, Bleil U (1982) Magnetische Eigenschaften der Gesteine. Landolt-Börnstein, Neue Serie, Gruppe V/1: Geophysik und Weltraumforschung, Band 1b. Springer, Berlin, Heidelberg, New York, S 366–432

Ramdohr P (1955) Erzmineralien und ihre Verwachsungen. Akademie Verlag, Berlin

Ribbe PH (ed) (1974) Sulfide mineralogy. Min Soc Am Short Course Notes, Vol 1, Southern Printing Co, Blacksburg

Rumble D (ed) (1976) Oxide minerals. Min Soc Am Short Course Notes, Vol 3, Southern Printing Co, Blacksburg

Smit J, Wijn HPJ (1959) Ferrites. Philip's Tech Library, Eindhoven, 370 p

Stacey FD, Banerjee SK (1974) The physical principles of rock magnetism. Elsevier, Amsterdam, 195 p

5.2 Paläomagnetismus und Archäomagnetismus

Aitken MJ (1974) Physics and archaeology. Clarendon, Oxford

Collinson DW (1983) Methods in rock magnetism. Techniques and instrumentation. Chapman and Hall, London, 503 p

Collinson DW, Creer KM, Runcorn SK (1967) Methods in paleomagnetism. Developments in solid earth geophysics. Elsevier, Amsterdam, 609 p

Cox A (1960) Review of palaeomagnetism. Bull Geol Soc Am 71:646–768

Cox A (ed) (1973) Plate tectonics and geomagnetic reversals. Freeman, San Francisco, 702 p

Cox A, Hart RB (1986) Plate tectonics. How it works. Blackwell Scientific, London, 392p

Creer KM, Tucholka P, Barton CE (eds) (1983) Geomagnetism of baked clays and recent sediments. Elsevier, Amsterdam, 315 p

Hailwood EA (1989) Magnetostratigraphy. Geol Soc Spec Rep 19, Blackwell Scientific, London, 84p
Irving E (1964) Paleomagnetism and its application to geological and geophysical problems. John Wiley, New York, 399 p
Jacobs JA (1984) Reversals of the earth's magnetic field. Adam Hilger, Bristol, 230 p
Kennett JP (ed) (1980) Magnetic stratigraphy of sediments. Benchmark Papers in Geology/54, Dowden, Hutchinson and Ross, Stroudsburg, 438 p
Khramow AN (1987) Paleomagnetology. Tarling DH (ed) Springer, Berlin, Heidelberg, New York, Tokyo
McElhinny MW (1973) Paleomagnetism and plate tectonics. Cambridge University Press, London, 356 p
McElhinny MW, Valencio DA (1981) Paleoreconstruction of the continents. Am Geophys Union Geodyn Ser 2
Merrill RT, McElhinny MW (1983) The earth's magnetic field, its history, origin and planetary perspective. Academic Press, London, 401 p
Piper JDA (1987) Palaeomagnetism and the continental crust. Open University Press, Milton Keynes
Piper JDA (1988) Palaeomagnetic Database. Open University Press, Milton Keynes
Soffel H (1985a) Palaeomagnetism and Archaeomagnetism. In: Landolt-Börnstein, Neue Serie, Gruppe V/2: Geophysik und Weltraumforschung, Band 2b. Springer, Berlin, Heidelberg, New York, Tokyo, S 184–243
Soffel H (1985b) Paläomagnetismus. In: Angewandte Geowissenschaften. Bender F (ed) Band 2. Enke, Stuttgart, S 142–153
Strangway D (1970) History of the earth's magnetic field. McGraw-Hill, New York, 168 p
Tarling DH (1971) Principles and applications of paleomagnetism. Chapman and Hall, London, 164 p
Tarling DH (1983) Palaeomagnetism – principles and applications in geology, geophysics and archeology. Chapman and Hall, London, 379 p
Westphal M, Pfaff H (1986) Paléomagnétisme et magnétisme des roches. DOIN, Paris, 131 p

5.3 Zitierte Literatur

Aitken MJ (1974) Physics and archaeology. Clarendon, Oxford
Aitken MJ, Allsop AL, Bussell GD, Winter MB (1988a) Determination of the intensity of the earth's magnetic field during archeological times: reliability of the Thellier technique. Rev Geophys 26:3–12
Aitken MJ, Allsop AL, Bussell GD, Winter MB (1988b) Comment on „The lack of reproducibility in experimentally determined intensities of the earth's magnetic field" by D. Walton. Rev Geophys 26:23–25
Aitken MJ, Harold MR, Weaver GH, Young SA (1967) A „big-sample" spinner magnetometer and demagnetization oven. In: Collinson DW, Creer KM, Runcorn SK (eds) Methods in palaeomagnetism. Elsevier, Amsterdam, 609 p
Akimoto S, Katsura T, Yoshida M (1957) Magnetic properties of the $Fe_2TiO_4 - Fe_3O_4$ system and their change with oxidation. J Geomagn Geoelectr 9:165–178
Appel E (1989) Paläomagnetik von Sedimenten aus dem Tethys-Himalaya von Gamba/ Süd-Tibet: Aspekte zur geotektonischen Entwicklung des Himalaya. Habilitationsschrift, Fak Geowiss, Univ München
Appel E, Hoffmann V, Soffel H (1990) Magneto-optical Kerr effect in (titano)magnetite, pyrrhotite and hematite. Phys Earth Planet Inter 65:36–42
Argenton H, Bobier C, Polveche J (1974) Relations entre anisotropie de susceptibilité magnétique et palaéocourants dans les Flyschs paléogenes des synclinaux de Contes et Peira-Cava, Alpes Maritimes. 2e Réunion Annuelle des Sciences de la Terre. Pont à Mousson, 12

As JA (1967) The measurement of the anisotropy of susceptibility with an astatic magnetometer. In: Collinson DW, Creer KM, Runcorn SK (eds) Methods in palaeomagnetism. Elsevier, Amsterdam, 609 p

Barb B (1980) Grundlagen und Anwendung der Mößbauerspektroskopie. Akademie-Verlag, Berlin

Beck ME (1980) Palaeomagnetic record of plate-margin tectonic processes along the western edge of North America. J Geophys Res 85:7115–7131

Berggren WA (1972) A Cenozoic time-scale – some implications for regional geology and palaeobiogeography. Lethaia 5:195–215

Biquand D, Prévot M (1971) A.F. demagnetization of viscous remanent magnetization in rocks. Z Geophys 37:471–485

Blakemore RP (1975) Magnetotactic bacteria. Science 190:377–379.

Blakemore RP (1982) Magnetotactic bacteria. Annu Rev Microbiol 36: 217–238

Bleil U, Petersen N (1982) Magnetische Eigenschaften natürlicher Minerale. Landolt-Börnstein, Neue Serie, Gruppe V: Geophysik und Weltraumforschung, Band 1b. Springer, Berlin, Heidelberg, New York, S 308–365

Bleil U, Pohl J, Soffel H (1982) Preliminary palaeomagnetic studies of Tertiary volcanic rocks from the Hocheifel, Germany. Geol Jahrb D 52:149–161

Brock A (1971) An experimental study of palaeosecular variation. Geophys J R Astr Soc 24:303–317

Brunhes B (1906) Recherches sur la direction d'aimantation des roches volcaniques. J Phys Radium Sér 4, 5:705–724

Bucha V (1970) Evidence for changes in the Earth's magnetic field intensity. Philos Trans R Soc Lon A 269:47–55

Bullard EC, Freedman C, Gellman H, Nixon J (1950) The westward drift of the earth's magnetic field. Philos Trans R Soc Lon A 243:67–92

Burmester RF (1977) Origin and stability of drilling induced remanence. Geophys J R Astr Soc 48:1–14

Busse FH (1976) Generation of planetary magnetism by convection. Phys Earth Planet Inter 12:350–358

Butler RF, Banerjee SK (1975) Theoretical single-domain grain size range in magnetite and titanomagnetite. J Geophys Res 80:4049–4058

Channell JET, D'Argenio B, Horvath F (1979) Adria, the African promontory in Mesozoic Mediterranean palaeogeography. Earth Sci Rev 15:213–292

Cisowski SM, Fuller MD (1978) The effect of shock on the magnetization of terrestrial rocks. J Geophys Res 83:3441–3458

Cisowski SM, (1981) Interacting vs. non-interacting single-domain behaviour in natural and synthetic samples. Phys Earth Planet Inter 26:56–62

Coe RS (1979) The effect of shape anisotropy on TRM-direction. Geophys J R Astr Soc 56:369–383

Coe RS, Prévot M (1989) Evidence suggesting extremely rapid field variation during a geomagnetic reversal. Earth Planet Sci Lett 92:292–298

Collinson DW (1965) The remanent magnetism and magnetic properties of red sediments. Geophys J R Astr Soc 10:105–126

Collinson DW (1974) The role of pigment and specularite in the remanent magnetization of red sandstones. Geophys J R Astr Soc 38:253–264

Collinson DW (1977) Experiments relating to the measurement of inhomogeneous remanent magnetism in rock samples. Geophys J R Astr Soc 48:271–275

Collinson DW (1983) Methods in rock magnetism. Techniques and instrumentation. Chapman and Hall, London, 503 p

Coney PJ, Jones DL, Monger JWH (1980) Cordilleran suspect terranes. Nature 288:329–333

Cox A (1968) Lengths of geomagnetic polarity intervals. J Geophys Res 73: 3247–3260

Cox A (1982) Magnetostratigraphic time scale. In: Harland WB, Cox A, Llewellyn PG, Pickton CAG, Smith AG, Walters R (eds) A geologic time scale. Cambridge University Press, Cambridge, 63–84

Cox A, Hart RB (1986) Plate tectonics. How it works. Blackwell Scientific, London

Creer KM, Sanver M (1967) The use of the sun compass. In: Collinson DW, Creer KM, Runcorn SK (eds) Methods in palaeomagnetism. Elsevier, Amsterdam, 609 p

Creer KM, Tucholka P (1983) On the current state of lake sediment palaeomagnetic research. Geophys J R Astr Soc 74:223–238

Creer KM, Irving E, Runcorn SK (1954) The direction of the geomagnetic field in remote epochs in Great Britain. J Geomagn Geoelectr 6:163–168

Creer KM, Irving E, Runcorn SK (1957) Geophysical interpretation of palaeomagnetic directions from Great Britain. Phil Trans R Soc Lon A 250:144–156

Creer KM, Irving E, Nairn AEM, Runcorn SK (1958) Palaeomagnetic results from different continents and their relation to the problem of continental drift. Ann Géophys 14:492–501

Creer KM, Tucholka P, Barton CE (eds) (1983) Geomagnetism of baked clays and recent sediments. Elsevier, Amsterdam, 315 p

Dagley P, Lawley E (1974) Palaeomagnetic evidence for the transitional behaviour of the geomagnetic field. Geophys J R Astr Soc 36:577–598

Daly LF (1967) Anisotropy measurements with a translation inductometer. In: Collinson DW, Creer KM, Runcorn SK (eds) Methods in palaeomagnetism. Elsevier, Amsterdam, 609 p

Day R (1977) TRM and its variation with grain size: a review. J Geomagn Geoelectr 29:233–245

Day R, Fuller MD, Schmidt VA (1977) Hysteresis properties of titanomagnetites. Grain size and compositional dependence. Phys Earth Planet Inter 13:260–267

Dewey JF, Bird JM (1970a) Mountain belts and the new global tectonics. J Geophys Res 75:2625–2647

Dewey JF, Bird JM (1970b) Plate tectonics and geosynclines. Tectonophysics 10:625–638

Dewey JF, Horsfield B (1970) Plate tectonics, orogeny and continental growth. Nature 225:521–525

Dunlop DJ (1972) Magnetic mineralogy of unheated and heated red sediments by coercivity spectrum. Geophys J R Astr Soc 27:37–55

Dunlop DJ (1973) Theory of magnetic viscosity of lunar and terrestrial rocks. Rev Geophys Space Phys 11:855–901

Dunlop DJ (1974) Thermal enhancement of magnetic susceptibility. J Geophys 40:439–451

Dunlop DJ (1979) On the use of Zijderveld vector diagrams in multicomponent palaeomagnetic studies. Phys Earth Planet Inter 20:12–24

Dunlop DJ (1981) The rock magnetism of fine particles. Phys Earth Planet Inter 26:1–26

Dunlop DJ, Reid B, Hyodo H (1987) Alteration of the coercivity spectrum and palaeointensity determination. Geophys Res Lett 14:1091–1094

Edwards J (1980) An experiment relating to rotational remanent magnetization and frequency of demagnetizing field. Geophys J R Astr Soc 60:283–288

Ehrlich M, Scharon LH, Soffel H, Sun SS (1969) Magnetic and palaeomagnetic investigations of the Precambrian Iron Mountain Deposits, Southeast Missouri. Trans Ser B Inst Min Metal 78:114–122

Embleton BJJ, Edwards DJ (1973) A field instrument for orienting rock samples. Res School Earth Sci, Aust Nat Univ Rep 998, Canberra

Evans ME (1968) Magnetization of dikes: a study of the palaeomagnetism of the Widgiemooltha Dike Suite, Western Australia. J Geophys Res 73:3261–3270

Fabiano EB, Peddie NW, Barraclough DR, Zunde A (1983) International geomagnetic reference field 1980: charts and grid values. US Dept Int Geol Surv Circular 873, IAGA Bull 47

Faßbinder JWE, Stanjek H, Vali H (1990) Occurrence of magnetic bacteria in soil. Nature 343:161–163

Faure G (1986) Principles of isotope geology. John Wiley, New York

Fisher RA (1953) Dispersion on a sphere. Proc Roy Soc Lon A 217:295–305

Flinn D (1962) On folding during three-dimensional progressive deformation. Q J Geol Soc Lon 118:385–433

Folgheraiter G (1899) Sur les variations séculaires de l'inclinaison magnétique dans l'antiquité. J Phys 8:660–667

Fuller MD (1974) Lunar magnetism. Rev Geophys Space Phys 12:23–70

Fuller MD (1989) Fast changes in geomagnetism. Nature 339:582–583

Games K (1977) The magnitude of the palaeomagnetic field: a new non-thermal, non-detrital method using sun-dried bricks. Geophys J R Astr Soc 48:315–319

Glen W (1982) The Road to Jaramillo. Critical Years of the Revolution in Earth Science. Stanford University Press, Stanford, 459 p

Goldstein MA, Strangway DW, Larson EE (1969) Palaeomagnetism of a Miocene transitional zone in southwestern Oregon. Earth Planet Sci Lett 7:231–239

Gordon RG, Acton G (1989) Palaeomagnetism and plate tectonics. In: James DE (ed) The Encyclopedia of Solid Earth Geophysics. Van Nostrand Reinhold, New York

Goree WS, Fuller MD (1976) Magnetometers using R.F.-driven squids and their application in rock magnetism. Rev Geophys Space Phys 14:591–608

Gorter EW, Schulkes JA (1953) Reversal of spontaneous magnetization as a function of temperature in LiFeCr spinels. Phys Rev 90:487–488

Graham JW (1949) The stability and significance of magnetism in sedimentary rocks. J Geophys Res 58:243–260

Greenwood NN, Gibb TC (1971) Mössbauer spectroscopy. Chapman and Hall, London

Hailwood EA (1989) Magnetostratigraphy. Geol Soc Spe Rep 19, Blackwell Scientific, London, 84 p

Halls HC (1976) A least-squares method to find a remanence direction from converging remagnetization circles. Geophys J R Astr Soc 45:297–304

Harrison CGA (1980) Analysis of the magnetic vector in a single specimen. Geophys J R Astr Soc 60:489–492

Hayat MA (1989) Principles and techniques of electron microscopy. Macmillan, Houndmills

Heirtzler JR, Dickson DC, Herron EM, Pitman III WC, Le Pichon X (1968) Marine magnetic anomalies, geomagnetic field reversals and motions of the ocean floor and continents. J Geophys Res 73:2119–2136

Heller F, Liu T (1984) Magnetism of Chinese loess deposits. Geophys J R Astr Soc 77:125–141

Heller F, Markert H (1973) The age of viscous remanent magnetization of the Hadrian's Wall (northern England). Geophys J R Astr Soc 31:395– 406

Heller F, Petersen N (1982) Self-reversal explanation for the Laschamp/ Olby geomagnetic field excursion. Phys Earth Planet Inter 30:358–372

Hoffman KA (1977) Polarity transition records and the geomagnetic dynamo. Science 196:1329–1332

Hoffman KA, Day R (1978) Separation of multicomponent NRM: a general method. Earth Planet Sci Lett 40:433–438

Hoffman KA, Fuller MD (1978) Transitional field configurations and geomagnetic reversals. Nature 273:715–718

Hoffmann V (1988) Sichtbarmachung der magnetischen Bereichsstrukturen synthetischer und natürlicher Titanomagnetite mit dem magneto-optischen Kerr-Effekt. Dissertation, Fak Geowiss, Univ München

Hoffmann V, Schäfer R, Appel E, Hubert A, Soffel H (1987) First domain observations with the magneto-optical Kerr effect on Ti-ferrites in rocks and synthetic equivalents. J Mag Mag Mat 71:90–94

Hoshi M, Kono M (1989) Rikitake two-disk dynamo system: statistical properties and growth of instability. J Geophys Res 93:1163–1165

Hospers J (1954) Rock Magnetism and Polar Wandering. Nature 173:1183–1184

Hutchings A (1967) Computations of the behaviour of two- and three-axis rotation systems. In: Collinson DW, Creer KM, Runcorn SK (eds) Methods in palaeomagnetism. Elsevier, Amsterdam, 609 p

Irving E (1964) Paleomagnetism and its application to geological and geophysical problems. John Wiley, New York, 399 p

Irving E, Irving GA (1982) Apparent polar wander paths Carboniferous through Cenozoic and the assembly of Gondwana. Geophys Surv 5:141–188

Irving E, Major A (1964) Post-depositional remanent magnetization in a synthetic sediment. Sedimentology 3:135–143

Irving E, Pullaiah G (1976) Reversals of the geomagnetic field, magnetostratigraphy, and relative magnitude of palaeosecular variation in the Phanerozoic. Earth Sci Rev 12:35–64

Ishikawa Y (1962) Magnetic properties of the ilmenite-haematite system at low temperatures. J Phys Soc Jp 17:1835–1844

Ishikawa Y, Akimoto S (1958) Magnetic property and crystal chemistry of ilmenite $(FeTiO_3)$ and hematite (αFe_2O_3) system. I Crystal chemistry. II Magnetic properties. J Phys Soc Jp 13:1110–1118 (I); 1298–1310 (II)

Jacobs JA (1984) Reversals of the earth's magnetic field. Adam Hilger Bristol, 230 p

Jaep WF (1969) Anhysteretic magnetization of an assembly of single-domain particles. J Appl Phys 40:1297–1298

Jelinek V (1966) A high sensitivity spinner magnetometer. Stud Geophys Geod 10:58–77

Jelinek V (1973) Precision a.c. bridge set for measuring magnetic susceptibility of rocks and its anisotropy. Stud Geophys Geod 17:36–45

Jelinek V (1981) Characterization of the magnetic fabric of rocks. Tectonophysics 79:T63–T67

Johnson EA, Murphy T, Torreson OW (1948) Pre-history of the earth's magnetic field. Terr Magn Atmosph Electr 53:349–372

Johnson HP, Lowrie W, Kent DV (1975) Stability of anhysteretic remanent magnetization in fine and coarse magnetite and maghemite particles. Geophys J R Astr Soc 41:1–10

Keller M (1991) Herstellung von maghemitisierten Magnetitpartikeln der Korngröße 0.2 μm und Messung magnetischer Eigenschaften. Diplomarbeit, Fak Geowiss, Univ München

Kim IS, Soffel H (1982) Palaeomagnetic results from Lower Paleozoic diabases and pillow lavas from the Frankenwald area (northwestern edge of the Bohemian massif). J Geophys 51:24–28

King RF (1955) Remanent magnetism of artificially deposited sediments. R Astr Soc Mon Not Geophys Suppl 7:115–134

Kirschvink JL (1980) The least-squares line and plane and the analysis of palaeomagnetic data. Geophys J R Astr Soc 62:699–718

Kirschvink JL, Jones DS, McFadden BJ (1985) Magnetic biomineralization and magnetoreception in organisms. A new biomagnetism. Plenum, New York

Kneller E (1962) Ferromagnetismus. Springer, Berlin, Göttingen, Heidelberg, 792 S

Kobayashi K (1959) Chemical remanent magnetization of ferromagnetic minerals and its application to rock magnetism. J Geomagn Geoelectr 10:99–117

Koenigsberger J (1936) Die Abhängigkeit der natürlichen remanenten Magnetisierung bei Eruptivgesteinen von deren Alter und Zusammensetzung. Beitr Angew Geophys 5:193–246

Kono M (1978) Reliability of palaeointensity methods using alternating field demagnetization and anhysteretic remanence. Geophys J R Astr Soc 54:241–261

Kono M (1980) Statistics of palaeomagnetic inclination data. J Geophys Res 85:3878–3882

Kono M (1987) Rikitake two-disk dynamo and palaeomagnetism. Geophys Res Lett 1:21–24

Kono M, Ueno N (1977) Palaeointensity determination by a modified Thellier method. Phys Earth Planet Inter 13:305–314

Kovacheva M, Zagniy G (1985) Archaeomagnetic results from some prehistoric sites in Bulgaria. Archeometry 27:179–184

Ku CC, Sun SS, Soffel H, Scharon LH (1967) Palaeomagnetism of the basement rocks, Wichita Mountains, Oklahoma. J Geophys Res 72:731–737

Kuster G (1969) Effect of drilling on rock magnetization (Abstr). Trans Am Geophys Union 50:134

La Brecque JL, Kent DV, Cande SC (1977) Revised magnetic polarity time scale for the Late Cretaceous and Cenozoic time. Geology 5:330–335

Larson RL, Hilde TWC (1975) A revised time scale of magnetic reversals for the Early Cretaceous and Late Jurassic. J Geophys Res 80:2586–2594

Lawson CA, Nord GL, Dowty E, Hargraves RB (1981) Antiphase domains and reverse thermoremanent magnetism in ilmenite-hematite minerals. Science 213:1372–1274

LePichon X, Francheteau J, Bonnin J (1976) Plate tectonics. Elsevier, Amsterdam

Levi S, Banerjee SK (1976) On the possibility of obtaining relative palaeointensities from lake sediments. Earth Planet Sci Lett 29:219–226

Levi S, Merrill RT (1976) A comparison of ARM and TRM in magnetite. Earth Planet Sci Lett 32:171–184

Lindsley DH, Andreasen GE, Balsley JR (1966) Magnetic properties of rocks and minerals. In: Handbook of physical constants. Geol Soc Am Mem 97:543–552

Lof P (1983) Elsevier's mineral and rock tables. Elsevier, Amsterdam

Lowrie W, Alvarez W (1981) One hundred million years of geomagnetic polarity history. Geology 9:392–397

Lowrie W, Channell JET (1984) Magnetostratigraphy of the Jurassic-Cretaceous boundary in the Maiolica Limestone (Umbria, Italy). Geology 12:44–47

Lowrie W, Fuller MD (1971) On the alternating field demagnetization characteristics of multidomain thermoremanence in magnetite. J Geophys Res 76:6336–6349

Lowrie W, Kent DV (1978) Characteristics of VRM in oceanic basalts. J Geophys 44:297–315

Lowrie W, Kent DV (1983) Geomagnetic reversal frequency since the Late Cretaceous. Earth Planet Sci Lett 62:305–313

Lowrie W, Channell JET, Heller F (1980) On the credibility of remanent magnetization measurements. Geophys J R Astr Soc 60:493–496

Lund SP, Liddicoat J, Lajoie K, Henyey TL, Robinson S (1988) Palaeomagnetic evidence for longterm (10^4 year) memory and periodic behavior in the earth's core dynamo process. Geophys Res Lett 15:1101–1104

MacKereth FJH (1958) A portable core sampler for lake sediments. Limnol Oceanogr 3:181–189

MacKereth FJH (1969) A short core sampler for subaqueous deposits. Limnol Oceanogr 14:145–151

MacKereth FJH (1971) On the variation in direction of the horizontal component of remanent magnetization in lake sediments. Earth Planet Sci Lett 12:332–338

Mankinen EA, Dalrymple GB (1979) Revised geomagnetic polarity time scale for the interval 0–5 m y BP. J Geophys Res 84:615–626

Maucher A, Rehwald G (1961) Bildkartei der Erzmikroskopie. Umschau, Frankfurt

McClelland-Brown E (1984) Experiments on TRM intensity dependence on cooling rate. Geophys Res Lett 11:205–208

McDougall I (1977) The present status of the geomagnetic polarity time scale. Publ 1288 Res School Earth Sci, Aust Nat Univ Canberra, 34 p

McElhinny MW (1964) Statistical significance of the fold test in palaeomagnetism. Geophys J R Astr Soc 8:338–340

McElhinny MW (1973) Paleomagnetism and plate tectonics. Cambridge University Press, London, 356 p

McElhinny MW, Burek PJ (1971) Mesozoic palaeomagnetic stratigraphy. Nature 232:98–102

McElhinny MW, Lock J (1990a) Global palaeomagnetic database project. Phys Earth Planet Inter 63:1–6

McElhinny MW, Lock J (1990b) IAGA global palaeomagnetic database. Geophys J Int 101:763–766

McFadden PL (1980) The best estimate of Fisher's precision parameter. Geophys J R Astr Soc 60:397–407

McFadden PL (1984a) 15-Myr periodicity in the frequency of the geomagnetic reversals since 100 Myr. Nature 312:396

McFadden PL (1984b) Statistical tools for the analysis of geomagnetic reversal sequences. J Geophys Res 89:3363–3372

McFadden PL (1990) A new fold test for palaeomagnetic studies. Geophys J Int 103:163–169

McFadden PL, Jones DL (1981) The fold test in palaeomagnetism. Geophys J R Astr Soc 67:53–58

McFadden PL, McElhinny MW (1984) A physical model for palaeo-secular variation. Geophys J R Astr Soc 78:809–830

McFadden PL, Merrill RT, Lowrie W, Kent DV (1987) The relative stabilities of the reverse and normal polarity states of the earth's magnetic field. Earth Planet Sci Lett 82:373–383

Molyneux L (1971) A complete result magnetometer for measuring the remanent magnetization of rocks. Geophys J R Astr Soc 24:429–433

Moskowitz BM (1985) Magnetic viscosity, diffusion after-effect, and disaccomodation in natural and synthetic samples. Geophys J R Astr Soc 82:143–161

Müller R (1991) Paläomagnetische und gesteinsmagnetische Untersuchungen an paläozoischen bis mesozoischen Graniten und Alkali-Ringkomplexen in NW-Sudan. Dissertation, Fak Geowiss, Univ München

Muller RA, Morris DE (1986) Geomagnetic reversals from impacts on the earth. Geophys Res Lett 13:1177–1180

Nagata T (1953) Rockmagnetism. Maruzen, Tokyo, 225 p

Nagata T (1961) Rockmagnetism. Maruzen, Tokyo, 350 p

Nagata T (1970) Basic magnetic properties of rocks under the effect of mechanical stresses. Tectonophysics 9:167–195

Nagata T, Akimoto S, Uyeda S (1951) Reverse thermoremanent magnetism I. Jp Acad Proc 27:643–645

Nagata T, Akimoto S, Uyeda S (1952) Reverse thermoremanent magnetism II. Jp Acad Proc 28:277–281

Nagata T, Akimoto S, Uyeda S (1953) Self-reversal of thermo-remanent magnetism of igneous rocks. J Geomagn Geoelectr 5:168–184

Néel L (1948) Magnetic properties of ferrites: ferrimagnetism and antiferromagnetism. Ann Phys 3:137–198

Néel L (1949) Théorie du trainage magnétique des ferromagnétiques en grains fins avec applications aux terres cuites. Ann Géophys 5:99–136

Néel L (1951) L'inversion de l'aimantation permanente des roches. Ann Géophys 7:90–102

Néel L (1955) Some theoretical aspects of rock magnetism. Adv Phys 4:191–242

Ninkovich D, Opdyke ND, Heezen BC, Foster JH (1966) Palaeomagnetic stratigraphy rates of deposition and tephrachronology in North Pacific deep-sea sediments. Earth Planet Sci Lett 1:476–492

Noel M (1988) Some observations of the gyroremanent magnetization acquired by rocks in a rotating magnetic field. Geophys J R Astr Soc 92:107–110

O'Reilly W, Readman PW (1971) The preparation and unmixing of cation-deficient titanomagnetites. Z Geophys 37:321–327

Patton BJ, Fitch JL (1962a) Anhysteretic remanent magnetization in small steady fields. J Geophys Res 67:307–311

Patton BJ, Fitch JL (1962b) Design of a room-size magnetic shield. J Geophys Res 67:1117–1121

Payne MA, Verosub KL (1982) The acquisition of post-depositional detrital remanent magnetization in a variety of natural sediments. Geophys J R Astr Soc 68:625–642

Peddie NM (1986) International geomagnetic reference field revision 1985. Geophysics 51:1020–1023

Pesonen LJ, Torsvik TH, Elming SA, Bylund G (1989) Crustal evolution of Fennoscandia – palaeomagnetic constraints. Tectonophysics 162:27–19

Petersen N (1986) Polaritätszeitskala des Erdmagnetfeldes für das Quartär. Münch Geophys Mitt ISSN 0931–2145, 1:19–35

Petersen N, Bleil U (1982) Magnetische Eigenschaften der Gesteine. Landolt-Börnstein, Neue Serie, Gruppe V/1: Geophysik und Weltraumforschung, Band 1b. Springer, Berlin, Heidelberg, New York, S 366–432

Petersen N, von Dobeneck T, Vali H (1986) Fossil bacterial magnetite in deep-sea sediments from the South Atlantic Ocean. Nature 320:611–615

Petersen N, Weiss D, Vali H (1989) Magnetic bacteria in lake sediments. In: Lowes FJ, Collinson DW, Parry JH, Runcorn SK, Tozer DC, Soward A (eds) Geomagnetism and Palaeomagnetism. Kluwer Academic, Dordrecht. NATO ASI Series C: Mathematical and Physical Sciences, Vol 261

Pinto MJ, McWilliams M (1990) Drilling-induced isothermal remanent magnetization. Geophysics 55:111–115

Piper JDA (1987) Palaeomagnetism and the continental crust. Open University Press, Milton Keynes

Pohl J, Bleil U, Hornemann U (1975) Shock magnetization and demagnetization of basalt by transient stress up to 10 kbar. Z Geophys 41:23–41

Ramdohr P (1955) Die Erzmineralien und ihre Verwachsungen. Akademie Verlag, Berlin

Reimer L, Pfefferkorn G (1973) Raster-Elektronenmikroskopie. Springer, Berlin, Heidelberg, New York

Ribbe PH (ed) (1974) Sulfide mineralogy. Min Soc Am Short Course Notes, Vol 1, Southern Printing Company Blacksburg

Rikitake T (1966) Electromagnetism and the earth's interior, Elsevier, Amsterdam

Rolph TC, Shaw J (1985) A new method for palaeofield magnitude correction for thermally altered samples and its application to Lower Carboniferous lavas. Geophys J R Astr Soc 80:773–781

Roperch P, Taylor GK (1986) The importance of gyromagnetic remanence in alternating field demagnetization. Some new data and experiments on GRM and RRM. Geophys J R Astr Soc 87:949–965

Rumble D (ed) (1976) Oxide minerals Min Soc Am Short Course Notes, Vol 3, Southern Printing Company, Blacksburg

Runcorn SK, Collinson DW, Stephenson A (1981) Palaeomagnetism and planetology. Phys Earth Planet Inter 24:205–217

Saradeth S, Soffel H, Schult A (1987) Palaeomagnetism of sedimentary rocks of the uppermost Cretaceous from the oases of Dakhla and Kharga in the western desert of Egypt. J Geophys 61:64–66

Schmidbauer E (1975) Magnetic hysteresis loops and magnetization versus temperature curves of some basalt samples containing titanomagnetite ore either single-phase or with an intergrowth of ilmenite lamellae. J Geophys 41:615–632

Schmidbauer E (1987) ^{57}Fe Mössbauer spectroscopy and magnetization of cation-deficient Fe_2TiO_4 and $FeCr_2O_4$ Part I: ^{57}Fe Mössbauer spectroscopy. Phys Chem Miner 14:533–541

Schmidbauer E, Veitch RJ (1980) Anhysteretic remanent magnetization of small multidomain Fe_3O_4 particles dispersed in various concentrations in a non magnetic matrix. J Geophys 48:148–152

Schmidt VA (1973) A multidomain model of thermoremanence. Earth Planet Sci Lett 20:440–446

Schult A (1975) Die Selbstumkehr der remanenten Magnetisierung beobachtet in einigen tertiären Alkali-Basalten. Habilitationsschrift, Fak Geowiss, Univ München

Schult A (1976) Self-reversal above room temperature due to N-type magnetization in basalt. J Geophys 42:81–84

Schultz-Krutisch T, Heller F (1985) Measurement of magnetic susceptibility anisotropy in Buntsandstein deposits from southern Germany. J Geophys 56:51–58

Schurr K (1986) Untersuchung des Einflusses der Formanisotropie eines magnetisierbaren Körpers auf die Richtung seiner thermoremanenten Magnetisierung. Dissertation, Fak Geowiss, Univ München

Schurr K, Becker H, Soffel H (1984) Archaeomagnetic study of medieval fireplaces at Mannheim-Wallstadt and ovens from Herrenchiemsee (southern Germany) and the problem of magnetic refraction. J Geophys 56:1–8

Schweitzer C, Soffel H (1980) Palaeointensity measurements on postglacial lavas from Iceland. J Geophys 47:57–60

Scotese CR, McKerrow WS (1980) Revised worldmaps and introduction. In: Palaeozoic palaeogeography and biogeography. Geol Soc Lond 12

Senanayake WE, McElhinny MW, McFadden PL (1982) Comparison between the Thellier's and Shaw's palaeointensity methods using basalts less than 5 million years old. J Geomagn Geoelectr 34:141–161

Shaw PV (1974) A new method of determining the magnitude of the palaeomagnetic field: application to five historic lavas and five archaeological samples. Geophys J R Astr Soc 39:133–141

Smit J, Wijn HPJ (1959) Ferrites. Philip's Tech Library, Eindhoven, 370 p

Smith AG, Hallam A (1970) The fit of the southern continents. Nature 225:139–144

Smith AG, Hurley AM, Briden JC (1981) Phanerozoic palaeocontinental world maps. University Press, Cambridge

Smith BM, Přvot M (1977) Variations of the magnetic properties in a basaltic dyke with concentric cooling zones. Phys Earth Planet Inter 14:120–136

Smith RL (1979) A high pressure cell for chemical demagnetization of sediments. Geophys J R Astr Soc 59. 605–608

Soffel H (1962) Untersuchung an ferrimagnetischen oxydischen und sulfidischen Mineralien mit der Methode der Bitter'schen Streifen. Diplomarbeit, Nat Fak, Univ München

Soffel H (1968) Die Bereichsstrukturen der Titanomagnetite in zwei tertiären Basalten und die Beziehung zu makroskopisch gemessenen magnetischen Eigenschaften dieser Gesteine. Habilitationsschrift, Nat Fak, Univ München

Soffel H (1971) The single domain-multidomain transition in natural intermediate titanomagnetites. Z Geophys 37:451–470

Soffel H (1975) Rock magnetism of the Monti Lessini and Monte Berici volcanites and age of volcanism deduced from the Heirtzler polarity time scale. J Geophys 41:401–411

Soffel H (1977) Pseudo-single-domain effects and single-domain multidomain transition in natural pyrrhotite deduced from domain structure observations. J Geophys 42:351–359

Soffel H (1985) Palaeomagnetism and archaeomagnetism. In: Landolt-Börnstein, Neue Serie, Gruppe V/2: Geophysik und Weltraumforschung, Band 2b. Springer, Berlin, Heidelberg, New York, S 184–243

Soffel H, Harzer E (1991) An Upper Carboniferous – Lower Permian (280 Ma) palaeomagnetic pole from the western margin of the Bohemian massif. Geophys J Int 105:547–551

Soffel H, Petersen N (1971) Ionic etching of titanomagnetite grains in basalts. Earth Planet Sci Lett 11:312–316

Soffel H, Schurr K (1990) Magnetic refraction studied on two experimental kilns. Geophys J Int 102:551–562

Soffel H, Aumüller C, Hoffmann V, Appel E (1990) Three-dimensional domain observations of magnetite and titanomagnetites using the dried colloid SEM method. Phys Earth Planet Inter 65:43–53

Stacey FD (1963) The physical theory of rock magnetism. Adv Phys 12:45–133

Stephenson A (1981) Gyroremanent magnetization in a weakly anisotropic rock sample. Phys Earth Planet Inter 25:163–166

Stephenson A, Collinson DW, Runcorn SK (1976) On the intensity of the ancient lunar magnetic field. Proc 7th Lunar Sci Conf 3:3373–3382

Sternberg RS (1983) Archaeomagnetism in the southwest of North America. In: Creer KM, Tucholka P, Barton CE (eds) Geomagnetism of baked clays and recent sediments. Elsevier, Amsterdam, 315 p

Stone DB (1967) A sun compass for the direct determination of geographic North. J Sci Instrum 44:661–662

Syono Y (1965) Magnetocrystalline anisotropy and magnetostriction of Fe_3O_4-Fe_2TiO_4 series – with special application to rock magnetism. Jp J Geophys 4:71–143

Tanguy JC (1990) Abnormal shallow palaeomagnetic inclination from the 1950 and 1972 lava flows Hawaii. Geophys J Int 103:281–283

Tarling DH (1971) Principles and applications of paleomagnetism. Chapman and Hall, London, 164 p

Tarling DH, Mitchell JG (1976) Revised Cenozoic polarity time scale. Geology 4:133–136

Thellier E (1937) Sur la disparition de l'aimantation permanente des terres cuites par réchauffagement en champ magnétique nul. C R Acad Sci Paris 205:334–336

Thellier E (1941) Sur les propriétés de l'aimantation thermorémanente des terres cuites. C R Acad Sci Paris 213:1019–1022

Thellier E (1967) A „big sample" spinner magnetometer. In: Collinson DW, Creer KM, Runcorn SK (eds) Methods in palaeomagnetism. Elsevier, Amsterdam, 609 p

Thellier E (1981) Sur la direction du champ magnétique terrestre, en France, durant les deux derniers millénaires. Phys Earth Planet Inter 24:89–132

Thellier E, Thellier O (1942) Sur l'intensité du champ magnétique terrestre, en France, trois siècles avant les premiers mesures directes. Application au problème de la désaimantation du globe. C R Acad Sci Paris 214:382–384

Thellier E, Thellier O (1959) Sur l'aimantation du champ magnétique terrestre dans le passé historique et géologique. Ann Géophys 15:285– 376

Turner GM, Thompson R (1981) Lake sediment record of the geomagnetic secular variation in Great Britain during Holocene times. Geophys J R Astr Soc 65:703–725

Uyeda S, Fuller MD, Belshé JC, Girdler RW (1963) Anisotropy of magnetic susceptibility of rocks and minerals. J Geophys Res 68:279–291

Valet JP, Laj C (1984) Invariant and changing transitional field configurations in a sequence of geomagnetic reversals. Nature 311:552–555

Valet JP, Laj C, Tucholka P (1986) High resolution sedimentary record of a geomagnetic reversal. Nature 322:27–32

Vandenberg J (1979) Palaeomagnetic data from the western Mediterranean: a review. Geol Mijnb 58:161–174

Vandenberg J (1980) New palaeomagnetic data from the Iberian Peninsula. Geol Mijnb 59:49–60

Van Hinte JE (1976) A cretaceous time scale. Am Assoc Pet Geol Bull 60:498–516

Verosub KL (1977) Depositional and postdepositional processes in the magnetization of sediments. Rev Geophys Space Phys 15:129–143

Vine FJ, Matthews DH (1963) Magnetic anomalies over oceanic ridges. Nature 199:947–949

Voppel D (1985) Observation and description of the main geomagnetic field amd its secular variation. In: Landolt-Börnstein, Neue Serie, Gruppe V/2: Geophysik und Weltraumforschung, Band 2b. Springer, Berlin, Heidelberg, New York, S 126–180

Walton D (1983) Viscous magnetization. Nature 305:616–619

Walton D (1988a) Comments on „Determination of the intensity of the earth's magnetic field during archeological times: reliability of the Thellier technique". Rev Geophys 26:13–14

Walton D (1988b) The lack of reproducibility in experimentally determined intensities of the earth's magnetic field. Rev Geophys 26:15–22

Watson GS (1956) Analysis of dispersion on a sphere. Mon Not R Astr Soc Geophys Suppl 7:153–159

Watson GS, Irving E (1957) Statistical methods in rock magnetism. Mon Not R Astr Soc Geophys Suppl 7:289–300

Wegener A (1912) Die Entstehung der Kontinente. Geol Rundschau 3:276–292

Wegener A (1929) Die Entstehung der Kontinente und Ozeane. Vieweg, Braunschweig, 4. Ausgabe

Westcott-Lewis MF, Parry LG (1971) Thermoremanence in synthetic rhombohedral iron-titanium oxides. Aust J Phys 24:719–734

Williams IS, Weeks RJ, Fuller MD (1988) A model for transition fields during geomagnetic reversals. Nature 322:719–720

Wilson RL (1971) Dipole offset – The time average palaeomagnetic field over the past 25 million years. Geophys J R Astr Soc 22:491–504

Wilson RL, Lomax R (1972) Magnetic remanence related to slow rotation of ferromagnctic material in alternating magnetic fields. Geophys J R Astr Soc 30:295–303

York D (1978) A formula describing both magnetic and isotopic blocking temperatures. Earth Planet Sci Lett 39:89–93

York D (1984) Cooling histories from ^{40}Ar/^{39}Ar age spectra: – implications for Precambrian plate tectonics. Annu Rev Earth Planet Sci 12:383–409

Zijderveld JDA (1967) A.C. demagnetization of rocks: analysis of results. In: Collinson DW, Creer KM, Runcorn SK (eds) Methods in palaeomagnetism. Elsevier, Amsterdam, 609 p

Anhang

In 2.8 und 2.9 wurden die Formeln vorgestellt, mit denen mittlere Remanenzrichtungen und ihre statistischen Parameter (Präzisionsparameter, α_{95}) bzw. die Lage des virtuellen geomagnetischen Pols und seines Fehlers bestimmt werden können. In vielen Fällen ist es auch nützlich, aus den geographischen Koordinaten eines Beobachtungspunktes und des virtuellen geomagnetischen Pols VGP die Remanenzrichtung zu berechnen. Hierfür werden drei einfache Programme angegeben, die in „gwbasic" geschrieben sind und auf nahezu jedem PC schnell zum Laufen gebracht werden können. Bei der Verwendung anderer Versionen von „basic" müssen einige Befehle unter Umständen modifiziert werden. Die Programme erläutern sich selbst durch eingebaute Texteile, die anzeigen, welche Daten nacheinander eingeben werden müssen. Es steht dem Benutzer frei, jedem Programm seinen eigenen Namen zu geben.

1. Programm zur Berechnung der mittleren Remamenzrichtung von N Einzelrichtungen. Der Eingabemodus erscheint in den Zeilen 10–160, während in den Zeilen 430–490 die ausgedruckten Daten beschrieben werden. Der Radius des Konfidenzkreises (α_{95}) wird einmal nach der exakten Formel, zum anderen auch mit der Näherungsformel berechnet.

```
10 PRINT "BASIC-Programm zur Berechnung einer mittleren"
20 PRINT "Richtung zusammen mit den statistischen Para-"
30 PRINT "metern aus N Einzelrichtungen. Eingabe aller"
40 PRINT "Winkel als Zahl, ohne Gradangabe."
50 PRINT "Roland Soffel, 21. 12. 1985"
60 PRINT "Eingabe der Deklination D und der Inklination I,"
70 PRINT "getrennt durch ein Komma, z. B. bei D=44.2 Grad und"
80 PRINT "I=17.2 Grad : 44.2,17.2; negative Werte mit einem"
90 PRINT "-Zeichen vor der Zahl. Wenn ein weiteres Wertepaar"
100 PRINT "folgen soll, kann die RETURN-TASTE gedrueckt wer-"
110 PRINT "den. Wenn keine weiteren Werte mehr folgen, ein"
120 PRINT "grosses N und RETURN eingeben. Hat man nach der"
130 PRINT "Frage WEITERER WERT vergessen, die RETURN-TASTE"
140 PRINT "zu druecken und hat schon ein neues Wertepaar"
150 PRINT "eingegeben, so erscheint die Frage Redo from start?"
```

```
160 PRINT "Mit RETURN beantworten und Werte nochmals eingeben."
170 PI=3.141593
180 PRINT "gib D und I:" : INPUT D,I:Q=Q+1
190 PRINT "D=";D;" I=";I
200 D=D*PI/180
210 I=I*PI/180
220 L= COS(D)*COS(I)
230 M= SIN(D)*COS(I)
240 N= SIN(I)
250 X=X+L:Y=Y+M:Z=Z+N
260 PRINT "WEITERER WERT? RETURN oder N RETURN
    druecken":INPUT C$
270 IF C$="N" THEN GOTO 290
280 GOTO 170
290 R=SQR(X^2+Y^2+Z^2)
300 A=X/R:B=Y/R:C=Z/R
310 I= ATN(C/SQR(A^2+B^2))*180/PI
320 IF A=0 THEN LET D=90*SGN(B): GOTO 340
330 D= ATN(B/A)*180/PI
340 IF (B>=0) AND (A>=0) THEN GOTO 370
350 IF A<0 THEN LET D=180+D: GOTO 370
360 D=360+D
370 IF D<0 THEN D=D+360
380 K=(Q-1)/(Q-R)
390 W=1-(Q-R)/R*(20^(1/(Q-1))-1)
400 P=SQR(1-W*W)/W
410 O= ATN(P)*180/PI
420 U=140/SQR(Q*K)
430 PRINT "Es werden folgende Groessen ausgedruckt: mittlere"
440 PRINT "Deklination DM und mittlere Inklination IM, Prae-"
450 PRINT "zisionsparameter K, alpha 95 (A95) berechnet nach"
460 PRINT "der exakten Formel und nach der Naeherungsformel,"
470 PRINT "resultierender Vektor R und die Zahl N"
480 PRINT "der Einzelwerte. Nach dem Zeichen OK"
490 PRINT "kann das Programm mit RUN neu gestartet werden."
500 PRINT "Die Daten für den Mittelwert lauten:"
510 PRINT "=================================="
520 PRINT "DM=";D;      "IM=";I
530 PRINT "K=";K;       "A95,exakt=";O;       "A95,inexakt=";U
540 PRINT "R=";R;       "N=";Q
550 PRINT "=================================="
560 PRINT "              ENDE                    "
```

2. Programm zur Berechnung der Lage des virtuellen geomagnetischen Pols VGP. Die Zeilen 10–90 erläutern Eingabe und Ausgabe der Daten.

```
 10 PRINT "BASIC-Programm zur Berechnung von virtuellen geomagne-"
 20 PRINT "tischen Pollagen aus den geographischen Koordinaten"
 30 PRINT "des Beobachtungsortes (Breite=lat und Laenge=long)"
 40 PRINT "sowie den dort gemessenen Werten fuer die Deklination"
 50 PRINT "(D) und Inklination (I). alpha-95 ist der Radius des"
 60 PRINT "Konfidenzkreises. Alle Werte ohne Gradangabe, d. h. nur"
 70 PRINT "die Zahl, z. B. 316.0. Ausgedruckt werden: Breite und"
 80 PRINT "Laenge des VGP, dp als Fehler der Cobreite und dm"
 90 PRINT "als Fehler senkrecht dazu."
100 PRINT "Roland Soffel, 25. 12. 1985"
110 PRINT "Geben Sie die Breite des Beobachtungsortes ein: bei"
120 PRINT "suedlicher Breite mit einem –Zeichen, also z. B. –29.0"
130 INPUT "site-lat:=";B
140 PRINT "Geben Sie die Laenge des Beobachtungsortes ein,"
150 PRINT "positiv ueber Osten gerechnet:"
160 INPUT "site-long=:";L
170 PRINT "Geben Sie die Deklination ein (positiv ueber Osten):"
180 INPUT "dekl=:";D
190 PRINT "Geben Sie die Inklination ein: bei negativer Inklina-"
200 PRINT "tion zusammen mit einem –Zeichen, also z. B. –17.3"
210 INPUT "inkl=:";I
220 PRINT "Geben Sie den alpha95-Wert ein"
230 INPUT "a95=:";O
240 PI=3.141593
250 PRINT "lat: ";B;" long:";L
260 PRINT "dekl:";D;" inkl:";I
270 PRINT "a95:";O
280 P=ATN(2/TAN(I*PI/180))
290 B=B*PI/180
300 D=D*PI/180
310 I=I*PI/180
320 F=SIN(B)*COS(P)+COS(B)*SIN(P)*COS(D)
330 R=ATN(F/SQR(1-F^2))
340 G=SIN(P)*SIN(D)/COS(R)
350 X=ATN(G/SQR(1-G^2))*180/PI
360 IF COS(P)>=SIN(B)*SIN(R) THEN LET A=L+X
370 IF COS(P)<SIN(B)*SIN(R) THEN LET A=L+180-X
380 N=O*(1+3*COS(P)^2)/2
390 M=O*SIN(P)/COS(I)
400 PRINT "Die Daten für den VGP lauten:"
410 PRINT "=================================="
420 PRINT "PLAT=";R*180/PI; "PLONG=";A
430 PRINT "DP= ";N; "DM= ";M
```

```
440 PRINT "==================================="
450 PRINT "               ENDE               "
```

3. Programm zur Berechnung der Remanenzrichtung aus den geographischen Koordinaten des Beobachtungsortes und des VGP. Die Zeilen 10–90 erläutern Eingabe und Ausgabe der Daten.

```
 10 PRINT "BASIC-Programm zur Berechnung von Remanenzrichtungen"
 20 PRINT "Deklination (D) und Inklination (I) aus den"
 30 PRINT "geographischen Koordinaten des Beobachtungsortes"
 40 PRINT "Breite=lat und Laenge=long sowie dem dort bestimmten"
 50 PRINT "Wert fuer die Pollage. Alle Werte ohne Gradangabe,"
 60 PRINT "d. h. nur eine Zahl, z. B. 316.0 eingeben."
 70 PRINT "Ausgedruckt werden: Deklination (deklin) und Inklina-"
 80 PRINT "tion (inklin) der Palaeorichtung, jeweils in Grad."
 90 PRINT "Roland Soffel, 25. 12. 1985"
100 PRINT "Geben Sie die Breite des Beobachtungsortes an:"
110 INPUT "site-lat(N):=";SB
120 PRINT "Geben Sie die Laenge des Beobachtungsortes an,"
130 PRINT "positiv ueber Osten:"
140 INPUT "site-long(E):=";SL
150 PRINT "Geben Sie die Breite des Palaeopols an:"
160 INPUT "pole-lat(N):=";PB
170 PRINT "Geben Sie die Laenge des Palaeopols an:"
180 INPUT "pole-long(E):=";PL
190 PRINT "Es erscheinen nochmals die eingegebenen Daten."
200 PRINT "site-lat(N):";SB;"site-long(E):";SL
210 PRINT "pole-lat(N):";PB;"pole-long(E):";PL
220 PI=3.141593
230 SB=SB*PI/180
240 SL=SL*PI/180
250 PB=PB*PI/180
260 PL=PL*PI/180
270 X=COS(SB)*COS(PB)*COS(PL-SL)+SIN(SB)*SIN(PB)
280 Y=PI/2-ATN(X/SQR(-X*X+1))
290 I=ATN(2/ TAN(Y))*180/PI
300 Z=COS(PB)*SIN(PL-SL)/SIN(Y)
310 D=ATN(Z/SQR(-Z*Z+1))*180/PI
320 IF D<0 THEN D=D+360
330 PRINT "Die Palaeorichtung lautet:"
340 PRINT "==================================="
350 PRINT "deklin.=:";D;" inklin.=:";I
360 PRINT "==================================="
370 PRINT "Kontrollieren Sie das Ergebnis mit dem Programm"
380 PRINT "zur Berechnung der Pollagen"
390 PRINT "               ENDE               "
```

Sachverzeichnis